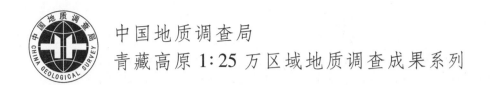

中国地质调查局

青藏高原 1:25 万区域地质调查成果系列

中华人民共和国

区域地质调查报告

比例尺　1:250 000

兹格塘错幅

（I46 C 004001）

项 目 名 称　西藏 1:25 万兹格塘错幅（I46 C 004001）
　　　　　　　区域地质调查
项 目 编 号　20001300009241
项 目 负 责　郑有业
图 幅 负 责　郑有业
编 写 人 员　郑有业　何建社　李维军　邹国庆
　　　　　　　赵平甲　次　琼　泽仁扎西　许荣科
编 写 单 位　西藏自治区地质调查院
单 位 负 责　程力军（院长）　李志（总工程师）

地质出版社

·北　京·

内 容 提 要

调查区位于青藏高原腹地羌塘盆地南部，唐古拉山的南麓，面积约 15 876 km²。本次调查共完成以下工作量：填图面积 15 876 km²；路线调查 2 956 km；实测地质剖面 128.83 km；岩石标本 1 321 块；基岩光谱及稀土样品 764 件；硅酸盐、碳酸盐样品 68 件；人工重砂分析样品 14 件；岩石粒度分析样品 35 件；拣块化学分析样品 29 件；同位素分析 17 点；电镜扫描、电子探针分析样品 7 件；人工热压分析样品 120 件；大化石标本 562 件；放射虫、牙形石、孢粉 61 件。本次调查主要成果：厘定了测区地层分区，建立了测区的地层划分系统，合理解体了土门格拉群、木嘎岗日群及东巧蛇绿混杂岩；在班公错 – 怒江结合带中新发现了前二叠系阿木岗日群、下二叠统下拉组古岛弧状构造地层体和弧火山岩，并建立了晚侏罗世尕苍见组；查明了测区岩浆岩类型、分布及侵入期次，并详细研究了东巧地区地幔岩流变学特征；重新确定了班公错 – 怒江结合带的北部边界，提供了班公错 – 怒江结合带北界向南俯冲、碰撞的弧火山岩浆岩带的系统资料；收集了测区矿产、水资源、动（植）物资源及旅游资源的资料。

图书在版编目（CIP）数据

中华人民共和国区域地质调查报告. 兹格塘错幅／
郑有业等著 . —北京：地质出版社，2015.12
ISBN 978 – 7 – 116 – 09398 – 0

Ⅰ. ①中… Ⅱ. ①郑… Ⅲ. ①区域地质调查 – 调查报
告 – 中国②山 – 地质调查 – 调查报告 – 西藏 Ⅳ.
①P562

中国版本图书馆 CIP 数据核字（2015）第 205198 号

Zhonghua Renmin Gongheguo Quyu Dizhi Diaocha Baogao（1：250 000）
Zigetangcuo Fu

责任编辑：宫月萱 关会梅 李 莉
责任校对：关风云
出版发行：地质出版社
社址邮编：北京海淀区学院路 31 号，100083
电　　话：(010)66554646（邮购部）；(010)66554629（编辑室）
网　　址：http://www. gph. com. cn
传　　真：(010)66554629
印　　刷：北京柏力行彩印有限公司
开　　本：880mm×1230mm 1/16
印　　张：16.25　　图版：10 面
字　　数：530 千字
版　　次：2015 年 12 月北京第 1 版
印　　次：2015 年 12 月北京第 1 次印刷
审 图 号：GS（2012）2305 号
定　　价：600.00 元
书　　号：ISBN 978 – 7 – 116 – 09398 – 0

（如对本书有建议或意见，敬请致电本社；如本书有印装问题，本社负责调换）

前　言

青藏高原包括西藏自治区、青海省及新疆维吾尔自治区南部、甘肃省南部、四川省西部和云南省西北部，面积达 260 万 km²，是我国藏民族聚居地区，平均海拔 4 500 m以上，被誉为地球第三极。青藏高原是全球最年轻、最高的高原，记录着地球演化最新历史，是研究岩石圈形成演化过程和动力学的理想区域，是"打开地球动力学大门的金钥匙"。

青藏高原蕴藏着丰富的矿产资源，是我国重要的战略资源后备基地。青藏高原是地球表面的一道天然屏障，影响着中国乃至全球的气候变化。青藏高原也是我国主要大江大河和一些重要国际河流的发源地，孕育着中华民族的繁衍和发展。开展青藏高原地质调查与研究，对于推动地球科学研究、保障我国资源战略储备、促进边疆经济发展、维护民族团结、巩固国防建设具有非常重要的现实意义和深远的历史意义。

1999 年国家启动了"新一轮国土资源大调查"专项，按照温家宝总理"新一轮国土资源大调查要围绕填补和更新一批基础地质图件"的指示精神。中国地质调查局组织开展了青藏高原空白区 1:25 万区域地质调查攻坚战，历时 6 年多，投入 3 亿多，调集25 个来自全国省（自治区）地质调查院、研究所、大专院样等单位组成的精干区域地质调查队伍，每年近千名地质工作者，奋战在世界屋脊，徒步遍及雪域高原，实测完成了全部空白区 158 万 km² 112 个图幅的区域地质调查工作，实现了我国陆域中比例尺区域地质调查的全面覆盖，在中国地质工作历史上树立了新的丰碑。

西藏 I46 C 004001（兹格塘错）幅区域地质调查项目，由西藏自治区地质调查院承担，工作区位于青藏高原腹地羌塘盆地南部、唐古拉山脉的南麓。目的是通过对调查区进行全面的区域地质调查，本着图幅带专题的原则，在区域地质调查的基础上，进一步研究新生代火山岩浆喷发时代、喷发环境、火山构造、成因机制、演化过程及与大地构造环境的关系；对测区南部东巧的基性、超基性岩带岩石的成因、形成环境及构造意义进行深入研究；对测区新生代具有代表性的各种沉积类型的时空分布、古地理、古气候和古生态环境进行详细研究，探讨青藏高原环境变化趋势和隆升过程。

I46 C 004001（兹格塘错）幅地质调查工作时间为 2000～2002 年，累计完成地质填图面积为 15 876 km²，实测剖面 128.83 km。地质路线 2956 km，采集各种类样品 2998件，全面完成了设计工作量。主要成果有：合理地厘定了测区的地层分区，建立了测区的地层划分系统，共建立（岩）群级单位两个，组、岩组级单位 20 个，非正式地层单位两个，其中新建地层单位有尕苍见组、查交玛组、马登火山岩等。东巧结合带内于北带新发现齐日埃加查蛇绿混杂岩，研究认为形成于弧间裂谷环境；对南带蛇绿岩设专题进行了流变学研究，论证了蛇绿岩的地幔岩成因具有典型的洋壳地幔残片属性。在莫库发现中酸性潜火山岩，初步确定其与侵入相花岗闪长岩组成同源岩浆演化序列。在东巧结合带内尕苍见一带厘定出一套火山岩系，并根据岩石组合及岩石化学特征，确定其属性为岛弧火山岩系。齐日埃加查－多玛贡巴蛇绿岩及晚侏罗世岛弧火山岩的发现，将班怒结合带的北侧边界向北推移了约 30 km，并提出本区侏罗纪洋壳向北俯冲的认识。新发现了砂岩型铜矿及锑、石膏等新的矿化线索。

2003 年 4 月，中国地调局组织专家对项目进行最终成果验收，评审认为，成果报告内容比较丰富，论述较充分，文图并茂，章节合理，文字通顺；图件整式清晰、规整。工作量达到（或超过）设计规定，技术手段、方法、测试样品质量符合有关规范、规定。对班怒结合带的物质组成、空间结构、形成演化、活动方式等方面增添了重要新资料，对羌南盆地的研究程度有所提高。经评审委员会认真评议，一致建议项目报告通过评审，兹格塘错幅成果报告被评为良好级。

参加报告编写的主要有郑有业、何建社、李维军、邹国庆、赵平甲、次琼、泽仁扎西、许荣科，由郑有业、许荣科、何建社统纂定稿。

先后参加野外工作的还有：曹泊平、叶少贞、许宏召、杨书正、金振民、王永峰等。在整个项目实施和报告编写过程中，得益于许多单位和领导的大力协助、支持，尤其要感谢的是：中国地质调查局、成都地质矿产研究所、西藏自治区地质调查院、西藏自治区地调院二分院、拉萨工作总站；感谢项目工作期间，热心为项目提供指导和帮助的于庆文研究员、夏代祥教授级高工、罗建宁研究员、王全海教授级高工、王大可教授级高工、李才教授、王仪昭总工等；感谢西藏地勘局苑举斌副局长及西藏地调院的领导：程力军院长、刘鸿飞副院长、杜光伟总工、蒋光武高级工程师等为项目工作顺利进行所提供的技术支持；感谢二分院领导夏德全、王德康、总工魏保军、李国梁主任等的热情关心和悉心指导，我们在此诚表谢意。对承担项目样品测试的单位和个人、电脑制图工作人员，同时也包括关心和支持本项目工作的各部门领导和热心人士，一并诚谢！

为了充分发挥青藏高原 1:25 万区域地质调查成果的作用，全面向社会提供使用，中国地质调查局组织开展了青藏高原 1:25 万地质图的公开出版工作，由中国地质调查局成都地质调查中心组织承担图幅调查工作的相关单位共同完成。出版编辑工作得到了国家测绘局孔金辉、翟义青及陈克强、王保良等一批专家的指导和帮助，在此表示诚挚的谢意。

鉴于本次区调成果出版工作时间紧、参加单位较多、项目组织协调任务重以及工作经验和水平所限，成果出版中可能存在不足与疏漏之处，敬请读者批评指正。

"青藏高原1:25万区调成果总结"项目组

2010 年 9 月

目　　录

第一章 绪 论

第一节 目 的 任 务

根据国土资源部国土发（1999）509 号文下达的 2000 年国土资源大调查计划，中国地质调查局于 2000 年 2 月以中地调函［2000］27 号文向西藏自治区地质调查院下达了"I46 C 004001（兹格塘错幅）1：25 万区域地质调查"项目任务书：

任务书编号：0100154095

项目编号：20001300009241

工作性质：基础地质调查

工作年限：2000 年 1 月至 2002 年 12 月

目标任务：按照 1：25 万区域地质调查技术要求（暂行）及其他有关规范与指南，参照造山带填图的新方法，运用遥感等新技术手段，以区域构造调查与研究为先导，合理划分调查区的构造单元。对调查区不同地质单元、不同构造－地层单位，采用不同的填图方法进行全面的区域地质调查。最终通过对沉积建造、变形变质和岩浆作用的综合分析，反演区域地质演化史，建立构造模式。

本着图幅带专题的原则，在区域地质调查的基础上，进一步研究新生代火山岩浆喷发时代、喷发环境、火山构造、成因机制、演化过程及与大地构造环境的关系；对调查区南部东巧的基性、超基性岩带岩石的成因、形成环境及构造意义进行深入研究；对调查区新生代具有代表性的各种沉积类型的时空分布、古地理、古气候和古生态环境进行详细研究，探讨青藏高原环境变化趋势和隆升过程。

依据任务书要求，并基于班公错－怒江结合带在调查区乃至青藏高原大地构造演化中的重要地位，项目设立"班公错－怒江结合带（东巧地区）地幔岩流变学和构造演化"研究课题，研究内容包括：①蛇绿岩层序的建立；②岩石学、岩相学和地球化学的综合研究；③变质－变形研究；④岩石物理－流变学高温高压实验测试；⑤综合地球物理研究；⑥大地构造环境和演化分析。

项目最终成果提交：

1）印刷出版 1：250 000 地质图及地质调查报告。

2）ARC/INFO 和 MAPGIS 图层格式数据光盘及图件与图层描述数据、报告文字数据光盘各一套。

第二节 交通及地理概况

调查区位于青藏高原腹地羌塘盆地南部、唐古拉山脉的南麓。地理坐标为：东经 90°00′~91°30′，北纬 32°00′~33°00′，面积约 15 876 km²。调查区行政区划隶属于那曲地区的安多县、班戈县和双湖特别区。

调查区距安多县城约 30 km，距西藏自治区首府拉萨市约 470 km。区内交通状况极差，仅有一条通往阿里地区的简易公路从图幅东南穿越；另外沿青藏公路线唐古拉山脚下有通往土门煤矿和美多锑矿区的一条季节性公路。正在修建的青藏铁路格尔木—拉萨段，从调查区以东约 10 km 的地方通过，交通概况见图 1－1。

调查区海拔一般在 4 700~5 300 m 之间，平均约 5 000 m，相对高差 200~500 m，属高原低山丘陵地貌。地貌类型主要有河谷、湖泊、阶地、垄岗、丘陵及中－低山地貌等。最高山峰为尕尔西姜，海拔 5 613 m；扎加藏布流域为调查区最低地段。主要山脉呈北西西－南东东或东西向展布，总体地势呈现北高南低、西高东低的格局。区内的主要河流扎加藏布横贯调查区东西，区内湖泊发育，小湖泊星罗棋布，较大的湖泊有气相错、兹格塘错、错那及亚土错，约占调查区面积的 2.3%。

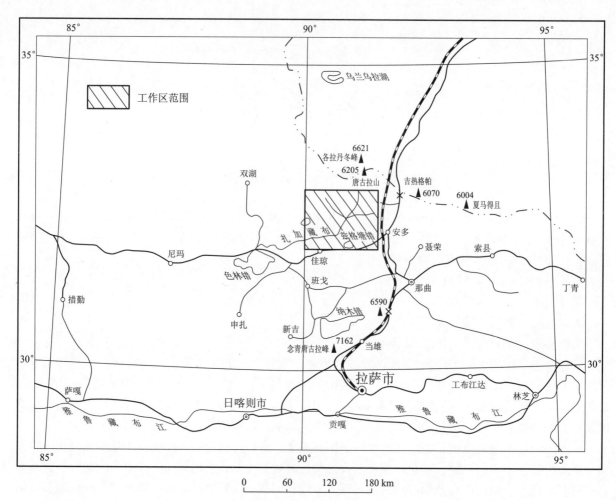

图 1-1 调查区交通位置图

（底图据《西藏自治区地图册》，2013）

调查区属高寒半干旱气候，空气稀薄，昼夜温差较大，四季不分明。春秋季节多大风雪，冬季干旱寒冷，夏季时间短，气候多变，多冰雹。每年 9 月至来年 5 月为冰冻期，无绝对无霜期。年日照平均 2 806.4 h，年降水量 150~411.6 mm。自然灾害主要有雪灾、冰雹、旱灾、风灾、冰灾和涝灾等。

调查区高寒缺氧，气候恶劣，人烟稀少，个别地域为无人区。所居住的人群均为藏族游牧牧民，以养殖业为主。

调查区植被均为天然野草，主要分布在平坦的谷地和低山丘陵地带，占调查区总面积的 70% 以上。植被的发育为野生动物和家畜养殖提供了丰富的食物。常见野生动物有野驴、黄羊、羚羊、狗熊、狐狸、狼、旱獭、獐子、草豹、草鼠、水鸭、天鹅、乌鸦、黑颈鹤等；家畜主要有牦牛、藏绵羊、藏山羊、马等。这些动植物良好的生存及生活环境，反映了该地区生物链与生态环境之间的一种平衡关系。

调查区已发现的矿产资源主要有能源矿产：煤炭、地热等；金属矿产：铬、锑、铁、铜、铅、锌、铂族、沙金等；非金属矿产：金刚石、膏盐、铀花岗岩等。目前，得到开发利用的矿产资源仅有铬铁矿、锑矿和煤矿，其他矿种和旅游资源等尚有待开发。

第三节 地质矿产研究史

调查区的地质调研始于 20 世纪 50 年代，前人主要地质工作见表 1-1，根据工作性质，可分为 4 类。第一类是以石油地质普查为主的找矿工作，从 20 世纪 50 年代至 20 世纪末，从路线地质调查到正规的不同比例尺的地质填图，是调查区基础地质研究从无到有、从略到详、从少到多、从落后到前沿的最重要的地质找矿工作。第二类是不同比例尺区域地质调查，60 年代末期，青海省区域地质调查队完成了1:100万温泉幅区域地质矿产调查，随后由西藏自治区区域地质调查队在70～80年代先后完成了1:100万改则幅、拉萨幅等区域地质矿产调查工作；90年代初，青海省区域地质调查综合大队完成了1:20万唐古拉山口幅区域地质调查；同一时期，中国石油天然气总公司新区勘探事业部下属的青藏油气勘探项目经理部以藏北羌塘盆地为研究对象，开展了数十幅1:10万区域地质找矿（石油普查）工作，其中部分波及调查区。第三类是地质找矿和矿产资源开发工作，该工作始于50年代末，发现了一批有价值的金属矿产和非金属矿产，如东巧铬铁矿、土门煤矿、美多锑矿等。第四类是科学考察和零星地质路线调查工作，从地层、构造、沉积盆地演化、石油普查及地球物理探测等多学科入手，对青藏高原特提斯构造的发展演化、青藏高原古板块再造以及青藏高原岩石圈结构、岩石圈－大陆动力学等方面进行了研究。

表1-1　调查区地质矿产调研历史简表

工作单位及个人	工作时间/年.月	工作性质	工作内容及主要成果	备注
青海地质局石油普查大队	1959.07	石油普查	开展了1:100万大范围石油普查，编写了文字报告	仅涉及调查区很少部分
西藏地质局第三地质大队	1959～1977	矿产普查	在土门格拉地区开展了普查找煤工作和大比例尺填图，提交了《西藏自治区安多县土门格拉地区煤炭普查报告》	1981年对三探区做了补充工作
地质部新疆铬矿会战指挥部西藏普查组	1965	矿产普查	提交了《西藏自治区安多县东巧超基性岩体1965年地质总结》	
青海地质局区测队	1965～1970	区域地质调查	完成了《1:100万温泉幅区域地质调查报告》及地质图，初步建立了调查区地层层序、构造格架，发现了一些矿化线索。对侏罗系进行了划分，把土门一带煤系地层归为下侏罗统，并划分为3个组：含煤组（上）、砂岩组（中）和砾岩组（下）3部分	
西藏地质局铬铁矿综合研究队	1979	科研	完成了《西藏安多县东巧超基性岩西岩体构造体系与铬铁矿分布关系研究》报告，提出了东巧铬铁矿的生成构造因素等	
中法联合考察队	1980～1982	科研	完成了喜马拉雅－唐古拉山口人工爆破地震剖面测量及大地电磁测深（MT）剖面，并对东巧一带蛇绿岩进行了详细研究，出版了《西藏蛇绿岩》	
西藏地质五队、西藏地质研究所六室	1980～1984	普查评价	完成了《西藏东巧金伯利岩型原生金刚石及砂矿赋存规律、找矿标志及远景评价研究》报告，提出了金刚石矿产新成因类型	
西藏地质矿产局第五地质大队	1982	普查评价	完成《西藏安多县东巧超基性岩西岩体铬铁矿详查评价》报告，探明了铬铁矿地质储量，控矿因素和成矿规律	
西藏地质矿产局物探大队	1983	物探	对东巧超基性岩体进行了物探测量，完成了铬铁矿普查物探工作阶段报告	
西藏地质矿产局物探大队	1983	物探	对东巧超基性岩体进行了物探测量，完成了铬铁矿普查物探工作阶段报告	
西藏地质矿产局第五地质大队	1983～1987	路线调查	沿申扎—那曲一带进行了1:50万路线地质调查，编写了调查报告	
中英联合考察队	1985～1988	科考	对青藏高原进行了多学科考察，出版了《青藏高原地质演化》专著	
西藏地质矿产局	1987～1989	综合研究	编写了《西藏自治区区域地质志》，比较系统地建立了调查区地层分区和地层层序及构造单元区划、构造格架、岩浆演化、探讨了青藏高原大地构造演化等	全面、系统地进行了综合划分研究

工作单位及个人	工作时间/年.月	工作性质	工作内容及主要成果	备注
西藏地质六队	1988~1989	普查评价	1）完成了美多一带化探和地质找矿工作，发现了多处锑矿点和矿化体，认为有进一步工作价值； 2）编写了《西藏自治区煤炭资源远景调查汇总报告》	
地矿部物化探研究所	1989	物化探	进行了1:250万和1:400万布伽重力测量，编绘了全区相应比例尺的布伽重力异常图	
西藏地质矿产局	1992~1994	综合研究	对全区地层进行了清理和多重地层划分对比，出版了《西藏自治区岩石地层》专著，统一了调查区地层系统	
西藏地质六队	1990~1999	矿产评价	对美多锑矿等进行了踏勘检查和普查，确定该锑矿为一大型矿床，并确定土门－多尔索洞一线为藏北锑矿带	
中国石油天然气总公司	1996	区调	开展了以石油普查为重心的1:10万路线地质调查工作，测制了大量地层剖面，涉及调查区范围：东经90°30′~91°00′，北纬32°30′~33°00′	由青藏经理部完成

根据不同时期的工作性质、内容、研究程度及取得的认识，大致可划分以下4个阶段：

1）20世纪50年代基础地质、矿产地质资料收集阶段。

2）60~70年代特提斯构造演化和青藏高原古板块再造以及区域地质调查阶段。

3）80年代岩石圈动力学研究及羌塘盆地石油地质普查阶段。

4）90年代青藏高原大陆动力学探索及羌塘盆地油气勘查阶段。

第四节　工作概况及实物工作量

一、工作概况

项目于2000年1月组建，设立项目负责1人、技术负责2人，大组长、组长若干人，组成了包括技术人员和辅助人员在内近20人的区域地质调查队伍。项目设综合组1个，质监组1个，专题组1个，安全组1个，填图组4个。同时，确立了各组的工作性质、职能及责任等。

根据项目任务书要求及项目实际情况，项目实施周期为3年，按年度划分3个大的阶段。

2000年1~12月为第一阶段。2000年1~4月，系统地收集了前人资料，并进行了综合分析研究；5~9月份完成了调查区土门煤矿幅、吉开结成玛幅约30%、亚土错幅的65%、兹格塘错幅约80%，共近5 000 km²填图面积，测制剖面17条，总长52.13 km；9~12月完成了设计书编写及审批验收，同时，对本年度野外资料进行了整理。

2001年1~12月为第二阶段。2001年3月编写了补充设计书，补充设计书对2001年度工作和计划工作量进行了必要的调整。4~11月进行了野外填图和剖面测制，完成填图面积约11 000 km²，测制剖面68.7 km。8月中旬，由西南项目办公室组织的野外检查组，对项目所完成的工作和取得的成果进行检查和审定。12月进行了野外原始资料的整理、整饰和综合研究。

2002年1~12月为第三阶段。2002年3~6月份完成了项目所有原始资料的综合整理工作，编制了1:25万地质图，编写了野外验收汇报提纲。于6月23~27日由西南项目办公室专家组在中国地质大学进行了野外验收，7月进行了野外补课。8~12月编写区域地质调查报告最终成果及相关图件，12月初由西藏自治区地质调查院进行了最终成果初审。2003年4月15~19日，在四川都江堰对青藏高原首批1:25万区调成果集中评审中验收通过。

二、完成实物工作量

完成实物工作量见表1-2。

表 1-2 实物工作量一览表

	工作内容	单位	完成总量	设计工作量	完成比率/%
地质调查	填图面积	km²	15876	15876	100
	路线调查	km	2956	2900	101
	遥感解译路线	km	241	100	241
	测制剖面	km	128.83	120.25	107
	东巧蛇绿岩研究	km²	240		
测试样品	岩石标本、薄片	块	1321	1190	112
	基岩光谱及稀土	件	764	1402	54
	硅酸盐、碳酸盐	件	68	40	170
	人工重砂	件	14	7	200
	岩石粒度	件	35	23	152
	拣块化学	件	29		
	同位素	点	17	19	90
	电镜扫描、电子探针	件	7	20	35
	人工热压	件	120		
	大化石	件	562	350	160
	放射虫、牙形石、孢粉等微古化石	件	61	50	122

三、报告编写

本报告是项目组全体成员在克服各种艰难险阻的情况下完成的,是集体劳动成果,报告共分 7 章约 22 万字,有插图 216 帧,插表 80 张,图版 11 个。各章节编写分工分别是:第一章何建社、郑有业;第二章李维军、许荣科、次琼、赵平甲、郑有业;第三章赵平甲、邹国庆、何建社、郑有业;第四章李维军、次琼、邹国庆;第五章何建社、郑有业、许荣科、次琼;第六章邹国庆、郑有业、泽仁扎西;第七章何建社、郑有业;报告专题金振民、郑有业、王永峰、许荣科。参考文献及图版、图版说明、报告中插图、插表分别由执笔人编绘;最后由郑有业、许荣科、何建社统撰定稿,次琼最后对出版稿、地质图进行编辑和说明书编写。

项目工作期间,曾得到于庆文研究员、夏代祥教授级高级工程师、罗建宁研究员、王全海教授级高级工程师、王大可教授级高级工程师、李才教授、王仪昭总工程师、程力军院长、刘鸿飞副院长、苑举斌局长和魏保军总工程师等热情关心和悉心指导,我们在此诚表谢意。对承担项目样品测试的单位和个人、电脑制图工作人员,同时也包括关心和支持本项目工作的各部门领导和热心人士,一并诚谢!

由于工作区高寒缺氧、气候恶劣、交通不便以及作者水平所限等原因,不足之处在所难免,望领导、专家及同仁批评指正。

第二章 地层及沉积岩

调查区地处羌塘盆地和班公错－怒江结合带交接部，羌塘盆地以发育中生代—新生代地层为特征，包括羌塘盆地浅层基底上三叠统、侏罗系、白垩系、古近系、新近系和第四系等地层。班公错－怒江结合带内以中生代地层为主，发育有侏罗系蛇绿混杂岩、沉积混杂堆积岩等，古生代地层主要呈小岩片形式分布在带内。遵循区域地层沉积物结构、古生物面貌、古地理环境、构造岩浆活动规律以及板块构造发展演化格局等基本特征一致或相近原则，以区域构造为边界进行地层区划分级，将调查区地层分别划归华南地层大区和滇藏地层大区，并进一步划分了分区和小区（图2-1）。

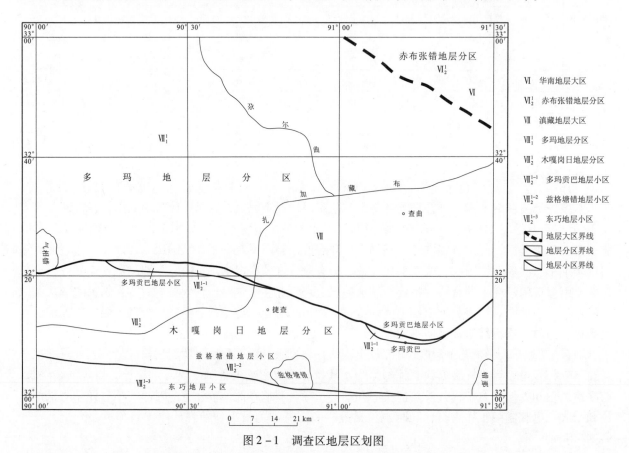

图2-1 调查区地层区划图

依据上述调查区地层分区，一般采用岩石地层或构造岩石地层单位划分方案，第四系采用时代加成因分类方案，建立了调查区地层划分系统（表2-1）。共划分出岩群级单位1个、群级单位1个、岩组单位3个、组级单位15个、蛇绿混杂岩填图单位两个、非正式岩石地层单位3个、非正式构造岩石单位（岩片或岩块）9个，第四系划分出9种成因类型：包括河流相冲积（al）、洪冲积（pal）；湖相湖积（l）、沼泽（f）；风成沙积（eol）；残坡积（esl）；化学成因钙华（ch）及冰川（gl）、冰水（pl-gfl）等。

第一节 前泥盆系

前泥盆系仅见于班公错－怒江地层区木嘎岗日地层分区，出露于安多县扎沙区多玛贡巴、鄂如一带，为一构造围限的形态不规则、东宽西窄的楔形地质块体，出露宽500～1500 m，延伸约12 km，面积近12 km²。由一套变形变质中基性火山岩和白云质角砾岩、碎裂岩化英安质凝灰角砾岩等岩石组

表2-1　调查区地层划分

地层系统			滇藏地层大区				华南地层大区
			班公错-怒江地层区			羌南-保山地层区	羌北-昌都地层区
			木嘎岗日地层分区			多玛地层分区	赤布张错地层分区
界	系	统	东巧小区	兹格塘错小区	多玛贡巴小区		
新生界	第四系	全新统	冲积、洪冲积、湖积、沼泽、坡—残坡积、风积、化学等				
		更新统 上	冲积、洪冲积、湖积、沼泽、水积—冰水、化学等				
		更新统 中	冲积、洪冲积、湖积等				
		更新统 下	冲积、洪冲积、湖积等				
	新近系	上新统	康托组				
		中新统					
	古近系	渐新统	牛堡组				
		始新统					
		古新统					
中生界	白垩系	上统	竟柱山组			阿布山组	马登火山岩
		下统	东巧组 上段				
			东巧组 下段				
	侏罗系	上统	查交玛组			索瓦组	索瓦组
			尕苍见组				
			东巧蛇绿混杂岩	木嘎岗日岩群	加琼岩组	夏里组	夏里组
		中统			齐日埃加查蛇绿混杂岩	布曲组 上段	布曲组 上段
						中段	中段
						膏盐层	膏盐层
						下段	下段
		下统		康日埃岩组		色哇组 / 雀莫错组	?
							?
中生界	三叠系	上统				夺盖拉组	?
						阿堵拉组	?
						波里拉组	?
		中统					
		下统					
晚古生界	二叠系	上统					
		中统					
		下统	下拉组				
	石炭系						
	泥盆系	中上统	查果罗玛组				
	前泥盆系		戈木日岩组			亚恰组	

成。因受构造影响，出露地层均无顶、底。此次工作将该套地层同邻区的阿木岗岩群戈木日岩组相对比，并分为上、下两段，时代置于前泥盆纪。

一、剖面描述

（一）安多县扎沙区鄂如戈木日岩组剖面

剖面位于安多县扎沙区鄂如（图2-2），起点地理坐标为东经90°11′33″，北纬32°07′14″。

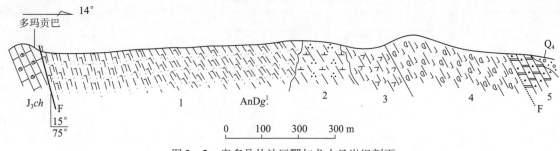

图 2-2 安多县扎沙区鄂如戈木日岩组剖面

上覆地层：第四系松散堆积物

戈木日岩组上段（AnDg²） 厚 >300 m

未见顶

5. 浅灰、灰白色块状白云质角砾岩，不具层理，砾石以白云岩、灰岩、大理岩为主，见少量变 >300 m
　　质火山岩角砾，分选及磨圆度均差，钙质胶结（第四系覆盖未见顶）

=========== 断　　层 ===========

戈木日岩组下段（AnDg¹） 厚 >919 m

4. 深灰绿色条纹状糜棱岩化细碧岩，岩石中可见构造透镜体 273.99 m

3. 绿灰色糜棱岩化细碧玢岩 106.40 m

2. 灰色条纹状石英闪长质糜棱岩，侵入接触关系可辨 109 m

1. 绿色条纹状玄武质糜棱岩，出现似香肠状或透镜状石英脉 538.65 m

未见底

=========== 断　　层 ===========

断层南侧为上侏罗统查交玛组灰岩。

（二）安多县强玛乡来鄂布苏尔戈木日岩组剖面

剖面位于安多县强玛乡来鄂布苏尔（图2-3），起点地理坐标为东经91°07′45″，北纬32°08′15″。

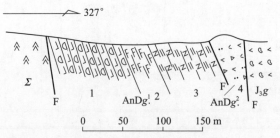

图 2-3 安多县强玛乡来鄂布苏尔戈木日岩组剖面

上覆地层：上侏罗统尕苍见组火山岩

=========== 断　　层 ===========

戈木日岩组上段（AnDg²） 厚 >170.93 m

未见顶

4. 褐红色碎裂岩化沉英安质凝灰角砾岩   >38.63 m

戈木日岩组上段（AnDg$_1^1$）

═══════════════ 断　　层 ═══════════════

3. 灰、深灰色条纹状—千糜状碳酸盐化、硅化绢云母长英质超糜棱岩   >64.93 m
2. 灰—褐灰色方沸石糜棱岩化、硅化、碳酸盐化碎裂条纹状长英质超糜棱岩   27.48 m
1. 灰褐色片理化杏仁状细碧岩   >39.89 m

未见底

═══════════════ 断　　层 ═══════════════

断层南侧为超基性岩。

据上述两条剖面资料，戈木日岩组上段在区内出露局限，岩性较单一，为一套沉积角砾岩；下段为一套变质变形中基性火山岩，基本上都已变为糜棱岩化或超糜棱岩化构造岩。

二、微量元素

经对戈木日岩组火山岩 10 种微量元素分析统计，并与维诺拉夫地壳元素丰度值对比，有如下特征：

火山岩中 V，La 两种元素值含量基本接近，而在中性侵入岩中含量偏高；Ga 元素反映了偏低特点，但部分样品值与基性岩相近；Co 元素在中性侵入岩中含量高，而在基性岩石中显示了低值现象。其余元素不同程度均低于维诺拉夫地壳丰度值，尤其 Nb，Li，Sr 3 种元素值相当低，含量相差 2～3 倍，这些元素含量变化很可能与后期变质变形作用有关。

三、区域地层对比

该地层在区内总体上为浅变质、强变形基性火山岩。在东侧多玛贡巴一带岩石为糜棱岩化细碧岩和玄武质糜棱岩，反映了南侧变形强、北侧变形弱的特征。向西侧到巴玛日玛一带出现了长英质超糜棱岩，构造变形有所加强，岩性向中性变化，上部还出现了碎裂岩化沉英安质凝灰角砾岩。

根据以上岩石、变质变形特征，区内该套地层可与邻区改则戈木日－果干加年山简测剖面前泥盆系部分层位对比，下段主要相当于该剖面 13 层变质中基性火山岩；上段的角砾岩则可与该剖面 14 层岩屑砾岩相对比，虽然砾岩成分有差异，但都属一套厚层或块状、分选及磨圆度差的角砾岩。综上，将调查区该套地层划分为戈木日岩组。

四、时代归属

调查区这套变质变形地质体，前人资料未见报道，为此次区调填图中发现，虽从岩石学、地球化学、构造变形等方面与区域地层作了对比，但由于调查区内该地层构造变形强、出露甚少、与周围地层均呈断层接触，所以其时代归属只能据区域资料予以讨论。

调查区内该地层发生浅变质强变形，和南北两侧与之呈断层接触的上侏罗统尕苍见组、查交玛组未变质变形的地层存在显著差异，故其时代无疑应早于晚侏罗世。

据 1∶100 万改则幅❶戈木日剖面资料，戈木日组不整合伏于上三叠统及更新统之下，局部可见与下二叠统鲁谷组呈断层推覆接触（区外），西藏自治区地质矿产局（1993）认为，这一断层可能是在浅构造层次经滑脱剪切而形成的滑离断层，因此间接推论下二叠统是覆于戈木日组之上的残留沉积盖层，将其时代归属前泥盆纪。

该地层与东侧相邻的安多地块、聂荣－丁青地体属同一构造带，但岩石组合上有所不同。在聂荣－安多以南，为中深变质岩系，有片岩、片麻岩、条带状混合岩，变质程度明显深于区内岩石，其

---

❶ 西藏自治区地质矿产局．1986．西藏 1∶100 万改则幅区域地质调查报告．

上被侏罗系或白垩系不整合覆盖，《西藏自治区区域地质志》将该套变质岩的层位与吉塘群的恩达组，阿木岗群的恰格拉组对比。综上，将区内该套地层的沉积时代置于前泥盆纪是较合适的。

第二节 前 二 叠 系

调查区前二叠系仅见于多玛地层分区，主要出露于邻幅亚恰一带，少量延入本图幅西北角，图区内出露面积仅十几平方千米。

前二叠系亚恰组由宜昌地质矿产研究所新建，由变形强烈的浅变质岩组成，出露厚度达4 455 m，并认为其南、北两侧被新生代地层不整合覆盖，东部与土门格拉组上部碎屑岩段呈断层接触，向西延伸出赤布张错幅。该套地层岩石组合简单，主要为灰色绢云母板岩、绿泥石板岩、绿泥绢云板岩、千枚状绿泥绢云板岩夹变石英细砂岩、变岩屑石英细砂岩，局部夹大理岩透镜体。

在本图区内该套地层与上三叠统波里拉组、上白垩统阿布山组均呈断层接触，岩石组合与邻幅基本相似，因交通等因素未做详细工作，下面引述1∶25万区调❶工作的资料对该地层予以讨论。

一、岩石地层特征

（一）剖面描述

剖面位于赤布张错幅西南角的亚恰，起点地理坐标为北纬33°02′52″，东经90°14′06″。岩性自上而下描述如下（图2-4）。

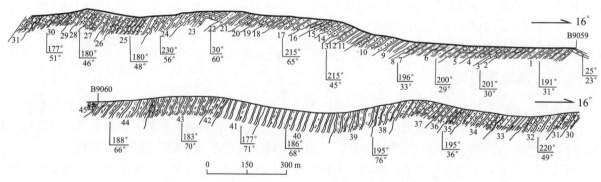

图2-4 西藏自治区班戈县前二叠纪亚恰组实测剖面图

上覆地层： 新近纪曲果组（N_2q）：红色厚层状中细砾岩夹紫红色块状含粉砂质泥岩

～～～～～～ 角度不整合 ～～～～～～

前二叠纪亚恰组（PrePy） 厚＞4 455.44 m

44. 灰、深灰、黑色粉砂质绢云板岩夹黑色含碳绢云板岩，劈理发育，劈理面上见密集的细小绢云母片，风化色呈褐黄色　88.96 m

43. 深灰色千枚状绢云板岩夹粉砂质绢云板岩、含绢云质碳质板岩，局部夹变岩屑细砂岩透镜体。劈理发育，劈理面上发育细小绢云母片　355.18 m

42. 深灰色中层状变石英岩屑细砂岩　65.74 m

41. 灰、深灰色千枚状板岩夹灰色薄层状变岩屑细砂岩，细砂岩中见平行层理　256.37 m

40. 灰黑色千枚状板岩夹粉砂质板岩，板劈理发育　424.46 m

39. 灰黑、深灰色千枚状含碳板岩　245.14 m

38. 深灰、灰黑色千枚状粉砂质板岩，具强丝绢光泽　133.44 m

37. 深灰色千枚状粉砂质板岩与灰色薄层状变岩屑石英细砂岩不等厚互层，向上细砂岩减少，上部岩性为深灰、灰黑色粉砂质板岩　166.04 m

36. 灰色中层状变长石石英细砂岩夹深灰色千枚状粉砂质板岩　50.39 m

---

❶ 湖北省宜昌地质矿产研究所，2004. 西藏1∶25万赤布张错幅区域地质调查报告.

35. 深灰色粉砂质板岩夹灰绿色中层状变含铁岩屑石英细砂岩。细砂岩中发育平行层理   52.58 m

34. 下部为深灰色粉砂质板岩，板劈理间隔 2～4 mm，局部发育似千枚状构造，风化面呈浅褐黄   64.93 m
色；中上部为深灰、灰绿色中层状变岩屑石英细砂岩夹灰色粉砂质板岩，细砂岩中含方解石
（5%），并发育平行层理

33. 深灰色中层状变岩屑石英细砂岩夹灰色粉砂质板岩；板岩中板劈理间隔一般 3～4 mm   113.61 m

32. 深灰色粉砂质板岩，中上部夹灰色薄层状变岩屑细砂岩   137.41 m

31. 下部为深灰色粉砂质板岩，风化色呈浅褐黄色；中上部为深灰色中层状变岩屑细砂岩夹粉砂   6.16 m
质板岩；细砂岩中发育平行层理，风化面发育黑色铁锰质薄膜

30. 深灰色中层状变岩屑石英细砂岩与灰绿色粉砂质板岩不等厚互层；前者发育平行层理   66.99 m

29. 深灰色粉砂质板岩夹灰色薄层状变岩屑石英细砂岩，局部发育似千枚状构造   24.37 m

28. 深灰色中层状变钙质石英细砂岩，见平行层理；风化面发育铁锰质薄膜；中上部夹浅灰绿色   36.40 m
粉砂质板岩，向上细砂岩减少

27. 深灰、灰黑色粉砂质板岩，中下部夹灰色中层状变岩屑细砂岩   91.75 m

26. 灰色中层状变岩屑石英细砂岩，发育平行层理   29.46 m

25. 深灰色粉砂质板岩夹绢云母板岩，局部夹浅褐灰色中层状浅变质含褐铁矿长石石英细砂岩，   190.22 m
石英具波状消光，褐铁矿含量达 8%；板岩风化色呈浅褐色薄片状

24. 深灰、灰色含粉砂板岩，风化后呈浅红色的薄片状，中上部夹灰、灰绿色中层状变岩屑石英   115.96 m
细砂岩

23. 深灰色粉砂质板岩夹灰色中层状变岩屑石英中细砂岩。变质矿物绢云母 2%；石英颗粒具强   213.43 m
弱不等的波状消光

22. 灰、深灰色浅变质含长石岩屑石英细砂岩，发育白色石英脉   42.16 m

21. 深灰色板岩与深灰、灰色粉砂质板岩不等厚互层，向上粉砂质板岩增多   0.49 m

20. 深灰色粉砂质板岩，中上部夹灰色薄层状浅变质含绢云母方解石石英粉砂岩。绢云母 5%，   82.26 m
方解石 25%

19. 深灰色中层状浅变质含钙石英细砂岩与深灰色粉砂质板岩不等厚互层；细砂岩中含微—细晶   81.58 m
方解石（20%）及少量鳞片状绢云母（2%）和细粒状黑电气石，并有白色石英脉穿插

18. 底部和中部为灰色中层状弱变质岩屑石英细砂岩，中下部和上部为深灰色粉砂质板岩；细砂   53.06 m
岩中发育白色网状石英脉

17. 灰色粉砂质板岩夹灰色薄层状弱变质岩屑石英细砂岩。细砂岩中发育平行层理，风化面发育   209.05 m
铁锰质薄膜，板岩风化面呈叶片状

16. 灰色粉砂质板岩夹深灰色板岩，向上粉砂含量减少，板劈理发育，局部发育似千枚状构造   60.25 m

15. 灰色粉砂质板岩夹弱变质岩屑石英细砂岩；细砂岩中发育平行层理   44.40 m

14. 零星露头岩性为灰色中厚层状弱变质长石石英细砂岩夹灰色中层状变岩屑石英细砂岩；在转   44.60 m
石中见小型板状斜层理及重荷模构造

13. 灰、深灰色千枚状绢云板岩，片理发育，岩石风化面呈灰白色   10.07 m

12. 灰色中厚层状浅变质含钙质长石石英细砂岩，粉—细晶方解石含量达 16%，含少量绢云母   14.74 m

11. 灰色板岩夹灰色变岩屑细砂岩条带，局部夹深灰色含碳质板岩，板劈理发育   68.00 m

10. 深灰、灰色粉砂质板岩夹灰色含钙石英粉砂泥绢云板岩透镜体，板劈理发育   21.13 m

9. 灰、深灰色含粉砂质板岩，偶夹黑色含碳板岩及变岩屑砂岩透镜体，劈理发育   81.69 m

8. 浅灰绿、灰黑色中厚层状弱变质含钙长石石英细砂岩，石英颗粒边缘呈齿状，且普遍发育波   3.05 m
状消光

7. 深灰、灰黑色含钙粉砂质绢云绿泥板岩夹黑色含碳质绢云绿泥板   21.33 m

6. 深灰色绿泥绢云板岩与含碳绢云板岩不等厚互层，局部变形强烈，并发育小型平卧褶皱   118.12 m

5. 灰色含碳含绢云母粉砂质板岩，偶夹黑色含碳绿泥绢云板岩，向上颜色变深   69.38 m

4. 灰绿色含石英粉砂质绢云板岩，局部夹灰白色弱变质中粒岩屑石英砂岩透镜体，并有石英脉   24.00 m
穿插

3. 灰、灰黑色中层状含碳含绿泥石水云母细粒岩屑石英杂砂岩，岩屑主要为石英岩及硅质岩，   4.09 m
绿泥石含量 5%；砂状结构，块状构造

2. 灰绿色粉砂质板岩   18.16 m

1. 灰、深灰色含碳质绿泥绢云板岩、含碳质绢云绿泥板岩，劈理发育   >80.54 m

未见底

（二）岩石组合特征

该套变质地层岩石组合简单，主要为灰色绢云母板岩、绿泥石板岩、绿泥绢云板岩、千枚状绿泥绢云板岩夹变石英细砂岩和变岩屑石英细砂岩，局部夹大理岩透镜体。板岩具鳞片状变晶结构及定向组构的板状和似千枚状构造，板劈理发育，变质矿物主要为绿泥石和绢云母，含量变化大，常含不等量变余粉砂；大理岩具细粒变晶结构，方解石多拉长定向排列，局部发育糜棱岩化，可见变余棘皮生物屑；变砂岩变质变形作用弱，具变余砂状结构，变余砂粒间呈齿状接触，变余空隙中的杂基为绢云母及绿泥石等，属低绿片岩相区域变质作用的产物。

在变质地层中石英脉和片理发育，片理向南倾斜，倾角自北向南变陡，北部倾角为30°～40°，南部倾角为60°左右；区域片理总体与成分层一致，局部地段片理面与成分层斜交，交角达15°～20°，表明在变质作用发生之前，地层经历过褶皱变形。

二、区域对比及时代讨论

该套变质岩位于双湖－澜沧江变质带（西藏自治区地质矿产局，1993）的北侧，变质地层中未见变质火山岩、变质石英砾岩及变质硅质岩，与南部地区兹格塘错一带及双湖西部果戈加年山、阿木岗等地（羌中隆起）的前二叠纪变质地层明显不同。同时，与其北部10余千米处的麦多－江当扎纳地区和南部查郎拉地区（蔚远江等，2002）的土门格拉组有明显区别，具体有：

1）土门格拉组没有变质，变形也很弱，其中的砂岩含变质岩岩屑和较多菱铁矿（可达10%），无海绿石，粉砂岩和黏土岩中含碳屑少，灰岩中含腕足类和双壳类化石及其碎屑，未见棘皮类碎屑；相反，亚恰组中除绢云母和绿泥石等变质矿物外，砂岩常含海绿石，菱铁矿则少见，板岩中碳屑含量较高，大理岩中未见腕足类和双壳类碎片，仅含少量残余棘皮类碎屑。区域上土门格拉组中含丰富的孢粉化石，而此次工作先后在亚恰组中分析了16件样品，均未获孢粉。

2）土门格拉组的岩性具有上、下段之分。下段由灰色厚层状砂屑生物屑灰岩、鲕粒砂屑灰岩、生物屑泥晶灰岩组成，属开阔台地相沉积；上段为灰色厚层状岩屑细砂岩与薄层状粉砂质泥岩、粉砂岩不等厚互层，在东部土门一带产可采煤层，总体属三角洲相沉积；在麦多－江当扎纳地区，下段出露厚度大于170 m，上段厚1 091 m。亚恰组的原岩主要为一套灰色的泥岩、粉砂质泥岩夹少量细砂岩，地层厚度大，岩性单一，与复理石建造相似，但其中的变砂岩分选好、无杂基、偶含海绿石，系浅水高能环境下的产物。因此亚恰组可能形成于沉降速度较快的浅水陆棚环境。

3）亚恰组的变形作用主要表现为劈理化和片理化，其与土门格拉组呈断层接触，二者岩性截然，未见岩性过渡带，因此，亚恰组不是动力变质作用的产物，而应与区域变质作用有关。

因此，宜昌地质矿产研究所（2004）❶认为亚恰组不是土门格拉组的变质产物，并在进行微体样品分析时，发现1粒可疑化石，经中国科学院南京地质古生物研究所尹磊明和欧阳舒鉴定为 *Churia* ？ *sp.* 。鉴于该属种主要见于震旦纪—寒武纪，并考虑到大理岩中含少量残余棘皮碎屑，宜昌地质矿产研究所暂将亚恰组时代定为前二叠纪（汤朝阳等，2006），本报告采纳了此观点，但必须指出，以往研究者多将羌塘一带已经发生了变质变形的岩层划归前泥盆系，从宜昌地质矿产研究所赤布张错项目组的同志已采获的化石看，也是划归前泥盆系更为合理。

第三节　泥　盆　系

泥盆系查果罗玛组仅见于班公错－怒江地层区东风矿一带，出露面积不足4 km²，以岩块形式产于蛇绿混杂岩中，为外来构造岩块。

查果罗玛组由夏代祥于1979年创建，之后林宝玉（1981）、许汉奎（1981）、杨式溥（1981）、饶靖国（1988）等先后研究过建组剖面，并提出了各自不同的划分意见。本报告采用西藏自治区地

---

❶　湖北省宜昌地质矿产研究所．2004．西藏1：25万赤布张错幅区域地质调查报告。

质矿产局（1997）的划分方案，将该套地层划入查果罗玛组，时代据邻幅——班戈幅❶采到的化石，划归中晚泥盆世。

一、岩石地层特征

（一）剖面描述

调查区内该套地层面积太小，未测剖面，现引述班戈幅剖面（西藏班戈县北拉乡铁荣中、上泥盆统查果罗玛组实测剖面）资料（图2-5）。

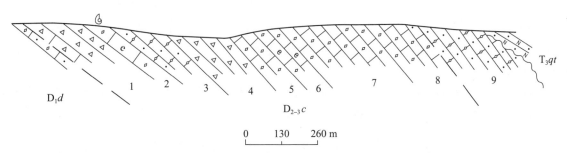

D_1d　　　　　　　　　　　　　　$D_{2-3}c$　　　　　　　　　　　　T_3qt

0　　130　　260 m

图2-5　西藏班戈县北拉乡铁荣中、上泥盆统查果罗玛组实测剖面图

上覆地层： 上三叠统确哈拉群（T_3ql）土黄色中层状长石石英砂岩

～～～～～～ 角度不整合 ～～～～～～

中上泥盆统查果罗玛组（$D_{2-3}c$）　　　　　　　　　　　　　　　厚736.3 m

9. 灰黑色厚层状亮晶砂屑灰岩　　　　　　　　　　　　　　　　118.49 m
8. 上部灰白色中—厚层状粉晶灰岩，下部灰黑色厚层—块状粉晶灰岩　　61.46 m
7. 灰白色厚层—块状粗晶灰岩　　　　　　　　　　　　　　　　174.22 m
6. 肉红色中—厚层状含生物碎屑中—细晶灰岩，含珊瑚化石碎片　　59.61 m
5. 灰黑色厚层状粉晶灰岩　　　　　　　　　　　　　　　　　30.81 m
4. 灰—灰黑色块状灰岩质角砾岩　　　　　　　　　　　　　　127.40 m
3. 灰白色厚层—块状亮晶粗砂屑灰岩　　　　　　　　　　　　74.94 m
2. 灰黄色中—厚层状含生物碎屑微晶灰岩，产珊瑚 *Disphyllum*，*Thamno*　20.74 m
1. 土黄色中—厚层状灰岩质角砾岩，底部灰白色中—厚层状假角砾状亮晶砂屑灰岩　68.63 m

┄┄┄┄┄ 平行不整合 ┄┄┄┄┄

下伏地层： 下泥盆统达尔组（D_1d）灰黑色中层状亮晶砂屑灰岩

（二）岩石组合

调查区内该套地层岩性主要为一套灰岩质角砾、粉晶灰岩、亮晶砂屑灰岩，与区域地层岩性基本一致。

二、生物组合及年代讨论

调查区内该套地层未采获化石。相邻班戈幅1∶25万区域地质调查❶在该套地层下部采获珊瑚 *Thamnopora*，*Thamnopora* cf. *sichuansis*，*Thamnopora yanetae*，*Alveolites* sp.，*Alveolites* cf. *polyforatus*，*Coenites* sp.，*Coenites* cf. *bachatensis*；腕足类 *Elytha* sp.，*Devonochonetes* cf. *coronatus*（Hall）等。其中珊瑚化石多数为中国东岗岭期常见分子，腕足类 *Devonochonetes* cf. *coronatus*（Hall）是中泥盆统特征分子。所以查果罗玛组下部为中泥盆世沉积，相当于东岗岭阶层位。

查果罗玛组上部产珊瑚 *Amplexocarinia* sp.；腕足类 *Matiniopsis* sp.，*Cyrtospirifer crassiphicatus*

❶西藏自治区地质调查院. 2004. 西藏1∶25万班戈幅区域地质调查报告。

Brice，*Cyrtospirifer asiaticus* Brice，*Ptychomaletochia triplicata* Sunetchen，*Spinathypa* sp.，*Spinathypa* cf. *subkwangsiensis*（Tien）；苔藓虫 *Fenestella* sp.；海百合茎 *Cyclocyclicus* sp. 等。其中，珊瑚 *Amplexocarinia* 从晚泥盆世开始出现，腕足类 *Cyrtospirifer* 是我国湖南佘田桥阶的重要化石，亦常见于四川龙门山上泥盆统土桥子组和沙窝子组。其余腕足类均产于晚泥盆世。因此，查果罗玛组上部时代属晚泥盆世早期，相当于佘田桥阶层位。

综上所述，查果罗玛组层位相当于东岗岭阶—佘田桥阶。

第四节 二 叠 系

二叠系仅见于班公错－怒江地层区的木嘎岗日分区。出露于图幅东南缘扎沙区，走向北西－南东，东侧向 140°方向延出图外。在图区内该套地层出露长约 18 km，宽 600～1 600 m，面积近 20 km²。该套地层为一套台地碳酸盐岩沉积，富含菊石类、腕足类、海百合茎和珊瑚等生物化石（图 2－6）。该地层以岩块形式产于蛇绿混杂岩带内（为构造外来岩块），与木嘎岗日岩群呈断层接触，古近系牛堡组不整合覆盖其上。该套地层对比划分见表 2－2。

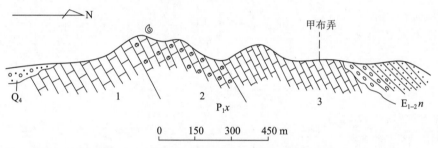

图 2－6　扎沙区甲布弄下拉组综合路线剖面图

表 2－2　调查区下二叠统地层划分沿革表

地层划分		西藏自治区地质矿产局，1993	西藏自治区地质矿产局，1997	吴瑞忠等，1997	成都理工学院[①]，1998	本报告
二叠系	上统	坚扎弄组	坚扎弄组	桑穷组	桑穷组	
	下统	下拉组	下拉组	下拉组	卓布组	下拉组
		日阿组		日阿组	下拉组	
石炭系	上统	昂杰组 C_2	昂杰组 C—P	昂杰组 P_1^1	昂杰组 C_3—P_1	

①成都理工学院环境地质研究所.1998.藏北高原地质演化及油气远景评价.

一、岩石地层特征

（一）剖面描述

剖面位于安多县扎沙区甲布弄，起点地理坐标；东经 91°10′45″，北纬 32°00′21″。

上覆地层： 古近系牛堡组紫红色砾岩、砂岩

～～～～～～ 角度不整合 ～～～～～～

下拉组（P_1x）　　　　　　　　　　　　　　　　　　　　　　　　　　　　厚 >1 000 m

3. 深灰色、灰色中—薄层状细晶—微晶灰岩　　　　　　　　　　　　　　　　400 m

2. 灰色中层状生物碎屑泥晶灰岩，产腕足 *Araxathyris* sp.，*Brachythyyis* sp.，*Neospirifer* sp.，*Eomarginifera* sp.，*Dictyoclostus* sp.，*Charistites* sp.，*Sinoproductus* sp.，*Echinochonchus* sp.，*Alexania* sp.；菊石类 *Neoaganides* cf. *multseptatus*（Chao）及珊瑚、层孔虫、海百合茎等化石。　　300 m

1. 灰色中厚层状微晶灰岩   >300 m

未见底，被第四系堆积物掩盖

（二）岩石特征

1. 生物碎屑泥晶灰岩

生物碎屑泥晶灰岩为块状或中层状构造，生物碎屑泥晶结构，轻微碎裂结构，生物碎屑有棘屑、腕足类、苔藓虫、介形虫、三叶虫、有孔虫、钙球等，含量约 10% ~ 15% ；基质为泥晶，粒径小于 0.005 mm，成分主要为方解石（方解石含量 >99% ），含量 80% ~ 85% 。此外，还含微量的金属矿物，沿岩石中的裂隙有方解石脉充填。

2. 微晶灰岩

微晶灰岩为块状或层状构造，微晶结构或碎裂结构。粒径多数为 0.005 ~ 0.01 mm，部分为 0.01 ~ 0.03 mm。成分以方解石为主，含量 80% ~ 85% ；金属矿物微量，呈散点状，粒径 0.1 ~ 0.01 mm。岩石受应力作用发生碎裂，并发育裂隙，沿裂隙有方解石细脉充填，使岩石呈假角砾状。

二、生物地层及年代地层讨论

调查区下拉组灰岩中产腕足类 *Araxathyris* sp. , *Brachythyyis* sp. , *Neospirifer* sp. , *Eomarginifera* sp. , *Dictyoclostus* sp. , *Charistites* sp. , *Sinoproductus* sp. , *Echinochonchus* sp. , *Alexania* sp. ；菊石 *Neoaganides* cf. *multseptatus*（Chao）及珊瑚、层孔虫、海百合茎等。其中腕足类 *Dectyoclostus* sp. 区域在上石炭纪措勤地区永珠组下部已出现[1]；*Brachyris* sp. , *Linoproductus* sp. , *Dictyoclostus* sp. 等在申扎德日昂－下拉剖面昂杰组中 25 层、24 层和 22 层页岩、粉砂质页岩、砂质灰岩层中多见，并在斯所组、汤菜组中也有 *Eomarginifera* sp. , *Neospirifer* sp. 及 *Choristites* sp. 的存在。金玉玗等（1977）将早石炭世大塘期—早二叠世腕足动物群划分为 6 个组合，*Echinocachus* 是 *Antiguatonia antiquate － Punetospirifer malevkensis* 组合的常见分子，见于类乌齐马查组、北羌塘双湖日湾茶卡组、龙木错一带双陷火坂组中；*Dictyoclostus* sp. , *Charistites* sp. 是组合 *Dictyoclostus ualicas － Choristites pavlovi* 组合的常见分子，组合带发育于昌都地区里查组，该组合主要分子活动的主要时代为早二叠世。

Neospirifer 被尹集祥（1997）在冈底斯－察隅区朗玛日组和昂杰组中称为 *Neospirifer － Globiella* 组合，其中 *Neospirifer* 则代表上层位，为早二叠世阿丁斯克期分子，消失于罗德末期。

综合上述，将甲布弄一带以构造岩块出现的灰岩与生物灰岩的地层时代厘定为早二叠世。

第五节 三 叠 系

调查区内三叠系仅出露上统，分布在图区北部羌南－保山地层区多玛地层分区姜格－土门煤矿一带。东西两侧延出图区，在北侧赤布张错分区也有大面积分布。在图区内该套地层在西部查郎拉—姜格走向呈近东西向，由姜格向东至土门煤矿转为北西－南东向展布。区内出露面积约 1 168 km²，厚度大于 1 997.95 m。该套地层在尕尔西姜－土门煤矿严格受断层控制，层内发育中等紧闭褶皱，未见底；在托木日阿玛和姜格与上覆中侏罗统雀莫错组呈角度不整合接触，在尕尔曲西部查郎拉地区与中侏罗统雀莫错组、布曲组均呈断层接触，部分地段被白垩系阿布山组不整合覆于其上。

前人进入该区研究较早，所获得的岩石地层、生物地层资料丰富，但在对地层的划分上长期以来存在不同的意见。此次工作在野外实际调研和研究前人资料的基础上，认为调查区该套地层可与调查区以东分布的上三叠统相对比，故沿用 1∶20 万左贡幅[2]和西藏自治区地质矿产局（1993）的划分方案，用波里拉组、阿堵拉组和夺盖拉组来表示这套地层，但不再使用群，时代厘定为晚三叠世，划分

---

[1] 西藏自治区地质矿产局 . 1986. 1∶100 万改则幅区域地质调查报告 .

[2] 贵州省地质矿产局区域地质调查队 . 1990. 1∶20 万左贡幅区域地质调查报告 .

沿革见表 2－3。

表 2－3　调查区上三叠统划分沿革表

青海省地质矿产局①，1970				西藏煤田地质队②，1973			西藏区地质矿产局，1993			青海省地质矿产局③，1993			中国石油天然气总公司④，1996			本报告		
侏罗系	下统	土门格拉群	含煤组	三叠系	上统	土门格拉群	上三叠统	巴贡群	夺盖拉组	上三叠统	土门格拉群	含煤碎屑岩组	上三叠统	肖茶卡组	三段	三叠系	上三叠统	夺盖拉组
			砂岩组						阿堵拉组						二段			阿堵拉组
			砾岩组					波里拉组				碳酸盐组			一段			波里拉组

①青海省地质矿产局.1970.1:100万温泉幅区域地质调查报告.
②西藏自治区煤田地质队吴一民等.1973.西藏煤田路线地质调查.
③青海省地质矿产局区调综合地质大队.1993.1:20万唐古拉山口幅、龙亚拉幅区域地质调查报告.
④中国石油天然气总公司新区勘探事业部.1996.1:10万吉开结成玛幅、查日萨太尔北半幅区域石油地质调查报告.

一、岩石地层特征

上三叠统中测制了 4 条剖面，由老至新描述如下。

（一）波里拉组（T_3b）

1. 剖面描述

（1）安多县岗尼乡上三叠统波里拉组剖面

剖面位于安多县岗尼乡尕尔根（图 2－7），起点地理坐标：东经 91°06′34″，北纬 32°35′40″。

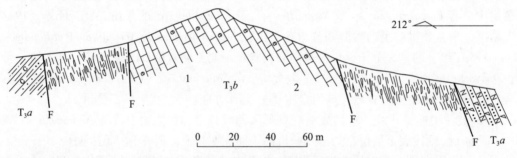

图 2－7　安多县岗尼乡上三叠统波里拉组剖面

上覆地层： 上三叠统阿堵拉组（T_3a）浅灰色岩屑长石砂岩

============== 断　　层 ==============

波里拉组（T_3b）	**厚 > 101.46 m**
2. 浅肉红色厚—巨厚层状碳酸盐化碎裂粉—微晶灰晶	46.18 m
1. 浅灰色块状碳酸盐化碎裂微晶灰岩，产腹足类化石	> 55.28 m

未见底

============== 断　　层 ==============

（2）安多县岗尼乡美多上三叠统波里拉组路线剖面

剖面位于安多县岗尼乡美多（图 2－8）。起点地理坐标：东经 91°06′00″，北纬 32°55′。

上覆地层： 上三叠统阿堵拉组（T_3a）长石岩屑砂岩

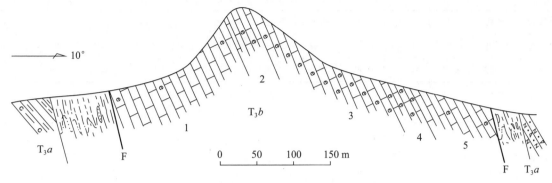

图 2-8 安多县岗尼乡美多上三叠统波里拉组路线剖面

================ 断　　层 ================

波里拉组（T₃b）　　　　　　　　　　　　　　　　　　　　　　　　　　　　厚 > 305.59 m

5. 灰色块状细晶灰岩，略显层状构造，含少量珊瑚及生物碎片　　　　　　　　　> 52.54 m

4. 浅、淡肉红色粉—微晶生物灰岩、产层孔虫，藻类及菊石类等化石碎片　　　　23.10 m

3. 灰色厚层状生物灰岩，产腹足类、菊石类、层孔虫、苔藓虫、藻类及珊瑚 *Thecosmilia* cf. *tibet-*　102.97 m
   ana Liao，*T.* sp.，*Montlivaltia* sp.；海绵 *Epistromatopora* sp.

2. 青灰色粉—微晶生物灰岩，见菊石化石碎片　　　　　　　　　　　　　　　　34.6 m

1. 灰、浅灰色厚层块状碎裂岩化含生物微晶灰岩，产层孔虫、菊石类、腹足类及少量珊瑚　> 92.38 m
   Thecosmilia sp. 等化石

未见底

上述灰岩由一条实测剖面和一条路线剖面控制，岩性横向上变化不大，向西厚度增大，向东逐渐变薄，其厚度变化是受后期断层改造的结果，并不代表原始沉积厚度变化。

2. 区域分布及岩性变化

波里拉组在区内有两个条带，均呈北西-南东展布，西宽东窄。北侧一条西起姜托玛—尕尔根—尕尔日岗结休玛，岗尼乡东侧还断续出露，长约 32 km，宽 50～1 500 m，岩性单一，为中厚层微晶灰岩、生物碎屑灰岩和含生物微晶灰岩；南侧一条与上述近于平行，西起尕尔西姜，向东经美多，延伸至东尕尔曲附近受断层影响逐渐尖灭。延伸长约 31.5 km，宽 30～2 000 m，岩性为结晶、泥晶灰岩或生物粉晶灰岩夹薄层硅质岩及碧玉岩，灰岩两侧的断层为美多锑矿带，矿体呈透镜状、脉状，推测可能为波里拉组下部层位，其时水体较尕尔根深，出现含藻硅质岩夹层。据层位、岩性和珊瑚化石分析，该地层与左贡一带的波里拉组层位断续相连，并可与肖茶卡群下部灰岩层对比。

3. 岩石化学及地球化学特征

从波里拉组微晶灰岩的微量元素（表 2-4）和地球化学分析（表 2-5）结果表明，具有富 Ti，Cr，V，Nb，Ni，贫 Cu，Ga，Zr，Sr 特征。

表 2-4　上三叠统波里拉组微量元素特征表　　　　　　　　　　　　　　$w(B)/10^{-6}$

岩性		Cu	Ti	V	Li	Sr	Ga	Nb	Ni	Zr	Co	Cr
碎裂微量灰岩		2.85	831	23.26	4.48	120.84	2.74	4.46	47.18	12.52	2.31	21.44
涂和费，1961	灰岩	4	400	20	5	610	4	0.3	20	29	0.1	11

表 2-5　上三叠统波里拉组岩石化学分析表　　　　　　　　　　　　　$w(\mathrm{B})/10^{-2}$

岩石名称	CaO	Al$_2$O$_3$	Fe$_2$O$_3$	MgO	SiO$_2$	Na$_2$O	K$_2$O	TiO$_2$	P$_2$O$_5$	CO$_2$	H$_2$O	Los
微晶灰岩	53.08	0.64	0.93	0.57	1.91	0.023	0.029	0.024	0.015	41.81	0.15	42.01
巴登	54.23	0.46	0.38	0.11	1.65	0.28	0.36	0.04	—	42.76	—	—

（二）阿堵拉组（T$_3a$）

阿堵拉组岩性组合为一套含煤碎屑岩、页岩、泥岩及多层煤层或煤线夹泥灰岩、砂屑灰岩和微晶白云岩，并产菊石类、双壳类、植物及孢粉等化石组合。与下伏灰岩呈断层接触，与上覆夺盖拉组为整合接触。

1. 剖面描述

（1）安多县岗尼乡东尕尔曲阿堵拉组剖面

剖面位于安多县岗尼乡东尕尔曲（图 2-9），起点地理坐标：东经 91°10′00″，北纬 32°54′28″。剖面长度 2 732 m，顶、底出露不全，层序清楚，控制厚度 1 470.28 m。

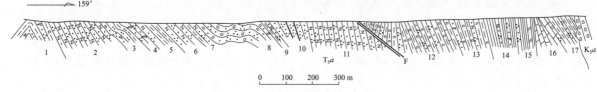

图 2-9　安多县岗尼乡阿堵拉剖面图

上覆地层： 白垩系阿布山组（K$_3a$）砾岩

～～～～～～　角度不整合　～～～～～～

阿堵拉组（T$_3a$）　　　　　　　　　　　　　　　　　　　　　　　　　　　　厚 >1 470.28 m

17. 灰绿、灰色薄层状泥岩夹灰黄色薄—中层状细粒石英砂岩，下部为灰黄色中—厚层状细粒长石石英砂岩　　　96.03 m

16. 灰—灰黑色薄层状泥灰岩夹薄—中层状砂屑灰岩　　　40.61 m

15. 灰黑色碳质页岩夹浅青灰色薄—中层状细粒石英砂岩、灰黑色、薄—中层状泥质微晶白云岩　　　52.55 m

14. 灰黄、绿色页岩夹土黄色、浅青灰色薄—中层状细粒岩屑石英砂岩、细粒长石石英砂岩，局部呈互层，砂岩层发育斜层理　　　143.19 m

13. 灰黑色碳质页岩夹灰黄、灰白色薄、中层状细粒石英砂岩、上部见夹薄—中层状泥晶灰岩，产双壳类 *Cardium*（*Tulongocardium*）*cloacinum* Ouenstedt；植物 *Neocalamite* sp.　　　243.29 m

═══════　断　层　═══════

12. 灰黄色、浅紫红色薄层状细粒石英砂岩，发育平行层理　　　160.52 m

11. 灰黄色薄层状细粒长石石英砂岩　　　165.22 m

10. 灰白、灰黄色中—厚层状细粒石英砂岩夹 2~3 层薄煤层，砂岩发育交错层理　　　111.23 m

9. 灰黄色薄层状细粒长石石英砂岩与紫红色泥岩互层　　　10.69 m

8. 灰白、灰黄色中—厚层状细粒含砾岩屑石英砂岩　　　52.41 m

7. 紫红色薄—中层状泥岩夹浅灰绿色、灰黄色、灰白色中—厚层状细粒长石石英砂岩　　　30.20 m

6. 灰白色中层状细粒长石石英砂岩，发育砂纹层理　　　42.45 m

5. 紫红色薄—中层状粉砂质泥岩夹灰白色薄层状细粒长石石英砂岩、粉砂质泥岩，发育砂纹层理　　　40.20 m

4. 灰白色薄—中层状中—细粒岩屑石英砂岩　　　36.06 m

3. 紫红色中薄层状粉砂岩，粉砂质泥岩与灰黄中厚层状细粒含砾石英砂岩互层，发育小型斜层理　　　39.69 m

2. 灰白色薄—中层状中—细粒含长石石英砂岩，底部偶夹灰、灰黑色泥岩，砂岩中发育砂纹　　84.47 m
层理

1. 灰、灰黑、灰白色中—细粒岩屑石英砂岩与粉砂质泥岩互层，偶见灰质页岩。砂岩发育斜层　　>80.75 m
理、波状层理、砂纹层理等，泥（页）岩中产双壳类 *Modiolus* sp.，*Bakevellia* sp.，*Cardium*
（*Tulongocardium*）*xizangense* Zhang，*Permophorus emeiensis*（Chen et Zhang），*Cardium*（*Tulongo-cardium*）*nequam* Healy，*C. cloainum* Ouenstedt，*Astarte* sp.

未见底

（2）安多县岗尼乡东尕尔曲剖面

剖面位于东尕尔曲上游（图2-10）。青海省地质矿产局区调综合地质大队（1993）❶ 测制，全长 1 300 m，顶、底不全，但层序清楚，植物及孢粉化石丰富，控制厚度大于 774.90 m。

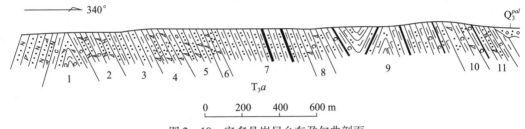

图2-10 安多县岗尼乡东尕尔曲剖面

上覆地层：第四系冲洪积物（Q_4^{Pal}）

阿堵拉组（T_3a） 厚>774.90 m

未见顶

11. 灰黑色薄层状碳质页岩、粉砂质泥岩夹灰色中层细粒长石岩屑砂岩及煤线　　>29.40 m

10. 灰绿—灰褐色中—厚层状细粒岩屑石英砂岩夹灰黑色薄层碳质页岩，产植物化石 *Equisetites*　　50.90 m
arenaceus（Taeger）

9. 灰黑色薄层钙质粉砂岩夹灰黑色碳质页岩及劣质煤线，产双壳 *Unionites* sp.　　128.90 m

8. 灰褐色中厚层状细粒砂质岩屑砂岩夹灰黑色碳质页岩及劣质煤线，产孢粉 *Ovalipollis ovalis*　　41.40 m
Krutzsch，*Lunzisporites* sp.，*Concavisporites* sp.，*Kyrtomisporis speciosus* Madler，*Cyathidites australis*
Couper，*Concavisporites toralis*（leschik）Nilsso，*Lunzisporites lunzensis* Bharadwaj et Singh

7. 暗灰—灰黑色含泥质粉砂岩夹煤线　　212.10 m

6. 灰白色厚层状不等粒岩屑石英砂岩　　23.80 m

5. 灰褐色中—厚层状含砾不等粒岩屑砂岩　　57.50 m

4. 灰色中—厚层状钙质不等粒岩屑石英砂岩　　48.90 m

3. 灰色中厚层状粉砂岩与褐红色薄层状粉砂质泥岩互层，泥岩层面具有龟裂纹　　102.50 m

2. 灰色中—厚层状中细粒岩屑长石砂岩夹灰黑色薄层含黏土钙质碳质页岩，产植物化石 *Equise-*　　62.80 m
tites sp.

1. 灰黑色薄层灰质页岩夹灰色细粒岩屑砂岩，产孢粉 *Protopinus* sp.，*Dictyophyllidites mortoni*（De　　>16.10 m
Jersey）Playford et Dettmann，*Protohaploxypinus* sp.，*Osmundacidites wellamanii* Couper，*Ovalipol-lis breuiformis* Rratzsch，*Kraeuselisporites punctaus* Jansonius，*Panctatisporites* sp.，*Psophosphaeca*
sp.，*Cyathidites minor* Couper，*Concavisporites toralis*（leschik）Nilson.

未见底

上述两条剖面反映了阿堵拉组下部为中—细粒岩屑砂岩、石英砂岩、长石石英砂岩及含砾岩屑石

❶ 青海省地质矿产局区调综合地质大队.1993.1:20万唐古拉山口幅、龙亚拉幅区域地质调查报告.

英砂岩夹页（泥）岩，并出现紫红色泥、粉砂岩；上部以页（泥）岩为主，夹多层薄煤层或煤线，含有机质为特征。由下向上反映了从粗变细的滨岸－泥沼沉积环境。

2. 微量元素特征

三叠纪地层微量元素丰度见表2－6，其中泥质岩石中 Ti，Co，Ni，V，Mo 5 种元素平均值明显低于涂和费（1961）地球化学丰度值；而 Ag 含量却高 1~2 倍。

表 2-6　阿堵拉组微量元素特征表

$w(B)/10^{-6}$

含量及成分岩性		Ti	Ag	W	Mo	Co	Nb	Ni	V	Ba	Bi
长石石英砂岩		8.06	2824	0.085	1.20	0.54	9.65	9.40	15.83	48.40	290	0.17
石英细砂岩		12.92	3384	0.055	1.52	0.97	10.54	10.44	34.86	64.72	—	0.166
石英粉砂岩		5.64	3006	0.16	0.61	1.03	10.35	10.60	29.15	68.75	—	0.23
含碳页岩		32.66	3571	0.26	1.42	0.60	17.20	13.48	48.45	79.22	351.50	0.29
泥岩		9.61	3336	0.16	0.99	0.85	12.25	10.10	41.50	64.35	—	0.20
涂和费，1961	页（泥）岩	13	4 600	0.07	1.80	2.6	19	11	68	120	580	—
	砂岩	1	1 500	0.0n	1.6	0.2	0.3	0.012	2	20	—	—

砂岩中 As，Mo，Nb，Ni，V 5 种元素值大多显示高值，一般高出涂和费（1961）地球化学元素丰度 2~5 倍，而 Co，Nb，Ni 3 种元素高达 5 倍以上，W 元素接近或略低。

泥质岩石中 Ti，Co，Ni，V，Mo 5 种元素平均值明显低于涂和费地球化学丰度值；而 Ag 含量却高 1~2 倍，As，Nb 元素变化不稳定。

3. 区域地层变化

该组在土门－尕尔曲一带岩性主要为一套碎屑岩、细碎屑岩和含煤细碎屑岩，动（植）物化石丰富。据煤矿普查资料，在土门－尕尔根一带见可采煤层 14 层（0.1~1.0 m），而西部江达玛日亚－那日一带路线调查仅见煤线，岩石泥质物减少，砂质成分增高，钙质成分和泥灰岩层消失，地层厚度也明显变厚，出露宽度达 13 km。所以阿堵拉组在区内煤层局限在东部，向西无可采煤，岩石中碎屑物相对变粗，说明当时西侧水动力较东侧强，调查区当时位于海盆边缘潮上带。

（三）夺盖拉组（T_3d）

夺盖拉组在区内多木虽一带较发育。与下伏地层阿堵拉组整合接触，但岩性及生物面貌明显有别于阿堵拉组。中侏罗统或白垩系不整合覆于其上（区内托木日阿玛、达卓玛等地此种不整合接触关系都很清楚）。

1. 剖面描述

剖面位于安多县岗尼乡纳扎江木东（图 2－11），起点地理坐标：东经 91°05′58″，北纬 32°49′01″。剖面长度 2 661 m，厚度为 527.67 m，未见顶。岩性单一，为一套浅绿色中－厚层状中－细粒岩屑长石石英砂岩。

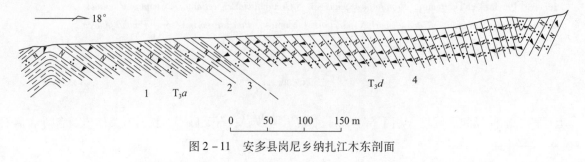

图 2-11　安多县岗尼乡纳扎江木东剖面

未见顶

夺盖拉组（T₃d） 厚527.67 m

4. 浅绿灰色中—厚层状中—细粒岩屑长石石英砂岩、局部夹浅灰色薄层状石英粉砂岩，发育小   527.67 m
    型波痕

———— 整   合 ————

阿堵拉组（T₃a）

3. 深灰色泥（页）岩夹少量浅灰色薄层、厚层状岩屑长石砂岩 厚40.92 m

2. 浅灰白色中—厚层状岩屑长石石英砂岩 13.64 m

1. 深灰色—土灰色泥岩夹少量灰色薄—中层状细粒钙质岩屑长石石英砂岩 >157.38 m

未见底

2. 区域地层变化

该组岩性简单，区域上变化不大，主要分布在阿堵拉组南侧，化石以植物为主，可见有少量双壳类化石。

二、区域地层对比

调查区的上三叠统前人研究较早，并采获了丰富的化石资料，从岩性、化石、沉积环境及气候变化同区域比较，存在一系列的共性。如西藏东部杂多、类乌齐、昌都等地同区内岩性、化石、气候环境都有相近之处。羌塘北部近年来石油研究方面新的进展展示，区内有些生物在上述相同地层时代中也有出现。但也存在一些不同点，如与羌塘北部同时代地层岩性对比有差异等，调查区上三叠统与邻区对比见表2-7及图2-12。

表2-7 调查区及相邻地带上三叠统划分比较

地层时代		土门	安多九十道班		杂多		玉树		昌都
T₃	期	J₂—K	J₂—K—E		J₂—K—E		K—E		J₁
晚三叠世	瑞替诺利	夺盖拉组碎屑岩	含煤碎屑岩 上碳酸盐岩组		巴贡组 含煤碎屑岩层	巴塘群	上组	碎屑岩黑色板岩	巴贡组 含煤碎屑岩系
		阿堵拉组 含煤细碎屑岩							
		波里拉组	上碎屑岩组 乌丽含煤	结扎群	波里拉组 碳酸盐岩偶夹 碎屑岩与火山岩		中组	灰岩及碎屑岩段	波里拉组碳酸盐岩
	卡尼							火山岩段	甲丕拉组 紫红及杂色 碎屑岩层系
			下碳酸盐岩组					灰岩段	
			下碎屑岩组		甲丕拉组紫红 及杂色碎屑岩		下组	碎屑岩夹灰岩	

（一）与藏东区对比

调查区分布的上三叠统与区域上该套地层具有许多相似性。如调查区的夺盖拉组、阿堵拉组与安多九十道班、杂多、玉树以及昌都巴塘群上组岩性类同，为碎屑岩、含煤细碎屑岩组合，局部出现泥灰岩夹层；夺盖拉组与下伏阿堵拉组以长石石英砂岩的大量出现作为二者的分界，下伏地层均为碳酸盐岩，上覆地层都出现不同程度的缺失，并分别被中侏罗统、白垩系、古近系等不整合覆盖，时空上大体一致。

阿堵拉组与夺盖拉组化石组合（表2-8）显著特征是菊石稀少、腕足类绝迹、双壳类比较丰富，

21

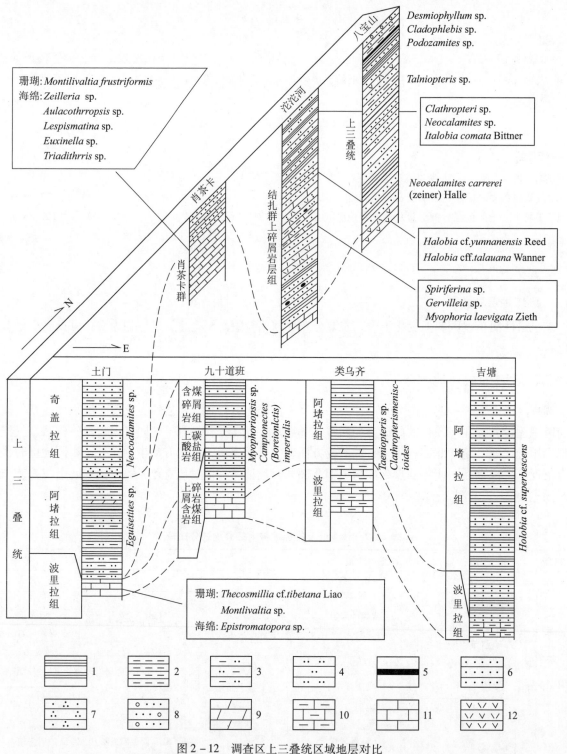

图 2 - 12　调查区上三叠统区域地层对比

1—页岩；2—泥岩；3—泥质粉砂岩；4—粉砂岩；5—煤层；6—砂岩；7—石英砂岩；8—含砾砂岩；

9—泥灰岩；10—泥质砂岩；11—灰岩；12—火山岩

植物达到繁衍茂盛的时期。其中双壳类 *Cardium（Tulongocadium）nequam.*，*Myrphoria（Costoria）mansuyi*，*Bakevellia* sp. 等化石在巴贡组出现，在类乌齐相应的岩石地层中均有出现，植物类 *Clathropteris menisciodes*，*Equisetites*，*Neocalamites*，*Pterophyllum aequale*，*Taeniopterei leclerei* 等在藏东地区含煤碎屑岩地层中广泛产出，尤其在夺盖拉组中以上植物化石组合较为丰富；孢粉重要分子 *Ovalipollis ovalis* 和 *Kyrtomisporis speciosus* 在上三叠统含量较高，较多重要分子如 *Lunzisporites lunzensis*，*Dictyophylidrd* 及较少见的 *Kraeuselisporites punctatus* 等同我国华南平浪组、三丘田组、须家河组及英国、瑞士、奥地利等晚三叠世的孢粉组合相同。上述特征反映了晚三叠世藏东地区可能与上述地区位于同一气温带，气候温暖湿润，植物繁盛，从而形成该时期的含煤沉积。在区域对比上也存在一些差异，如在局部地段的阿堵拉组中部出现大量泥灰岩；夺盖拉组中较细的碎屑岩在调查区分布局限，在九十道班、杂多、类乌齐等地均未出现。

（二）与羌北区对比

羌北区上三叠统称肖茶卡群（也有叫肖茶卡组）、结扎群，这一地区岩性空间变化较大，总体可分为 3 个带（李勇等，1999），北带以浊积型碎屑岩沉积为主，厚度大；中带为三角洲型碎屑岩和缓坡、滩相灰岩，在八宝山、沱沱河碎屑岩层中夹煤层及火山岩，产双壳类和植物等化石，上述特征与调查区相似，但中带含煤碎屑岩多，细碎屑物多见于上部。中带所产双壳类 Halobia comata，H. cf. yunnanensis，H. cf. talauana 及 Myophoria laevigata；植物 Cladophlebis，Podozaumites，Taeniopteris 等在调查区一带的土门含煤碎屑岩地层中也较丰富；南带肖茶卡为杂色粗砂岩、细砂岩、砂质页岩与泥灰岩的韵律层，下部为灰岩、泥灰岩，其上部砂岩同土门地区的含煤碎屑岩同属一个层位，但岩性存在差异性；下部灰岩所产珊瑚 Thecosmilia sp.，Montlivaltia sp. 是相同的，所以在生物方面具有可对比性，应属同期异地产物。

综合上述，区内上三叠统向东可比性强，生物、岩性、气候等较为一致，与北部几个带的生物特征也有相同之处和可对比性，但岩性差异明显，很可能与各自所处的构造位置不同造成沉积环境的差异有关。

三、生物组合及时代归属

区内上三叠统生物化石特别丰富，产于灰岩中的化石主要有珊瑚 Thecosmilia sp.，Montlivaltia sp. 等，并见有 Epistromatopora sp.（海绵）。阿堵拉组中菊石有 Baucanlticeras cf. bancauttianam（O. orb.）等；双壳类极为丰富，常见有 Cardium（Tulongocardium）xizangense Zhang，C. neguam Healey，C. doacinum Quenstedt 及 Bakevellia sp. 等；植物化石有 Hgrcanopteris sp. Equisetites horeanicus Konno，Neocalamites sp. 等；孢粉有 Ovalipollis breviformis Kratzsch，Kraeuselisporites punctatus Jansonius 等。夺盖拉组中化石产出较少，一般见双壳类 Trigonia sp.，Modiolu sp.，Liostrea sp.；植物多见 Neocalamites 和 Equisetes，这些植物在阿堵拉组中也大量出现，化石组合详见表 2 - 8。

上三叠统波里拉组的灰岩，在区内与上覆阿堵拉组地层之间虽然存在断层接触，但仍大致反映出了这一时期沉积环境的变化，即晚三叠世早期海侵最大，之后出现了晚三叠世的隆升而导致海退开始。在早期灰岩中产珊瑚 Thecosmilia sp.，Pseudoretiophyuio nayhacumensis，Tnecosmilia cf. tibetana，Monttivaltia sp.，腹足类 Oonia sp.，Anoptychia sp.；层孔海绵 Epistromalopora sp. 等，其中珊瑚 Thecosmilia 在类乌齐、左贡一带甲丕拉组下段常见。根据以上出现的腹足类和层孔海绵及区域对比，将波里拉组的时代划为晚三叠世卡尼期—早诺利期较为合适。

阿堵拉组动（植）物化石丰富，主要有双壳类 Cardium（Tulongcadium）neguan，C. xiongyunsis，Myophorla（Costoria）mansuyi，Modidiolas sp.，Bakevellia sp.，Permophorus emeinsis，Astarte sp.，Brachidontes（Arcomytilus）bathonicus，Pseuotrapezium coriformis，Lophavulsua，Lophagregares plagiostoma sp. 等，均属晚三叠世分子。张作铭等（1984）对上三叠统所产双壳类化石进行了详细的研究，认为其中 Cardium（Tulogocardiudm）nequam（Healey）是缅甸那贡动物群的常见重要分子，亦见于我国云南省祥云组、四川须家河组小塘子段、西藏珠穆朗玛峰地区土隆群上部等地的上三叠统诺利阶，Permophorus emeinsis（Chen et Zhang）则是须家河组主庙段的典型代表。据沙金庚（1993）认为：Cardium（Tulongcardium）martini Bottger，C.（T.）cf. mequam Healy 是我国南方诺利期常见分子，Myophoria（Costoria）mansuyi，Cardium（Tulogcadium）cf. nequan Healy 和 Bakevellia sp. 也见于杂多一带和可可西里等地区的结扎群上部。因此阿堵拉组与我国南方的上三叠统祥云组、火把冲组和石钟山组可对比，上述动物化石时代反映了晚三叠世诺利期的化石面貌。无疑阿堵拉组属晚三叠世诺利期。

阿堵拉组含煤地层中植物化石丰富，种属较多，吴向午（1993）鉴定出植物 Equisetites sp.，E. arenaceus（Jaeger），E. horeanicus Konno，Neocalamites cf. hoernsis（Schimper）等，认为上述化石与青海结扎群上部含煤碎屑岩组化石一致，时代属晚三叠世。

表 2-8 测区内上三叠统化石组合一览表

地层 \ 化石门类		菊石	双壳类	植物	珊瑚	层孔海绵与腹足类	孢粉
三叠系 诺利阶 Nor / 瑞替阶 RHt	夺盖拉组		*Trigonia* sp., *Modiolus* sp., *Gervillella* sp., *Liostrea* sp.	*Pterophyllum* cf. *ptilum* Harris, *Equisetus* sp., *Neocolamites* sp.			
	阿堵拉组	*Bauculiceras* cf. *bancaultian um* (o. orb.); *Augulaticeras* cf. *Lacunatum* (Buckman); *Dumortieria multicostata* Buckman	*Cardium* (*Tulongocadium*) *negum*; *Myrphoria* (*Costoria*) *mansuyi*, *Cardium* (*Tulongocadium*) *zangense*, *Modiolus* sp., *Bakevellia* sp., *Permophorus emeinsis* Chen et Zhang, *Astarte* sp. *Brachidontes* (*Arcomytilus*) *bathonicus* (M. et L.), *Pseuotrapeium* sp. ? *Coriformis* (*Deslongchamps*) *lophanlsua* Chen; *Lophagregares*? (Sow.); *Plagiostoma* sp. nov. *Corbula* cf. *attenuata* Lycett; *Astarte changduensis* Chen	*Equiseties* sp., *Danaeopsis fecunda*, *Eguisetites arenacm*, *Clathropteris menisciodes*, *Neoculamites* sp., *Clathropteris meniscioides* Brongniart, *Clathroptris* sp., *Pterophyllum aeguale* (Brongniart, Nathorst, *Taeniopteris leclerei* (Zelller) *Tainiopteris ledeei* Zelller, *Podozamites lanceolatus* (Lindleyellntton) Braun, *Hgrcanopteris* sp., *Ologamltes* sp.			*Ovalipollis ovalis* Krutzsch, *Lunzisporites* sp., *Comcavisporites* sp., *Kyrtomisporis speciosus* Madler, *Cyathidites australis* Couper, *Concavisporites toralis* (Leschik), *Lunzisporites lunzensis* Bharadwajet Nilsson, *Protopinus* sp., *Dictyophyudites* singh, *mortoni* (de Jersey) Playford et Dettmann, *Protohaploxypinus* sp., *Osmundacidites ueumanii* Couper, *O. brenjformis* Krutzsch, *Kraeuselisporites punctatus* Jansonius, *Punctatisporites* sp., *Psophosphaera* sp., *Cyathidiesminor* Couper
三叠系 卡尼阶 Cnm	土波里拉组				*Thecosmilia* sp. *Pseudorretiophyuia nayhacumenisi*, *T.* cf. *tibetana* Liao, *Montlivaltia* sp.	层孔海绵 *Epistromalopora* sp. 腹足类 *oonja* sp. *Anoptychia* sp.	

注: 1. 本表综合了 1:20 万唐古拉山口幅, 1:100 万温泉幅, 1:5 万吉开结成玛, 查日萨太尔幅及部分西藏煤田地质等化石资料;

2. 孢粉采自 1:20 万唐古拉山口幅土门芬尔曲, 以上化石由中国科学院地质与地球物理研究所, 中国科学院南京古生物研究所及中国地质大学 (武汉) 鉴定。

24

上述的几个植物种属和 *Clathropteris menisciodes*，*Pterophyllum aeguale*（Brongniart），*Taeniopterei leclerei* Zeiller 等植物化石，在藏东贡觉一带的夺盖拉组中也大量出现，西藏自治区地质矿产局（1993）将该组时代划为晚三叠世诺利期晚期至瑞替期。

西藏自治区煤田地质队❶（1970）认为：植物 *Hgxcaopteris* sp.，*Clathropteris menisciodes*，*Ologamltes* sp.，*Eguisetitos* sp.，*Neocalamites* 等属于斯行健划分的 *Dictyophyeeam - Clathropteris* 组合，同我国南方云南平浪组，湖南、江西一带安源组及广东、广西一带小坪组，四川须家河组等所含生物化石组合十分相似，而 *Hyrcanopteris* sp. 仅见于前苏联和我国西南地区，这一分子一向被认为是晚三叠世晚期的标准分子（四川省区域地质调查队等，1982）。*Clathropteris menisciodes* 则是该时期全世界广泛分布的一种十分著名的植物分子。以上的动（植）物化石特点明显地显示了晚三叠世诺利期—瑞替期的延时性。

据尚玉珂（1993）的孢粉鉴定资料，调查区阿堵拉组中含 *Ovalipollis breviformis* Krutzsch，*Kraeuselisporite punctatus* Jansoniols，*Cyathidites minor* Couper，*Concavisporites toralis*（Leschik）Nilson 孢粉组合，其中的 *Kraeuselisporite punctatus* 在我国常见于鄂西下三叠统沙镇溪组，*Ovalipoollis breviformis* 为广布于北半球晚三叠世的特征属，*Reticulatisporites amdoensis* Shang，*Ovalipollis*，*Taeniaesporites noviaulensis* Jansonius 亦为晚三叠世的重要属种，所以调查区阿堵拉组时代属晚三叠世早—中诺利期。

综合上述，调查区阿堵拉组中的植物具有延时性，但总的显示晚三叠世特点较为清楚；双壳类反映晚三叠世诺利期沉积，孢粉组合反映时代为晚三叠世早—中诺利期，但结合阿堵拉组含孢粉的层位之上尚覆有近 500 多米的碎屑岩沉积，所以将阿堵拉组时代划归晚三叠世诺利期是合适的。

夺盖拉组动（植）物化石贫乏。双壳类见 *Trigonia* sp.，*Modiolu* sp.，*Grammatdon* sp. 和 *Liostrea* sp.，植物化石有 *Pterophyllum* cf. *ptilum* Harris，*Equisetes* sp.，*Neoculamites* sp.。其中双壳类 *Trigonia* sp. 在西藏喜马拉雅地层区中土隆群上组、玉树地区结隆组、结扎群甲丕拉组等地层中也有出现（田传荣，1982），时代最早可前延到中三叠世，但大多划分在晚三叠世卡尼期—诺利期。孙崇仁等将藏东巴贡组中的双壳类 *Trigonia*，*Grammatdon* sp. 划归晚三叠世瑞替期。植物 *Pteraphyllum* cf. *ptilum* Harris，*Neocalamites* sp. 及 *Equisetes* 在昌都贡觉一带夺盖拉组中也出现，为该区上三叠统最上部地层。区内夺盖拉组之上不整合覆盖中侏罗统雀莫错组砾岩含砾砂岩。结合上述生物特征和地层接触关系，分析认为该组属晚三叠世沉积无疑，划归为瑞替期较适宜。

四、沉积环境分析

1. 浅海陆棚相

该沉积相主要见于美多一带、岩石由深灰、灰色泥晶灰岩、微晶灰岩组成，并见夹薄层硅质岩和碧玉岩为特点，生物有海百合茎及少量菊石，岩石层理清楚，成层性好，属于浅海陆棚沉积。硅质岩的出现及生物少的特点也反映了水体相对较深、水循环较差的潮下低能环境特征。

2. 台地边缘相

台地边缘相波里拉组，该组岩性为浅灰、浅肉红色厚层—巨厚块状微晶灰岩、生物碎屑微晶灰岩和含生物微晶灰岩，厚度 200 多米。该灰岩产珊瑚、腹足类、海绵等生物。根据岩石类型及结构，一般具生物碎屑、内碎屑结构，块状层、色浅、无陆源混入物或夹层出现，据威尔逊的划分方案应为台地边缘浅海环境，极可能属潮下高能带水体浅、水循环较好条件下形成的沉积。

3. 海岸三角洲相

这一沉积环境主要表现在阿堵拉组剖面上部，由于晚三叠世晚期海水退缩，区内出现海陆过渡环境，岩性为粉砂质泥岩夹中细粒岩屑石英砂岩，一般泥砂之比为 1:1 或 1:2，下部泥质成分多，向上砂质占优势。在此之上由灰白色薄—中层中—细粒含长石石英砂岩、含砾砂岩夹紫红色粉砂岩、粉砂质泥岩组成。粒序层明显呈向上变粗的正粒序，且沉积层序显示依次出现了分流间湾，席状砂，河口砂坝、分流河道等沉积微相（图 2 - 13）。三角洲相发育透镜状层理、波状层理、水平层理、砂纹层

---

❶ 西藏自治区煤田地质队 . 1970. 西藏土门格拉煤田三探区普查地质报告 .

理及斜层理等，下部泥岩中产海相双壳类化石。这些沉积构造、向上变粗的沉积相序及干裂的出现明显表现出海退的三角洲相沉积特征，出现了两个沉积旋回，反映了海平面下降是一个螺旋形的发展过程。

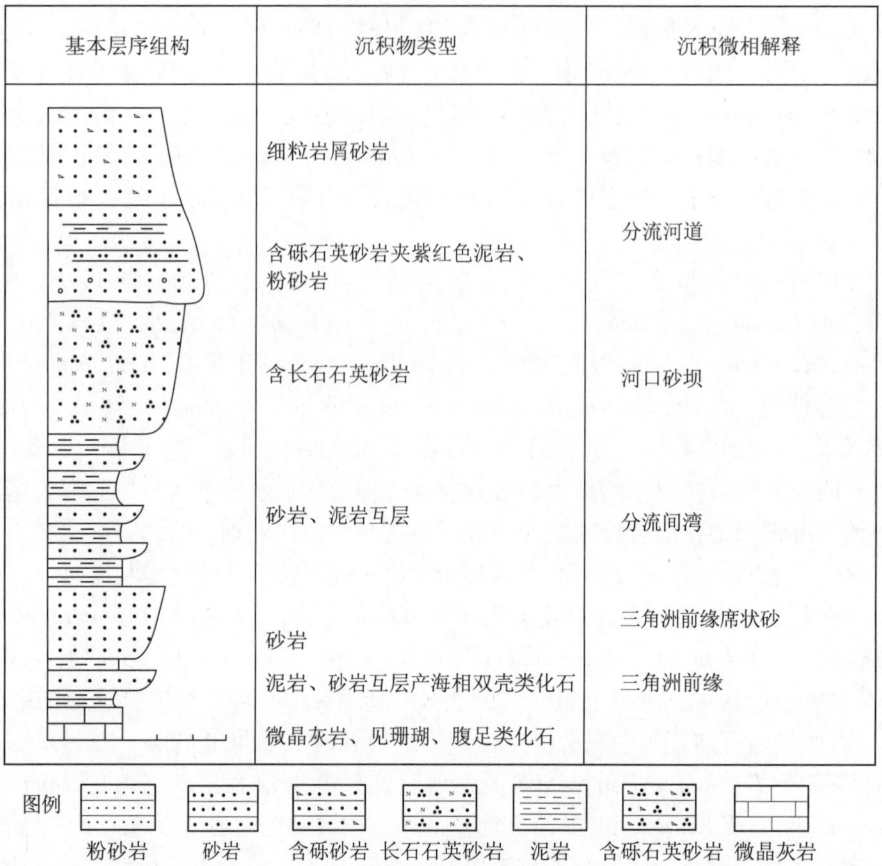

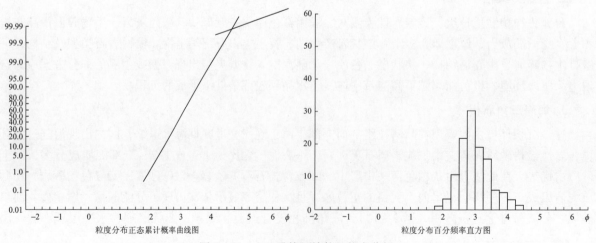

基本层序组构	沉积物类型	沉积微相解释
	细粒岩屑砂岩	
	含砾石英砂岩夹紫红色泥岩、粉砂岩	分流河道
	含长石石英砂岩	河口砂坝
	砂岩、泥岩互层	分流间湾
	砂岩	三角洲前缘席状砂
	泥岩、砂岩互层产海相双壳类化石	三角洲前缘
	微晶灰岩、见珊瑚、腹足类化石	

图例　粉砂岩　砂岩　含砾砂岩　长石石英砂岩　泥岩　含砾石英砂岩　微晶灰岩

图 2 – 13　海岸三角洲沉积层序

4. 滨岸相

在地层记录中，推进的海岸沉积最易保存。阿堵拉组剖面中部 12，13，14 层中的灰白色、灰黄色中厚层状含砾质细粒石英砂岩，是由于在前期的海岸三角洲建设作用过程中的淤浅和海岸线退缩，区内这一时期形成了较浅的滨岸带，在高能海岸条件下形成的堆积。岩石中矿物成熟度和结构成熟度都很高。杂基少，分选性好。粒度累计概率曲线呈一段式或不明显的二段式构成（图 2 – 14），主要为跳跃总体，出现少量悬浮总体，斜率较陡，一般大于 70°，粒度频率直方图正态，峰度较窄，代表

粒度分布正态累计概率曲线图　　　　粒度分布百分频率直方图

图 2 – 14　上三叠统阿堵拉组粒度分析

26

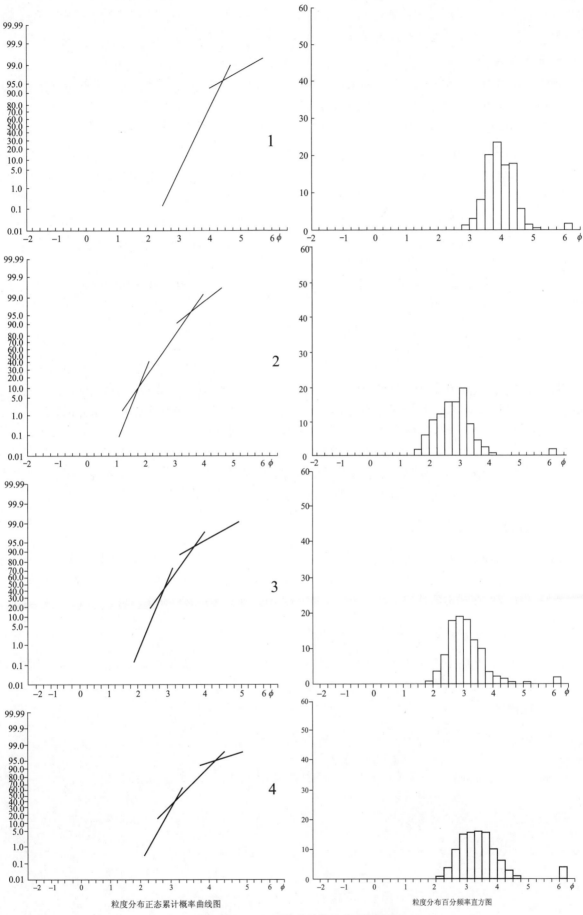

粒度分布正态累计概率曲线图　　　　　　　　　　　　粒度分布百分频率直方图

图 2－15　上三叠统夺盖拉组粒度分析图

27

了较强动荡水流条件下的沉积。随着盆地发展过程中水动力减弱，沉积了浅灰白色细粒石英砂岩，局部出现煤层，形成滨岸沼泽相，随着淤浅上升和水体进一步退缩，出现了干热气候下的紫红色石英砂岩沉积，故这一时期水体总体呈逐渐变浅的趋势。

5. 泥炭沼泽相

由于经过前面的淤浅，海水的全面退出，在阿堵拉组中上部土门-尕尔曲一带已呈现出泥沼环境，沉积物以深黑色泥碳物为主，并出现多层煤与泥岩、含碳泥岩夹互出现，产大量植物化石。这一时期，气候温暖湿润，是植物繁盛的鼎盛期，所以在沉积物中有机质含量普遍较高。

6. 湖泊—三角洲相

湖泊—三角洲相表现在阿堵拉组上部的夺盖拉组，这时区内完全进入内陆湖泊环境，已不受海水作用，湖泊早期水动力作用弱，由于湖水较深，物源不足，仅沉积了厚40.61 m的灰、灰黑色薄层状泥灰岩，向上为灰绿色泥岩夹细粒岩屑石英砂岩的层序和泥砂互层等。表现为从前三角洲到三角洲前缘的微相沉积。砂岩的累计概率曲线为二段式。由跳跃总体和悬浮总体组成（图2-15），但跳跃总体出现两个拐点，形成中间斜度变缓的直线图形，斜率一般在45°~72°之间，$M = 2.766 \sim 3.0946$，$SD = 0.3995 \sim 5.384$，$K = -1.701$。悬浮总体含量小于5，截点S3-15中。反映了湖滩沙区相的特征。

第六节 侏 罗 系

侏罗系是调查区分布最广，出露较完整的地层之一。调查区侏罗系应分属滇藏和华南两个地层大区，其中华南地层大区在调查区仅可分出羌北-昌都地层区，滇藏地层大区在调查区内可分为羌南-保山地层区和班公错-怒江地层区。羌北-昌都地层区仅在土门以北的赤布张错地层分区出露，分布局限，出露地层为中侏罗统和零星的上侏罗统。羌南-保山地层区分布最广，为侏罗系中—上统，占区内地层约40%的面积。以上地层区以碳酸盐岩为主，有少量碎屑岩及火山岩。班公错-怒江地层区主要出露中、下侏罗统木嘎岗日岩群浅变质的复理石—类复理石沉积、东巧蛇绿混杂岩、齐日埃加查蛇绿混杂岩，上侏罗统也有少量出露（调查区地层划分见表2-1）。

一、班公错-怒江地层区

该地层在调查区仅发育木嘎岗日地层分区，其中中下侏罗统存在木嘎岗日岩群、东巧蛇绿混杂岩、齐日埃加查蛇绿混杂岩3套特征各异的地层，据此分为东巧、兹格塘错、多玛贡巴3个地层小区，上侏罗统仅在多玛贡巴地层小区分布，由早及晚分别为尕苍见组和查交玛组。

（一）东巧地层小区

东巧地层小区出露中下侏罗统东巧蛇绿混杂岩，由一系列重复叠置的岩片组成，包括变质橄榄岩、堆晶杂岩、辉绿辉长岩、枕状玄武岩及玄武岩岩片等几部分。

1. 剖面描述

（1）东风矿东段变质橄榄岩岩片地质剖面（图2-16）

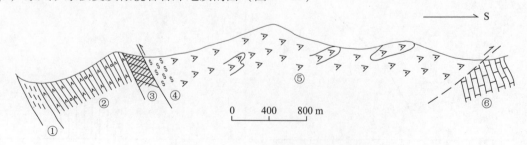

图2-16 东风矿东段构造地质剖面图
①千枚岩；②含石榴子石角闪片岩；③角闪岩；④片理化方辉橄榄岩；
⑤方辉橄榄岩夹纯橄榄岩透镜体及异剥钙榴岩岩脉；⑥灰岩

6. 灰岩

═══════ 断　层 ═══════

5. 方辉石橄榄岩夹纯橄榄岩透镜体及异剥钙榴岩岩脉
4. 片理化辉橄岩

═══════ 断　层 ═══════

3. 角闪岩
2. 含石榴子石角闪片岩
1. 千枚岩
下盘岩石：角闪岩

（2）帕日实测剖面（图2－17）

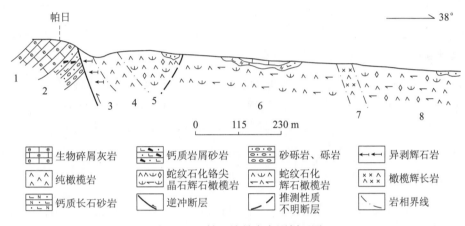

图2－17　帕日堆晶岩实测剖面图

东巧组下段砾岩

═══════ 断　层 ═══════

东巧蛇绿混杂岩堆晶杂岩岩片
8. 蛇纹石化铬尖晶石辉石橄榄岩
7. 橄榄辉长岩
6. 异剥辉石岩夹纯橄岩透镜体　　　　　　　　　　　　　　　　　　27.0 m
5. 蛇纹石化纯橄岩，含辉橄岩团块　　　　　　　　　　　　　　　　58.5 m

═══════ 推测断层 ═══════

4. 蛇纹石化铬尖晶石辉石橄榄岩含块状纯橄岩　　　　　　　　　　＞175.0 m
3. 蛇纹石化辉石橄榄岩　　　　　　　　　　　　　　　　　　　　＞451.0 m
2. 橄榄辉长岩　　　　　　　　　　　　　　　　　　　　　　　　　40.0 m
1. 蛇纹石化铬尖晶石辉石橄榄岩及团块状异剥辉石岩　　　　　　　＞190.0 m

（3）东巧察曲地质剖面

2. 枕状玄武岩
1. 席状岩墙群，与枕状玄武岩呈侵入接触关系

（4）水帮屋里地质剖面（图2－18）

镁铁质火山杂岩岩片
6. 硅质岩和硅质页岩
5. 粗玄岩

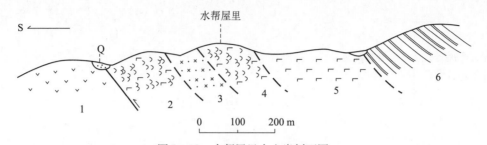

图2-18 水帮屋里火山岩剖面图

1—安山岩；2、4—枕状玄武岩；3—辉绿岩；5—粗玄岩；6—硅质岩和硅质页岩

4. 枕状玄武岩

3. 辉绿岩

2. 枕状玄武岩

1. 安山岩

2. 生物特征及时代

东巧蛇绿混杂岩内硅质岩层中见保存完好的放射虫化石，经鉴定属侏罗纪（王乃文，1981），另外，王希斌（1987）等测定东巧西岩体北侧接触变质晕圈中角闪岩（选自石榴子石角闪岩）的K-Ar法变质年龄为179 Ma。综合上述，确定蛇绿混杂岩形成时代至少在晚侏罗世以前，很可能为早中侏罗世的产物。

（二）兹格塘错地层小区

该地层小区侏罗系木嘎岗日岩群的分布严格受班公错-怒江结合带范围限制，地层具东西向延伸，系变质变形的复理石建造，与上、下地层接触关系亦不清楚。

文世宣（1979）将改则以东的浅变质砂板岩创名为木嘎岗日群。孙东立（1991）在木嘎岗日群中发现的一套深灰色砂页岩，含早侏罗世的菊石化石。本报告因上述岩性均指图区内地层，故沿用此群，并根据其岩石组合特征划分出了康日埃岩组、加琼岩组及4种类型岩块，地层划分沿革见表2-9。

表2-9 木嘎岗日岩群地层划分沿革表

西藏自治区地质矿产局①		西藏自治区地质矿产局②		西藏自治区地质矿产局，1993		西藏自治区地质矿产局，1997		本报告		
侏罗系	上统	木嘎岗日群	上统	沙木罗组	上统	沙木罗组	上统	沙木罗组	上统		
	中统		中统		中统		中统		中—下统	木嘎岗日岩群	加琼岩组	灰岩岩块
											火山岩岩块
											砂岩岩块
											砾岩岩块
	下统		下统	木嘎岗日群	下统	木嘎岗日群	下统	木嘎岗日群			康日埃岩组

①西藏自治区地质矿产局.1986.1:100万改则幅区域地质调查报告；

②西藏自治区地质矿产局.1987.1:100万日土幅区域地质调查报告。

1. 岩石地层特征

（1）康日埃岩组（$J_{1-2}\hat{k}$.）

康日埃岩组的路线剖面位于班戈县姜索日康日埃，地理坐标：东经90°21′03″，北纬32°03′02″。剖面由于褶皱变形复杂，难以计算其真实厚度，故按出露的似厚度对待（图2-19）。

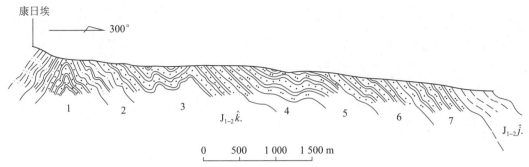

图 2 - 19　班戈县康日埃木嘎岗日岩群康日埃岩组路线剖面图

上覆地层：加琼岩组（$J_{1-2}\hat{j}.$），深灰色千枚岩

———————— 整　　合 ————————

康日埃岩组（$J_{1-2}\hat{k}.$）　　　　　　　　　　　　　　　　　　　厚 7 200 m

7. 浅灰色变质粉砂岩、粉砂质板岩夹少量千枚岩，千枚岩发育膝折和小规模褶皱，已发生面理　1 100 m
　 置换

6. 紫灰、灰色变砂岩以及深灰色粉砂质板岩，褶皱构造发育，S_1 面理对 S_0 层理面置换较彻底　200 m

5. 深灰色粉砂质板岩夹深灰色中层状变质细砂岩　　　　　　　　　　　　　　1 700 m

4. 深灰色粉砂质板岩　　　　　　　　　　　　　　　　　　　　　　　　　200 m

3. 深灰色变砂岩，局部片理化强烈　　　　　　　　　　　　　　　　　　　1 520 m

2. 条带状变砂（粒）岩，变形强烈，多为小复式褶曲，组成 S_1 和 S_2 面理　　　330 m

1. 深灰色片理化变砂岩　　　　　　　　　　　　　　　　　　　　　　　　150 m

未见底

该路线剖面岩石组合为一套变质砂岩、变质粉砂岩和粉砂质板岩，岩石变形强，原始层理（S_0）已受后期（S_1，S_2）改造，S_1 面理发育。

（2）加琼岩组（$J_{1-2}\hat{j}.$）

剖面位于安多县东巧兹格塘错西北，地理坐标：东经90°42′，北纬32°05′45″。剖面长度 6 370 m，总厚 3 235.45 m（图 2 - 20）。

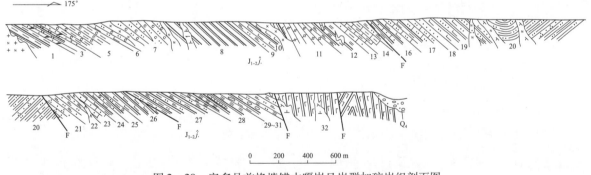

图 2 - 20　安多县兹格塘错木嘎岗日岩群加琼岩组剖面图

上覆地层：第四系砂砾石堆积物

加琼岩组（$J_{1-2}\hat{j}.$）　　　　　　　　　　　　　　　　　　　厚＞3 235.45 m

未见顶

32. 灰、灰黄、青灰色钙质板岩，局部夹变质细砂岩，粉砂岩，条带状砂岩及含砾板岩，并可　＞607.45 m
　　见砂岩、火山岩岩块，呈透镜状夹在钙质板岩中，发育水平层理及黄铁矿结核。

━━━━━ 断　层 ━━━━━

31. 青灰色钙质板岩夹滑塌砂岩，灰岩岩块　　　　　　　　　　　　　　　　30.32 m

30. 浅灰色、青灰色绢云母泥质细砂—粉砂岩及含钙粉砂岩　　　　　　　　93.05 m

29. 暗灰色钙质板岩夹滑塌沉积岩岩块和火山岩岩块　　　　　　　　　　　44.91 m

28. 青灰色绢云母板岩夹粉砂岩透镜体　　　　　　　　　　　　　　　　 115.99 m

27. 暗灰色含粉砂质泥质绢云母板岩　　　　　　　　　　　　　　　　　 165.48 m

26. 青灰色钙质板岩　　　　　　　　　　　　　　　　　　　　　　　　 74.14 m

25. 青灰色含砾粉砂质绢云母泥板岩　　　　　　　　　　　　　　　　　 40.92 m

24. 暗灰色钙质板岩　　　　　　　　　　　　　　　　　　　　　　　　 61.5 m

23. 浅灰色薄层状砂屑灰岩　　　　　　　　　　　　　　　　　　　　　 21.77 m

22. 浅灰色薄层状含绢云母细砂—粉砂岩夹灰色薄层状泥晶灰岩　　　　　 60.23 m

━━━━━ 断　层 ━━━━━

21. 灰绿色薄层状石英细砂岩　　　　　　　　　　　　　　　　　　　　 15.31 m

20. 浅灰绿色板理化砂—粉砂质页岩，夹石英砂岩及泥晶灰岩透镜体　　　 42.45 m

19. 浅灰绿色浅变质泥质细砂—粉砂岩及浅变质钙质细砂—粉砂岩，发育鲍马序列、正粒序层　　50.13 m

18. 浅灰色薄层状不等粒砂岩、粉砂岩　　　　　　　　　　　　　　　　 30.93 m

17. 浅灰色含粉砂质灰岩夹钙质板岩　　　　　　　　　　　　　　　　　 70.45 m

16. 青灰色钙质板岩夹暗灰色薄层状砂屑灰岩　　　　　　　　　　　　　 99.65 m

━━━━━ 断　层 ━━━━━

15. 暗灰色板理化绢云母粉砂岩　　　　　　　　　　　　　　　　　　　 11.56 m

14. 浅灰、浅灰黄色泥灰岩　　　　　　　　　　　　　　　　　　　　　 51.88 m

13. 暗灰色薄—中层状泥灰岩，砂屑灰岩　　　　　　　　　　　　　　　 52.99 m

12. 暗灰色绢云母板岩夹混杂泥灰岩，砂屑灰岩岩块　　　　　　　　　　 102.32 m

11. 浅灰—暗灰色中层状泥晶灰岩　　　　　　　　　　　　　　　　　　 71.63 m

10. 暗灰、浅灰、青灰色钙质板岩及钙质粉砂岩夹薄层状砂屑灰岩　　　　 220.84 m

9. 青灰、灰黑色板理化绢云母细砂—粉砂岩，夹透镜状泥灰岩、砂屑灰岩　30.76 m

8. 青灰、灰黑色泥质板岩　　　　　　　　　　　　　　　　　　　　　 156.63 m

7. 青灰色板理化碳质粉砂岩夹薄层状砂屑灰岩　　　　　　　　　　　　 274.81 m

6. 灰黑色板理化钙质粉砂岩及碳质粉砂岩　　　　　　　　　　　　　　 48.53 m

5. 青灰、灰黑色板理化含粉砂绢云母碳质页岩　　　　　　　　　　　　 114.98 m

4. 黄绿色薄—中层状细粒长石岩屑砂岩，正粒序层　　　　　　　　　　 36.26 m

3. 黄绿色—青灰色粉砂质板岩　　　　　　　　　　　　　　　　　　　 56.25 m

2. 黄绿色薄—中层状细粒长石岩屑砂岩　　　　　　　　　　　　　　　 20.36 m

1. 青灰—暗灰色泥质板岩　　　　　　　　　　　　　　　　　　　　　 22.95 m

下伏地层： 与二长花岗岩侵入接触

未见底

　　上述剖面岩石组合主要为泥质板岩、钙质板岩、粉砂质板岩、绢云母粉砂质板岩、粉砂质泥岩、碳质泥岩、碳质粉砂岩及泥灰岩，细粒长石岩屑砂岩及千枚岩等。该岩组中还见有砂岩岩块、砾岩岩块、灰岩岩块和火山熔岩岩块等。

　　1）火山熔岩岩块（lv）：该岩块上述两个岩组中均可见，出露较大者见于亚土错北和姜析错东，小者几厘米，大的数十米不等，面积近 4 km²。岩石呈黄褐色、灰绿色流纹岩，晶屑岩屑凝灰熔岩，安山岩及玄武岩等。岩石多呈透镜状分布，与围岩边界截然，具滑塌堆积的岩块特征。

　　2）砂岩岩块（ss）：砂岩岩块在上述两岩组中均可见及，但形态一般较小，多为几十厘米到几米，与板理呈交切或平行层理分布，岩石为变质中粒砂岩和细粒砂岩，变余砂状结构，块状或层状构造。这种岩块大多伴随灰岩或火山岩岩块，所以也同具滑塌堆积成因。

3）砾岩岩块（cg）：砾岩岩块主要见于董纳鄂尔，在错布查其冬一带较发育，并具有一定厚度。该岩块走向延伸呈北西西－南东东，与地层走向一致，长约14 km，宽小于500 m，夹在加琼岩组内。岩石呈浅灰、灰白色，岩性为砾岩、砂砾岩和含砾砂岩，砾石多呈扁平状或椭圆状。砾石成分有灰岩、砂岩及石英岩等，与围岩呈假整合接触关系，属沉积的砾岩楔经滑塌搬运形成沉积混杂岩块。

4）灰岩岩块（ls）：这种岩块大小不一，小者几厘米至十几厘米，大者延伸约10 km。小者多呈透镜状或椭圆状夹在板岩内，与砂岩岩块及火山岩岩块伴随，为滑塌堆积成因；大多为碎裂生物微晶灰岩、含生物微晶灰岩，产菊石、腕足类、珊瑚等化石，时代大多为二叠纪或石炭纪，其与围岩呈断层接触，认为是构造岩块。

2. 岩石特征

1）板岩类：板岩类主要集中在加琼岩组中，康日埃岩组中也有少量出现，岩石有绢云母板岩、硬绿泥石板岩、泥质板岩、粉砂质板岩，钙质板岩和含砾板岩等。一般具鳞片变晶结构、纤维状变晶结构或变余泥质—粉砂结构，板状构造，矿物粒度一般为0.01～0.5 mm，局部可见团块状集合体。矿物组合一般为绢云母、石英、硬绿泥石和绿泥石等，变质较浅，重结晶不明显，板理面上可见绢云母呈鳞片状定向排列。

2）千枚岩类：该岩石在上述地层中较少，岩石具粒状鳞片变晶结构，千枚状构造。矿物成分主要是绢云母（70%～80%）、白云母（5%～28%）、石英（10%～70%）、斜长石（2%～7%）。片状矿物粒径一般在0.1～0.5 mm之间，粒状矿物粒径一般为0.05～0.25 mm。绢云母定向排列显著，石英个别具定向拉长。

3）变砂岩类：变砂岩主要见于康日埃岩组中，加琼岩组中较少，多以夹层出现。岩石有变质岩屑砂岩和细粒岩屑砂岩。变余砂状结构，粒状变晶结构，块状构造，板劈理构造，片理不发育。矿物组合一般为石英、长石、白云母、黑云母、绢云母等。粒径大小不一，随原岩的不同而变化，矿物重结晶作用明显。

3. 微量元素特征

经对木嘎岗日岩群中板岩、泥灰岩、泥质粉砂岩及火山岩岩块等11种微量元素分析统计（表2－10）表明：木嘎岗日岩群Ag，W，Mo，Co，Nb，Ni，V等7种微量元素在各岩石中均高于涂和费（1961）地球元素丰度值，Cu元素值低，Sr元素在泥质岩石和砂岩中含量高，而在泥灰岩中丰度低于涂和费（1961）的平均地球微量元素值二分之一，Zr在泥质岩中相对稳定，而在砂岩中显示低值，泥灰岩中丰度高的特征。Ni，Cu，Sr，Co，V等元素的含量接近或略高于近海岸沉积环境值。

表2－10　木嘎岗日岩群微量元素特征表　　　　　　　　　　　　　　$w(B)/10^{-6}$

岩性		Cu	Sr	Zr	Ag	W	Mo	Co	Nb	Ni	V	Bi
板岩		53.60	140.10	157.75	0.175	5.53	0.36	25.80	14.25	98.03	161.75	0.84
含砾粉砂质板岩		45.90	213.93	150.0	0.145	5.14	0.15	23.03	13.03	130.50	132.85	0.237
泥灰岩		28.67	202.32	157.01	0.192	4.48	0.42	14.87	16.93	102.62	97.82	1.00
粉砂岩		46.95	217.02	97.96	0.137	0.25	0.316	27.75	8.04	82.67	157.0	0.403
火山岩岩块		65.0	209.25	88.13	—	0.25	0.32	14.88	6.50	90.43	185.33	0.29
涂和费（1961）	砂岩	63	20	220	0.07	1.6	0.2	0.3	0.07	2	20	—
	灰岩	4	610	19	0.07	0.6	0.4	0.1	0.3	20	20	—
	泥岩	13	180	150	0.11	1.8	2.6	74	11	68	120	—

4. 沉积环境分析

木嘎岗日岩群呈巨大的构造岩块分布于班公错－怒江结合带中，宽约20 km，沉积厚度巨大，据区内剖面厚度统计厚达15 950多米。这套巨厚的岩石地层由深灰、灰黑、青灰、灰黄、灰绿色千枚岩、板岩、泥岩、变泥质粉砂岩、变砂岩和少量的泥灰岩组成，属典型的复理石、类复理石沉积建造。

近源复理石主要为康日埃岩组，由黄灰、浅灰、紫灰色中粗粒变砂岩（0.25～1.0 mm）、变细砂岩（0.1～0.25 mm）夹粉砂质板岩组成。砂岩间的泥岩少，砂/泥比率高，层面顶底清楚，砂岩层厚。岩石中杂基含量普遍达40%，岩屑成分多为碳酸质岩石及石英，石英磨圆度很差，为次棱角状，说明成熟度较低，离物源区不远，具近源沉积的特征。由此可以推断，上述地层沉积是在比较动荡的环境下，经较短距离搬运和快速堆积作用所形成。这套地层中有大小不等的火山岩、砂岩和灰岩岩块"镶嵌"在原始层中，并与围岩界线清楚，具沉积混杂特点。说明当时边缘海可能存在一个较陡的斜坡，未完全固结的浅海沉积物由于失稳发生滑动，堆积在深海及边缘地带形成混杂沉积。

远源复理石类主要为加琼岩组，主要由厚度较大的灰色中砂岩（0.2～0.25 mm）、细砂岩（0.1～0.2 mm）、粉砂岩（0.06～0.1 mm）及灰、灰黑色、青灰色粉砂质泥岩、钙质粉砂质泥岩、泥灰岩（已变质的板岩类）组成，砂/泥比率显示泥质占主导。细砂岩、粉砂岩中岩屑多具次圆状，石英磨圆度稍差，为次棱角状。杂基含量为15%～30%，杂基主要为黏土屑，说明成熟度中等。鲍马序列可见两种级别沉积韵律：①小型1.5～3 cm，发育de段；②中型10～18 cm，发育abc段。原生沉积构造有粒序层，波状砂纹层理及水平纹层理，显示较完整的鲍马序列。这套地层沉积物总体细于前者，杂基比例小，磨圆度中等，发育原生层理构造。以上证据反映了远源浊积岩特征。岩块总体上小于近源区，所以认为属边缘海型远源沉积环境。

5. 区域地层对比

木嘎岗日岩群由于受构造作用，区域上均未见顶、底，原始的层序叠置保留较差，加之变质变形，化石稀少，给地层划分对比带来困难。现根据岩石组合、变质变形特点同区域进行对比（图2-21）。

1）下部层位（康日埃岩组）：该层位发育在班戈县姜索日康日埃—戳浦日一带，宽1.5～4.5 km，岩性为变砂岩、粉砂岩夹粉砂质板岩。构造变形强烈，变质程度低，面理置换较强，未发现生物化石。该套地层区内延伸稳定，组成复式背形构造，与上覆板岩类形成明显的差异，二者为整合接触。往西同相邻的改则哦错、日土日松等地剖面下部岩性组合相近。

2）上部层位（加琼岩组）：该层位区内厚度7 000多米，宽度达5～15 km。岩性为一套细的粉砂质板岩、千枚岩、泥质板岩和钙质板岩，夹灰岩、砂质灰岩及泥灰岩，砂岩层很少。该套岩石颜色深，呈深灰、灰黑和青灰色，变质轻、变形弱，总体面理置换不彻底，并见有较清楚的鲍马层序，发育粒序层理，含少量双壳类化石。同相邻的改则哦错木嘎岗日岩群上部层位对比存在许多相同点，如二者均属以泥质岩为主的组合，变质轻微，变形弱，同在灰岩层中采获双壳类化石，显然属同一构造带内同一时期的沉积。

6. 时代归属

王文彬等（1957）把这套地层分段划分为石炭纪门头山系、二叠纪甘尔堡系及三叠纪拉喀则系，文世宣等（1979～1980）划归中侏罗世，西藏自治区地质矿产局（1993）归入早—中侏罗世，西藏自治区地质矿产局（1997）则厘定为侏罗系。总之由于该地层以往工作程度较低，不同学者认识不一致，随着近年来工作程度的提高和新的化石种属的发现，总体趋向于将该套地层划分到侏罗纪。

根据此次区域地质调查收集的大量变质变形、岩石组合及化石资料，结合区域化石资料进行横向对比，认识如下：

1）康日埃岩组为木嘎岗日岩群下部层位，变质相对于上部加琼岩组深，出现变砂岩、变粉砂岩、千枚岩及少量变粒岩组合。构造变形多出现紧闭、尖棱、无根褶皱，面理置换彻底，S_1、S_2面理发育。这套地层未发现化石，但与上覆变质轻、变形弱的加琼岩组板岩、页岩呈整合接触，二者间具岩性与变质变形的差异。上部层加琼岩组中的化石显示出多属中侏罗世分子，并存在早侏罗世的延时化石，因此将康日埃岩组的时代划归早侏罗世较为合适。

2）加琼岩组：该层位于康日埃岩组变质变形层之上，二者关系清楚。岩石以深、灰黑色、青灰色板岩及泥（页）岩为主，这套地层总体变质轻，原岩结构保留，而变形明显弱于前者，面理置换不彻底，S_0面理清楚可辨，区域上化石产出较少，仅局限在泥灰岩与灰岩层中，这些层位又分布在上部岩石组合内。所采化石有珊瑚 *Theaosmilia* sp.，*T.* cf. *shuanghuensis*，*Stylina* cf. *dongqoensis*，*S.* cf. *kachensis*，*Montlivaltia* sp.，*Complexastraea* sp.，*Hentlivaltia* sp.，*Trocharea* sp.，*Microsolene* sp.；双壳

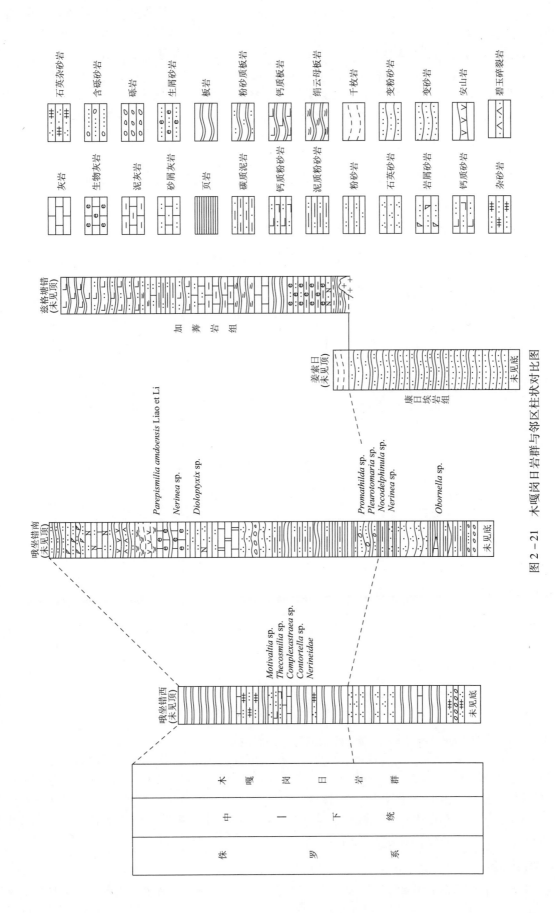

图 2-21 木嘎岗日岩群与邻区柱状对比图

35

类 *Liostrea* cf. *birmanico*；腕足类 *Burmirhynchia shanesis*，*B.* cf. *luchiangensis*；腹足类 *Nerinellidae?*，*Valaginella* sp.，*Zyqopleura* sp.，*Spongiomorpha* sp.，*Nerinea* sp.，*Nerinellacea*，*Nododelphinula* sp.，*Pleurotomaria* sp.，*Promothilda* sp.，*Trochoptiomatis* sp.，*Dioloptyxis* sp.，等，其中珊瑚 *Stylina* cf. *kacthensis* 的原种在印度产于中侏罗统，*Theaosmilia* cf. *shuanghuensis* 见于双湖中侏罗统中，*Montliraltia* sp. 从晚三叠世出现于藏北地层中。腹足类 *Pleurotomaria* sp.，*Promothilda* sp.，*Dioloptyxis* sp. 等皆可从早侏罗世延至早白垩世；据西藏自治区地质矿产局❶资料，在木嘎岗日群火山岩夹层中采获的同位素年龄值为 167.5 Ma，结合地层变质变形特征，将加琼岩组的时代划归中侏罗世较为合适。

（三）多玛贡巴地层小区

该地层小区发育中下侏罗统齐日埃加查蛇绿混杂岩、上侏罗统尕苍见组和查交玛组。

1. 齐日埃加查蛇绿混杂岩

齐日埃加查蛇绿混杂岩仅分布于齐日埃加查、鄂如一带，该套蛇绿混杂岩出露不完整，主要发育玄武岩岩片和变质超基性岩岩片、辉长辉绿席状岩墙等。

（1）剖面描述

齐日埃加查蛇绿混杂岩构造剖面特征见图 2－22。

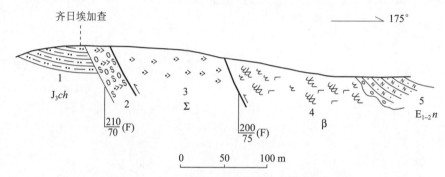

图 2－22　齐日埃加查蛇绿混杂岩构造剖面

1—泥质粉砂岩；2—片理化变质橄榄岩透镜体、糜棱岩化橄榄岩及糜棱岩；
3—变质橄榄岩；4—枕状及块状玄武岩；5—上覆砂砾岩盖层

上覆地层： 古近系牛堡组（$E_{1-2}n$）紫红色砂砾岩

～～～～～ 角度不整合 ～～～～～

齐日埃加查蛇绿混杂岩	厚 ＞218.36 m
4. 暗绿色—暗灰色块状（枕状）玄武岩	＞110.76 m
3. 黄绿色块状变质变形橄榄岩	＞90.38 m
2. 糜棱岩化橄榄岩、糜棱岩	17.22 m

══════ 断　层 ══════

下盘岩石： 上侏罗统查交玛组（J_3ch）紫红色含粉砂质铁钙质泥岩

（2）时代归属

齐日埃加查蛇绿混杂岩中有生物碎屑灰岩岩块，但未采获可佐证时代的化石，古近系牛堡组（$E_{1-2}n$）紫红色砂砾岩角度不整合于该套地层之上，据区域对比，认为该套蛇绿混杂岩形成时代与东巧蛇绿混杂岩接近或一致，为早侏罗世的产物。

2. 尕苍见组

该组主要分布在调查区中南部保枪改—波那和捷查、达卡玛鄂荣塘等地。为此次区域地质调查工

❶ 西藏自治区地质矿产局．1986．1：100 万改则幅区域地质调查报告．

作新建地层单位之一。据岩性可划分为上、下两段：下段为沉积碎屑岩、泥灰岩、碎屑岩夹火山岩，底部见有砾岩、灰质角砾岩；上段为火山岩，以玄武岩、火山角砾岩为主。其岩石组合、沉积环境、火山作用及构造位置，同气相错－查曲地层小区的上侏罗统各方面存在差异较大，故单独建组。该组与下伏地层为断层接触，与上覆地层查交玛组为平行不整合接触，关系清楚，岩性区分明显。

（1）剖面描述

安多县扎沙区鄂荣塘尕苍见组剖面特征见图 2－23。剖面位于安多县扎沙区尕苍见，地理坐标：东经91°10′43″，北纬32°05′37″。剖面出露较完整，控制长度 3 950 m，厚度 2 215.45 m。其中下段厚 940.34 m，上段厚 1 375.11 m。

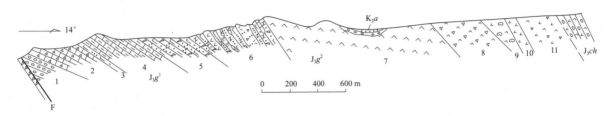

图 2－23　安多县扎沙区鄂荣塘尕苍见组剖面图

上覆地层：查交玛组火山质砾岩

~~~~~~~~~~~~ 平行不整合 ~~~~~~~~~~~~

尕苍见组上段（J_3g^2）	厚 1 375.11 m
11. 深灰绿色块状安山－玄武质火山角砾岩	224.68 m
10. 浅灰绿色蚀变安山岩	58.4 m
9. 灰绿色块状安山质火山角砾岩－集块岩	109.88 m
8. 灰绿色块状蚀变玄武质火山角砾岩	268.02 m
7. 深灰绿色块状含火山角砾玄武岩	715.13 m

------------------ 整　合 ------------------

尕苍见组下段（J_3g^1）	厚 940.34 m
6. 灰—深灰色薄层状含钙岩屑长石砂岩夹薄状硅质岩及浅灰绿色安山岩，火山角砾凝灰岩和火山岩透镜体	527.59 m
5. 浅灰色薄层状含砾中—细粒含钙岩屑石英砂岩	197.63 m
4. 灰—浅灰色薄层状泥质灰岩夹薄层状含钙细砂岩	205.83 m
3. 浅灰色薄层状含钙细砂岩	29.25 m
2. 深灰色厚层—巨厚层块状灰质角砾岩（角砾状灰岩）	132.94 m
1. 灰色厚层状砾岩，砾石磨圆度较好、分选性差	24.80 m

未见底

该组在鄂荣塘出露较全，到达卡玛由于受断层破坏，出露上部火山岩段，向西在保枪改、齐日埃加查出露很窄，岩性有下段粉砂质泥岩、粉砂质钙质泥岩、泥灰岩及上段火山岩，火山岩主要为蚀变玄武岩、碳酸盐化玄武岩和安山岩等，由于各段受断层破坏，出露不全，厚度和分布范围均很局限。

（2）地球化学及岩石化学特征

据地球化学分析显示：在灰岩中 Cu，Zr，Ag，W，Co，Nb，Ni，V 等微量元素绝大部分高于涂和费（1961）的地球化学丰度，只有 Mo 元素含量相近，Sr 元素显示低值背景；砂岩中 Sr，Co，Nb，Ni，V 等元素值明显偏高，Ag，Mo 两种元素略高于涂和费（1961）平均值，Cu，Zr，W 3 种元素反映了低值特征（表 2－11）。

火山岩微量元素显示：从安山岩—玄武岩，Rb，Co，V，Sr，La，Li 等 6 种元素含量呈递减趋势，除 Rb，Li 元素平均值高于涂和费（1961）基性岩外，Lar，Sr，Co，V 元素平均值低于涂和费

（1961）基性岩平均地球化学丰度值，Nb，Ga，Zr，Ni 等元素更是显著低于涂和费（1961）的基性岩平均地球化学丰度值（详细研究见第三章第三节）。

表 2 – 11 尕苍见组沉积岩微量元素特征表

$w(B)/10^{-6}$

岩性		Cu	Sr	Zr	Ag	W	Mo	Co	Nb	Ni	V	Bi
泥质灰岩		28.27	202.32	157.01	0.192	4.48	0.42	14.87	16.93	102.62	97.82	1.00
含钙岩屑长石砂岩		46.95	217.02	97.96	0.137	0.25	0.316	27.75	8.04	82.67	157.00	0.403
火山岩岩块		65.00	209.25	88.13	—	0.25	0.32	14.88	6.50	90.43	185.33	0.29
涂和费（1961）	灰岩	4	610	19	0.0n	0.6	0.4	0.1	0.3	20	20	—
	砂岩	636	20	220	0.0n	1.6	0.2	0.3	0.0n	2	20	—

尕苍见组中的玄武岩 SiO_2，Al_2O_3，TiO_2，FeO，MgO，K_2O，P_2O_5 含量略低于维诺格拉多夫基性岩平均值，Fe_2O_3，Na_2O 略高，CaO 远大于维诺格拉多夫基性岩平均值；安山岩中 SiO_2，FeO，TiO_2 等化学成分高于维诺格拉多夫中性岩平均值，其余绝大部分化学成分偏低；个别火山角砾岩受蚀变影响，CaO 偏高，SiO_2，FeO，MgO，TiO_2，P_2O_5 等化学成分低于维诺格拉多夫超基性岩平均值；火山集块岩中 SiO_2，Fe_2O_3，CaO 接近中性岩，Al_2O_3，Na_2O，K_2O 等化学成分显示低值特征，只有 MgO，FeO 两种化学成分偏高（详细研究见第四章第三节）。

（3）时代讨论

调查区尕苍见组未发现生物化石，此次区域地质调查在上段下部玄武岩中获得 141 Ma 的 K – Ar 同位素地质年龄，结合该地层同上覆地层查交玛组为平行不整合接触，故将其时代划归晚侏罗世基末里期。

3. 查交玛组（J_3ch）

查交玛组为此次区域地质调查过程中新建立的地层单位，其下部为深灰绿色沉火山砾岩，中部为灰—深灰色钙质砂岩夹薄层灰岩，之上为含火山角砾蚀变安山岩，上部为厚层块状生物灰岩（珊瑚礁灰岩）。查交玛组与下伏尕苍见组为平行不整合，受断层破坏未见顶。

（1）剖面描述

安多县扎沙区查交玛组剖面

剖面位于安多县扎沙区查交玛（图 2 – 24），地理坐标：东经 91°11′15″，北纬 32°06′46″。剖面底界接触关系清楚，顶部因受断裂影响出露不全，厚度大于 1 141.30 m。

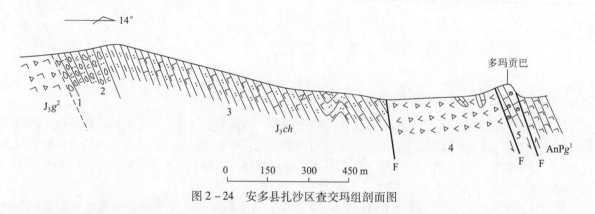

图 2 – 24 安多县扎沙区查交玛组剖面图

查交玛组（J_3ch）   厚 > 1 141.30 m

未见顶

5. 灰色块状生物灰岩，产珊瑚 *Calamophyllopsis* sp.，*Opisthophyllum vesiculare* Ogilvie，*Fungiastraca* cf. *multicincta*（Koby），*Montilivaltia* sp.，*Chaetetes* sp.，*Thecosmilia vurguni tibetensis* He et Xiao，*Astraraea* sp.，*Isastrea* sp.，双壳 *Barbatia tenutexta*（Morris et lycett），海胆 *Hemicidaris* sp. 及腹足类等化石　　>9.99 m

======== 断　　层 ========

4. 灰绿色块状含火山角砾蚀变安山岩，并可见灰岩岩块　　406.13 m

======== 断　　层 ========

3. 深灰色薄层状钙质粉砂岩类薄层状砂质灰岩及细砂岩　　540.33 m

2. 沉积凝灰质砾岩　　123.22 m

1. 杂色块状火山质砾岩　　11.63 m

------------ 平行不整合 ------------

下伏地层：尕苍见组安山—玄武质火山角砾岩

该组在查交玛出露较全，层序基本清晰。从剖面处向西到达卡玛以灰岩为主；延伸到日阿岗目下部以灰岩为主，上部出现泥灰岩、砂岩等；到齐日埃加查以泥灰岩夹生物灰岩和泥质粉砂岩为主，岩性沿走向有明显的横向变化。

（2）微量元素

据微量元素分析显示（表2-12）：Ti，Pb，Zn，Sr，Nb，Co，Cr 等多种元素丰度值均高于涂和费（1961）的地壳平均值，Pb，Zn，Sr，Nb，Co，Cr 等高出3倍以上，Ga，Rb，Zr 3 种元素显示了低值，Rb 元素在砾岩中较低，据该地层 Ti，Sr，Cr，Co，Pb 等元素偏高、微量元素含量在该组不同岩性中的明显变化，说明火山作用的参与是直接原因，局部形成的火山灰球灰岩充分说明了这一点。

表 2-12　查交玛组微量元素特征表　　$w(\mathrm{B})/10^{-6}$

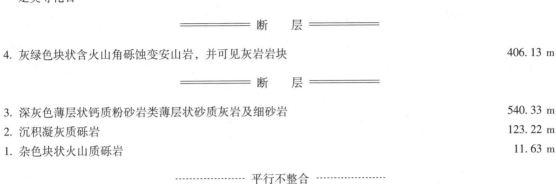

岩性		Cu	Ti	Pb	Zn	Sr	Ga	Nb	Rb	Zr	Co	Cr
沉积凝灰质砾岩		56.14	3523	23.26	86.02	226.1	16.18	6.06	24.28	83.16	20.74	263.4
钙质粉砂岩		31	2464	22.2	69.82	280.7	10.64	9.10	57.86	107.8	33.86	302
涂和费（1961）	砂岩	—	1500	7	15	20	12	0.0n	60	220	0.3	35

（3）层序及沉积环境分析

查交玛组下部为火山质沉积砾岩的块状层，中部为细碎屑岩层和火山角砾岩；上部为造礁灰岩。区内该组沉积环境主要与尕苍见组火山作用有关联，火山作用改变了保枪改-多玛贡巴地层小区微环境。在大量的火山喷发堆积之后，小区内局部形成水下隆起，早期为搬运近源火山质砾岩沉积，厚达134 m，并与下伏地层呈平行不整合接触；中期为稳定的浅海沉积，沉积物为钙质细碎屑岩，西部保枪改以泥灰岩和粉砂质泥岩为主，表现出比查交玛一带海水要深的沉积环境；晚期海水变浅、水循环很好，沉积了生物礁灰岩，为台地边缘礁相沉积环境，造礁生物主要为珊瑚，伴有双壳类、海胆和腹足类等生物。

（4）生物特征及时代划分

该组生物化石主要集中在多玛贡巴一带生物灰岩中。所产化石以珊瑚为主，双壳类、腹足类、海胆很少。见珊瑚 *Calamophyllopsis* sp.，*Opisthophyllum ves iculare*，*Fungiastraca* cf. *multicincta*，*Mantilivaltia* sp.，*Chaetetes* sp.，*Theosmilia vurguni tibetensis*，*Astraraea* sp.，*Chaetetes* sp.，*Isastrea* sp.，双壳 *Barbatia tenutexta*，海胆 *Hemicidaris* sp.，其中定到侏罗纪的化石为 *Calamophyllopsis* 和 *Thecosmilia vurguni tibetensis* 两种，定到早白垩世底部的化石为 *Opisthphyllam vesiculare*，其余大多具延时性，为 T—K 或 J—K 的分子。

以上珊瑚也多见于日土多玛、界山大板、岩普等地的晚侏罗世地层，*Thecosmilia varguni*，*Astr-*

araea, *Montilivalitia* sp. 属种与法国、瑞士、德国、罗马尼亚、塞尔维亚及高加索等地晚侏罗世牛津阶分子比较相似，结合该组平行不整合覆于孕苍见组之上，将其时代厘定为晚侏罗世基末里晚期。

二、多玛地层分区

该地层分区内发育中、上侏罗统，地层呈东西向展布，东邻安多县幅，西接昂达尔错幅，地层均延出图幅外。中、上侏罗统岩性以海相碳酸盐岩为主，生物极丰富。中统分别为色哇组、雀莫错组、布曲组、夏里组，在区内广泛分布；上统为索瓦组，仅零星出露，一般组成向斜核部，该地层分区地层划分沿革见表 2 – 13。

（一）中侏罗统色哇组（J_2s）

色哇组出露于调查区西南改来曲、中部雀若日 – 枪鄂玛以东一线，西段在气相错改来曲受断层影响呈楔状体西宽东窄，中 – 东段呈带状分布。断续延伸达百余千米，为一套深色调的泥、粉砂岩夹介壳灰岩构成的旋回 – 韵律沉积，富含双壳类和菊石化石，厚 1 320.06 m。未见底。区域上与下伏上侏罗统曲色组整合接触，其上与布曲组整合接触。由于调查区该套地层岩性特征及生物组合同文世宣（1976）等人创建的色哇组相同，以往在区内开展的地质工作均沿用了该名，故此次区域地质调查亦从之。

1. 剖面描述

（1）双湖区改来曲色哇组剖面

剖面位于双湖区买玛乡改来曲（图 2 – 25），地理坐标：东经 90°03′，北纬 32°32′12″。

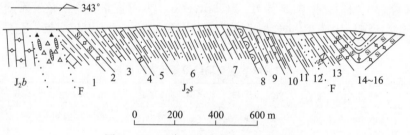

图 2 – 25 双湖区改来曲色哇组剖面图

剖面顶、底不全，但层序清楚，主要为一套由砂泥层组成的韵律沉积，厚度大于 1206.04 m。

色哇组（J_2s）   厚 > 1206.04 m

未见顶

16. 深灰色泥岩、粉砂岩夹中薄层状砂岩及少量褐灰色中层状生物灰岩	>53.05 m
15. 深灰色巨厚层状碎裂硅质泥晶灰岩	2.6 m
14. 深灰色薄层状含粉砂硅质泥晶灰岩（以上分层在剖面上构成向斜）	4.65 m
13. 深灰色粉砂硅质泥岩、浅灰色中—薄层状钙质细粒岩屑长石粉砂岩夹少量厚层状生物碎屑灰岩	145.93 m
12. 深灰色泥岩夹砂岩及薄—中层状钙质岩屑长石砂岩	12.00 m
11. 深灰色泥岩夹褐灰色钙质砂岩及砂屑介壳灰岩	51.55 m
10. 深灰色泥岩夹薄层状钙质砂岩及砂屑介壳灰岩	34.92 m
9. 深灰色泥岩夹粉砂质泥岩及薄层状钙质砂岩	102.16 m
8. 灰色中层状介壳生物灰岩	0.26 m
7. 深灰色泥岩夹褐灰色泥灰岩	184.25 m
6. 深灰色泥岩与深灰色粉砂质泥岩互层	281.82 m

表2-13 多玛地层分区侏罗系划分沿革表

系	层位	青海省地质矿产局①	西藏自治区地质矿产局②	青海省地质矿产局，1993	青海省地质矿产局③	中国石油天然气总公司④	本报告
侏罗系	上统	雁石坪统　上灰岩组	雁石坪群	佣钦错群	扎窝茸组 ／ 索瓦组	雪山组（三段／二段／一段）／ 索瓦组（三段／二段／一段）	索瓦组
侏罗系	中统	雁石坪统　上砂岩组／下灰岩组／下砂岩组	雁石坪群	佣钦错群	夏里组 ／ 温泉组 ／ 玛托组	夏里组（三段／二段／一段）／ 布曲组（三段／二段／一段）	夏里组（上段／中段／下段·青盐层）／ 布曲组
侏罗系	下统	—	色哇组 ／ 曲色组	色哇组 ／ 曲色组	雀莫错组	雀莫错组（三段／二段／一段）	雀莫错组 ／ 色哇组

①青海省地质矿产局.1970.1:100万温泉幅区域地质调查报告;②西藏自治区地质矿产局.1986.1:100万改则幅区域地质调查报告;③青海省地质矿产局.1986.1:20万唐古拉山口幅、龙亚拉幅区域地质调查报告;④中国石油天然气总公司新区勘探事业部.1996.1:10万吉开结成玛幅、查日萨太尔北半幅区域石油地质调查报告.

5. 深灰色泥岩夹少量褐灰色、灰色中薄层钙质砂岩、泥晶灰岩及结核	98.05 m
4. 褐灰、灰色中薄层状钙质岩屑长石砂岩夹深灰色泥岩	16.75 m
3. 深灰色千枚状泥岩，偶夹砂质灰岩及泥质岩条带或透镜体	190.03 m
2. 深灰色藻屑硅质泥晶灰岩，产菊石 *Dayiceras* sp.，双壳 *Bositra buchii*（Roemer）	32.62 m
1. 深灰色千枚状泥岩，偶夹褐黄色薄层状泥灰岩	>49.40 m

━━━━━━ 断　　层 ━━━━━━

下伏地层：深灰色碎裂状灰岩

改来曲介壳灰岩（gls）：深灰色中层状介壳灰岩。位于剖面中部，厚20～30 cm，层内化石碎片丰富，生物碎屑含量约20%，走向延伸较稳定，为气相错地区色哇组的标志层。

除上述剖面化石外，在通玛、赛日东路线上泥岩中采到大量双壳 *Plagiostoma* sp.，*P. rodburgense*（Whidborne），*P.* cf. *channoni* Cox，*P. duplicata*（Sowerby），*Chcamgs*（*Raduopecten*）*tipperi* Cox，*Camptonetes*（*Camptanectes*）cf. *lens*（Sowerby），*C.*（*Camptochlamys*）*subrigidus* Lu，*Bositra buchii*（Roemer）；菊石 *Sonninia*（*Sonninaia*）*propinguans*（Bayle），*Witchellea* sp.，*Stephanoceras* sp.，*S.* cf. *wangen*，*Dayiceras* sp.，*Dorsetensia* sp. 等。

（2）肖日罗玛色哇组路线剖面

路线剖面位于安多县强玛乡肖日罗玛，地理坐标：东经90°50′41″，北纬32°29′37″。剖面未见顶、底（上覆地层被第四系覆盖，下伏地层被断层破坏），露头好，层序界面清楚。剖面特征见图2－26。

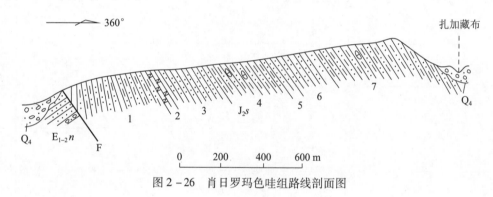

图2－26　肖日罗玛色哇组路线剖面图

未见顶

色哇组（J$_2$s）

7. 深灰色薄层状粉砂质泥岩夹泥灰岩、灰岩透镜体	厚500 m
6. 灰、深灰色薄层状细—粉砂岩	120 m
5. 灰色、灰绿色中—厚层状石英砂岩，底部偶含泥砾	30 m
4. 深灰色薄层状粉砂岩，粉砂质泥岩夹薄层状细砂岩，偶见灰岩透镜体	<300 m
3. 灰、浅灰色薄层状粉砂岩夹中层状砂岩	<120 m
2. 灰色中—厚层状石英砂岩，底部砂岩含泥砾，正粒序层理	<30 m
1. 深灰色泥岩、粉砂质泥岩夹少量薄层细砂岩，具板状，千枚状构造	<200 m

未见底

2. 岩石组合

从上述两条剖面看，西侧改来曲一带色哇组岩石组合为一套泥质岩、粉砂质泥岩夹灰岩、介壳灰岩与砂岩组合，颜色深、含较薄结核、砂岩夹层（一般不超过1 m）。该组被断层切割成楔状体，顶、底均未见，向东断续出现；到肖日罗玛呈深灰，灰黑色粉砂质泥岩、粉砂岩和灰、浅灰色砂岩组成韵律旋回，有碎屑变粗、砂岩增多的特点，南侧被断层破坏未见底，上部与布曲组灰岩呈整合接触；延伸到达玛尔为深黑色泥质粉砂岩夹薄层灰岩、砂岩（下部未出露，上部层位见及），构成背斜，并与上覆布曲组呈整合接触。总体上由西向东延伸，横向和纵向向上变粗，泥质成分及化石逐渐减少，反映了西部沉积较东部深，沉积相由斜坡相至外陆棚相的变化特点。

3. 微量元素

经对剖面 11 种微量元素统计（表 2－14），反映出微量元素在该环境地段各岩类中的差异较为明显：砂岩中 Cu，Ti，V，Li，Nb，Ni，Co，Cr 等多种元素明显高于涂和费（1961）的地球平均含量值，Ga，Zr 元素值相对较低；泥质岩中 Cu，Li，Nb，Zr 4 种元素平均值高，Ti，V，Sr，Ni，Co，Cr 等多种元素反映了低的趋势；而其中 Cu 元素高出涂和费（1961）的丰度值 1.5 倍；灰岩中上述 11 种元素普遍高。

表 2－14　色哇组微量元素特征表　　　　　　　　　　　$w(B)/10^{-6}$

岩性		Cu	Ti	V	Li	Sr	Ga	Nb	Ni	Zr	Co	Cr
钙质砂岩		15.00	2682	59.73	38.70	375.67	10.97	10.02	33.57	135.47	14.56	44.97
泥岩		37.63	3968	88.97	77.27	151.33	17.57	15.03	41.53	197.67	16.27	71.97
灰岩		13.80	1611	36.00	25.40	635.67	6.13	7.00	25.17	68.77	5.73	19.50
涂和费（1961）	砂岩	—	1500	20	13	20	12	0.0n	2	220	0.3	2.5
	泥岩	13	4600	120	27	180	20	11	8	150	74	90
	灰岩	4	—	20	5	610	4	0.3	20	19	0.1	11

（二）中侏罗统雀莫错组（J_2q）

中侏罗统雀莫错组原为雁石坪群下碎屑岩段，经青海省地质矿产局❶提名建组，创名地点位于北雀莫错东侧，此次工作因调查区岩性与之相近，同属不整合在下伏上三叠统之上，故而沿用此名称。区内雀莫错组出露较少，厚度一般小于 1 000 m。岩性为一套灰绿、紫灰、紫红色砾岩、含砾石英砂岩，长石石英砂岩、粉砂岩及少量含铁石英砂岩。

该组总体呈小型复式背斜，不整合覆于上三叠统砂岩之上，沿着北部上三叠统南侧边缘分布。东部扎昂巴，托木日阿玛一带绕背斜背部向西倾伏分布，西部加日改一带向东倾伏，构成轴向近东西的复背斜波状延伸，顶、底界面接触清楚，下部角度不整合在上三叠统夺盖拉组之上，局部为断层接触，布曲组整合覆于其上，安多县托木日阿玛路线剖面（图 2－27）基本代表了调查区岩性。

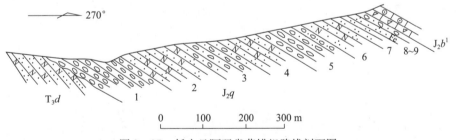

图 2－27　托木日阿玛雀莫错组路线剖面图

上覆地层：布曲组砂屑灰岩

————————— 整　合 —————————

雀莫错组（J_2q）　　　　　　　　　　　　　　　　　　　　　　　　　厚 930 m

9. 紫红色薄—中厚层状含砾铁质石英砂岩及含铁质石英砾岩　　　　　　　13.00 m

8. 灰紫色薄—中层状含铁石英砂岩　　　　　　　　　　　　　　　　　　30.00 m

❶ 青海省地质矿产局区调综合地质大队 . 1993. 1∶20 万唐古拉山口幅、龙亚拉幅区域地质调查报告 .

7. 紫红色薄层状粉砂岩	64.00 m
6. 灰绿—灰黄、灰白色薄—中层状含长石菱铁矿结核石英砂岩，呈正粒序	94.00 m
5. 灰白色略呈现灰绿色薄—中层状石英细砾岩	141.00 m
4. 灰绿—灰黄、灰白色薄—中层状含长石石英砂岩	117.00 m
3. 灰白色中层状石英中砾岩	117.00 m
2. 灰黄、灰白、灰绿色中层状含长石石英砂岩	164.00 m
1. 灰白色厚层状石英中—粗砾岩，砾石磨圆度好	188.00 m

~~~~~~~ 角度不整合 ~~~~~~~

下伏地层：上三叠统夺盖拉组砂岩

雀莫错组路线剖面上为一套从粗至细，颜色从下至上为灰绿、灰、黄、白—紫红色、灰紫色的砾岩、含砾砂岩、砂岩的正粒序沉积，顶部出现含铁及铁质结核石英砂岩、粉砂岩。区域上向西到达卓玛北为含砾砂岩，钙质长石英砂岩，到那木一带西侧被第四系覆盖。东侧为一套浅灰黄色长石石英砂岩、岩屑砂岩，局部含砾石英砂岩，厚度近千米，基本同东部扎昂巴厚度接近，岩性从东向西变细。东部托木日阿玛、扎昂巴、达卓玛一带砾石小，磨圆度极好，为圆—椭圆状，砂质胶结，向上变细为石英砂岩，钙质石英砂岩、粉砂岩，表现为正粒序，反映了海进的滨岸沉积，西部那木、加日改为灰黄岩屑石英砂岩、长石石英砂岩，粒度均匀，厚度稳定，成熟度高，反映了滨浅海相环境沉积。

（三）中侏罗统布曲组（J_2b）

布曲组由白生海（1984）创名于唐古拉山乡布曲，该组相当于雁石坪群下灰岩夹砂岩段。杨遵仪等（1988）把这套灰岩段创名叫沱沱河组。到 20 世纪 90 年代石油部门在该地层中做了大量工作，但仍沿用了布曲组一名，为同多家一致，本报告沿用之。

调查区布曲组出露宽，分布面积广，集中在图区中部，西起塞仁那来，东至查曲以东，两侧分别延出图外，近东西向展布。总体构成一复式向斜，南翼两侧在气相错改来曲一带与下伏色哇组为断层接触，东侧看木钦－达玛尔一带整合覆于色哇组之上；北翼整合覆于雀莫错组之上，部分地区为断层接触，上部与夏里组呈整合接触。根据岩性组合划分出上、中、下 3 个岩性段。下段为碳酸盐岩及膏盐层段，中段为碎屑岩段，上段为泥晶灰岩生物灰岩段。各段在区内发育均较好，并产丰富的双壳类和腹足类生物和少量的海绵、昆虫、海百合茎等化石。

1. 剖面描述

（1）双湖区戳润曲布曲组上段剖面

剖面位于双湖区买玛乡戳润曲。地理坐标：东经 90°10′39″，北纬 35°36′37″。剖面布曲组与上覆地层夏里组整合，未见底，厚 336.70 m。剖面特征见图 2-28。

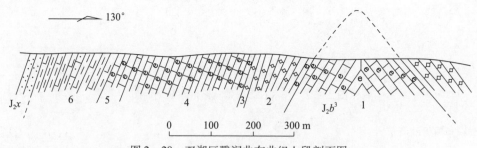

图 2-28　双湖区戳润曲布曲组上段剖面图

上覆地层：夏里组细粒岩屑长石砂岩

——————— 整　合 ———————

布曲组上段（J_2b^3）	厚 336.70 m
6. 浅灰色劈理化钙质泥岩夹少量薄层状含砂泥晶灰岩，上部为薄层含钙粉砂质泥岩	96.70 m

44

5. 灰、深灰色薄—中层状含生物碎屑泥晶灰岩	17.96 m
4. 深黑色薄—中层状含生物碎屑泥—微晶灰岩	139.02 m
3. 浅灰色劈理化泥晶灰岩	16.62 m
2. 黑色中层状含硅质海绵藻泥晶灰岩	57.75 m
1. 深—黑色厚层状含生物碎屑泥晶灰岩，产双壳类及海百合茎化石	8.65 m

未见底

（2）安多县达卓玛布曲组剖面图

剖面位于安多县岗尼乡达卓玛南（图 2 - 29）。地理坐标：东经 90°49′39″，北纬 32°53′21″。剖面下、中、上 3 段齐全，上段被断层破坏未见顶，下部由于覆盖未见底，厚 1 108.24 m。

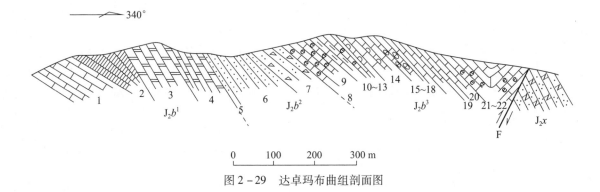

图 2 - 29　达卓玛布曲组剖面图

上覆地层： 夏里组灰绿色薄层钙泥质粉砂岩

========= 断　　层 =========

布曲组上段（J_2b^3）	**厚435.95 m**
22. 灰色薄层状生物碎屑灰岩夹生物碎屑泥灰岩	35.20 m
21. 深灰色薄—中层状生屑微晶灰岩	43.71 m
20. 灰色中厚层状粉晶灰岩	44.47 m
19. 灰、灰黄色块状粉晶灰岩	4.13 m
18. 灰色薄层状泥（晶）、粉晶灰岩	30.55 m
17. 黑灰色块状粉晶灰岩	10.56 m
16. 灰、浅灰色薄层状泥（粉）晶灰岩	4.78 m
15. 灰色薄层状微—细晶藻屑灰岩，产双壳 *Astarte* sp.	30.78 m
14. 灰色薄—中层状微晶灰岩，偶夹介壳灰岩，产双壳 *Chlamys*（*Radulopecten*）*tipperi* Cox	65.34 m
13. 灰黄色薄层状介壳灰岩，产双壳 *Trigonia* sp.，*Astarte* sp.，*Protocardia* sp.，*Gervillella* sp.	13.00 m
12. 灰黑色薄层状细晶灰岩	8.67 m
11. 灰黄色薄层状生物碎屑微晶灰岩	17.34 m
10. 灰黑色薄层状核形石微—泥晶灰岩	43.34 m
9. 灰、深灰色中—厚层状生物碎屑灰岩	66.74 m
8. 深灰、灰黑色厚层状生物碎屑泥晶灰岩	17.34 m
布曲组中段（J_2b^2）	**厚 >236.34 m**
7. 紫红色厚层状岩屑粗砂岩夹粉砂岩	109.85 m
6. 紫红色薄—极薄层状细砂岩	115.36 m
5. 浅灰绿色薄层状岩屑粉—细砂岩	11.13 m
布曲组下段（J_2b^1）	**>377.42 m**
4. 灰—灰黑色薄—中层状粗晶白云岩	105.38 m
3. 灰黄—肉红色块状巨—粗晶白云岩夹灰黑色中粗晶白云岩	105.38 m
2. 白色膏盐层	125.34 m

1. 浅灰肉红色薄层状细—中晶灰岩　　　　　　　　　　　　　　　　　　　　62.40 m

未见底

上述两条剖面的布曲组，在达卓玛一带下段底部为一套浅灰色肉红色细—中晶灰岩，为碳酸盐台地相，上部为一膏盐、白云岩的潟湖或湖湾相环境，表现了海退的特征；中段为紫红色砂岩、岩屑粗粉砂岩，显示出内陆棚相的沉积，产非海相双壳类 *Psilunio* sp. ，*P. chao*（Grabau），*P.* cf. *globitriangularia*（Ku），*Pseudocardinia* sp. 及一些海陆过渡相 *Modiolus* sp. ；上段为一套深灰、黑灰为主的生物碎屑微晶灰岩、生物碎屑泥晶灰岩、细晶灰岩，反映了浅海碳酸盐台地环境。而布曲组在区域上，在南部下段为深灰、浅灰色微晶灰岩，北部为浅灰、肉红色微晶、泥晶灰岩，并含鲕粒，反映浅水的开阔台地，发育有大量双壳类和腕足类等底栖生物组合；中段西部戳润曲一带以浅灰色薄层泥岩、钙质泥岩和泥灰岩为主夹生物灰岩。向东逐渐变为灰绿色砂岩夹钙质泥岩，层有变厚的特点，延伸到查曲陇纳玛一带为浅灰绿色粉砂质泥岩、泥灰岩的组合，地层厚度总体较稳定。该段中产双壳类：*Palaeonucula stoliczkai*（Cox），反映水体加深，处于海侵阶段。上段岩性较单一，为一套深灰、灰色、黑灰色泥晶灰岩、微晶灰岩、生物碎屑微晶灰岩、藻灰岩、鲕粒灰岩及核形石灰岩，反映海水总体向上变浅，为开阔的台地。这时达卓玛一带同区域环境一致，说明晚期区内海侵范围达到最大，大部分地区为浅海环境。

调查区膏盐层（GY）发育于达卓玛一带，厚度可达 125 m 之多。延伸几千米至十几千米。该层位主要出现在布曲组下段中上部，呈似层状，走向延伸变薄并逐渐尖灭，反映了该地区特定的潟湖沉积环境。

2. 岩石化学特征

布曲组灰岩岩石化学分析结果见表 2 – 15，同巴登化学分析结果对照，调查区布曲组 CaO，Na_2O，K_2O 成分明显偏低，Al_2O_3，SiO_2，MgO 偏高，SiO_2 高出 2 ~ 4 倍，Fe_2O_3，FeO，TiO_2 相近，说明布曲组灰岩具低 Ca，Na，K，高 Si，Al 的特点。

表 2 –15　布曲组灰岩岩石化学分析表

$w(B)/10^{-2}$

岩石名称	CaO	Al_2O_3	Fe_2O_3	MgO	SiO_2	Na_2O	K_2O	TiO_2	P_2O_5	CO_2	H_2O	LOs
泥晶灰岩	50.95	1.03	0.27	1.34	4.10	0.10	0.18	0.085	0.027	40.93	0.12	41.14
泥晶灰岩	49.14	1.86	0.63	1.18	6.32	0.024	0.33	0.12	0.039	39.17	0.16	39.49
微晶灰岩	52.19	0.85	0.37	0.89	3.87	0.087	0.058	0.07	0.042	41.37	0.14	41.13
巴登	54.23	0.46	0.38	0.11	1.65	6.28	0.36	0.04	—	42.76	—	—

（四）中侏罗统夏里组（J_2x）

中侏罗统夏里组由青海省地质矿产局（1987）创名，命名地在唐古拉山乡夏里山，层位相当于雁石坪群上砂岩段，因调查区岩性、生物面貌与之相近，近年来石油方面也用此名，故这次区域地质调查仍沿用之。

1. 剖面描述

（1）双湖区戳润曲夏里组剖面

剖面位于双湖区买玛乡戳润曲捷来（图 2 –30），地理坐标：东经 90°10′23″，北纬 32°27′39″。剖面上顶、底完整，层序清楚，控制厚度 575.35 m，整合覆于布曲组灰岩之上，伏于上侏罗统索瓦组生物灰岩之下。

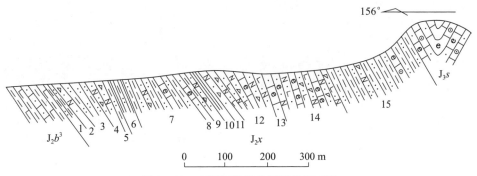

图 2 – 30 双湖区戳润曲夏里组剖面图

上覆地层： 索瓦组紫红色鲕粒灰岩

———————— 整　合 ————————

夏里组（J₂x）　　　　　　　　　　　　　　　　　　　　　　　　　　　　　　　　　　厚 575.35 m

15. 灰绿色粉砂质泥岩，中厚层状细粒岩屑长石石英砂岩及土灰色中厚层状含砾生物碎屑灰岩　　151.33 m

14. 灰绿色中—薄层状细粒含钙岩屑长石砂岩与灰色中厚层状鲕粒生物碎屑灰岩互层　　128.8 m

13. 深灰色中层状砂质生物碎屑灰岩，产双壳 *Tancredia triangularis* Chen et Wen，*Astarte togton-*　　11.30 m
　　heensis Wen

12. 灰绿色薄—中层状细粒含钙岩屑长石砂岩与灰色中厚层状生物碎屑灰岩互层　　60.60 m

11. 浅灰绿色中—厚层状细粒岩屑长石砂岩　　7.28 m

10. 深灰—黑色页岩，偶夹薄层砂岩　　8.00 m

9. 浅灰绿色粉砂质泥岩，浅灰色薄—中层状细粒岩屑长石砂岩及生物碎屑灰岩　　13.83 m

8. 褐灰色薄层状含砂质鲕粒灰岩，产双壳 *Propeamussium*（*Propeamussium*）*heptacostatum* Wen，　　11.27 m
　　Trigonia sp.，*Gervillella qinghaiensis* Wen，*Chiamgs* sp.，*Trigonia* sp.

7. 灰绿色粉砂质泥岩夹薄—中层状细粒岩屑长石砂岩及少量薄—中层状生物碎屑灰岩　　89.96 m

6. 深灰—黑色页岩夹少量极薄层状粉砂质泥岩及铁质结核　　33.08 m

5. 灰色钙质粉砂质泥岩　　4.35 m

4. 灰绿色中厚层状细粒岩屑长石砂岩夹灰色含钙粉砂质泥岩，底部产双壳 *Plagiostoma* cf. *biinien-*　　30.44 m
　　sis Cox，*Camptonectes*（*Camptonectes*）*subrigidus* Lu，*Lopha* cf. *tifoesis* Cox，*C.*（*C.*）*lens*（Sow-
　　erby），*Mytilus* sp.，*C.* cf. *channoni* Cox，*Chlamys*（*Radulopecten*）*tipperi* Cox

3. 灰色粉砂质泥岩夹薄层状粉砂岩　　19.16 m

2. 浅灰绿色中厚层状细粒岩屑长石砂岩　　2.31 m

1. 灰色、浅灰色含钙粉砂质泥岩　　3.63 m

———————— 整　合 ————————

下伏地层： 布曲组浅灰色钙质泥岩

（2）安多县达卓玛夏里组剖面

剖面位于安多县岗尼乡达卓玛（图 2 – 31），地理坐标：90°49′28″，北纬 32°54′13″。剖面下部为一向北倾伏的单斜地层；上部为一向斜，局部地层发生倒转，上覆地层未见顶，与下伏地层布曲组呈整合接触。

未见顶

夏里组（J₂x）　　　　　　　　　　　　　　　　　　　　　　　　　　　　　　　　　　厚 >974.04 m

19. 紫红色薄层状粉砂岩夹薄层状膏盐层，局部呈互层状　　>82.40 m

18. 紫红色薄层状含钙粉砂质泥岩与灰色薄层状泥质灰岩互层　　39.18 m

17. 紫红、灰绿，暗紫色薄层状夹粉砂质泥岩、粉砂岩、细砂岩，下部夹灰色薄层状泥灰岩　　98.35 m

16. 灰绿色薄层状粉砂质泥岩夹灰色薄层状含泥粉砂岩及钙质粉砂岩　　44.90 m

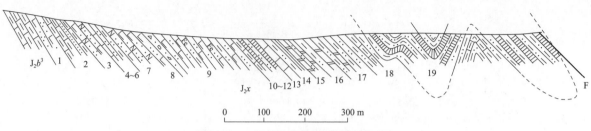

图2-31 安多县达卓玛夏里组剖面图

15. 浅灰色薄层状泥质粉晶—微晶白云岩与紫红色泥质、钙质粉砂岩互层，产植物化石 44.60 m
    Podozamites sp.，昆虫化石 *Mesoblattina* sp.，*Colcoleus* sp.，*Sinosmylites* sp.

14. 紫红色薄层状粉砂质泥岩夹灰绿色页岩 45.88 m

13. 紫红色中薄层状粉砂晶灰岩夹灰绿色泥（页）岩 3.05 m

12. 紫红色粉砂质泥岩夹灰绿色粉砂岩及白色膏盐层 28.37 m

11. 紫红色薄层状钙泥质石英粉砂岩 72.96 m

10. 白色膏盐层与泥质粉砂岩、泥晶灰岩互层 18.26 m

9. 紫红色中层状含铁，钙泥质粉砂岩 222.85 m

8. 紫红色厚层状砂质岩屑细砾岩 4.14 m

7. 紫红薄—中层状含钙细—中粒长石石英砂岩夹浅灰绿色中厚层状钙质中细粒长石石英砂岩 11.65 m

6. 灰绿色薄中层状含钙泥质细—中粒长石石英砂岩 61.59 m

5. 暗紫、紫红色薄层状粉砂岩与含泥质中细粒石英砂岩互层 11.93 m

4. 深灰、灰紫色中层状粉晶岩与泥灰岩互层 8.69 m

3. 灰紫色薄层含钙质细—中粒长石石英杂砂岩 35.23 m

2. 灰紫、紫红色泥质灰岩，偶夹细砂岩 53.00 m

1. 紫红色薄层含钙、泥质石英细砂岩 36.93 m

———— 整　　合 ————

下伏地层：布曲组薄层泥灰岩

上述两条剖面岩性存在明显差异，达卓玛地区为一套潟湖相沉积，并出现陆相植物和昆虫化石，该套沉积分布局限在达卓玛一带。而在区域上西部戳润曲捷来一带下部为泥岩、粉砂质泥岩夹砂岩及少量鲕粒灰岩，为浅海陆棚沉积；上部为岩屑砂岩、泥质粉砂岩夹生物碎屑灰岩或交互出现，反映了较深水环境的沉积特征，向东灰岩夹层逐渐变少，泥质成分减少直至消失，为一套细粒石英砂岩和长石石英砂岩，属一套滨岸相的沉积。上述岩性变化反映了中侏罗世晚期古地理的差异性，显示中侏罗世晚期海退是由东向西的发展过程。

2. 微量元素特征

夏里组各岩类微量元素含量（表2-16）同涂和费（1961）地壳平均化学丰度对比表明，砂岩中

表2-16　夏里组微量元素特征表　　　　　　　　　　　　　　　　　　$w(B)/10^{-6}$

岩性		Bi	Ti	Sr	Nb	Ga	Zr	Co	Cr	Ni	V	Li
细粒石英砂岩		0.25	1713	381	5.87	8.53	75.87	6.20	26.80	20.03	39.70	28.20
生物碎屑灰岩		0.27	1179	307	7.20	5.50	50.40	3.70	11.70	24.90	31.50	17.90
粉砂质泥岩		0.18	2706	242.5	9.80	11.60	183	10.10	44.00	21.55	54.45	35.15
涂和费（1961）	砂岩	—	1500	20	0.0n	12	220	0.3	35	2	20	13
	泥岩	—	4600	180	11	20	150	74	90	68	120	57
	灰岩	—	400	610	0.3	4	19	0.1	11	20	20	5

Sr，Co，Ni，V，Li 等 5 种元素显示出高背景特征，其余 Ti，Ga，Zr，Cr 元素含量均较低；泥岩中 Sr，Zr 两种元素丰度值偏高，Nb 元素接近，其余的 Ga，Co，Gr，Ni，V，Li 等多种元素显示低值；灰岩中 Nb，Ga，Zr，Co，Ni，V，Li 等平均值高，Ni 元素值相近，Ti 元素值高出近 3 倍。微量元素含量的变化反映了沉积物源的差异，Co，Ni，Ti 等元素值较高，代表物源区基性岩分布较多，Nb，Ga，Zr，Li 等元素显然处于背景状态。

（五）中侏罗统索瓦组（J_3s）

索瓦组由青海省区域综合地质大队（1987）创名，建组剖面位于唐古拉山乡雀莫错东索石麦曲。该组相当于原雁石坪群的上灰岩段。

索瓦组为区内多玛地层分区气相错－查曲地层小区侏罗系的最高层位，出露面积小，多分布在调查区中西部安登、地那江丁、鄂斯玛等地，构成向斜核部。岩性为紫红、浅紫红、浅灰色鲕粒灰岩、生物碎屑灰岩、鲕粒碎屑亮晶灰岩，厚度小于 1 000 m。底部与中侏罗统夏里组整合接触，未见顶。在区内岩性稳定单一，沿走向岩性变化不大。

1. 剖面描述

双湖区巴布登索瓦组路线剖面位于双湖区巴布登（图2－32），地理坐标：东经 90°11′10″，北纬 32°39′10″。剖面上该组构成一宽缓的向斜构造，底界完整，与夏里组呈整合接触。

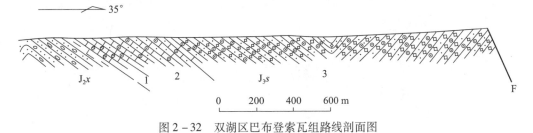

图2－32　双湖区巴布登索瓦组路线剖面图

索瓦组（J_3s）　　　　　　　　　　　　　　　　　　　　　　　　　　　　　　　厚 > 786.80 m

未见顶

3. 浅土灰色、土黄色中厚层状鲕状砂屑亮晶灰岩	> 500.00 m
2. 浅土灰色含生物碎屑鲕粒砂屑灰岩夹紫色厚层状泥晶灰岩	229.44 m
1. 浅紫、浅灰色巨厚层状生物碎屑灰岩，产双壳类 *Meleagrinella jiangmaiensis* Wen	> 57.36 m

2. 岩石特征

索瓦组岩性主要由灰岩组成，呈紫红、浅土灰色。主要岩类有含生物碎屑鲕粒砂屑灰岩、亮晶鲕粒砂屑灰岩，含生物碎屑钙屑鲕状灰岩。鲕状灰岩呈鲕状结构，中厚层状，加盐酸强烈起泡。岩石主要由方解石组成，含量98%，次之为石英，含量1%～2%；鲕粒及砂屑粒径 0.2～1 mm；结构成分：生物碎屑5%～10%，钙屑20%～25%，鲕粒40%～45%，基质20%～25%，陆源砂2%～3%。

鲕粒砂屑灰岩为鲕粒砂屑结构，碎裂结构，块状构造。砂屑及鲕粒粒径多数 0.1～0.5 mm。矿物成分为方解石含量大于99%；结构成分：砂屑含量30%～60%，鲕粒含量15%～30%。自下而上由 3 个韵律型和一个单一型基质组成，亮晶在10%～35%。鲕粒呈球形及椭球形，多呈薄皮鲕，包壳由泥晶方解石组成，核心多为碳酸盐，包壳圈数一般 2～3 层，具同心圆状结构，部分具同心圆状及放射状结构。反映了浅海浅水碳酸盐沙滩沉积环境。

（六）层序地层

1. 地层结构及基本层序

调查区横跨整个中特提斯洋盆的北缘，由于侏罗纪盆地内的水深由盆地边缘至盆地中心的差异，从而造成调查区内由南西侧气相错—查曲一带（盆地中心）—北东部达卓玛一带（盆地边缘），沉积相从陆棚－斜坡相相变为为滨岸相，可以划分为两个沉积特点明显不同的区域。

（1）气相错—查曲一带

气相错—查曲一带地层特征见图 2－33。

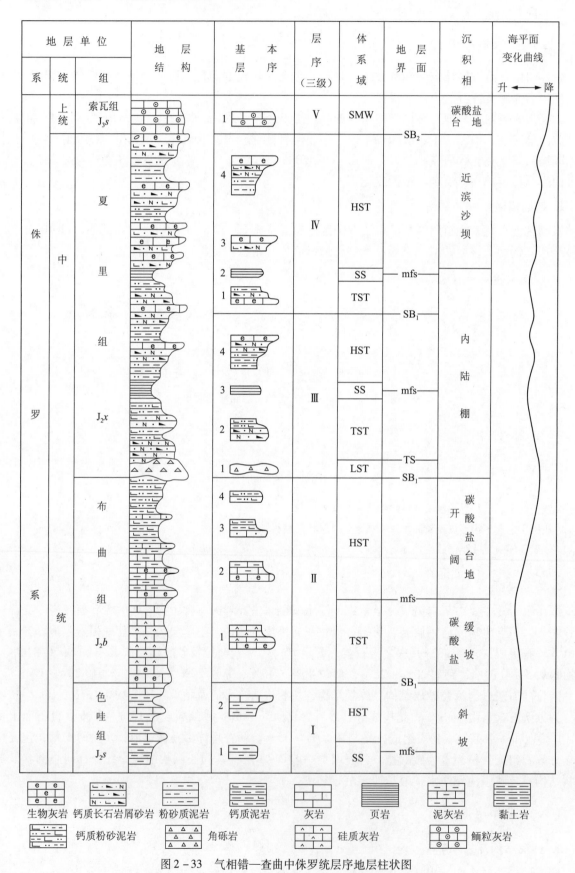

图 2－33　气相错—查曲中侏罗统层序地层柱状图

50

1）色哇组（J_2s）：该组主体岩性为黑色泥页岩，未见下部地层，上部夹浊积岩和砂岩、灰岩滑（崩）塌岩块，具斜坡相沉积特征；调查区东段上部夹少量薄—极薄层状微晶灰岩及钙、泥质团块。地层结构由两种基本层序组成，即下部的单一型基本层序和上部的韵律型基本层序。单一型基本层序由厚约 0.5 ~ 5 m 的黑色泥（页）岩组成，韵律型基本层序由厚约 1.5 ~ 1 m 的黑色泥岩和厚约 2 ~ 5 cm 的深灰色微晶灰岩组成。表现出由下而上海水逐渐变浅的弱进积—加积型准层序组。

2）布曲组（J_2b）：该组主要为深灰色—黑色生物碎屑灰岩、硅质海绵藻灰岩、泥质灰岩、砂质灰岩及钙质泥岩等，为一套典型的含钙岩系基本层序。第一个基本层序为由下部深灰色—黑色厚度 20 ~ 50 cm 的含生物碎屑泥晶—微晶灰岩和上部黑色厚约 10 ~ 30 cm 的含硅质海绵泥晶灰岩组成。下部含较多的双壳类化石，而上部则见少量游泳生物——菊石，显示了向上变深的准层序组。第二个韵律型基本层序是由下部厚 5 ~ 12 cm 的深灰色含生物碎屑泥晶—微晶灰岩和上部浅灰色劈理化泥质灰岩组成，二者的互层厚度约 5 ~ 8 cm，且向上泥灰岩厚度增大，而含生物碎屑灰岩厚度减小。第三个韵律型基本层序为由下部厚 3 ~ 8 cm 的浅灰色含砂质泥晶灰岩和浅灰色钙质泥岩组成，二者的互层厚度为 1:（8 ~ 10）。第四个为单一型基本层序，由浅灰色含钙粉砂质泥岩组成。由第二—第四基本层序可以看出，布曲组上部具向上变浅的进积型准层序组特征。

3）夏里组（J_2x）：夏里组根据沉积旋回可明显分为上、下两部分。下部由 4 个基本层序组成，分别为两个单一型基本层序、一个韵律型基本层序和一个旋回型基本层序。自下而上第一个基本层序为单一型基本层序，由厚 50 ~ 500 m 的角砾岩组成。第二个韵律型基本层序为由下部浅灰色—灰绿色厚 20 ~ 40 cm 的细粒岩屑长石石英砂岩和上部浅灰色含钙粉砂质泥岩组成。第三个单一型基本层序由厚约 0.5 ~ 2 mm 的黑色页岩组成。第四个旋回型基本层序分别由下部灰绿色粉砂质泥岩、中部浅灰绿色厚 5 ~ 20 cm 的中—细粒岩屑长石砂岩和上部褐灰色厚 5 ~ 15 cm 的含生物碎屑（介壳）灰岩组成，自下而上三者的比例关系为 10:3:1。夏里组下部第一、二个基本层序为向上海水变深的退积型准层序组，第四个基本层序为海水向上变浅的加积 - 进积型地层结构。

夏里组上部也由 4 个基本层序组成。自下而上第一个为旋回型基本层序，由下部褐灰色厚 20 ~ 40 cm 的生物碎屑（介壳）灰岩、中部浅灰色厚 5 ~ 15 cm 的中—细粒岩屑长石砂岩和上部浅灰绿色粉砂质泥岩组成，三者的互层厚度分别为 1.5 m、1 m 和 0.6 m。第二个单一型基本层序由黑色页岩组成，页片厚度 0.5 ~ 1.5 mm。第三个韵律型基本层序由下部灰绿色厚 5 ~ 20 cm 的含钙岩屑长石砂岩和上部紫灰色厚 20 ~ 40 cm 的生物碎屑（介壳）灰岩组成。第四个旋回型基本层序分别由下部灰绿色粉砂质泥岩、中部灰绿色厚 5 ~ 20 cm 的含钙岩屑长石砂岩和上部紫灰色厚 25 ~ 50 cm 的含砾生物碎屑（介壳）灰岩组成，且向上泥、砂岩单层厚度逐渐减少，而含砾生物碎屑（介壳）灰岩单层厚度逐渐增大。夏里组上部第一个基本层序为向上海水变深的退积型基本层序。而第三、四个基本层序则为海水向上变浅的加积—弱进积型基本层序组合。

4）索瓦组（J_3s）：该组为一出露不全的地层，仅具下部层序，岩性为紫红色含生物碎屑钙屑鲕状灰岩。由一个单一型基本层序组成，即由厚 20 ~ 40 cm 的鲕状灰岩组成。

（2）达卓玛一带地层结构及基本层序

达卓玛一带地层结构及基本层序特征见图 2 - 34。

1）雀莫错组（J_2q）：该组主要为砾岩、砂岩、粉砂岩和含钙砾岩。由两个基本层序组成，第一个为韵律型基本层序，由下部浅灰色厚 20 ~ 40 cm 的石英砾岩和上部浅绿色灰色厚 10 ~ 25 cm 的长石石英砂岩组成，且向上砾岩单层厚度逐渐变小，而砂岩单层厚度逐渐增大；砾石粒径向上逐渐变小，而砂质含量则逐渐增多，表现为向上海水逐渐加深的退积型层序。第二个为一旋回型基本层序，分别由下部浅灰绿色厚 3 ~ 10 cm 的粉砂岩、中部浅灰色厚 10 ~ 25 cm 的含钙细砂岩和上部紫色厚 15 ~ 40 cm 的含钙石英砾岩组成。表现出向上海水变浅的进积型层序特点。

2）布曲组（J_2b）：岩性主要为灰岩、白云岩、石膏层、砂岩、粉砂岩及生物碎屑灰岩。由 7 个基本层序组成。自下而上第一个单一型基本层序由深灰色厚约 200 m 的灰质角砾岩组成。第二个单一型基本层序由浅灰色、肉红色厚 3 ~ 8 cm 的细—中晶灰岩组成。第三个单一型基本层序由厚度达 125 m 的白色石膏层组成。第四个单一型基本层序由灰—浅肉红色厚 5 ~ 80 cm 的粗晶白云岩组成，且向上单层厚度逐渐变小。第五个单一型基本层序由浅灰绿色—紫红色厚 5 ~ 0.5 cm 的细砂岩组成，且

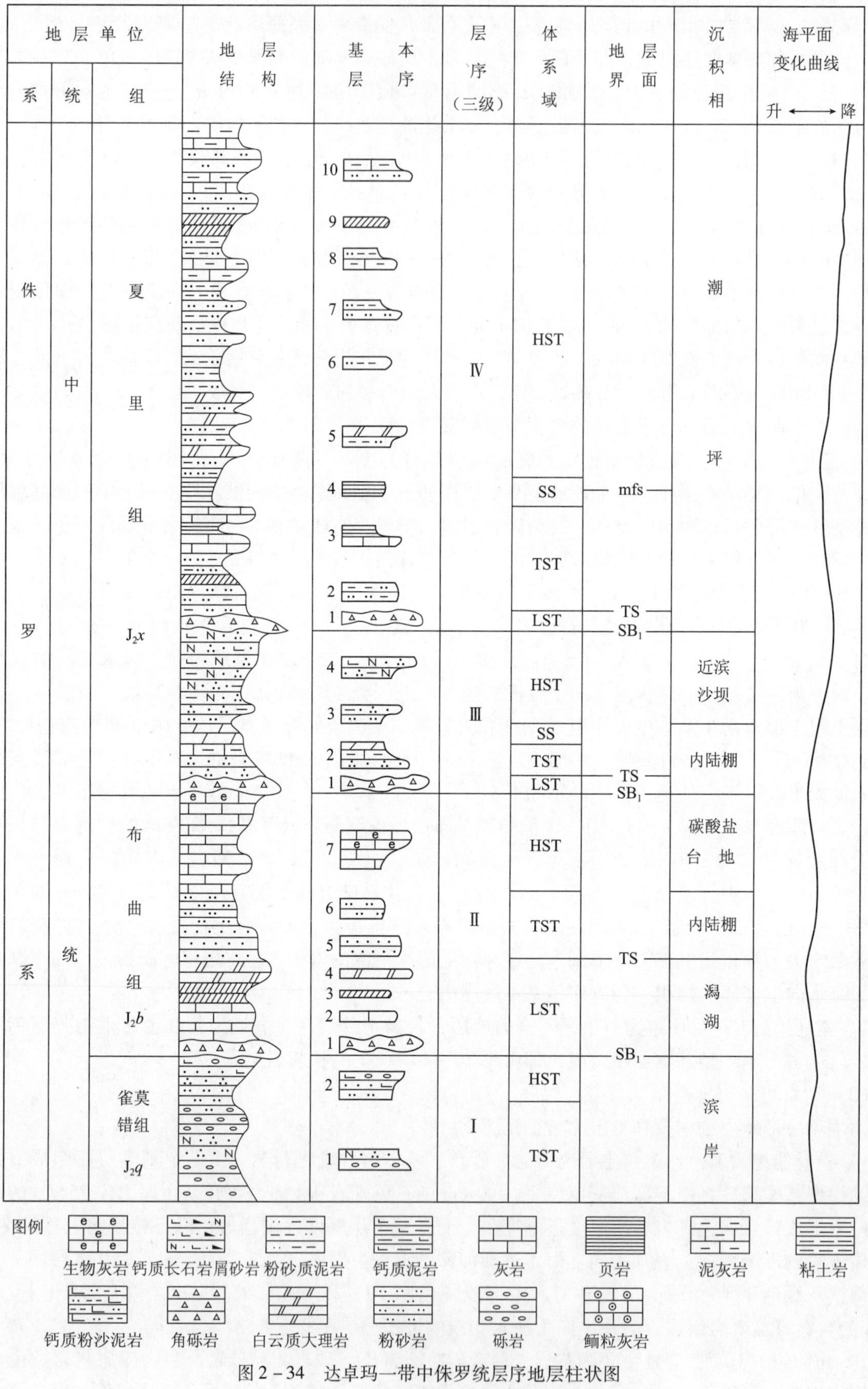

图 2-34 达卓玛一带中侏罗统层序地层柱状图

向上单层厚度逐渐变小，同时下部砂岩中含大量岩屑。第六个单一型基本层序由紫红色厚 30~40 cm 的粉砂岩组成。第五、六基本层序组成一向上海水变深的退积型地层序列。第七个韵律型基本层序由下部深灰色—灰色厚 5~20 cm 的泥—微晶灰岩和上部灰色—浅灰色厚 20~30 cm 的生物碎屑灰岩组成，为一典型的向上重复但逐渐变浅的加积－弱进积型地层序列。

3）夏里组（J_2x）：夏里组与气相错－查曲一带的夏里组一样，由中间 I 型不整合分割划分为上、下两部分。下部由 4 个基本层序组成。第一个基本层序为单一型基本层序，由厚 50～500 m 的角砾岩组成。第二个基本层序为一旋回型基本层序，由下部紫红色厚 3～5 cm 的泥灰岩组成。第三个基本层序为一韵律型基本层序，由下部暗紫色厚 2～8 cm 的粉砂岩和上部紫红色厚 20～40 cm 的中细粒泥质石英砂岩组成。第四个基本层序为韵律型基本层序，由下部绿色厚 5～20 cm 的细—中粒泥质长石石英砂岩和上部紫红色夹浅灰绿色厚 20～40 cm 的细—中粒钙质长石石英砂岩组成。第一、二个基本层序构成一向上海水变深的退积型准层序组，而第三、四个基本层序则构成向上海水变浅的进积型准层序组。

夏里组上部由 10 个基本层序组成，显示其复杂的岩性组合和多变的海平面变化特征。自下而上第一个单一型基本层序由厚 4 m 的紫红色砂质角砾岩组成。第二个单一型基本层序由紫红色厚 15～5 cm 的泥质粉砂岩偶夹石膏层组成。第三个基本层序为韵律型基本层序，由下部紫红色厚 15～20 cm 的微晶灰岩和上部灰绿色页岩组成。第四个基本层序为单一型基本层序，由灰绿色页岩组成，页片单层厚度 0.5～1.5 mm。第一至第四个基本层序自下而上构成一向上海水变深的退积型地层序列。第五个韵律型基本层序由下部厚 3～10 cm 的钙质粉砂岩和上部浅灰色厚 5～10 cm 的粉晶—微晶灰岩组成。第六个基本层序为一单一型基本层序，由暗紫色、灰绿色粉砂质泥岩组成。第七个韵律型基本层序由下部灰绿色、紫红色 3～5 cm 厚的粉砂岩和上部粉砂质泥岩组成。第八个韵律型基本层序由下部灰色厚 3～10 cm 的泥质灰岩和上部紫红色含钙粉砂质泥岩组成。第九个单一型基本层序由白色—灰白色石膏层组成。第十个基本层序为韵律型基本层序，由下部紫红色厚 5～10 cm 的粉砂岩和上部灰色厚 3～5 cm 的泥质灰岩组成。

2. 主要层序界面

调查区中侏罗统内有 3 个比较明显的层序界面，且均为 I 型层序界面，分别位于布曲组底部、夏里组底部和中部。这 3 个 I 型层序界面均通过其底部的低水位角砾岩楔表现出来。

（1）布曲组底部的 I 型层序界面

布曲组底部的 I 型层序界面即 I 型不整合界面，以发育规模较大的角砾岩楔为特征。该角砾岩楔在调查区仅见一处，即位于达卓玛东侧的托木日阿玛附近。角砾岩楔沿走向延伸长约 2 km，出露厚度大于 200 m。底部（即 I 型不整合界面）呈弯曲状，且与下伏雀莫错组的灰色含钙石英砾岩界线清楚截然，顶面呈凹凸不平的波状，与上覆地层——灰色中薄层状泥晶灰岩呈过渡接触关系。

角砾岩楔由灰质角砾和基质两部分组成。灰质角砾为深灰色—黑灰色的微晶灰岩，棱角分明，粒径一般为 0.5～3 cm，含量 60%～70%。基质为灰色—浅灰色泥晶灰岩，与灰质角砾的颜色形成明显的反差。角砾岩楔的出现表明在布曲组沉积之前，调查区曾有过一段时间的沉积间断，即海平面下降，位于沉积盆地边缘的先期碳酸盐岩沉积物（时代可能为早侏罗世）被暴露地表接受剥蚀，并形成河流回春，被剥蚀的灰岩岩块和灰质角砾沿下切河谷被水流搬运到盆地中再堆积下来，形成布曲组底部的角砾岩楔。由于剥蚀区与沉积区距离较近，且搬运时间短暂。因而搬运到沉积盆地中的岩块或角砾基本无磨圆，而保持棱角状外貌。

（2）夏里组底部的 I 型层序界面

夏里组底部的 I 型层序界面（即 I 型不整合界面），以发育规模较大的角砾岩楔的形式表现出来。该角砾岩楔在调查区可见两处，一处位于破曲口附近；另一处位于调查区气相错北扎东亚埃日阿锁萨附近。破曲口附近的角砾岩楔出露厚度达 500 m，沿走向延伸约 6 km，由中部向两侧逐渐尖灭，至破曲口东侧公路旁其厚度仅约 30 m。角砾岩楔可明显分为上、下两部分。下部由角砾状泥晶灰岩块堆积而成，出露厚度 80～100 m，岩块多呈透镜状，长轴一般 0.8～1.2 m，短轴 0.5～0.8 m，呈定向排列，排列方向与夏里组底界面走向一致，岩块间被钙、泥质胶结。上部为灰质角砾岩与砂质角砾岩混合堆积，角砾砾径一般为 10～15 cm，多为棱角—次棱角状，含量 60%～65%，成分以灰岩为主，石英砂岩次之，基质为钙泥质。以上表明，夏里组沉积之前，海平面下降幅度较大，使早期沉积于盆地边缘的下伏布曲组暴露地表，并遭到剥蚀，同时形成下切河谷。这种剥蚀首先把布曲组上部的灰岩剥蚀、搬运到海盆中堆积下来，形成厚达 80～100 m 的角砾状泥晶灰岩岩块堆积体，并随着下切河谷的进一步发展和布曲组上部灰岩的不断剥蚀，位于布曲组中部的砂岩也遭到冲刷剥蚀，形成了角砾岩楔上部的以灰岩角砾和砂岩角砾混合沉积的角砾岩楔，其厚度可达 400 m。由此表明，此沉积间断时间较长，角砾岩楔沉积厚度巨大，相应沉积盆地上部布曲组被剥蚀的深度也较大。根据达卓玛一带布曲组上部灰岩沉积厚度推断，此次剥蚀深度至少大于 474.8 m。

位于调查区扎东来埃日阿锁萨附近的角砾岩楔规模较小，出露厚度仅 50 m，该处可能位于较大规模角砾岩楔的边缘部位，而厚度巨大的中间部位可能潜伏于地下深处或已被剥蚀。该角砾岩楔角砾呈棱角状—次浑圆状，砾径 5～20 cm，最大可达 50 cm，成分则以砂岩为主，灰岩次之，相当于破曲口角砾岩楔的上部。

（3）夏里组中部的 I 型层序界面

该 I 型层序界面（即 I 型不整合界面）也是通过其发育的角砾岩楔表现出来。角砾岩楔位于达卓玛北侧附近，出露规模小，可见长度约 1 km，厚度 4.14～12 m。角砾岩的砾径一般为 0.5～1 cm，最大可达 5～7 cm，含量 50%～60%，局部可达 70%。成分单一，为微晶灰岩，棱角状，胶结物为泥质、粉砂质。

3. 层序及地层构架

根据各地层单位的地层结构、基本层序、沉积物基本特征、各地层间的几何关系及 3 个 I 型不整合界面，将调查区中侏罗世地层划分为 4 个层序（图 2-33，图 2-34），晚侏罗世地层索瓦组划分为一个层序（图 2-33），并建立其岩石地层格架（图 2-35）。

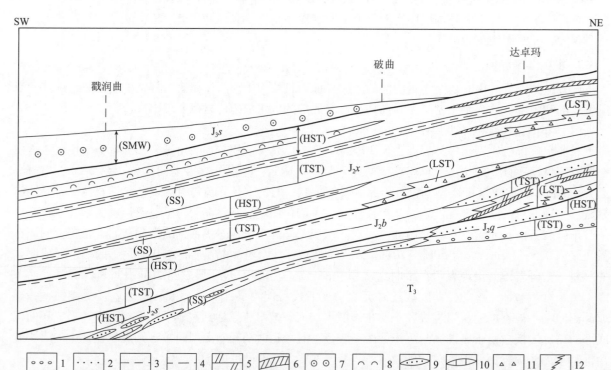

图 2-35　羌南盆地中侏罗统岩石地层格架

J₂q—砾岩、砂岩；J₂s—泥岩、发育斜坡扇；J₂b—灰岩、钙质泥岩、石膏层、白云岩；J₂x—砂岩、泥岩、页岩，夹介壳灰岩层、石膏层；J₃s—鲕状灰岩；1—砾岩；2—砂岩；3—泥岩；4—页岩；5—白云岩；6—石膏层；7—鲕状灰岩；8—介壳堆积层；9—浊积岩透镜体；10—灰岩岩块；11—角砾岩楔；12—地层相变界线；（LST）—低水位体系域；（TST）—海侵体系域；（HST）—高水位体系域；（SS）—饥饿段；（SMW）—陆棚边缘体系域

（1）层序 I

层序 I 由雀莫错组及同期异相地层色哇组组成。雀莫错组与下伏地层上三叠统为角度不整合接触关系，调查区色哇组缺失下部层位，故该层序应为 I 型层序。发育海侵体系域、饥饿段和高水位体系域。

1）海侵体系域（TST）：由于色哇组缺失下部层位，故该层序的海侵体系域仅由位于达卓玛一带的雀莫错组下部组成。其组成岩性为前滨粗碎屑岩，以沉积层向上重复变薄，沉积物向上粒度变细，砾岩向上减少，砂岩向上增多为特征。构成海平面上升、沉积中心向陆岸方向迁移的退积型地层序列。

2）饥饿段（ss）：饥饿段位于气相错－查曲一带的色哇组中部。岩性为黑色泥（页）岩，而黑色泥（页）岩是饥饿段陆源沉积缺乏的标志。为海平面上升到最大位置，调查区除达卓玛外均处于较深的斜坡环境，代表最大海泛期远离沉积中心的饥饿段沉积，也是整个中特提斯洋盆的最大海泛期沉积，同时也代表羌南盆地洋盆的最大拉张阶段。位于盆地边缘的达卓玛一带的饥饿段，虽出现了较深环境的细粒沉积物——粉砂，但仍处于沉积中心位置，无饥饿段沉积特征，表明饥饿段仅出现在远离沉积中心的深部环境。

3）高水位体系域（HST）：高水位体系域位于雀莫错组和色哇组上部，由雀莫错组上部砂、砾岩和色哇组上部黑色泥岩夹（互）薄层微晶灰岩组成。雀莫错组上部自下而上，岩性由粉砂岩－含钙粉砂岩－钙质石英砾岩组成，沉积物粒度向上逐渐变粗，表现出海平面下降、沉积环境逐渐变浅的弱加积—进积型准层序组特征，为海平面经最大海泛面开始逐渐下降过程中形成。而在南部处于斜坡环境的色哇组上部，由于海平面降低，开始重复出现了代表碳酸盐缓坡环境的深灰色—黑色微晶灰岩夹层，以及"有效的海退作用"过程中于调查区西部形成的浊积岩和岩块堆积。

（2）层序Ⅱ

层序Ⅱ由布曲组组成，其顶、底界面均为Ⅰ型不整合界面。自下而上可划分为低水位体系域、海侵体系域和高水位体系域，构成比较完整的Ⅰ型层序。

1）低水位体系域（LST）：布曲组底部的低水位体系域仅发育于盆地边部的达卓玛一带。由下部的低水位楔和上部低水位期局限台地沉积地层组成。低水位楔由厚度达200 m的灰质角砾岩组成，是Ⅰ型不整合界面的标志。低水位体系域为海平面下降至滨线坡折带以下，沉积盆地边缘上部早期沉积地层暴露地表，遭受剥蚀并沿下切河谷将剥蚀物搬运到一定部位再沉积而成。由于海平面的进一步下降，位于达卓玛一带的沉积盆地与广海相隔，且位于海平面之上，形成了一个四周封闭的局限台地——潟湖，在这个低水位期，孤立的潟湖盆地在干旱炎热的气候条件下，蒸发量远远大于河水的注入量或者缺乏河水或海水注入，便形成了典型的蒸发环境沉积的巨厚层石膏层和白云岩。

2）海侵体系域（TST）：海侵体系域由布曲组下部地层组成。由于沉积环境的明显差异，达卓玛与气相错－查曲一带表现出明显不同的沉积地层。靠近盆地边缘的达卓玛一带，沉积了一套向上逐渐变细的细砂岩，代表海水逐渐加深的退积型准层序组沉积，而位于气相错－查曲一带的布曲组则为一套碳酸盐岩组合，由下部较浅环境的生物碎屑灰岩和上部较深环境的含硅质海绵藻泥－微晶灰岩组成。二者生物组合完全不同，生物碎屑灰岩化石丰富，但多为底栖生物双壳类。而代表较深环境的泥—微晶灰岩则发育大量的硅质海绵藻、游泳生物菊石及海百合茎等，但缺乏双壳类生物。表明自下而上海平面逐渐上升，沉积环境逐渐变深。

3）高水位体系域（HST）：高水位体系域由布曲组上部组成。在达卓玛一带以下部较深环境的泥晶灰岩和上部较浅环境的生物碎屑灰岩为特征，显示出加积—弱进积的准层序组沉积。位于气相错—查曲一带则明显表现出如下特征：①自下而上钙质含量逐渐减少，即由页岩变为含钙砂、泥岩；②泥质含量逐渐增多；③砂、泥、钙三者的比例逐渐增大，表明自下而上海平面逐渐下降，沉积环境逐渐变浅，沉积中心逐渐向盆地中心迁移。

（3）层序Ⅲ

层序Ⅲ由夏里组下部组成。顶、底界面均为Ⅰ型不整合界面。自下而上可划分出低水位体系域、海侵体系域、饥饿段和高水位体系域，均成一完整的Ⅰ型层序。

1）低水位体系域（LST）：由夏里组底部的角砾岩楔组成。底界面为Ⅰ型不整合界面，顶界面与夏里组陆源碎屑沉积地层为过渡界面。区域不连续，调查区仅发育两处。角砾岩楔下部为直径达70～80 cm的灰岩岩块组成，向上则过渡为由灰岩、砂岩角砾构成的角砾岩，角砾粒径减小为10～15 cm。代表低水位期海平面下降到一定位置并开始缓慢上升阶段形成的低水位楔。

2）海侵体系域（TST）：由角砾岩与夏里组黑色页岩之间的碎屑岩及少量灰岩组成。底界面为低水位楔顶面，顶界面为最大海泛面。沉积地层变化特征为自下而上砂岩单层厚度逐渐减小，而泥岩则逐渐增多；沉积物粒度和砂质含量逐渐减少，最后则完全过渡为黑色页岩。在达卓玛一带，自下而上由石英砂岩变为泥质灰岩、泥灰岩。为海平面迅速上升，沉积中心向陆岸方向迁移形成的退积型准层序组。

3）饥饿段（ss）：由夏里组下部的黑色页岩组成，页岩页片厚度 0.5~1.5 mm，成分为泥质，发育水平层理，为海泛期远离物源、沉积物供给不足所致。但位于盆地边部的达卓玛地区，由于沉积环境的差异。沉积物相变为泥灰岩，被夹在砂岩中间的泥灰岩也是饥饿沉积的典型特征。

4）高水位体系域（HST）：由黑色页岩之上的砂、泥岩组成。底界面为最大海泛面，顶界面为Ⅰ型不整合界面。自下而上由粉砂质泥岩过渡为细粒岩屑长石砂岩，再变为反映更浅且更加动荡环境的生物碎屑（介壳）灰岩。显示出加积—弱进积准层序组特点，为海平面动荡并逐渐下降阶段的高水位期沉积。

（4）层序Ⅳ

层序Ⅳ由夏里组上部组成。底界面为Ⅰ型不整合界面，顶界面为Ⅱ型不整合界面。自下而上划分出低水位体系域、海侵体系域、饥饿段和高水位体系域，构成完整的Ⅰ型层序。

1）低水位体系域（LST）：由夏里组中部的角砾岩楔组成。底界面为Ⅰ型不整合界面，顶界面为海侵面。为海平面下降到一定幅度后，被暴露的盆地边缘发生剥蚀、搬运并在达卓玛附近的盆地中沉积而成。

2）海侵体系域（TST）：由低水位角砾岩楔之上的碎屑岩组成。底界面为海侵面，顶界面为最大海泛面。在达卓玛一带沉积物自下而上为泥质粉砂岩—粉砂质泥岩—泥晶灰岩—黑色页岩。即自下而上粉砂质含量逐渐减少，而泥质含量则逐渐增多。在气相错－查曲一带则表现为自下而上由生物屑灰岩—细粒岩屑长石砂岩—粉砂质泥岩，同样反映出向上沉积物粒度变细的规律。显示了海平面迅速上升，沉积中心向陆岸方向迁移的退积型准层序组沉积特点。

3）饥饿段（ss）：由夏里组上部黑色页岩组成。黑色页岩单层厚度为 0.5~1.5 mm，成分为泥质，发育水平层理，区域上比较稳定，气相错－查曲广大地区及达卓玛一带均有出露。为海泛期沉积物供给不足，沉积速率极低时形成。

4）高水位体系域（HST）：由夏里组上部地层组成。底界面为最大海泛面，顶界面为Ⅱ型不整合界面。在气相错－查曲一带表现为粉砂质泥岩、岩屑长石砂岩及含砾生物碎屑灰岩（介壳灰岩）重复性变化。沉积物自下而上由粉砂—细砂—细砾，显示了弱进积—加积型准层序组的特点。在达卓玛一带，则表现为粉砂岩、粉砂质泥岩及海平面下降阶段局限小盆地沉积的白云岩、石膏层等的重复出现，显示出加积型准层序组的特点。代表高水位期海平面缓慢下降阶段的沉积组合。

（5）层序Ⅴ

层序Ⅴ因在调查区出露很局限，岩性单一，也未见其纵向上的岩性变化，因而研究程度很低，仅从现有资料对其进行粗略分析。

根据层序Ⅴ与下伏地层夏里组的整合接触关系，将其界面划归为Ⅱ型不整合界面，则该层序为Ⅱ型层序。该层序仅发育最下部的陆棚边缘体系域。

陆棚边缘体系域（SMW）：由索瓦组下部紫红色鲕状灰岩组成。为海平面于夏里组上部沉积时期下降阶段之后相对稳定并转变为下降幅度减小的时期。该时期由于海平面的下降幅度减小，在盆地边缘的陆岸区域未出现河流回春现象，而仅在陆棚边缘沉积了鲕状灰岩。

（七）事件地层

事件地层是指在地质发展过程中发生的重大事件，这些事件在沉积地层中被记录下来，并用来进行地层划分和对比。事件地层是重大地质事件通过生物的、沉积的作用表现出来，具有等时性和瞬间性两大特点。

地质事件主要包括生物事件、沉积事件、构造事件和气候事件等（罗建宁等，1999）。由于调查区侏罗纪时限相对较短，生物事件和气候事件发育不明显，主要为沉积事件和构造事件（表 2-17）。

表 2-17 多玛地层区侏罗系事件地层表

年代地层			岩石地层				事件地层	
界	系	统	群	组		段	沉积事件	构造事件
中生界	侏罗系	上统			孚苍见组			火山喷发事件
		中统		夏里组			海泛事件 海侵事件 海泛事件 海侵事件	
				布曲组			海侵事件	崩塌-浊流事件
				色哇组	雀莫错组		海泛事件	
		下统	木嘎岗日岩群				海侵事件	滑塌事件

1. 沉积事件

沉积事件包括海侵、海退、海泛、缺氧、暴露等有关内容（罗建宁等，1999），这类事件通常都与全球或大区域海平面升降有关，调查区侏罗系则主要表现为多期的海侵和海泛。

（1）海侵事件

由于调查区侏罗系下未见底，上未见顶，故其海侵事件并不包括侏罗纪盆地全部的海侵事件，仅代表中侏罗世沉积过程中的海侵事件。从中侏罗世沉积记录中已识别的海侵事件主要有4次，即中侏罗世早期、中期和晚期的两次。中侏罗世早期的海侵事件主要发生在羌南盆地边缘达卓玛一带，其沉积记录为发育于雀莫错组下部的滨岸相砾岩。羌南盆地中南部大区域分布的色哇组因未见下部地层而无法识别。雀莫错组下部的滨岸相砾岩成分单一，砾石为石英岩和少量硅质岩，砾岩砾径 0.5 ~ 3 cm，磨圆度好，具典型的底砾岩特征。该砾岩之上为长石石英砂岩，表明海平面随之迅速上升，接受相对较深环境的砂岩沉积，之后又沉积粉砂岩。

雀莫错组与下伏地层——上三叠统为角度不整合接触关系，而之间缺失下侏罗统。表明早侏罗世海平面较低，海盆范围较小，位于达卓玛一带的陆岸部位当时并没有被海水淹没，而正接受剥蚀，至中侏罗世初期，大规模的海侵才使海平面上升到达卓玛一带，沉积了具滨岸环境的石英砾岩，并不断上升，使其上部沉积了较深环境的石英砂岩、长石石英岩及粉砂岩等。由此可见，中侏罗世早期的这次海侵事件是一次规模巨大的海侵事件，具区域性大规模海侵的特点。

中侏罗世中期的海侵事件是继早期大规模海侵事件之后的又一次海侵事件，代表其海侵事件的沉积记录为布曲组中部的砂岩和其上的粉砂岩。该地层的下伏地层为布曲组下部的角砾岩楔——石膏层-白云岩组合。代表低水位期与海水隔绝的局限台地-潟湖环境沉积。当发生海侵使海平面上升时，位于海平面以上的孤立潟湖被海水淹没并逐渐加深，接受内陆棚环境的砂岩—粉砂岩沉积。根据沉积环境推断，这次海侵至少使海平面上升了 50 ~ 100 m。

中侏罗世晚期的两次海侵事件所表现的沉积记录为夏里组底部和中部的低水位角砾岩楔，角砾岩楔是在其沉积之前海平面相对下降，位于原盆地边缘的早期沉积地层在海平面下降后暴露地表，遭受剥蚀并形成河流回春，将剥蚀物沿下切河谷搬运到新盆地边缘沉积下来。角砾岩楔的出现既是海退的标志，同时又是海侵的标志。两套角砾岩楔及其以上的砂岩-泥岩（或灰岩）沉积组合是中侏罗世晚期两次海侵的完整记录。

（2）海泛事件

海泛事件是指海平面达到最高位置阶段即最大海泛期形成的沉积记录。它与层序地层学中的饥饿段相对应，代表一套特殊的沉积地层。海泛事件是与海侵事件相配套的沉积事件，位于海侵事件之后，与海侵事件、海退事件共同构成一个完整的海平面升降旋回。中侏罗统已识别的海泛事件有3次，即中侏罗世早期一次和晚期两次。

中侏罗世早期的海泛事件为羌南盆地最大的一次海泛事件，具区域性特征。其沉积记录为出露于调查区气相错-查曲一带色哇组中部的黑色泥（页）岩，代表半深海斜坡环境沉积，为该盆地海平面上升到最大位置时期，即最大海泛期的沉积地层。同时也是羌南盆地自早侏罗世裂离到早白垩世碰撞闭合，其间出现的最大海泛事件，代表中生代羌南盆地构造应力由拉张阶段到挤压阶段的转换期。

在位于拉张与挤压（即盆地扩大与缩小）的转换阶段正是盆地海平面上升到最高时期——最大海泛期，这一点从层序地层分析中海平面的变化曲线也可得到证实。

中侏罗世晚期的两次海泛事件分别位于该阶段的两次海侵事件之后，为海平面上升到最大阶段（即最大海泛期）的沉积事件。代表这两次海泛事件的沉积记录为夏里组中部发育的两套黑色页岩，为海平面上升到最大位置时沉积中心向陆岸方向迁移而形成的饥饿段沉积。但这两套黑色页岩沉积厚度较小，分别为 33.8 m 和 8.0 m，表明两次海泛事件持续时间较短，与厚度巨大的色哇组相比，仅为两次规模较小的海泛事件。

2. 构造事件

由于中侏罗统仅为中生代羌南盆地发展到中间阶段的沉积记录，因而缺乏盆地发育早期与晚期阶段（如裂谷事件、造陆事件等）大的构造事件的记录，而仅从中侏罗统记录中识别出与构造作用有关的 3 次小型构造－沉积事件，这些事件皆由构造而起因，故把它们归于构造事件中。

（1）早—中侏罗世的滑塌事件

该滑塌事件地层发育于班公错－怒江缝合带内的木嘎岗日岩群内。其沉积记录为木嘎岗日岩群中发育的滑塌堆积（或称沉积混杂堆积）岩块。这些滑塌堆积岩块具如下特征：①大小混杂，形态各异，无磨圆、无分选。岩块直径一般几米—几十米，最大可达几千米；②成分混杂，即不同岩性的岩块混杂在一起，主要有灰岩、砾岩、安山岩、玄武岩及岩屑砂岩岩块等；③与基质接触关系清楚截然。尽管木嘎岗日岩群受到强变形、弱变质的影响，但岩块与基质深灰色—黑色绢云母板岩、碳质板岩之间接触界线清楚，均呈"镶嵌"状存在于基质中。

"镶嵌"于木嘎岗日岩群基质中的这些岩块被称为外来岩块，是盆地靠陆岸一侧的早期已固结岩石或盆地基底岩石通过坍塌和崩落的形式搬运到半深海—深海盆地中的。而要满足发生坍塌和崩落的基本条件是要有一个巨大的近直立的陡崖。陡崖的崩塌作用为外来岩块提供了丰富的物质来源（刘鸿飞等，2001）。而这种巨大的近直立陡崖的形成与羌南盆地早侏罗世裂谷的发育密切相关。早侏罗世，中生代羌南盆地沿班公错—怒江一带开始裂离，裂离阶段形成一系列规模巨大的高角度正断层，正断层的进一步发展就形成了沿断裂面发育的巨大近直立陡崖，正是这种持续发展的近直立陡崖为沉积盆地中木嘎岗日岩群内的混杂岩块提供了地貌条件和物质来源。

早—中侏罗世的滑塌事件是拉张应力作用下的产物，是构造作用在沉积地层中的记录和反映，也是构造作用在沉积地层中的一种特殊表现形式。

（2）中侏罗世中期的崩塌－浊流事件

中生代羌南盆地于中侏罗世早期发生了一次崩塌－浊流事件。代表该事件的沉积记录为色哇组上部发育的一套崩塌岩块和浊积岩。该套特殊地层厚度可达 300～500 m，由崩塌岩块和浊积岩组成。崩塌岩块为位于斜坡上部及陆棚一带先期沉积的固结—半固结岩石，通过崩塌作用直接沉积或通过海底峡谷搬运到半深海盆地中杂乱无章地堆积下来。主要的崩塌岩块有：浅灰色—灰白色泥灰岩岩块、深灰色微晶灰岩岩块、浅灰色半固结的扭曲状石英砂岩岩块等，大小不等，大者可达 80～100 m，小者 1～2 m，且均有清楚的边界，形态多为不规则。

浊积岩为位于陆棚边缘一带的未固结—半固结沉积物，在重力作用下向斜坡下部流动。在半深海盆地形成具鲍马序列的一套复理石沉积。色哇组中的浊积岩多呈层状、似层状，延伸较远，近距离很难看出其尖灭现象，多发育鲍马序列的 b—c 段和 b—d 段，很少见到 a 段和 e 段。

浊积岩的形成除与深水环境、不稳定斜坡、"有效的海退作用"等自然因素有关外，还与"触发浊流产生流动"这个外部因素有必然的联系（刘宝珺等，1985）。这种外部因素包括地震、海啸、暴风浪等灾变事件，而这种外部因素往往与构造作用紧密相关。

如果说浊流事件受构造作用影响较小，那么崩塌事件则完全受构造因素的控制。中侏罗世早期正是羌南盆地由拉张应力到挤压应力的转换阶段。由于应力的转换，原来稳定的沉积环境遭到破坏，于深海—半深海盆地边缘产生一系列向盆地边缘倾斜的高角度逆冲断层系，正是这种逆冲断层系的形成，使陆棚及陆棚边缘的地层破碎，并以岩块崩塌的形式沉积于半深海盆地中，而由形成断层所产生的地震、海啸、风暴等效应正是诱发陆棚边缘和斜坡上部沉积物在重力作用下向斜坡下部流动，于半深海盆地下部形成浊积岩。

（八）盆地演化分析

作为中特提斯洋盆北侧陆缘的羌南盆地，其充填地层主要为侏罗系—白垩系。但由于构造等因素的影响，使调查区羌南盆地充填地层出露不全，缺失下侏罗统和下白垩统，而主要发育中侏罗统。虽在尕苍见一带发育岛弧环境的上侏罗统尕苍见组，但因构造破坏而顶、底缺失，给盆地分析带来很大困难。故本节主要依据中侏罗统记录，以层序地层分析为基础，对中侏罗世—晚侏罗世早期之间的盆地进行初步演化分析。

1. 中侏罗世

中侏罗世初期，调查区羌南盆地发生了一次较大规模的海侵，使位于盆地北侧边缘的达卓玛一带，在早侏罗世基底遭到剥蚀之后开始被上升的海水淹没，接受雀莫错组下部石英砾岩沉积，形成了一套具典型滨岸环境的高成熟度砾岩，并构成与上三叠统之间的角度不整合。随着海侵的不断加强，海平面不断升高，雀莫错组石英砾岩之上叠加了一套较深环境的长石石英砂岩－粉砂岩。此时海平面上升到最大水位，远离滨岸的气相错—查曲一带的广大区域，沉积环境变为斜坡相，沉积了一套成分单一的黑色泥页岩，构成色哇组的中部层位。且由于海水加深，爬行生物和底栖固着生物向盆地边缘迁移，仅留下少量游泳型菊石出现。这次海侵规模巨大，成为羌南盆地最大的海泛面界线，也是中特提斯洋盆的最大拉张阶段。此后，海平面由拉张环境转变为挤压环境，洋盆开始逐渐缩小，导致海平面总体呈下降趋势。

中侏罗世早期的最后阶段，海平面从最大海泛面开始缓慢下降，在海盆边缘的达卓玛一带沉积了一套向上变粗的粉砂岩－含钙细砂岩－含钙砾岩组合，代表海退阶段的高水位期沉积，此间气候条件也发生了一定的变化，气候变得炎热，在化学与生物作用下碎屑岩中开始出现了钙质成分。而位于羌南盆地中部的广大区域，在"有效的海退作用"下，伴随构造作用产生的地震、海啸、暴风浪等，使调查区西部气相错—枪鄂玛一带发育了大规模的崩塌－浊流沉积，构成了色哇组上部的斜坡扇。而在枪鄂玛以东的广大地区，则在黑色—深灰色泥岩中普遍沉积了薄层状微晶灰岩夹层及钙、泥质团块。

中侏罗世中期，随着海平面的持续下降，气候的变化也更加明显，干旱炎热的气候条件加上化学和生物作用，其沉积物也发生了根本的转变，整个羌南盆地出现了碳酸盐岩的形成环境。在盆地边部的达卓玛一带，在海平面下降到最大幅度时，该处则位于海平面之上，并与广海完全隔绝，形成局限台地－潟湖环境下的一套反映蒸发环境的石膏层和白云岩。随后海平面开始迅速回升，达卓玛地区的孤立封闭潟湖被海水迅速淹没，并与广海连为一体构成了一个完整的海盆体系，接受内陆棚环境沉积，形成了布曲组中部的砂岩－粉砂岩组合。而位于气相错—查曲一带的广大地区则沉积了布曲组下部的生物碎屑灰岩、泥晶灰岩及含硅质海绵泥晶—微晶灰岩，古地理环境也由斜坡相转换为碳酸盐缓坡相。

中侏罗世中期的最后阶段，海平面又一次下降，并于达卓玛一带布曲组上部沉积了一套碳酸盐台地环境的泥晶灰岩和生物碎屑灰岩，而在气相错—查曲一带的广大地区沉积了一套向上砂、泥质逐渐增多的砂、泥、钙质混合物，指示开阔碳酸盐台地环境。

中侏罗世晚期，随着海平面下降到滨线坡折以下，羌塘盆地边缘部分地区已暴露遭受剥蚀并出现河流回春，被剥蚀的岩块和岩屑沿深切河谷被流水搬运到盆地中沉积下来，构成了夏里组底部厚达500 m 的角砾岩楔。随后海平面快速上升，于气相错—查曲一带的广大区域沉积了一套成熟度较低的岩屑长石砂岩－含钙粉砂质泥岩组合，代表内陆棚环境沉积。在达卓玛一带则沉积了石英砂岩－泥质灰岩组合。当海平面上升到最大海泛面时，气相错—查曲一带沉积了代表饥饿段特征的黑色页岩和达卓玛一带的泥灰岩。之后海平面又缓慢下降，达卓玛一带沉积了夏里组下部的泥质石英砂岩、泥质长石石英砂岩，并向上出现钙质形成含钙长石石英砂岩，显示了近滨沙坝的沉积特点。而在气相错—查曲一带，由于环境较深，岩性为粉砂质泥岩类夹少量岩屑长石砂岩及生物碎屑灰岩，属内陆棚环境。

当海平面下降到滨线坡折之下，盆地边缘早期的沉积地层暴露地表并遭受剥蚀，于夏里组中部沉积了一套反映低水位期的角砾岩楔。但这次海平面下降幅度要小得多，且停留时间较短，表现为达卓玛附近的角砾岩楔规模较小，厚度仅 4.14～12 m，走向延伸长度仅 1 km。

短暂的海平面下降之后又快速上升，于气相错—查曲广大地区沉积了向上变细的生物碎屑灰岩－

岩屑石英砂岩－粉砂质泥岩组合，以及海平面上升到最大位置时的黑色页岩沉积。而达卓玛一带则沉积了潮坪（潮上带）环境的泥质粉砂岩－石膏层－粉砂质泥岩－泥晶灰岩组合，以及上部代表饥饿段沉积的黑色页岩。短暂的海泛期之后，海平面又一次缓慢下降，气相错—查曲广大地区海水进一步变浅，沉积相由内陆棚相转变为近滨沙坝相，代表的地层为夏里组上部向上变浅的粉砂质泥岩－岩屑长石砂岩－生物碎屑（介壳）灰岩组合。生物碎屑灰岩中的生物碎屑几乎全为介壳及其碎片组成的介壳层，为海浪把双壳类生物冲至滨岸沙坝附近堆积而成。而在达卓玛一带的夏里组上部仍为潮坪环境，主要有代表陆相环境的紫红色泥质粉砂岩、粉砂质泥岩和粉砂岩，并出现植物化石碎片，以及代表强蒸发环境的白云岩与石膏层等。表明此区域经常位于海平面上，仅涨潮时潮汐带来的少量泥沙沉积下来，而沉积更多的则是位于低凹处没有海水补给的地域，在气候干旱炎热的条件下水分大量蒸发，形成石膏层和白云岩等海滩潟湖沉积。

2. 晚侏罗世

晚侏罗世，随着南北挤压应力的进一步加强，中特提斯洋盆逐渐缩小，位于羌南盆地北侧的达卓玛一带已彻底脱离了海洋环境，上升为陆，从而缺失上侏罗统。位于盆地较深环境的戳润曲一带由于海平面的下降，沉积古地理环境也由近滨沙坝转变为碳酸盐台地。沉积了索瓦组下部的紫红色中层状钙屑鲕状灰岩。晚侏罗世末期，羌南边缘海盆地隆起接受剥蚀。

（九）生物组合及时代

调查区中侏罗世地层生物化石相当丰富，主要有双壳类、腕足类、珊瑚、菊石、海百合茎、昆虫、藻类、植物等，中侏罗世生物化石发育情况见表 2-18。

1. 中侏罗世早期色哇组和雀莫错组

色哇组化石多集中产在气相错改来曲一带，菊石赋存于下部泥岩和灰岩中，组合有 *Dayiceras* sp.，*Sonninia*（*Sonninia*）*propinguans*，*Witchellea*，*Stephanocera*，*S.* cf. *wangen*，*Dorsensia*。此外，罗建宁等（1999）在调查区西邻图幅色哇一带采集了大量的菊石化石，主要有 *Zetocerar* sp.，*Sonninia prapingruans*，*S. crassisformis*，*Darellia* sp.，*Ludwigia* sp.，*Witchellea* sp. *Dorsetensia* sp.，*marchisonae*，*Stephanoceras* cf. *wangen*，*Oppelia* sp.，*Geyerina* sp.。上述化石中 *Dorsetensia* 和 *Witchellea* 是欧洲、亚洲、美洲中侏罗世常见分子。*Sonnina* 和上述两种在珠穆朗玛峰地区聂雄拉群共生出现（王义刚，1987），层位相当于英国巴柔期 *Sinninia sowerbgi* 带和 *Otoites sauzei* 带。双壳类在下部层位中少见，多见于上部泥岩中，有 *Plagiostoma* sp.，*P. rodburgense*（Whidborne），*P.* cf. *channoni* Cox，*P. duplicata*（Sowerby），*Chcamys*（*Radulopecten*）*tipperi* Cox，*Camptoneetes*（*Camptoneetes*）cf. *lens*（Sowerby），*C.*（*C.*）. *subrigidus* Lu，*Bositra buchi*（Roemer）。此外，罗建宁等（1999）在调查区北侧的雀莫错一带采到大量双壳类化石，主要分子有：*Anisocardia gibbosa*，*A. elegans*，*C. auritus*，*Protocardia hepingxiangensis*. *P. truncata*，*Astarte elegans*，*Corbula sinensis*，*C. fusifformis*，*Ceratomya bajociama*，*Eomiodon* sp.，等。上述化石中 *C.*（*C.*）. cf. lens 在布曲组及羌北中侏罗统中均出现，而 *Camptonectes*（*Camptoectes*）*punctatus* 则是典型的古地中海区中侏罗世化石。

根据上述双壳类和菊石化石特征，色哇组应为中侏罗世早期巴柔期沉积的。

雀莫错组调查区内未获化石依据，杨遵仪等（1990）在原建组地雀莫错组中采获腕足类组合：*Ptyctorhynchia duogecoensis - Tubithris tibetica* 和 *Cymatcrhynchia densecosta - Monsardithyris aentricosa*，根据区域地层对比，确定调查区的雀莫错组沉积时代为巴柔期。

2. 中侏罗世布曲组

布曲组生物化石丰富，除剖面上采集的外，路线中采有大量双壳类、腕足类，还见有海百合茎和海绵等化石。

布曲组下段层位双壳类有 *Meleagrinella jiangmaiensis* Wen，*M.* cf. *braamburiensis*（Phillips），*Camptonectes*（*Camptonectes*）*lens*（Sowrby），*C.*（*C.*）*laminatus*（Sowrby），*C.*（*Comptochlamys*）*subrigidus* Lu，*Vaugonia yanshipingensis* Wen，*Propeamussium*（*propeamussium*）*heptacostatum* Wem，*Parvamussium subpesonatum*（Vacek），*Mactromya aegualis* Agassiz，*M. qinghaiensis* Wen，*Myophorella huhxilensis*

表 2-18 多玛地层分区侏罗系化石一览表

地层		生物	菊石	双壳类	腕足类	海百合茎	海绵	昆虫
侏罗系	上统	索瓦组 牛津期 Oxf		Camptoneetes (Camptochlamys) yanshipingensis Wen, Meleagrinella jiangmaiensis Wen, Modious sp., Modiolus glaucus (d'Orbigny), liestrea duliformias (Schlotheim)	Bumirhynchia hpalaiensis Buckman, B. ovalis Buckman, B. sp., B. asiatica Buckman, B. flabilis Ching, B. gutta Buckman			
		夏里组 卡洛期 Clv		Mactromya cf. qinghaiensis Wen, Modious qlaucus (d. Orbigg), M. imbrictus (Sowerby), Liostrea birmanica (Reed), L. sp., Lopha sp., L. cf. tifoeunisi Cox, Gervilella cf. siliqua (Eudes ~ Deslongchamps), Paramussium subpersonatum (Vacek), Tancredia triangularis Chen et Wen, Astarte cf. elegans Sowerby, Plagiostoma cf. biiniensis Cox	Pseudonelania sp.		Peronidella minor	
	中统	布曲组 巴通期 Bth	Dorsetensia sp.	Vaugonia yanshipingensis Wen, Parvamussiam subpersonatum (Vacek), Myophorella huhxilensis Wen, Mactromva qinghaiensis Wen, Modiolus yunnanensis Chen, Liostrea birmanica (Reed), Camptonectes (Camptonectes) (Read), Camptonectes (Camptonectes) lens (Sowerby), Astarte sp., A. cf. elegans Sowerby, Modiolus glaucus (d. orbigiy), M. imbricatus (Sowerby), Pseudolimea dmpicata (Sowerby), Corbula yanshipingensis Wen, P. cf. Channon Cox. Meleagrinella jiangmaiensis Wen, M. cf. braamburiensis (Phillips), Mytilus sp., Trigonia sp., Protocardia sp., Gervilella sp., Psilunio chaoi (Grabau), P. cf. globitriangularia (Ku), Gresslya sp., Inoperna cf. sowerbyana (d'Orbigny)	Bumirhynchia asiatica Buckman, B. gutta Buckman, Holcothris luchiangensis Reed, Tulotomoides cf. antiqua Pan, Lioplacdes sp., Lufengospira? sp.	Pentacrinus sp.	Parastromatopora sp.	Mesoblattina sp., Celocolens sp., Sinosmylites sp.
		色哇组 巴柔期 Baj	Dayiceras sp. Somninia (Somninia) propinguans (Bayle) Witchellea sp., S. cf. uwangen Dorsetensia sp.	Plagiostoma sp., P. rodburgense (Whidboine), P. cf. channoni Cox, P. duplicata (Sowerby), Chlamys (Radulopecten) tipperi Cox, Camptonectes (Camptonectdes) cf. lens (Sowerby), C. (Cainptochlamys) subrigidus Lu, Bosira buchii (Roemer), C. (C) punctatlls				

61

Wen, *Modiolus yunnanensis* Chen, *Pleuromya* sp. , *Sowerbya* cf. *crassa* d'Orbignv, *Liostrea birmanica* (Reed)。出现最多的双壳类是：*Camptonectes*（*Camptonectes*）*lens* 和 *Parvamussium subpersonatum*。见有腕足类 *Burmirhynchia asiatica* Buckman, *B. gutta* Buckman 和海百合茎 *Pentacrinus* sp. 。中段双壳类有：*Palaeonucula stoliczkai*（Cox），非海相双壳类主要见于达卓玛地区，主要为 *Psilunio chao*（Grabau）, *P.* cf. *globitriangularia*（Ku），*Pseudocardinia* sp. ；海陆过渡相双壳类 *Modiolus* sp. ，腹足类 *Anoptycha* sp. ，*Tulotomoides* cf. *antique* Pan. 。上段化石有双壳类 *Astarte* sp. ，*A.* cf. *elegans* Swarby, *A. togtonheensis* Wen , *Parvamussium subpersonatum*（Vacek），*P.* cf. *carinata* Gololfuss, *Pcagiostoma* sp. ，*P.* cf. *biiniensis* Cox, *Modiolus glaucns*（d'Orbigny），*M. imbricatus*（Sowerby），*Meleagrinellua* cf. *braamburiensis*（Phillips），*Chlamys*（*Radulopecten*）*tipperi* Cox, *Corbula yanshipingensis* Wen , *Plagiostoma* sp. ，*P.* cf. *biiniensis* Cox, *Lopna zadoensis* Wem , *Liostrea* sp. ，出现最多的为 *Astarte* cf. *elegans*, *Parvvamussium subpersonatum* 和 *Chlamys*（*Radulopectea*）*tipperi*. 腕足类 *Bumirhynchia* sp. ，*B. asiatica* Buckman. *B. gutta* Buckman, *B. hpalaiensis* Buckman, *Holcothyris* sp. ，*H. luchiangensis* Read 等。

上述 *Astarte* sp. ，*Camptonectes* sp. ，*Liostrea* sp. 都是巴通期英国大鲕状灰岩中的主要分子，也是中侏罗统羌北、青海等地雁石坪群的重要化石，而 *Liostea birmanica*, *L. jiangmaienig*, *Lopha zadoensis* 的大量出现，指示的时代应为中侏罗世巴通中晚期。地方性的 *Myophorella huhxilensis*, *Mactromya qinghaiensis*, *Moclolus yunnanensis*, *Corbula yanshipingensis* 等在青海、云南中侏罗世中均有并可延伸至缅甸等地，时代属中侏罗世。

腕足类 *Bumirhynchia – Holcothyris* 组合产在布曲组上段，其主要分子有：*Bumirhynchia gutta*, *B. asiatica*, *B. ovalis*, *B. flabilis*, *B. hpalaiensis*. *Holcothyris luchiangensis*。以上腕足类在中国云南，缅甸禅邦，泰国呵叻高原均有出现。在英国 *Burmirhynchia* 产于巴通阶。因此，该腕足类所指示的时代应为中侏罗世巴通期。

3. 中侏罗世夏里组

夏里组的双壳类化石极为丰富，主要有：*Tancredia triangularis* Chen et Wen, *Astarte togtonheensis* Wen, *Propeamussium heptacostatum* Wen, *Trigonia* sp. ，*Gervillella qinghaiensis* Wen, *Chiamgs* sp. ，*Plagiostoma* cf. *biinensis* Cox, *Camptonectes subrigidus* Lu, *Lopha* cf. *tifoesis* Cox, *C. lens*（Sowerby），*Mytilus* sp. ，*C.* cf. *channoni* Cox, *Chlamys*（*Radulopecten*）*tipperi* Cox, *Mactromya* cf. *qinghaiensis* Wen, *Astarte* cf. *degans* Sowerby, *Liostrea birmanica*（Reed），*Liostrea* sp. ，*Gervilella* cf. *siliggua*, *Parvamussiam subpersonatum*（Vacek），*Modious glaucols*（d'Orbigny），*Mimbricatus*（Sowerby），其他门类生物化石有腹足类 *Pseudonelania* sp. ；海绵 *Peronidella minor*；昆虫 *Mesoblattina* sp. ，*Ceolcoleus* sp. ，*Smosmylites* sp. ，植物 *Podozamites* sp. 。上述双壳类化石大多数在布曲组已出现，但 *Pholadomya* cf. *ginghaiensis*, *Liostrea birmanica* 在西欧被作为中侏罗世卡洛期的标准化石。*Astarte* sp. ，*Modiolus*, sp. ，*Liostrea birmanica*, *Mactromga* cf. *qinghaiensis*, *Tancredia triangularis*, *Camptonectes*（*C.*）sp. 等化石在滇西和平乡组，花开左组中有许多共同分子，时代属中侏罗世。其中双壳类 *Pholadomy* cf. *qinghaiensis* 和 *Liostrea birmanca* 在西欧是中侏罗世卡洛期的标准化石。由此表明，夏里组的层位与中侏罗世晚期卡洛期相当。

根据夏里组的层位和化石，划为中侏罗世卡洛期适宜。

4. 晚侏罗世索瓦组

该组生物化石以双壳类和腕足类为主，除剖面上采到的化石外，在路线中采获双壳类化石 *Camptonetes*（*Camptochlamys*）*yanshipngensis* Wen, *Modiolus* sp. ，*Liostrea duliformis*（Schlotheim），*Modious glaucus*（d'Orbigny）；腕足类 *Burmirhyncnia hpalahsis* Buckman, *B. ovalis*, *B. asiatica*, *B. flabilis* Ching 等。上述生物化石大部分为中侏罗世上延分子，未采到晚侏罗世标准化石，但相当于晚侏罗世的化石有腕足类 *Burmirhynchia*；双壳类 *Camptonectes*, *Meleagrinella*, *Modiolus*, 这些属大量出现在羌塘大部分地区的晚侏罗世地层中。故调查区索瓦组可能属于晚侏罗世的沉积。此外，调查区的索瓦组岩石组合

与雁石坪群相当，青海省地质矿产局❶在雁石坪群顶部发现双壳类 *Opis* cf. *vidunensis*，*Inoperna perplicata*，经文世宣进一步鉴定后改为 *Opis* sp.，*Inoperna sowerbyana*，时限为早侏罗世托尔期至晚侏罗世牛津期，作为雁石坪群包含有上侏罗统的确切依据。青海省地质矿产局❷，白生海（1989）等把雁石坪群上灰岩组相当于调查区索瓦组的部分列入上侏罗统，古生物的依据是含腕足类 *Septaliphoria septentrionalis* 和双壳类 *Raduloecten fibrosus*，*Gervillella aviculoides*，*Myopholas mullicstata* 等。这些化石在欧洲出现于上侏罗统牛津阶或基末里阶。区内虽然未采到以上生物化石，但岩性层位和少部分生物化石分子的一致性，完全可以与之对比。依据上述特征将索瓦组的时代归为晚侏罗世牛津期。

三、赤布张错地层分区

赤布张错地层分区属华南地层大区羌北－昌都地层区的分区。调查区在该地层分区位于图幅东北部，仅为该地层分区南部边缘的一小部分。出露地层为中侏罗统布曲组和夏里组，上侏罗统索瓦组零星分布。面积约 $105 \sim 120 \text{ km}^2$。由于断裂及东部大面积第四系覆盖，中统下部雀莫错组未见出露。该区因分布面积小，地层出露较差无实测剖面，各组地层以主干路线剖面描述分组岩性，并结合宜昌地质矿产研究所测得南部当玛岗剖面进行论述。

（一）岩石地层特征

1. 剖面描述

（1）安多县尕尔琼恰木列布曲组、夏里组路线剖面

路线剖面位于安多县岗尼乡尕尔琼恰木列（图 2－36），起点地理坐标：东经 91°07′28″，北纬 32°57′11″。路线长度大于 6 800 m，控制厚度约 2 767.32 ~ 1 281.04 m。

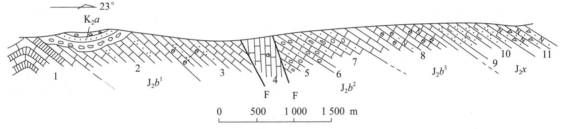

图 2－36　安多县尕尔琼恰木列布曲组、夏里组路线剖面图

夏里组（J_2x）	厚 > 643.20 m

未见顶

11. 灰白色中层状钙质细粒岩屑长石砂岩	> 298.80 m
10. 灰白、浅灰色中层状钙质细粒石英砂岩	319.80 m
9. 浅灰白色中厚层状细粒石英砂岩	24.60 m

———— 整　合 ————

布曲组（J_2b）	
布曲组上段（J_2b^3）	厚 > 1083.20 m
8. 浅灰色中层状泥晶灰岩夹生物碎屑灰岩及少量长石石英砂岩	1 083.20 m
布曲组中段（J_2b^2）	307.68 m
7. 灰色中厚层状砾屑、砂屑灰岩夹薄层状砾屑砂质灰岩	246.48 m
6. 灰色中厚层状生物碎屑灰岩、介壳灰岩、含生物介壳、植物茎干等碎片	3 146 m

❶ 青海省地质矿产局. 1970. 1∶100 万温泉幅区域地质调查报告.
❷ 青海省地质矿产局区调综合地质大队. 1993. 1∶20 万唐古拉山口幅、龙亚拉幅区域地质调查报告.

5. 灰绿色长石石英砂岩夹薄层砾岩 57.74 m

================ 断　层 ================

布曲组下段（J_2b^1） >733.24 m

4. 深灰色中厚层状灰岩夹灰色中厚层状生物碎屑灰岩 56.45 m

================ 断　层 ================

3. 深灰色中厚层状泥晶灰岩夹生物碎屑灰岩及灰绿色薄层状石英砂岩 393.03 m

2. 灰色中厚层状泥晶灰岩夹少量灰色中层状泥晶灰岩及灰绿色中—薄层状石英砂岩 >202.13 m

1. 深灰色中厚层状微晶灰岩夹浅灰白色膏盐层，膏岩层厚 15~20 cm >81.63 m

未见底

（2）安多县折巴扎索玛剖面

剖面位于赤布张错幅南部当玛岗，系湖北宜昌地质矿产研究所❶测制。该剖面邻近本图区北部，现选择与调查区有关的布曲组、夏里组描述如下：

上覆地层： 索瓦组底部灰色厚层状泥晶灰岩夹薄层泥灰岩

———————— 整　合 ————————

夏里组（J_2x） 厚273.33 m

18. 紫红色块状粉砂质泥岩与泥质粉砂岩不等厚互层，以粉砂质泥岩为主；顶部为浅灰绿色块状 2.67 m
　　钙质泥岩

17. 浅灰绿色薄层状粉砂质泥岩，泥质粉砂岩及岩屑石英细砂岩，以泥质粉砂岩为主，岩屑石英 71.80 m
　　细砂岩中发育砂纹层理，顶部的细砂岩中见对称波痕及植物化石

16. 紫红色块状泥质粉砂岩为主，夹薄层状粉砂质泥岩、细砂岩及中层状复成分砾岩 21.91 m

15. 浅灰绿色薄层状—中层状岩屑石英细砂岩，见平行层理 10.96 m

14. 灰色薄层状泥岩、泥质粉砂岩、岩屑（或石英）砂岩夹一层砾层。岩屑石英细砂岩中发育砂 145.99 m
　　纹层理，总体上本层呈向上变粗的趋势

———————— 整　合 ————————

布曲组（J_2b） 厚1007.71 m

布曲组上段（J_2b^3） 459.59 m

13. 下部为灰色厚层状—块状泥晶生屑灰岩；上部为灰色厚层状泥晶灰岩，偶见生物碎屑泥晶 161.95 m
　　灰岩

12. 深灰色厚层状泥晶灰岩与泥晶生物碎屑灰岩不等厚互层，偶夹薄层状钙质泥岩。泥晶生物碎 207.53 m
　　屑灰岩中产双壳类、海百合茎、海胆及腕足 *Burmirhynchia luchiangensis* Read., *Avonothyris* cf.
　　distorta Ching Sunet Ye 等化石

11. 深灰色厚层状泥晶灰岩 39.28 m

10. 灰—深灰色中—厚层状泥晶灰岩与泥晶生物碎屑灰岩不等厚互层，以泥晶灰岩为主，偶见亮 50.83 m
　　晶鲕粒灰岩。泥晶灰岩中见单体珊瑚

布曲组中段（J_2b^2） 478.11 m

9. 灰色块状粉砂质泥岩、泥质粉砂岩及岩屑石英细砂岩夹灰色中层状泥晶生物碎屑灰岩，泥晶 67.85 m
　　生物碎屑灰岩中见双壳类化石

8. 下部为紫红色块状粉砂质泥岩及泥质粉砂岩；上部以浅灰绿色泥质粉砂岩为主，夹浅灰绿色 58.91 m
　　粉砂质泥岩及岩屑石英细砂岩，在泥质粉砂岩中见双壳类化石

7. 深灰色中层状泥晶灰岩，见保存较好的腕足类化石 60.14 m

❶ 湖北省宜昌地质矿产研究所. 2004. 西藏 1:25 万赤布张错幅区域地质调查报告.

6. 深灰色中层状泥晶生物碎屑灰岩夹灰色薄层状岩屑石英细砂岩及泥质粉砂岩　　　　72.79 m

5. 下部为灰色厚层状夹薄层状及中层状亮晶生物碎屑灰岩，见板状交错层理；上部为灰色泥晶　158.00 m
灰岩与泥晶生物碎屑灰岩（介壳层）不等厚互层，偶见泥晶鲕粒灰岩及钙质泥岩

4. 紫红色块状粉砂质泥岩为主，下部夹灰色薄层状泥晶灰岩，灰岩中见毫米级纹层；上部夹薄　60.42 m
层状泥质砂岩及岩屑石英细砂岩

布曲组下段（J_2b^1）　　　　70.01 m

3. 下部为灰色中层状泥晶灰岩，上部为泥晶砂屑灰岩　　　　13.95 m

2. 灰—深灰色中层状泥晶生物碎屑灰岩　　　　19.62 m

1. 深灰色中层状泥晶灰岩，见极少量生屑　　　　36.44 m

———— 整　　合 ————

下伏地层：中侏罗统雀莫错组紫红色中层状岩屑石英细砂岩夹泥质粉砂岩

2. 岩石地层单位特征及区域变化

（1）布曲组（J_2b）

布曲组厚 1 007.71～2 124.12 m，在区内赤布张错地层分区因受断层影响未见底，在相邻区的当玛岗剖面底界以灰岩大量出现为标志，与下伏雀莫错组石英砂岩区别明显。顶界以灰岩的消失和砂岩的出现为划分标志，与上覆地层夏里组易于识别。

调查区的布曲组虽然同多玛地层分区有差异，但岩性组合可划分为 3 个段的特点依然明显。

下段：深灰色中厚层状微晶灰岩、泥晶灰岩夹生物碎屑灰岩、石英砂岩及浅灰白色膏盐层，产双壳类 *Mactromya qinghaiensis* Wen，腹足类 *Neridomus* sp. 等化石。

中段：灰、灰绿色长石石英砂岩，中厚层状介壳灰岩、砾岩、砂屑灰岩夹薄层状砾屑砂质灰岩、砾岩，化石较为稀少。

上段：岩性单一，以深灰色中层状泥晶灰岩为主，夹生物碎屑灰岩及少量长石石英砂岩，厚度大于 1 000 m。

区域上赤布张错地层分区南部边缘布曲组的岩性、厚度沿走向有一定变化。在调查区未见底，下段底部出现灰岩夹膏盐层，膏盐层出现 3 层，厚度约 20～30 m。之上分别为泥晶灰岩夹薄层石英砂岩及泥晶灰岩夹生物灰岩，厚度为 733.24 m；而折巴扎索玛一带下段未见膏盐层，以泥晶灰岩为主，泥晶生物碎屑灰岩出现少，并出现较细的粉砂质泥岩层，厚度 70.01 m，仅是尕尔琼恰木列带该组厚度的 1:10，东侧的唐古拉兵站则以粉砂质含生物碎屑灰岩、泥灰岩为主，夹粉晶生物灰岩、生物碎屑灰岩，厚 369.4 m，是中部地区该组厚度的 1:2；中段：西部以细粉砂质泥岩和较厚的泥晶灰岩、介壳灰岩为主，厚 408.11 m；中部以长石石英砂岩、砾屑、砂屑灰岩、介壳灰岩为主，粒度明显变粗，厚 307.68 m；东部则以泥质粉砂岩、岩屑砂岩为主夹泥晶生物灰岩，厚 534.7 m；上部岩性较稳定，均以泥晶灰岩、生物碎屑灰岩为主，并产丰富的生物化石，但厚度变化明显（图 2-37）。

（2）夏里组（J_2x）

夏里组厚 273.33～643.2 m，与下伏地层布曲组整合接触，两者岩性区别明显，以出现细粒石英砂岩为标志。区内以浅灰白色中层状细粒石英砂岩、钙质细粒石英砂岩、钙质细粒岩屑长石砂岩为主，厚度大于 643.2 m；西部折巴扎索玛则以灰、浅灰绿、紫红色薄层泥岩、泥质粉砂岩、粉砂质泥岩为主，含少量岩屑砂岩、细砂岩夹中层状复成分砾岩，向上总体有变粗的趋势，厚度仅为调查区尕尔琼恰木列的一半（273.33 m）。东部唐古拉兵站一带以灰绿色、灰白色、紫红色薄—中层状细粒岩屑砂岩、粉砂岩、钙质粉砂岩为主，发育水平层理、对称波痕等，厚度同调查区内相近，约 644.9 m。

3. 沉积环境分析

与调查区南羌塘盆地早中侏罗世为中特提斯洋被动大陆边缘环境相对应，北羌塘盆地受金沙江洋盆于早侏罗世消减闭合的影响，由三叠纪的弧后扩张中心演变为早中侏罗世的前陆盆地，沿土门格拉一线可能在早中侏罗世均处于剥蚀状态，即两坳夹一隆的格局在这一时期已然形成。早侏罗世羌塘北部可能在持续隆升，调查区由于位于盆地边缘，故缺乏这一时期的沉积，直到中侏罗世早期，由于应力松

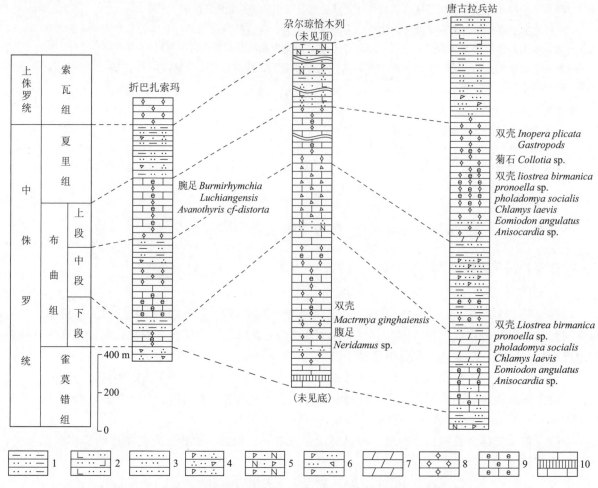

图 2-37　赤布张错地层分区南部中侏罗统布曲组、夏里组柱状对比图

1—粉砂质泥岩、泥质粉砂岩；2—钙质粉砂岩；3—粉砂岩；4—岩屑石英砂岩；5—岩屑长石砂岩；

6—岩屑砂岩；7—泥质岩；8—泥晶灰岩；9—生物碎屑灰岩及介壳灰岩；10—灰岩夹石膏层

弛发生伸展，从而在局部的低洼地带形成该区中侏罗世海侵初期的雀莫错组复杂碎屑岩沉积，调查区这一时期仍处于剥蚀状态。随着海侵范围不断扩大，中侏罗世巴通期，海侵波及调查区（北羌塘前陆盆地边缘），从而形成布曲组的早期灰岩夹膏盐层的沉积，表明当时调查区该地带为海水较浅的海湾环境，与大洋的贯通性较差。之后随着海侵持续，水体加深，于巴通期中晚期沉积了较稳定的台地碳酸盐岩。进入中侏罗世晚期的卡洛期，由于中特提斯洋开始俯冲消减，受其影响，北羌塘盆地萎缩，海水一度向南退缩，沉积了夏里组反序变化的碎屑岩，这时西部当玛岗以泥质、粉砂质为主的沉积表现出细的陆棚相沉积，调查区外东部唐古拉兵站一带已转化为陆相河湖相沉积建造，总体反映出海水向西及西南方向退出的趋势（图 2-37）。晚侏罗世，调查区内北羌塘盆地已完全露出水面遭受剥蚀。

（二）生物组合及时代划分

赤布张错地层分区生物化石较少，仅见双壳类 *Mactromya qinghaiensis*，属地方特征种，腹足类 *Neridomus* sp. 为侏罗纪至白垩纪的延时分子。但青海省地质矿产局区调综合地质大队❶在该套地层采获的 *HoLcothyris subvalis* - *Burmirhynchia gutta* 腕足组合为早巴通期标准分子，在缅甸、滇西、藏东、青海南、藏北等地均较发育；*Eomiodon angulatus* - *Isognomon*（*Mytiloper*）*bathonica* 为双壳类组合的典型分子 *Isognomon*（*Mytiloperna*）*muchisoni*，*Pronoella iycetti*，*Eomiodon angulatus*，*Astarte colitharum* 等都属早巴通期英国大鲕状灰岩中常见分子；*Anisocardia benera*，*Modida biparta* 双壳类组合的代表性分子有 *Protocardia congnata*，*Modiolus bipartus*，*Anisocardia benera* 等，可与英国稚壳海岸的卡洛期双壳类动物群进行对比，所以调查区地层时代为中侏罗世巴通期—卡洛期。

---

❶　青海省地质矿产局区调综合地质大队 . 1993. 1∶20 万唐古拉山口幅、龙亚拉幅区域地质调查报告 .

第七节 白 垩 系

调查区白垩系各地层分区均有分布，但分布零星，形态多样，展布受古地理及后期构造制约。班公错－怒江地层区上、下统均可见及，下统为东巧组碎屑岩及碳酸盐岩，为海相—海陆交互相沉积；上统为竟柱山组紫红色砾岩、砂岩河湖相沉积。多玛地层分区、赤布张错地层分区下统缺失，仅分布上统阿布山组，为陆相山间磨拉石建造。多玛地区分区气相错—查曲一带阿布山组中发育陆相火山岩夹层，地层划分沿革见表2-19。

表2-19 调查区白垩系划分沿革表

李璞，1955		韩湘涛等，1983			西藏自治区地质矿产局，1993			西藏自治区地质矿产局，1997			本报告		
白垩系	渠生堡群	白垩系	上统	竟柱山组	白垩系	上统	竟柱山组	白垩系	上统	竟柱山组	阿布山组	白垩系	上统	竟柱山组	阿布山组
	门德洛子群			东巧组上段		下统	郎山组		下统	郎山组				上段
	多尼煤系		下统	曲松波群			东巧组下段			多尼组			下统	东巧组	下段
					侏罗系	上统	川巴组							

一、班公错－怒江地层区

该地层分区位于调查区南部，白垩系上、下统出露齐全，下统为东巧组、上统为竟柱山组。由于受断层破坏及新构造运动隆升剥蚀和广泛的第四系覆盖，分布零星，厚度变化大。

（一）下白垩统

下白垩统仅见于木嘎岗日分区东巧地层小区内，呈东西向断续展布，与下伏地层东巧蛇绿混杂岩呈角度不整合接触，未见顶。下段岩性以碎屑岩为主，上段岩性为单一的碳酸盐岩，岩性及层序清楚，生物化石丰富，厚度大于60 m。

1. 剖面描述

（1）班戈县帕日下白垩统剖面

剖面位于班戈县帕日（图2-38），起点地理坐标，东经90°11′00″，北纬32°02′24″。剖面控制地层厚度46.87 m，其中东巧组下段35.74 m，东巧组上段11.13 m。

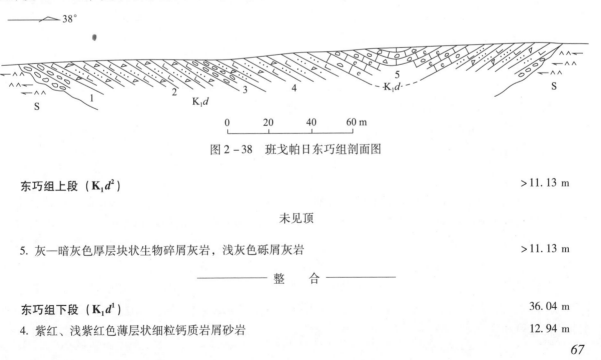

图2-38 班戈帕日东巧组剖面图

东巧组上段（K_1d^2）   >11.13 m

未见顶

5. 灰—暗灰色厚层块状生物碎屑灰岩，浅灰色砾屑灰岩   >11.13 m

——————— 整 合 ———————

东巧组下段（K_1d^1）   36.04 m

4. 紫红、浅紫红色薄层状细粒钙质岩屑砂岩   12.94 m

67

3. 浅灰红色砾岩，砾石成分以灰岩为主，呈次棱角状—次圆状，略具定向　　　　　　2.07 m

2. 紫红、浅紫红色薄层状中—细粒岩屑砂岩、含钙岩屑砂岩　　　　　　　　　　　　18.12 m

1. 浅或杂色砾岩　　　　　　　　　　　　　　　　　　　　　　　　　　　　　　　2.89 m

～～～～～～～～～ 角度不整合 ～～～～～～～～～

下伏地层：东巧蛇绿混杂岩斜长辉橄岩岩块

（2）安多县东巧西下白垩统东巧组剖面

剖面位于安多县东巧东风矿北东，起点地理坐标：东经 90°45′42″，北纬 32°01′49″。剖面厚度 54.85 m，地层出露较好。

东巧组上段（K_1d^2）　　　　　　　　　　　　　　　　　　　　　　　厚 >15.73 m

未见顶

5. 灰—暗灰色厚层状生物碎屑灰岩，产丰富的珊瑚化石 *Calamophyllia* sp.，*Stylina* sp.，*Pty-*　>15.73 m
   chochaetetes（*varioparietes*）sp.，*Chaetetes* sp. nov.，等

———————— 整　合 ————————

东巧组下段（K_1d^1）　　　　　　　　　　　　　　　　　　　　　　　39.12 m

4. 灰黄色薄层状钙质细—粉砂岩，底部为灰黄色砾岩夹互砂岩　　　　　　　　　　7.34 m

3. 灰黄色薄层状钙质生屑团粒状粗粉砂—细砂岩，含植物化石碎片　　　　　　　　8.39 m

2. 浅黄绿色薄层凝灰质粗粉砂岩，产植物化石 *Phlebopteris*? sp.　　　　　　　17.40 m

1. 黑褐色薄层状细粒岩屑砂岩与含砾长石岩屑中—粗砂岩夹中—粗粒岩屑砂岩及紫红色泥质粉　厚 5.99 m
   砂岩。以上岩石基本层序清楚并构成韵律层

～～～～～～～～～ 角度不整合 ～～～～～～～～～

下伏地层：东巧蛇绿混杂岩硅化辉石橄榄岩岩块

2. 岩石地层单位特征

（1）东巧组下段（K_1d^1）

东巧组下段调查区分布极少，零星出露于图区南部帕日，东巧东风矿等地，与下伏地层超基性岩呈角度不整合接触，岩性以碎屑岩沉积为特征，产珊瑚、植物化石，厚度小于 40 m。

（2）东巧组上段（K_1d^2）

东巧组上段在调查区帕日、东巧第七道班到第六道班南部一带均有不同程度分布，与下伏地层东巧组下段为整合接触，上覆地层未见顶，区域上多处与超基性岩呈断层接触，局部地段被古近－新近系不整合覆盖。东巧组上段岩性为单一的灰岩或生物碎屑灰岩，厚度变化较大，从十几米至数百米不等，总体具西薄东厚的特点。

3. 沉积环境

（1）东巧组下段

该段以复成分砾层、含砾长石岩屑砂岩、细—粉砂岩、粗粉砂岩夹紫红色泥质粉砂岩组成向上变细的正粒序层理。砾石砾径一般为 2~5 cm，最大者为 10~15 cm；砾石成分以石英砾为主，其次为玄武岩、超基性岩等。砾石分选、磨圆度差，一般呈次棱角—次圆状，石英砾磨圆度最好，呈椭圆—次圆状，砾径要稍小，略具定向性，并夹砂岩透镜体。

含砾砂岩和砂岩中以岩屑砂岩、长石岩屑砂岩为主，岩屑成分为火山岩屑与沉积砂屑，分选、磨圆度差，钙质或黏土质胶结，发育平行层理、斜层理，并出现双壳类生物，上述特征表现出河湖相或海陆过渡沉积环境。

68

（2）东巧组上段

该段岩石为灰、暗灰、灰黄色厚层块状生物碎屑灰岩、粒屑泥晶灰岩。生物碎屑主要有海绵、腕足类、螺、棘皮动物等，粒屑泥晶灰岩中可含陆源砂屑或泥质，或具浅海台地碳酸盐相沉积，这也是区内最终一次海相沉积的产物。

4. 生物及时代划分

东巧组下段双壳类保存不好，此次采集化石较少，仅见植物 *Phubopteris* sp.，经中国地质大学（武汉）吴顺宝等鉴定其时代为晚三叠世至白垩纪（T_3—K），结合地层接触关系东巧组下段明显地超伏不整合在东巧蛇绿混杂岩超基性岩岩块之上，东巧组下段下部砾岩层中含超基性岩砾石，水帮屋里的枕状玄武岩 K – Ar 同位素年龄为 145 Ma，东巧组下段时代应晚于上述测年值。综上确定东巧组下段时代应为早白垩世的早—中期，我们倾向于西藏自治区地质矿产局（1996）的意见，将之划归贝里阿斯期—阿普特期沉积。

东巧组上段所含化石主要为珊瑚 *Calamophyllia* sp.，*Stylina* sp.，*Ptychochaetetes*（*Varioparietes*）sp.，*Chaetetes* sp. nov.，*Thecosmilia* sp.；海绵 *Actostroma* sp.，*Epistromatopra* sp.，*Milleporidum*（？）sp.。上述化石组合中的珊瑚 *Stylna* sp. 在冈底斯 – 察隅地层区下白垩统东巧组下段及东巧组上段中广泛出现，*Thecosmilia* sp. 见于东非、欧洲阿普第中晚期—阿尔比期，*Calamophyllia* sp. 在北羌塘白龙水河地区上侏罗统已有出现。*Milleporidium* 层孔虫是晚侏罗世—早白垩世的常见分子。上述生物大体上反映了早白垩世的组合面貌，结合区域地层对比，将东巧组上段的上限定为阿普第期—阿尔比期。

（二）上白垩统

上白垩统竟柱山组在调查区内木嘎岗日地层分区不发育，仅在玛尔果一带见及，北界边部为断层，南部大部分延出图外，东西延伸 3 ~ 3.5 km。

竟柱山组（K_2j）由西藏第四地质队❶创名，建组地点位于班戈县竟柱山，原义指一套砂砾岩、砂岩、粉砂岩及泥岩。本报告地质调查区南部同建组地属同一地层区，岩性相似，故沿用竟柱山组一名。

调查区该组出露面积约 3km²，露头极差，无剖面控制，路线调查中仅见有该组的残留物，残留物主要为紫红色复成分砾岩，砾石以灰岩、玄武岩、熔结凝灰岩为主。碎屑分选、磨圆均较差，多为次棱角状—次圆状，砂质、铁质胶结。

调查区内该组未见顶、底，区域上不整合覆于东巧组或老地层之上。

二、赤布张错地层分区和多玛地层分区

赤布张错地层分区和多玛地层分区均是班公错 – 怒江结合带碰撞褶皱隆升后形成的山间坳陷盆地，沉积环境相同、岩性组合相似、时间相同，所以将上述两地层分区一并论述。并将上述两地层分区的上白垩统划为阿布山组。这一时期多玛地层分区伴有陆相火山活动，在多玛地层分区的阿布山组中出露陆相火山岩夹层，本次工作将之划分为非正式地层单位——马登火山岩（mdlv）。

（一）剖面描述

1. 安多县措玛乡唐抗贡巴阿布山组剖面

剖面位于安多县措玛乡唐抗贡巴（图 2 – 39），起点地理坐标：东经 91°45′38″，北纬 32°45′17″。剖面全长 4 472 m，厚度 809.92 m，地层露头较好。

阿布山组（K_2a） 厚 > 801.92 m

未见顶

3. 灰紫色薄层状泥岩夹浅灰（略呈浅紫）色薄—中层状中细粒杂砂岩 > 329.91 m

---

❶ 西藏自治区地质矿产局第四地质大队.1973.西藏那曲聂荣、索县找煤路线概查及马青拉煤矿检查评价报告.

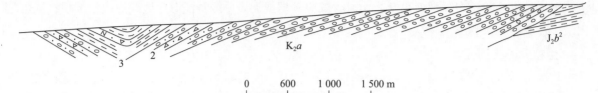

149°
K_2a
J_2b^2
3
2
0
600
1 000
1 500 m

图2－39　安多县措玛乡唐抗贡巴阿布山组剖面图

2. 灰紫色薄—中层状砾岩夹中—粗粒杂砂岩或砂岩透镜体　　256.71 m

1. 紫红、灰紫色块状砾岩　　215.30 m

～～～～～～　角度不整合　～～～～～～

下伏地层：中侏罗统布曲组钙质泥岩

2. 安多县额玛尔尕阿布山组剖面

剖面位于安多县额玛尔尕（图2－40），起点地理坐标：东经91°15′48″，北纬32°02′16″。剖面控制长度3 373 m，厚度1 635.30 m。

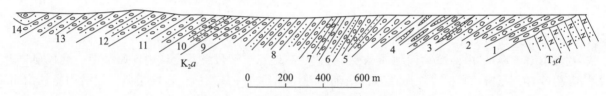

190°
14
13
12
11
10
9
8
7
6
5
4
3
2
1
K_2a
T_3d
0
200
400
600 m

图2－40　安多县额玛尔尕阿布山组剖面图

阿布山组（K_2a）　　厚＞1 546.23 m

未见顶

14. 紫红色中—厚层状砾岩夹紫红色薄—中层状中—细粒石英砂岩及薄—中层状粉砂岩，粉砂岩层发育平行砂纹层理　　＞111.88 m
13. 紫红色中—厚层状砾岩　　261.52 m
12. 紫红色厚层状砾岩夹薄层状细砂岩层，偶见平行层理　　94.16 m
11. 土黄色厚层状砾岩　　141.12 m
10. 紫红色中层状砾岩夹土黄色、紫红色薄层状中—细粒长石石英砂岩　　56.08 m
9. 灰黄色中层状砾岩　　39.26 m
8. 紫红色中层状砾岩夹紫红色薄层状细粒岩屑砂岩，发育平行层理、正粒序层　　190.55 m
7. 紫红色中—厚层状砾岩夹白色、浅灰白色薄—中层状细粒长石石英砂岩，发育水平层理　　53.09 m
6. 紫红色中—厚层状砾岩夹薄—中层状中—细粒岩屑砂岩，偶见砂岩呈透镜体层理，发育正粒序层　　92.32 m
5. 土黄色厚—巨厚层状砾岩夹紫红色薄—中层状粉砂岩　　142.54 m
4. 土黄色中层状砾岩，底部夹紫红色透镜状中—细粒含砾长石石英砂岩　　231.96 m
3. 紫红色薄—中层状砾岩　　74.54 m
2. 紫红色中—厚层状砾岩、砾石呈扁平状，局部发育正粒序韵律　　162.69 m
1. 紫红色厚—巨厚层状砾岩　　36.06 m

～～～～～～　角度不整合　～～～～～～

下伏地层：上三叠统长石石英砂岩

（二）岩石地层单位特征及区域对比

1. 阿布山组（K_2a）

该组由吴瑞忠等（1986）创建的阿布山群演化而来，西藏自治区地质矿产局❶降群为组，命名为阿布山组，命名地位于双湖阿布山东坡。西藏自治区地质矿产局（1997）引用了阿布山组一名，定义同吴瑞忠等（1986）的原始定义，本次工作沿用之。

该组未见顶，底部不整合在侏罗系或三叠系之上。岩性主要为紫红、灰紫、土黄色砾岩（砾石成分及含量见图2-41），向上出现砾岩、砂岩、粗粒杂砂岩、细粒杂砂岩及泥岩层等组合。岩性、沉积厚度（200~1 635.3 m）变化较大。

该地层沉积类型在调查区表现为河流相、河湖相及冲积扇等相。上述剖面中额玛尔尕地区为河流相沉积的代表，发育平行层理，透镜状砂岩层理；唐抗贡巴砾岩层具巨厚块状层理，并向上出现砂岩、泥岩层、向上变细，属河湖相，砾岩中砾石砾径特征和砾石成分含量直方统计见图2-41和图2-42；达卓玛一带紫红色砾岩不具层理性，很可能为冲积扇沉积。

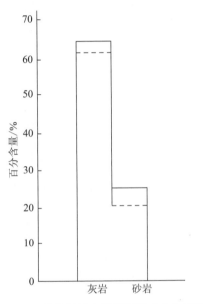

图2-41 唐抗贡巴白垩系砾石成分含量图

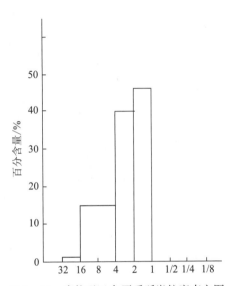

图2-42 唐抗贡巴白垩系砾岩粒度直方图

阿布山组在调查区区域上展布有以下特点：①在土门—尕尔根一带，同该地区构造线一致，呈北西向带状展布；②在多玛地层分区中南部扎加藏布、卢子加荣地区呈近东西向，分布宽度达8~15 km，地层产状平缓；③在达卓玛以西—江刀塘一带展布不规则，分布在三叠系边部和随侏罗系上部地层组褶皱边缘展布。以上的分布形态不但反映了古地形特点，而且反映了沉积环境的差异性。

2. 马登火山岩（mdlv）

区内该层火山岩分布在多玛地层分区的马登、多日阿吉琼果、捷查和多勒江普等地，在阿布山组中呈夹层产出。厚度为150~300 m，延伸5~20 km不等。岩性为灰、深灰、紫红色安山岩、蚀变安山岩、晶屑凝灰熔岩及火山角砾岩及玄武岩等，反映了晚白垩世晚期在该区曾存在短暂的地壳伸展。

（三）微量元素特征

分析统计了该组两种岩石类型的10种元素（表2-20），与涂和费（1961）丰度值对比，砾岩中As，Ni，Co，Mo等4种元素丰度值极高，高出10多倍，Ag，V接近地球丰度平均值，W，Ti元素显示低的丰度；泥岩中元素丰度普遍偏低，只有W，As元素相对接近，很可能是沉积环境局限的表现结果。

---

❶ 西藏自治区地质矿产局．1987.1∶100万日土幅区域地质调查报告．

表 2 – 20 阿布山组微量元素特征表 $w(\text{B})/10^{-6}$

岩性		Ag	W	Mo	As	Bi	Ni	Ti	V	Co	Nb
泥岩		—	1.137	0.71	10.89	0.31	36.37	2968	77.40	13.03	11.83
砾岩		0.064	0.88	0.565	140.17	0.17	42.45	732	19.33	4.65	6.43
涂和费 (1961)	泥岩	0.07	1.8	2.6	13	—	60	4 600	120	74	11
	砂岩	0.011	1.6	0.2	1	—	2	1 500	20	0.3	—

（四）沉积环境分析

1. 沉积构造

阿布山组在唐抗贡巴剖面上，下部砾岩层发育含砾砂岩透镜状层理，砾石具平行定向排列，砂岩层中平行层理、交错层理多见，并出现砾岩透镜体等。层面上泥裂、冲刷构造清晰。

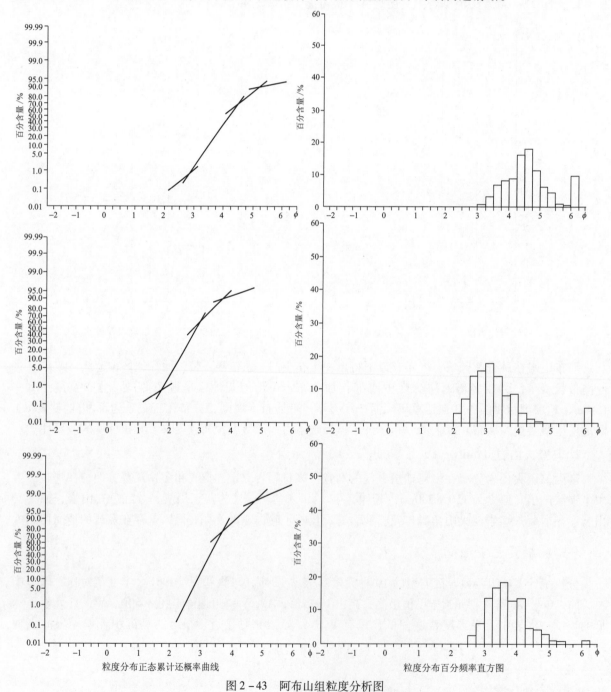

图 2 – 43 阿布山组粒度分析图

2. 粒度

该组中在砾岩层、粉砂质泥岩层中选作了砂岩夹层的粒度分析。粒度分布累计概率曲线呈两段式或三段式（图 2 - 43）。

三段式由牵引总体、跳跃总体和悬浮总体组成，牵引总体含量不超过 10%，平均粒度在 $1 \sim 3\phi$ 之间，总的粒度在中—细粒之间、分选性差；跳跃总体上部出现两个拐点，形成中间斜率变缓的直线形。斜率 $53° \sim 60°$，含量在 $(90 \sim 95) \times 10\%$，平均粒度在 $3 \sim 5\phi$ 之间，粒度细；悬浮总体斜率小于 $20°$，含量 $(5 \sim 10) \times 10\%$。二段式由跳跃总体和悬浮总体组成，跳跃总体上部依然出现两个拐点，形成中间斜度变缓，斜率 $63°$，含量大于 $95 \times 10\%$，平均粒度在 $2 \sim 4.25\phi$ 之间，具中细粒级；悬浮总体斜率 $21°$，含量小于 $5 \times 10\%$。粒度分布为正偏，SK 为 0.868。

根据以上沉积构造和粒度分析，确定调查区南部晚白垩世早期属河流相，故搬运介质扰动粒度为中等；上部出现紫红色泥岩，层理不发育，说明经过长期的剥蚀夷平和这一时期曾发生过的一次伸展活动，地形比差已大大减小，从而形成图区南部晚白垩世末期的河湖沉积。

（五）时代归属

调查区阿布山组未获生物依据，以往调查区一带该套地层的时代划分归属，几乎都依据岩石组合和与上、下地层的接触关系等特征，进行区域对比而确定。此次区域地质调查经对破曲，多勒江普安山岩、捷查火山角砾岩等 4 个 K - Ar 同位素测年分析，分别获得 92.3 Ma，91.8 Ma，89 Ma 和 79.4 Ma 的同位素年龄，相当于晚白垩世赛诺曼期—坎潘期，结合该套地层不整合在上三叠统、侏罗系之上，故确定其时代归属晚白垩世无疑。

第八节 古 近 系

古近系为调查区分布较广的地层之一。主要出露在图区中—南部保枪改、查错、扎沙区以南，雀若日、崇楷等地出露零星。以陆相碎屑岩建造为主，伴有火山活动。出露地层为牛堡组，地层划分沿革见表 2 - 21。

表 2 - 21 调查区古近系、新近系划分沿革表

地层划分		青海省地质矿产局①		吴瑞忠等，1985		西藏自治区地质矿产局，1993		西藏自治区地质矿产局，1997		罗建宁等，1997		罗建宁等，1998		本报告	
新近系	上新统	上第三系		双湖群	上组	第三系		第三系		第三系		第三系	哨呐湖组	新近系	康托组	
	中新统						康托组		康托组		康托组		康托组			
古近系	渐新统	风火山群	上岩组		下组		纳丁错组		丁青湖组	纳丁错组		纳丁错组		古近系		
	始新统		下岩组				牛堡组			欧利上组		牛堡组			牛堡组	多苍见火山岩
	古新统						牛堡组								

①青海省地质矿产局.1970.1/100 万（温泉幅）区域地质调查报告。

一、剖面描述

1. 双湖区买玛乡玛查牛堡组剖面

剖面位于双湖区买玛乡玛查（图 2 - 44），起点地理坐标：东经 92°22′10″，北纬 32°22′24″。剖面长度 7 799 m，厚度 551.79 m，地层较完整，底界接触关系清楚，未见顶。

牛堡组（$E_{1-2}n$） ·· 厚 >679.17 m

未见顶

18. 紫红色粉砂质泥岩夹中—薄层状粉砂岩，层理不发育 ························ >183.17 m

73

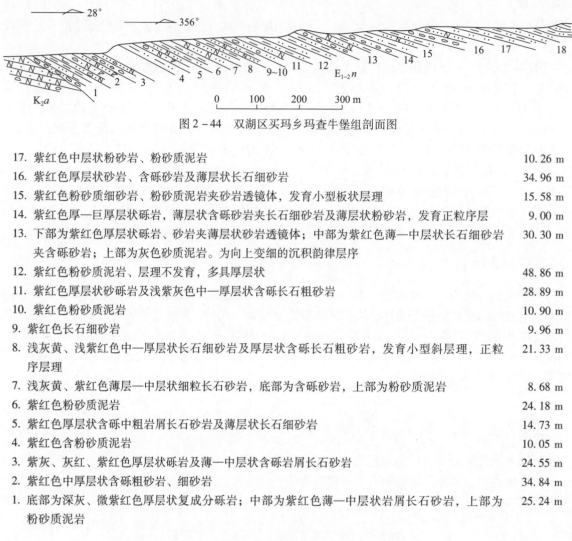

图 2-44　双湖区买玛乡玛查牛堡组剖面图

17. 紫红色中层状粉砂岩、粉砂质泥岩 　　　　　　　　　　　　　　　　　　　　　　　　　10. 26 m

16. 紫红色厚层状砂岩、含砾砂岩及薄层状长石细砂岩 　　　　　　　　　　　　　　　　　　34. 96 m

15. 紫红色粉砂质细砂岩、粉砂质泥岩夹砂岩透镜体，发育小型板状层理 　　　　　　　　　　15. 58 m

14. 紫红色厚—巨厚层状砾岩，薄层状含砾砂岩夹长石细砂岩及薄层状粉砂岩，发育正粒序层 　9. 00 m

13. 下部为紫红色厚层状砾岩、砂岩夹薄层状砂岩透镜体；中部为紫红色薄—中层状长石细砂岩 　30. 30 m
　　夹含砾砂岩；上部为灰色砂质泥岩。为向上变细的沉积韵律层序

12. 紫红色粉砂质泥岩、层理不发育，多具厚层状 　　　　　　　　　　　　　　　　　　　48. 86 m

11. 紫红色厚层状砂砾岩及浅紫灰色中—厚层状含砾长石粗砂岩 　　　　　　　　　　　　　28. 89 m

10. 紫红色粉砂质泥岩 　　　　　　　　　　　　　　　　　　　　　　　　　　　　　　10. 90 m

9. 紫红色长石细砂岩 　　　　　　　　　　　　　　　　　　　　　　　　　　　　　　　9. 96 m

8. 浅灰黄、浅紫红色中—厚层状长石细砂岩及厚层状含砾长石粗砂岩，发育小型斜层理，正粒 　21. 33 m
　　序层理

7. 浅灰黄、紫红色薄层—中层状细粒长石砂岩，底部为含砾砂岩，上部为粉砂质泥岩 　　　　8. 68 m

6. 紫红色粉砂质泥岩 　　　　　　　　　　　　　　　　　　　　　　　　　　　　　　24. 18 m

5. 紫红色厚层状含砾中粗岩屑长石砂岩及薄层状长石细砂岩 　　　　　　　　　　　　　　14. 73 m

4. 紫红色含粉砂质泥岩 　　　　　　　　　　　　　　　　　　　　　　　　　　　　　10. 05 m

3. 紫灰、灰红、紫红色厚层状砾岩及薄—中层状含砾岩屑长石砂岩 　　　　　　　　　　　24. 55 m

2. 紫红色中厚层状含砾粗砂岩、细砂岩 　　　　　　　　　　　　　　　　　　　　　　34. 84 m

1. 底部为深灰、微紫红色厚层状复成分砾岩；中部为紫红色薄—中层状岩屑长石砂岩，上部为 　25. 24 m
　　粉砂质泥岩

～～～～～～ 角度不整合 ～～～～～～

下伏地层： 阿布山组浅灰色长石砂岩

2. 安多县措玛乡唐抗贡巴牛堡组剖面

剖面位于安多县措玛乡唐抗贡巴南侧赛亚（图 2-45），起点地理坐标：东经 91°28′03″，北纬 32°14′24″。剖面长 2 808 m，厚 1 048.48 m，地层出露好，为一向南倾的单斜地层。

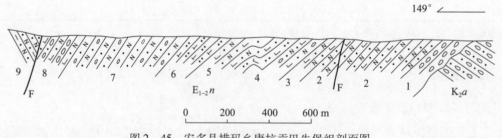

图 2-45　安多县措玛乡唐抗贡巴牛堡组剖面图

牛堡组（$E_{1-2}n$） 　　　　　　　　　　　　　　　　　　　　　　　　　　厚 1 040.28 m

未见顶

9. 紫红色薄—中层状细粒石英砂岩与厚层状砾岩互层 　　　　　　　　　　　　　　　　111. 88 m

74

8. 紫红色薄—中层状粉—细砂岩，含砾中—粗砂岩   261.52 m

7. 紫红色中层状粉砂岩，平行层理发育   94.16 m

6. 浅紫红色中—厚层状中—细粒石英砂岩夹薄—中层状粉砂岩   141.12 m

5. 紫红色薄—中层状中—粗粒含砾石英砂岩夹薄—中层状中—细粒石英砂岩   6.08 m

4. 紫红色薄层状粉砂岩夹薄层状泥质粉砂岩，平行层理发育   39.76 m

3. 紫红色薄—中层状中—细粒石英砂岩夹紫灰色极薄层状粉砂岩、中层状砾岩   190.35 m

2. 紫灰色薄—中层状中—细粒砂岩，含少量细砾砂岩，发育平行层理，微波状层理、斜层理、   53.09 m
   砂纹层理，具大量的雨痕、泥裂等沉积构造

1. 灰紫色—灰色块状砾岩，砾石磨圆度好、分选性差   92.32 m

~~~~~~~~ 角度不整合 ~~~~~~~~

下伏地层：阿布山组复成分砾岩

二、岩石地层单位特征

牛堡组（$E_{1-2}n$）由青海石油队王文彬等（1957）在第三系中划分出宗曲口层和的欧层，西藏自治区第四地质队（1979）将上述地层命名为牛堡组，之后的西藏自治区地质矿产局（1993，1997）均采用了这一划分方案，此次工作也沿用之。

该组岩性为以紫红色为特征的砾岩、中—细粒砂岩、石英砂岩、岩屑长石砂岩、粉砂岩、粉砂质泥岩及少量的含砾砂岩。岩性、厚度在区域上变化较大，厚 551.79~1 048.48 m，一般东部查错—扎沙区一带厚于西部保枪改—查日等地，岩性西部上部层位出现大量泥岩，东部泥岩很少见到，且一般为夹层。与下伏地层阿布山组呈角度不整合接触。

调查区洗夏日举一带牛堡组紫红色砂岩地层中夹有少量中性火山熔岩，岩性为深灰色、紫红色层状安山岩、杏仁状安山岩、岩屑晶屑凝灰岩夹火山角砾岩（图 2-46），分布面积约 4.5 km²，厚度 50~150 m。

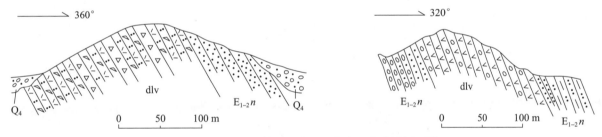

图 2-46 安多县措玛乡牛堡组中火山岩路线剖面图

三、微量元素特征

经对玛查剖面粉砂质泥岩、岩屑长石砂岩和含砾砂岩中 11 种微量元素分析统计，结果见表2-22。

表 2-22 牛堡组微量元素特征表 $w(B)/10^{-6}$

岩性		Cu	Ti	Sr	Ga	Zr	Co	Cr	Ni	V	Li	Bi
粉砂质泥岩		25	3541	200	16.28	169.6	16.94	120.66	71.22	56.34	41.02	0.31
岩屑长石砂岩		14.60	1777	163.33	11.33	137.77	26.27	87.27	135	47.07	25.17	0.18
含砾长石砂岩		18.67	2326	148	8.73	114.77	11.02	114.83	58.8	63.0	19.70	0.23
涂和费	砂岩	—	1500	20	12	220	0.3	35	2	20	15	—
（1961）	泥岩	250	4600	300	20	150	74	90	68	120	59	—

分析结果表明，与涂和费（1961）丰度值对比，泥岩中 Zr，Cr，Ni 3 种元素含量偏高，其余 Cu，Ti，Co，Sr，V，Li 等 6 种元素丰度值偏低；其中 Ti，V 两种最低，相当于 1∶2；砂岩中 Ti，Co，Cr，Ni，V，Li 等大多数元素显示了高值，Ga 和 Zr 则为低值，含砾砂岩各元素含量变化趋势与砂岩基本相同。

四、沉积环境分析

1. 沉积构造

该组在玛查剖面中沉积构造发育，可见有中小型斜层理，中型板状交错层理、正粒序层理和砾岩中的透镜状细砂岩层理及冲刷层面构造（图 2 - 47，图 2 - 48，图 2 - 49）。

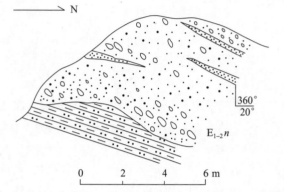

图 2 - 47　牛堡组砾岩层中砂岩透镜状层理与冲刷面素描图

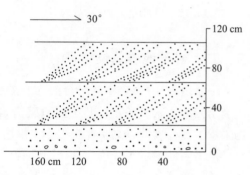

图 2 - 48　牛堡组粒序层与斜层理素描图

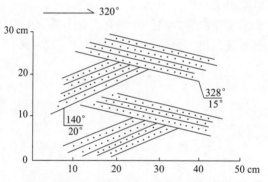

图 2 - 49　牛堡组中板状交错层理素描图

2. 粒度分析

经对唐抗贡巴剖面砂岩粒度分析，粒度分布累计概率曲线多数呈二段式，少数呈三段式（图 2 - 50）。由牵引总体、跳跃总体和悬浮总体组成。牵引总体含量为 1%，平均粒度在 2 ~ 2.7ϕ 之间，为细砂；跳跃总体含量在 95% ~ 99.9%，平均粒度在 0.75 ~ 4.75ϕ 之间，粒径从粗—细粒，分选差，斜率呈直线形，45° ~ 60°；悬浮总体斜率 20° ~ 30°，含量小于 5%。M 为 1.984 ~ 4.089，SD 为 6.149 ~ 0.8407，K 为 3.915 ~ 8.487。粒度分布百分频率直方图为正态，峰平缓，个别出现双峰。上述特征均反映了扎沙区—带属水动力强的河流相沉积。

根据上述分析及沉积构造特点，确定古近系牛堡组早期为河流相紫红色砾岩及砂岩沉积；晚期在西部那若卡腰、玛查—带为湖相沉积，沉积物以层理不发育的紫红色泥岩为主。

五、时代划分

调查区牛堡组未获生物时代依据，但据区域地层对比（图 2 - 51）和邻区改则纳丁错相同层位中火山岩同位素年龄值 31.1 Ma（K - Ar 法）等[1]，确定牛堡组时代应为古近纪。

---

❶　西藏自治区地质矿产局 . 1986. 1∶100 万改则幅区域地质调查报告 .

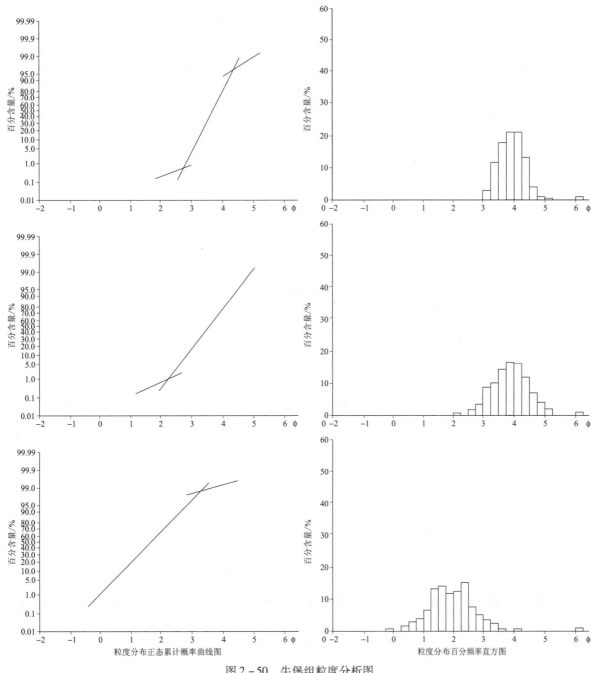

图 2-50　牛堡组粒度分析图

第九节　新　近　系

　　新近系调查区仅见于木嘎岗日地层分区东巧地层小区。分布面积约 13 km²，多集中在水帮屋里、贡多、麦多帮一带，呈东西向零星分布，不整合在东巧蛇绿混杂岩超基性岩、玄武岩岩块及东巧组之上，岩性为土黄色、杂色砾岩及砂岩等。

一、剖面描述

班戈县贡多康托组路线剖面

　　剖面位于班戈县贡多（图 2-52），起点地理坐标，东经 90°31′45″，北纬 32°00′57″。路线剖面长度 1 150 m，厚约 189. 27 m。

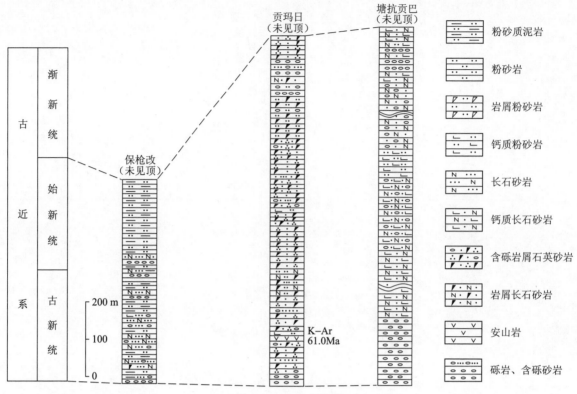

图 2 – 51　调查区古近系牛堡组柱状对比图

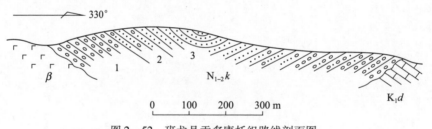

图 2 – 52　班戈县贡多康托组路线剖面图

康托组（N₁₋₂k）

$$康托组（N_{1-2}k）\qquad\qquad\qquad 厚 > 189.27\ m$$

厚 > 189.27 m

未见顶

3. 紫红色砂岩、泥质粉砂岩	61.73 m
2. 土黄色、土红色含砾砂岩	39.20 m
1. 土黄色、杂色砾岩	88.34 m

～～～～～ 角度不整合 ～～～～～

下伏地层： 东巧蛇绿混杂岩枕状玄武岩岩块

二、岩石地层单位特征

康托组系西藏自治区区域地质调查队（1986）命名，西藏自治区地质矿产局（1993，1997）沿用此名，此次工作亦沿用之。

区内该组分布极小，范围局限，岩性为紫红色及灰黄色、土黄色砾岩、含砾砂岩，有的地段只出现砾岩，总体层序向上变细。厚度约 100 ~ 189.27 m，为小型山间坳陷河湖相沉积，反映了干旱、炎热氧化环境下的山间盆地沉积环境。

三、时代划分

调查区新近系康托组不整合覆于东巧混杂岩不同岩块之上，未采获可佐证年代的化石和测年数据，区域上该组不整合覆于渐新统纳丁错组（纳丁错组同位素年龄值为 31.1 Ma）之上，伏于石平顶组之下（10.6 Ma），故将调查区内该套地层的时代划为中新世—上新世。

第十节　第　四　系

调查区内第四系分布广泛，遍及全图区。成因类型复杂，沉积物发育有冲积、洪积、湖积、泥沼、风积、残坡积、冰碛–冰水碛及泉华等，时代从早更新世—全新世均有。最为发育的属全新统河流冲洪积相，在支流中均可见及。

根据图区分布状态，有 3 个较明显的集中地带：南带西起多柔，沿扎加藏布河谷向东到错那湖，主要为全新统河流相和湖相，少量为上更新统冰川相。

中带西从气相错—策那迁眯塘—多玛日，以全新统冲洪积为主，有少量湖积和上更新统洪冲积沉积。

北带分布不均匀，主要沿不同方向的河流及低洼地段分布，土门一带较发育，主要为洪冲积和冰水相，泥沼不发育，现将从老—新对成因类型详述如下。

一、更新统

更新统分布零星，多以冲洪积为主，冰碛、冰水堆积少见。多分布在河流阶地及较高的低缓山坡地带，海拔高度一般在 4 800 ~ 5 100 m 之间，主要见于北带东尕尔曲、桑曲阶地上和土门达卓曲两侧，中带、南带极为少见。

（一）中—下更新统冲积物（Q_{1-2}^{al}）

中—下更新统冲积物分布在戳润曲通玛、果拉查、且玛佳赛等地，冲积物为灰色、灰黄色、灰红色砾、砂砾层、砂层夹少量砂土层，砾石大多呈次圆状、卵状，成分复杂，一般与周围岩石有关，厚度约 10 ~ 50 m 不等。大多发育在高出现代河床 80 ~ 120 m 的山坡地带，构成Ⅲ–Ⅳ级不明显的残留阶地。

（二）上更新统洪冲积物（Q_3^{pal}）

在图区中带的阿勒夏孔玛、波那、楷强玛、塘果塘、多玛日、黑阿公路第五道班等地及北带日阿、苏捷、西尕尔曲、东尕曲、桑曲、达卓曲等处均可见及，构成较大或主干水系的Ⅱ级阶地，阶地高一般 1.5 ~ 10m 左右。

1. 双湖区江刀塘讨夏亚剖面（图 2 – 53）

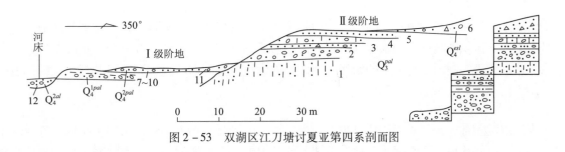

图 2 – 53　双湖区江刀塘讨夏亚第四系剖面图

上覆地层： 全新统残积物，含砾角砾状沙层。

----------------- 平行不整合 -----------------

上更新统冲洪积（Q_3^{pal}）

5. 土黄色、浅灰白色砂层，含植被亚砂土层　　　　　　　　　　　　　　　　0.3 m

4. 土灰色含砂亚土及砾石层   0.8 m

3. 灰黄色亚砂土及砂土   0.38 m

2. 浅灰—黄灰色砾石层、砂砾层   0.32 m

1. 土灰色具层纹状亚砂土、含植物根系亚黏土

未见底

2. 安多县岗尼乡明果曲第四系剖面

上覆地层：全新统卵石、砂层堆积

上更新统洪冲积层（Q_3^{pal}）

4. 紫灰色黏土（古土壤）层   0.42 m

3. 灰、浅灰色砾、砂砾及砂层   0.50 m

2. 浅灰黄色中—细砂层   0.25 m

1. 灰色、浅灰色、灰黄色砾、砂砾层   0.40 m

（三）上更新统冰碛及冰水堆积（Q_3^{gl-gfl}）

冰碛、冰水沉积集中分布在图区东北土门尼尔、托玛尔纳钦及南部日钦一带。冰碛物主要为黄灰色、灰绿色不具层理的砾石堆积，砾石磨圆度很差。大小混杂，小者 0.2~0.4 cm，大者 20~40 cm，个别大于 1.0 m，成分复杂，有花岗质、闪长质及灰岩、砂岩等砾，厚度一般大于 5.0 m。受后期的冲蚀切割作用改造，多形成缓丘状地貌。

冰水沉积，物源主要为灰绿色砾石沉积，砾石被黏土、亚黏土、砂屑等松散胶结。砾石多呈次圆状，略具定向，砾径一般较均匀（10~30 cm），有分选性，厚度为 10~15 m。地貌较平缓，多呈平台或缓坡状地形，在水系发育地段被冲蚀切割成台阶，与河床、河漫滩有一明显的高度差。

二、全新统

全新统沉积物成因类型较多，各成因类型沉积物发育不均衡，冲积、洪积、洪冲积、湖积发育。泥沼、残坡积、泉华等不发育。

（一）全新统河流沉积（$Q_4^{al.pl.pal}$）

全新统河流沉积区内分布广泛，多见扎加藏布两岸及现代主干河流两侧Ⅰ级阶地和较平缓的河床。以灰、浅灰色卵石、砂石和少量泥砂为特征，松散未胶结，分选性差，砾石磨圆度中等—较好，多呈次圆状、次棱角状或椭圆状，有时混合伴有湖相边缘淤浅地带。厚度不等，一般厚 2~30 m。

（二）全新统湖泊沉积（Q_4^l）

全新统湖泊沉积广泛形成现代湖泊，区内较大的湖泊有气相错、兹格塘错、错那等湖泊。由于第四纪时期羌塘地区不断隆升，湖水退缩，在其周围形成湖滨相砾、砂砾层及砂层。据藏北盐湖开发研究，除上述沉积外，湖泊中有大量的淤泥，因此湖泊内有大量的碳酸锂、膏盐以及湖岸盐碱化地等。

（三）泥沼沉积（Q_4^f）

区内泥沼沉积甚少，仅见于错那、第七道班、加尔、雅日、多大琼错、土门煤矿以北等地。主要为淤浅古湖、山间洼地、宽缓河床阶地等平缓的低洼地形。多为淤泥、腐殖泥、黏土、炭泥化及砂砾等沉积物，一般面积为 2~23 km²，厚度约 1~20 m。

（四）风成沙（Q_4^{eol}）

调查区风成沙仅见于扎加藏布流域两岸和一些主干河流开阔地带。为土黄色、浅灰黄色含砾粗砂、细砂及粉砂组成，常形成沙丘，新月形沙丘，具明显的风成波痕等，厚 0.5~10 m。上述风积物

的形成和西藏干旱少雨、草地退化有关。

（五）残坡积（Q_4^{esl}）

调查区相对多见，但面积小。该类堆积物主要见于高寒低山，高寒丘陵山腰、近坡脚一带。由于西藏高寒，物理风化强烈，堆积物多为砂砾或角砾类亚砂土，成分较复杂，分选极差，砾石一般呈棱角状，次棱角状，厚度不等，随地形而异，反映了近源搬运的特点。

（六）化学堆积——泉华、钙华（Q_4^{ch}）

泉华、钙华堆积在图区见于查多日阿索、郭曲多鄂阿卡和唐抗贡巴南侧，分布范围小于 1 km²。颜色呈白色、浅黄色、灰黄及褐红色等，厚 1 ~ 5 m，成分主要为硅质和钙质。泉华的发育主要与受新构造活动导致的现代地热活动有关。在泉华地带发育着北西向、北东向新生代次级断裂，沿断裂带形成许多热泉，大量的钙质物在泉口附近地区堆积，反映了区内新生代构造活动强烈。

第三章 岩 浆 岩

调查区岩浆岩主要分布在南部班公错－怒江结合带，该带北侧多勒江普一带见少量分布（图3－1）。有超基性—基性（超镁铁质－镁铁质）岩、中酸性侵入岩、次火山岩和火山岩。其中超基性—基性岩和部分火山岩属于班公错－怒江结合带中的东巧蛇绿混杂岩单元，在中特提斯多岛洋盆消亡后的碰撞造山阶段形成弧火山岩及中酸性侵入岩与碱性火山岩。从调查区岩浆岩分布看，总体表现出不发育的特点。

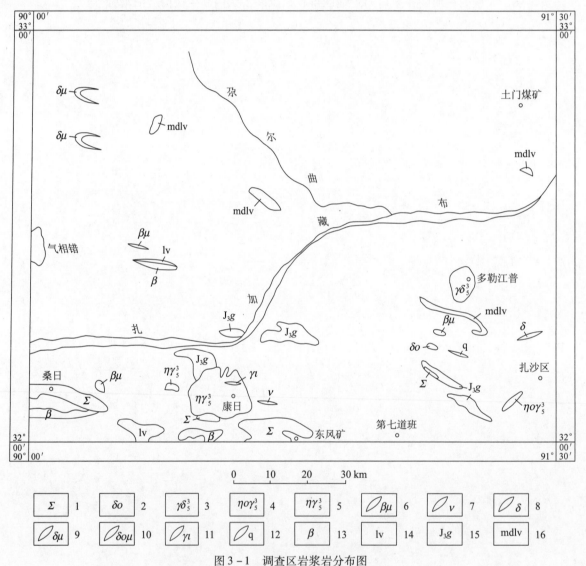

图3－1　调查区岩浆岩分布图

1—超基性岩岩块；2—石英闪长岩；3—多勒江普岩体；4—洗夏日举岩体；5—康日岩体；6—辉绿岩；
7—辉长岩；8—闪长岩脉；9—闪长玢岩脉；10—石英闪长玢岩脉；11—细晶岩脉；12—石英脉；
13—玄武岩；14—火山熔岩；15—尕苍见组；16—马登火山岩

第一节 蛇 绿 岩

蛇绿岩是具有特定成分的镁铁－超镁铁岩石组合。世界上典型的蛇绿岩均产于消减带之上的岛弧和弧后盆地环境，有四个主要组成部分，即变质橄榄岩、超基性－基性堆晶杂岩、席状基性岩脉和枕状熔岩，组成部分之间可以为整合关系，也可以为复杂的构造变形过渡带。

调查区蛇绿岩分布于班公错－怒江结合带内，可分为南、北两支，由于构造的肢解、破坏，没有一个完整的层序剖面，大多由一个或几个蛇绿岩单元组合而成，各单元之间绝大多数为构造叠置关系，上下层序不明，席状岩墙群不发育，此外在调查区内的班公错－怒江结合带中存在前泥盆系和晚古生界移置地体残片。上述地质特征表明，调查区的蛇绿岩形成于多岛洋盆环境，调查区蛇绿岩内枕状玄武岩地球化学特征表明它形成于小洋盆环境，也从另一方面证实了这一点。而调查区蛇绿岩具有构造混杂堆积的特点，以及此次工作在尕苍见大洋弧的发现，表明了晚侏罗世班公错－怒江结合带内存在向北的俯冲。

一、蛇绿岩的地质特征

调查区蛇绿岩分布于班公错－怒江结合带内，可分为南、北两支。两条带内的蛇绿岩组分由于受到构造的改造，蛇绿岩套的基本层序完全被肢解破坏，呈大小不一、形态各异的岩片或岩块形式存在，且相互重叠、构造混杂，从而构成区内两个蛇绿混杂岩单位。偏南侧的一支分布在桑日－东风矿构造混杂岩带，为著名的东巧蛇绿混杂岩，出露面积较大，研究历史较长，蛇绿岩组分相对较齐全；北侧的一支位于保枪改－鄂如构造混杂带中齐日埃加查一带，为此次工作新发现，命名为齐日埃加查蛇绿混杂岩。

此次工作采用构造岩石单位填图方法对蛇绿混杂岩内的蛇绿岩岩块作了划分，把与之相伴的深海相硅质岩、硅泥岩岩块，作为顶部构造混杂岩块对待（表3－1）。

表3－1　班公错－怒江结合带蛇绿岩划分

东巧蛇绿混杂岩				齐日埃加查－多玛贡巴蛇绿混杂岩		
岩石单位	代号	岩石类型	同位素年龄/Ma	岩石单位	代号	岩石类型
硅质－硅泥质岩岩块	Si	放射虫硅质岩、硅质泥岩、硅质板岩		硅质岩岩块	Si	硅质岩
玄武岩－火山杂岩岩块	β	枕状玄武岩、块状玄武岩，局部见安山岩	145	玄武岩－火山杂岩岩块	β	枕状玄武岩、安山玄武岩、安山岩
辉绿－辉长岩墙岩块	βμ－ν	辉长岩、辉绿岩、辉绿玢岩		辉绿岩墙岩块	βμ－ν	辉绿岩、辉绿玢岩、辉石闪长岩
堆晶杂岩岩块	Σφ	异剥橄榄岩、纯橄岩、伟晶异剥辉石岩、长橄岩、橄榄辉长岩、辉石橄榄岩、辉长岩				
变质橄榄岩岩块	Σ	方辉橄榄岩、纯橄岩、异剥辉石岩	179	变质球状橄榄岩岩块	Σ	变质球状橄榄岩岩块

根据蛇绿岩的岩石组合及发育特点，我们可以恢复一个理想化的蛇绿岩"层序"剖面，从下到上为变质晕岩石（由东巧西岩体边部石榴子石角闪片岩、角闪岩组成下伏层序）→超镁铁质—镁铁质杂岩（以东风矿地幔变橄榄岩为代表）→超镁铁质－镁铁质堆晶杂岩（以帕日堆晶岩为代表）→镁铁质席状岩墙杂岩（以察曲席状岩墙为代表）→镁铁质火山杂岩（以水帮屋里枕状熔岩为代表）→深海放射虫硅泥质沉积物（上覆层序）。

与世界典型蛇绿岩剖面相比，调查区蛇绿岩具有层序不明、岩石组合不全、构造混杂堆积、堆晶杂岩缺失奥长花岗岩等浅色部分、岩墙群不发育、基性火山岩较薄、在火山岩顶部常有碎屑物伴生、深海沉积物不甚发育等特点。

下面以东巧蛇绿混杂岩为主，齐日埃加查蛇绿混杂岩为辅，对蛇绿岩各部分的地质特征予以论述。

（一）变质橄榄岩岩片（Σ）

变质橄榄岩岩片主要分布在桑日、查多—东风矿等地，其次在齐日埃加查、鄂如等地见零星出露。

1. 东巧蛇绿混杂岩带变质橄榄岩岩片特征

东巧蛇绿混杂岩变质橄榄岩岩片由于强烈的构造改造，在桑日和查多—东风两处略有差异。

（1）查多—东风矿变质橄榄岩岩片岩石组合特征

东风矿岩体（即东巧西岩体）出露面积大，约45 km²，地表呈类似豆荚状形态，是变质橄榄岩的主要岩体，也作为东巧铬铁矿床的主要母体，为世人所注目，其基本特征见东风矿东段构造地质剖面和兹格塘错南岸构造接触带剖面图。其中东风矿东段构造地质剖面特征已在第二章侏罗系一节东巧蛇绿岩部分（见图2-16）中作了详述，下面主要就兹格塘错南岸构造接触带剖面上变质橄榄岩岩片赋存特征予以简述。

剖面分层描述如下（图3-2）。

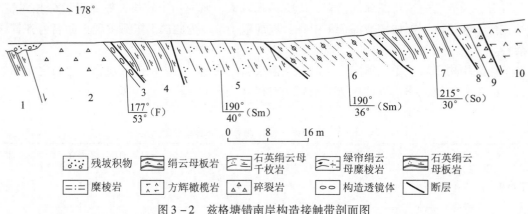

图3-2 兹格塘错南岸构造接触带剖面图

东巧蛇绿混杂岩群

10. 灰绿色—墨绿色强蛇纹石化中粒方辉橄榄岩夹黄绿色纯橄榄岩透镜体		>10 m
9. 灰绿色构造碎裂岩		4 m

木嘎岗日岩群加琼岩组（$J_{1-2}j.$）

8. 灰黄—灰绿色黑云斜长石超糜棱岩		2 m
7. 深灰色糜棱岩化石英绢云母板岩		37 m
6. 深灰色千枚状斜长石绢云母糜棱岩		23 m
5. 深灰色石英绢云母千枚岩		17 m
4. 灰色碎裂岩化绢云母板岩		11 m
3. 挤压构造透镜体		3 m
2. 灰绿色—黄绿色构造碎裂岩		15 m

上述剖面表明，查多—东风矿变质橄榄岩岩片岩石组合主要为以斜辉橄榄岩、纯橄榄岩为主的超镁铁质地幔岩，组成蛇绿岩的下部层序——变质橄榄岩。其中东风矿岩体主体岩石为斜辉橄榄岩，含大量的大小不一的纯橄榄岩透镜体、铬铁矿和少量的异剥辉石岩、异剥钙榴岩、辉长岩和纯橄榄岩岩脉。这些岩脉贯穿在岩体中，宽约20～40 cm，长数米不等且互相穿插，这种呈块状和不规则脉状的镁铁质岩体，过去曾当成蛇绿混杂岩的块体，称"蛇纹混杂岩"，认为是塑性的蛇纹岩挤入上覆镁铁质岩石时包裹后者形成的。实际上，它们与具明显侵入关系的镁铁–超镁铁岩一样，均是地幔部分熔融形成的岩浆产物（Laurent，1977）。另外还见地幔岩构造侵位过程中卷入的大小不一的放射虫硅质岩岩块、砂岩岩块、灰岩岩块及板岩岩块等，构成混杂堆积，这些块体能够在手标本尺度范围内表示，面积极小，没有实际填图意义（也就是不具可分性）。此外，有资料表明，在岩体与围岩的接触处，见岩体的支脉穿切到围岩，在围岩的一侧又出现热变质带，故认为东巧超基性岩西岩

体与围岩的原始接触关系为侵入接触，而目前多表现为断裂构造接触，代表了变质橄榄岩的"冷侵位"特征。

（2）桑日变质橄榄岩岩片岩石组合特征

桑日变质橄榄岩岩片组合由方辉橄榄岩、异剥辉石岩和纯橄岩组成。这3种岩石大小混杂，相互包裹、穿插，组成一个个的构造透镜体，大者15～20 m，小者0.3～1 m，可见2～3 mm的同心圈状冷凝边，相互间的界线有的明显，有的模糊。纯橄岩与方辉橄榄岩中含少量的铬尖晶石矿物，碳酸盐化、蛇纹石化、绿泥石化强烈。该处的蛇绿岩中夹杂着外来的灰岩块体，大小20～30 m，呈明显的构造楔入关系。

值得指出的是，韧性变形组构发育，以及韧性变形带受晚期脆性断裂叠加破坏也是调查区变质橄榄岩岩片的特征。以兹格塘错南岸构造接触带剖面为例，韧性变形构造在剖面的南部即靠近变质橄榄岩的边界比较发育，由两个糜棱岩带夹一个糜棱岩化带，构成了典型的强变形带与弱变形域相互间隔的韧性变形组合。其变形特征主要表现在：普遍发育糜棱面理，局部弱变形域中可以看到糜棱面理不完全置换原生层理（或板理）的现象（图3-3）；岩层中显示有早期塑性变形阶段发育的顺层小型紧闭褶皱（图3-4）；发育原生石英砂岩夹层被剪切变形呈"δ"残斑、"δ"旋斑（图3-5）、石香肠构造（图3-6）和由其透镜体斜向排列的多米诺骨牌构造（图3-7）。这些运动学标志均指示其剪切方向为右行走滑，与班公错-怒江结合带的俯冲运动方向吻合。

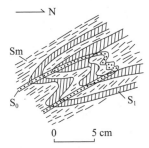

图3-3 糜棱面理与原生层理及小型掩卧褶皱（兹格塘错南岸）

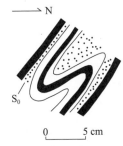

图3-4 塑性变形阶段顺层小板理置换现象（兹格塘错南岸）

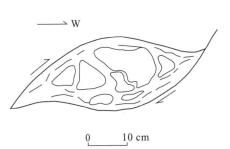

图3-5 石英砂岩被剪切后形成的构造透镜体（兹格塘错南岸）

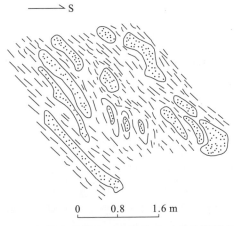

图3-6 韧性变形带内石香肠构造（兹格塘错南岸）

图3-7 韧性变形带内多米诺骨牌构造

2. 齐日埃加查变质橄榄岩岩片岩石组合特征

齐日埃加查变质橄榄岩岩片岩石组合特征详见齐日埃加查蛇绿岩构造剖面（见图2-25）。

从剖面可以看出，组成齐日埃加查蛇绿混杂岩变质橄榄岩的主要岩性为糜棱岩化橄榄岩、糜棱岩、变质变形橄榄岩（第2～3层）和玄武岩岩块（第4层），与上侏罗统查交玛组（J₃ch）紫红色含粉砂质铁钙质泥岩（第1层）为断裂接触，空间形态呈近东西向狭长的构造楔状体。该变质橄榄岩变形组构发育，见构造角砾岩、透镜体、旋转碎斑、构造片理及糜棱岩化，脆-韧性剪切特征明显，据橄榄岩构造透镜体中斜列张性节理指示具右行剪切性质。

此外在鄂如一带，变质橄榄岩岩块沿北西—南东走向的构造带零星分布，其形态以球状为主。并混杂有辉长岩、玄武岩、细碧岩、生物碎屑灰岩的小岩块，顶部见蛇绿岩质火山角砾岩，构成蛇绿混杂岩。早期韧性变形明显，晚期叠加脆性破裂构造，显示了多期次构造叠加复合特征。岩石组构方面，该带蛇绿岩中岩石与东巧一带存在明显差异。

（二）堆晶杂岩岩片（ΣΦ）

堆晶杂岩岩片主要分布在帕日—姜索日一带，帕日堆晶杂岩实测剖面详见第二章侏罗系部分（见图2-17），该剖面显示，堆晶杂岩岩片由异剥橄榄岩、纯橄榄岩、伟晶异剥辉石岩、长橄岩、橄榄辉长岩、辉石橄榄岩和辉长岩等组成。各种岩石之间互相包裹穿插，既见整合堆晶过渡关系，亦见断裂构造接触关系，整体看来各种岩石的分布是零乱的，无法构成一个连续的堆晶剖面。该处的堆晶杂岩在构造侵位过程中卷入了大量的灰岩岩块、砂岩岩块及紫红色放射虫硅质岩、硅泥质岩岩块及少量的玄武质熔岩、安山质角砾熔岩等。这些岩块大小不一，大者几百米（呈孤峰状），小者仅几米至十几米，岩块的长轴基本顺构造带的走向分布。堆晶杂岩与上覆东巧组下段底砾岩、砂岩和东巧组上段灰岩呈角度不整合关系，但被后期的断裂构造所破坏。堆晶杂岩在齐日埃加查-多玛贡巴蛇绿岩带中不发育。

（三）辉长-辉绿席状岩墙（ν-βμ）

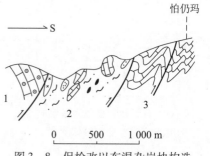

图3-8 保枪改以东混杂岩块构造
叠置素描图

1—鲕状灰岩；2—构造混杂岩；
3—灰岩揉皱

辉长-辉绿席状岩墙在调查区不甚发育，主要分布于保枪改、扑绿果—察曲等地，其他地段也有分布，但由于规模小，图面无法表达，如桑日、东风矿、鄂如等地。

1. 辉长岩

辉长岩在南、北两支蛇绿岩带中均有产出，东巧带沿扑绿果、水帮屋里及达玉等地呈岩墙或岩墙群出露；在保枪改—鄂如一带的辉长岩沿 NWW-SEE 走向断续出露，岩石受到强烈挤压变形，发育构造透镜体、石香肠构造、片理化构造、褶曲等（图3-8）。

2. 辉绿岩

辉绿岩主要以层状分布于东巧带水帮屋火山杂岩中，在鄂荣一带分布于混杂岩带基质木嘎岗日岩群的岩块中；齐日埃加查带中仅在保枪改以北见少量分布。

（四）镁铁质火山杂岩岩片（β）

镁铁质火山杂岩岩片主要由枕状玄武岩及块状玄武岩、辉长岩安山岩、安山岩等组成，在齐日埃加查—多玛贡巴一带的保枪改和东巧带的达玉、水帮屋里等地均有分布。

1）保枪改火山杂岩主要为玄武岩，块状构造、枕状构造发育，受构造影响较大，呈大小不一的岩块近东西向带状展布，与变质变形橄榄岩断裂接触，与上覆地层沉积盖层 $E_{1-2}n$ 紫红色砂砾岩角度不整合接触（见图2-22）。

2）达玉以北火山杂岩主要由橄榄玻基玄武岩、伊丁玄武岩、玄武安山玢岩、含辉石安山玢岩、安山岩、玻基安山岩、含橄榄石安山岩、玄武质火山角砾岩等组成。玄武岩呈气孔构造、块状构造，气孔多数呈空洞状，少数充填石英、燧石、玛瑙（具彩色环带）、方解石、绿泥石、橄榄石等矿物，绿泥石化、蛇纹石化较强。且该岩石组合中夹灰、灰绿、紫灰、紫红色沉积火山砂砾岩及灰色灰岩、白云岩等，呈似层状、透镜状产出。局部夹灰色砂泥岩及灰黑色碳质页岩、紫红色放射虫硅质岩、灰黑色硅质岩等，这些都不是蛇绿岩成员，而是上覆在蛇绿岩之上的深海沉积物及来自消减带的增生岩块，构成一近东西走向长14 km，宽0.8～1.5 km的蛇绿混杂岩带。

3）在扑绿果—察曲一带由流纹质晶屑凝灰熔岩、安山岩、枕状熔岩、席状岩墙和块状玄武岩等

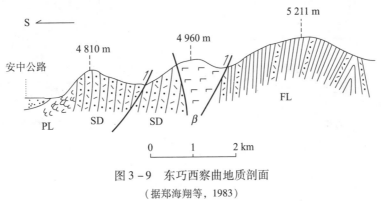

图 3-9 东巧西察曲地质剖面

（据郑海翔等，1983）

PL—枕状熔岩；SD—席状岩墙；β—玄武岩；FL—深水复理石层

组成，可见深水复理石沉积的本嘎岗日岩群岩块与之构造拼贴（图3-9）。

4）水帮屋里火山杂岩由辉长辉绿岩、鲕粒玄武岩、枕状玄武岩、辉石安山岩、粗玄岩及安山岩等组成，夹薄层硅质岩、硅质页岩、灰白色硅藻土等。岩块之间的构造叠置现象明显。从水帮屋里火山岩剖面（图3-10）可以清楚地看到，玄武岩主要是枕状玄武岩，其次是块状玄武岩，岩枕大小0.5~1.5 m，更有小者仅十几厘米，近椭球形，具铁褐色冷凝边，球颗构造（杏仁构造）发育。岩枕顶部弧形凸面光滑，底部形态不一，有平坦状及局部凹凸状等，少数地方可见岩枕重叠现象（图3-11），岩枕间充填同成分火山碎屑物及褐色铁质物，见少数灰—灰绿色辉长岩脉的侵入。辉长岩脉与枕状玄武岩之间见角砾岩分布，角砾成分为玄武质，少部分角砾呈豆粒状或球颗状。辉长岩脉周围见微弱的片理化，岩枕中发育气孔，气孔壁圆滑，从底往顶由小到大变化，能反映玄武岩的层序变化。正常产状为倾向南或南西，倾角30°~40°，局部见倒转排列，表明受控于断裂构造。另外在枕状玄武岩中还见穿插数条相互平行的粗玄质岩床，其产状与玄武岩一致（36°∠45°）。

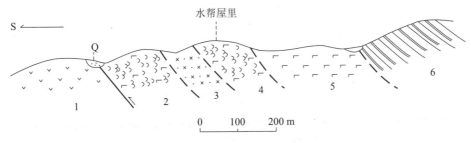

图 3-10 水帮屋里火山岩剖面图

1—安山岩；2、4—枕状玄武岩；3—辉绿岩；5—粗玄岩；6—硅质岩和硅质页岩

（五）放射虫硅质岩、硅泥质岩岩片（Si）

严格地讲，放射虫硅泥质岩不是蛇绿岩成员，而属于蛇绿岩上覆岩系。它位于洋壳顶部，且常常是洋底中的正地形，当洋盆收缩时容易被仰冲上来，或混在蛇绿岩块体之中，或单独产出。如果在一个造山带中识别出上覆岩系的成员，也能代表古洋盆封闭的位置，因此对放射虫硅质岩的研究意义非常重大。

该区主要由放射虫硅质岩组成的较大岩块仅察曲可见。与其他蛇绿岩部分单元混杂出露图面无法表达的小型硅质岩块在保枪改、鄂如、达玉以北、帕日、水帮屋里、东风矿等地均有分布。硅质岩一般呈紫红色、灰黑色两种颜色，少量硅藻土呈灰白色，条纹条带构造、变形纹层构造发育（图3-12）。岩石中还可见到顺层发育的扁透镜状砂质体，大小1.5~10 cm。岩石受构造影响强烈揉曲，层间破碎及石英脉充填等现象多见。

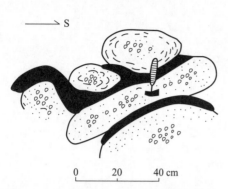

图 3 – 11 水帮屋里玄武岩岩枕重叠现象   图 3 – 12 保枪改以东构造带内硅质岩块手标本素描图

二、蛇绿岩的岩石学特征

（一）变质橄榄岩岩石学特征

地幔橄榄岩按其在自然界中的产状可分为 3 种主要类型：碱性玄武岩和金伯利岩中的包体以及蛇绿岩套中的橄榄岩体（阿尔卑斯型橄榄岩）。橄榄岩包体被认为是被带到地壳的上地幔小碎块，而岩体则是在地幔中生成，后来侵位于地壳中，在新的条件下被改造过的地幔岩的大规模露头。调查区东风矿分布的地幔橄榄岩正是属于后一种情况，是蛇绿岩套中的橄榄岩体。

1. 矿物学与岩相学特征

东风矿地幔岩在岩相上主要分为斜辉橄榄岩和纯橄榄岩，采用国际地科联（1973）推荐的以橄榄石（OL）–斜方辉石（OPX）–单斜辉石（CPX）为顶点的三角图分类命名法（图 3 – 13）。

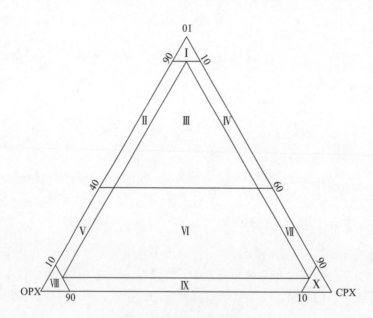

图 3 – 13 超镁铁岩命名法

（据国际地科联火成岩分类小组，1973）

Ⅰ—纯橄榄岩；Ⅱ—斜辉橄榄岩；Ⅲ—二辉橄榄岩；Ⅳ—异剥橄榄岩；Ⅴ—橄榄斜辉岩；
Ⅵ—橄榄二辉岩；Ⅶ—橄榄异剥岩；Ⅷ—斜辉岩；Ⅸ—二辉岩；Ⅹ—异剥岩

（1）斜辉橄榄岩

斜辉橄榄岩一般呈灰绿色或黑绿色，大多为块状构造，普遍遭受较强烈的蚀变作用（主要是蛇纹石化）。因此，岩石的色调和结构特征变化很大。在蛇纹石化很强烈的岩石中难以确定颗粒的边界及粒度，而代之以不同世代不同颜色的蛇纹石。

镜下观察，岩石主要由蛇纹石、橄榄石、斜方辉石和少量铬铁矿组成，单斜辉石微量（一般<1%）。岩石蛇纹石化比较严重，蛇纹石含量一般介于40%～60%之间。

橄榄石大都发生蛇纹石化，蛇纹石呈网状切穿橄榄石，未蚀变的橄榄石小颗粒镶嵌在网眼上。残余的橄榄石含量有一定变化范围，多在10%～20%之间，裂纹发育，粒度0.5～1.0 mm。橄榄石分为两个世代：橄榄石斑晶和新晶粒，偏光显微镜下通过一致消光可分辨出原始的橄榄石颗粒（橄榄石斑晶）轮廓。

斜方辉石含量变化于15%～35%之间，解理完全—不完全，平行消光，干涉色一级黄，粒径1.5～2.5 mm。斜方辉石也有蛇纹石化现象，但蚀变量较少，一般沿辉石的裂隙发生，斜方辉石基本上构成残碎斑晶，晶体呈半自形至他形。手标本上观察，由斜方辉石蚀变而成的绢石在暗色蛇纹石背景上犹如"斑晶"，呈假斑状结构，镜下显示为网环状结构（蛇纹岩的典型结构）。

铬铁矿多不超过1%，铬铁矿（铬尖晶石）呈小颗粒分散于岩石中，他形或自形变化，经常与较大的辉石颗粒直接接触，局部甚至呈小包体嵌于斜方辉石中。

（2）纯橄榄岩

纯橄榄岩蚀变色呈灰黑色，新鲜色呈灰黄色、黄绿色，粒状结构比较均匀而细腻，镜下岩石具网状构造。主要矿物橄榄石含量大于90%（大部分或完全蛇纹石化），少量辉石，含有2%～3%的棕红色铬尖晶石。

纯橄榄岩在东风矿岩体中一般呈不规则的条带状、透镜状分布在主体岩石斜辉橄榄岩中，还有少数是环绕着铬铁矿体，构成矿体外围的"层壳"结构。

2. 地幔岩结构类型

地幔岩的结构特征（晶形、大小、形态和自形程度）取决于岩石遭受的变形程度和辉石的熔融程度。Boullier等（1973）对金伯利岩中的橄榄岩包体结构和组构进行了分类，划分出4种主要类型：粗粒结构、斑状结构、残斑状结构（次生板状结构）和镶嵌状结构。Mercier等（1975）将玄武岩包体中的上地幔橄榄岩划分为3种结构类型：原生粒状结构、残斑结构和等粒结构。等粒结构又分板状等粒结构和镶嵌等粒结构，并且每种结构之间还有过渡类型的结构。Pixe（1977）等将尖晶石相超镁铁质包体中变质结构分成4类：残斑结构、碎裂结构、面理化结构和等粒镶嵌结构。上述分类方案主要是依据组成矿物的粒度、变形和重结晶程度及矿物晶粒的生长特点等，这种依据主要来自岩石薄片的观察，手标本的宏观构造仅作参考。在此基础上，何永年等（1981）根据晶粒大小、形状、晶粒边界、残碎斑晶及新变晶等主要特征将中国东部一些新生代玄武岩中尖晶石二辉橄榄岩团块的结构划分为粗粒结构、残碎斑状结构及粒状变晶结构，并认为粗粒结构可能代表原生上地幔状态；残碎斑状结构可能代表上地幔变形条件下的产物；而粒状变晶结构则代表了变形后经过恢复和重结晶作用的状态。王希斌等（1987）将藏南蛇绿岩带的地幔橄榄岩划分为原生粒状结构、变晶结构和熔融残余结构3种主要类型。

参照前人的分类依据及划分方案并结合调查区地幔橄榄岩的实际情况，将该区斜辉橄榄岩结构定为变余-残斑结构（图版Ⅲ-1，2），是上地幔变形条件下的产物。橄榄石以两种形式出现：大残碎斑晶（2～3 mm），颗粒粗大并拉长应变，橄榄石残斑大都呈半自形至他形；后期形成的较小且无应变的多边形新变晶（0.5 mm）多呈他形。斜方辉石基本上构成残碎斑晶，晶体呈半自形至他形。

另外，调查区斜辉橄榄岩还可见有丰富的熔融残余结构现象。熔融残余结构其特点是辉石（尤其是常见的斜方辉石）具蚕食状或港湾状边界，港湾内被新鲜的橄榄石所占据，应属上地幔中的一种相转变现象。局部熔融时，辉石在某些温压下常表现为一致熔融，即固相辉石熔化成液相，进入玄武质熔体中。但在某些特定的温压范围内，特别是在含挥发分时，固相辉石直接变为另一固相橄榄石，其结果使辉石呈蚕食状，属辉石不一致熔融转变为橄榄石的相转变现象。辉石熔融残余结构的发育提示了岩石曾经历局部熔融作用。

3. 地幔岩的变质变形特征

Coleman（1977）将蛇绿岩层序基底上所有的地幔橄榄岩统称为变质橄榄岩，岩石的突出特点是广泛发育塑性变形组构。

宏观上，观察到斜辉橄榄岩中发育"变质变形面理"、"变质变形线理"及构造"岩枕"群落等（图版 I -4），纯橄榄岩中橄榄石矿物的压扁、定向拉长。这种构造是在固相线以下的高压作用中，超镁铁质岩发生塑性流动形成的，是岩石在上地幔发生流变引起变质作用的一种结果。

微观上，变质橄榄岩具有典型的变质重结晶结构。在纯橄榄岩和斜辉橄榄岩中的橄榄石和斜方辉石内都可以看到扭折带（Kink banding）的发育，其特点是类似于钠长石双晶和波状消光，但相邻带之间的界线很清楚，且较平直，同名光学主轴之间的夹角可以达到 10°左右。蛇纹石化以后遗留下来的橄榄石和斜方辉石残晶也有这种构造。在有的颗粒中，可以看到宽窄不等平行排列的若干条变形条纹。Kink banding 构造是由于晶体格架在应力作用下发生滑动的结果，是岩石在固相状态受强大挤压力的一种证据。东风矿变质变形橄榄岩的重结晶碎斑与压扁结构也有所发育，蛇纹石化方辉橄榄岩中出现相对较大的并受到挤压的橄榄石颗粒或颗粒的结合体，大的碎斑直径可达 0.6 cm，它们被一些碎粒状的细颗粒所包围。有的可以见到柱状矿物被拉长或压扁按一定方向排列，颗粒之间呈波状线接触，甚至可以看到明显的粒间重熔以及重结晶三结点等变晶结构。

此外，本项目下设的地幔岩流变学研究专题（主要由中国地质大学金振民教授承担）成果表明：

1）通过对变质方辉橄榄岩橄榄石的晶格优选方位研究，发现这种岩石有两组类型：一种是正常型地幔橄榄岩组构：橄榄石［001］极密发育，位于变形面理上的线理附近，［010］垂直于变形叶理，反映了这种岩石经历了高温塑性变形流动，引起变形的滑移体系为（010）［001］，这种滑移体系属上地幔高温滑移体系之一。另一种组构为异常组构：即［100］近似于垂直变形面理，离［010］极点 20°~30°左右，这种组构非常类似于瑞士 Arami 二辉橄榄岩中异常组构，具特殊超高压成因特点标志，这个特征成因还需经进一步研究。联系到白文吉等（1993）在该区发现金刚石，认为东巧、罗布莎橄榄岩体也为超高压岩石。此次研究的异常组构如果是客观存在的话，很可能为该区超高压作用提供组构方面证据。我们正在研究罗布莎橄榄岩组构与东巧橄榄岩组构的比较，进一步证实异常组构发育特征及分布规律。

2）通过位错研究结果，发现地幔岩经历了高温塑性变形，地幔岩的构造岩演化从显微构造角度出发可分两类：①宽阔型位错壁：位错亚晶界间距为 22.99~26.80 μm，平均宽度 25.66 μm。根据位错间距计算的地幔流动应力为 35.4~57.2 MPa，平均值为 43.9 MPa。这种变形构造代表小洋盆地幔缓慢塑性流动差异应力；②密集型位错壁：位错亚晶界间距为 7.08~10.35 μm，平均宽度为 8.91 μm。经计算的流动应力值为 113.4~173.4 MPa，平均值为 150.9 MPa。这种变形构造代表仰冲构造抬升挤压过程的超显微构造。

该研究为调查区地幔岩成因、流变学特征及地幔岩二期构造变形演化提供了现代流变学研究的约束资料。

（二）堆晶杂岩岩石学特征

堆晶杂岩以其结构构造特征表明它是一种由镁铁质岩浆经晶体的沉淀堆积作用所形成的"岩浆沉积岩"。调查区堆晶杂岩可分超镁铁质和镁铁质两类，前者包括堆晶纯橄榄岩、橄榄异剥辉石岩、含长橄榄岩和辉石橄榄岩，后者包括辉长岩（层状与均质二种）和橄榄辉长岩等。

1）堆晶纯橄榄岩：黑绿色、深灰色、黑色，块状构造，肉眼几乎无法分辨其矿物成分，镜下鉴定表明大多完全蛇纹石化，网环状构造明显，但堆晶结构则较模糊。蚀变矿物为粗大的叶蛇纹石和细密的氧化铁斑点。

2）橄榄异剥辉石岩：是调查区堆晶杂岩的主要岩石类型，呈草绿色，粗晶—伟晶结构，镜下呈粒状镶嵌结构，块状构造。在异剥辉石颗粒之间夹有少量的橄榄石，异剥辉石以单斜辉石为主，局部有极少量的斜方辉石，镜下见单斜辉石新鲜无蚀变。异剥辉石裂理发育，少数薄片中测得 $C \wedge Ng = 38° ~41°$，经 X 光鉴定（衍射法），异剥辉石样品属透辉石（叶永年等，1981）。

3）含长橄榄岩：蚀变强烈，原岩矿物成分和结构均不保留。

4）辉石橄榄岩：是调查区堆晶杂岩的主要岩类，灰绿色、灰色，网状结构，块状构造。矿物组分中，橄榄石 70%~98%（蛇纹石化）；辉石 27%±，多已碳酸盐化，仍可见辉石残留体；铬尖晶石 3% ±，半自形—自形状，粒径 0.1 ~ 0.2 mm；磁铁矿尘点微量。

5）辉长岩：灰绿色、墨绿色，调查区可见层状辉长岩和均质辉长岩两种。手标本上，辉长岩显示了良好的堆晶层状或似层状构造，中粗粒均质粒状结构；镜下观察具典型的辉长结构，橄榄石小于 10% 全部蛇纹石化，异剥辉石 50% ±，局部有透闪石化，斜长石占 40% ~50%。

6）橄榄辉长岩：灰绿色、墨绿色，具典型的辉长结构（图版Ⅳ－3），块状构造。矿物组分中，辉石 50% ±，主要为单斜辉石，斜方辉石少量，粒径 0.5 ~2.0 mm，有少部分蛇纹石化和角闪石化；斜长石 35% ±，双晶发育，较新鲜；橄榄石 15% ±，现已蛇纹石化，并形成网状结构。

总的看来，根据调查区堆晶杂岩的矿物组合以及原生矿物的相互关系可以看出，岩浆房中分离结晶作用由富镁质向富铁铝质趋势演化，即岩石由超基性向基性过渡。综合得出该区堆晶岩的分离结晶顺序大致是铬尖晶石（及磁铁矿）→橄榄石→斜方辉石→单斜辉石→斜长石。在多循环的堆晶过程中，无论是有新的熔体不断加入，还是物理化学条件的周期性变化，都会使其矿物沉淀且出现相应的变化。

（三）镁铁质席状岩墙杂岩及火山杂岩岩石学特征

调查区镁铁质席状岩墙杂岩作为蛇绿岩组成单元之一极不发育，且多数夹于枕状熔岩或块状玄武岩之间，主要为辉长辉绿岩。而枕状熔岩则是蛇绿岩中最重要的火山岩，其特殊的枕状构造就是岩浆喷发在水体中受到淬冷的结果。

1）辉长辉绿岩：灰绿—碧绿色，辉长辉绿结构，块状构造。矿物组分中主要有斜长石（包括正长石）、单斜辉石、石英、角闪石及磁铁矿。具高岭土化、绢云母化、绿帘石化和绿泥石化。

2）玄武岩：灰黑色、紫灰色，显微斑状结构和无斑隐晶结构、鲕粒结构、球颗结构，枕状构造，显微气孔构造（多被碳酸盐和绿泥石充填），杏仁状构造等。斑晶多为辉石，基质多由放射状或纤维状斜长石微晶和单斜辉石组成，玻璃质均绿泥石化。通常都叠加广泛的热液蚀变作用，原生矿物不同程度地蚀变为绿泥石、次闪石、绿帘石、葡萄石和方解石等一系列绿片岩相的变质矿物组合。

三、蛇绿岩的岩石化学特征

（一）变质橄榄岩岩石化学特征

地幔橄榄岩的化学成分特征在很大程度上反映了其中造岩矿物的成分特征。分析结果见表 3－2。由表中数据及相关图解分析，可以得出以下几点认识。

表 3－2　调查区变质橄榄岩的化学成分　　　　　　　　$w(B)/\%$

岩石名称	斜辉橄榄岩	斜辉橄榄岩	斜辉橄榄岩	斜辉橄榄岩	斜辉橄榄岩	斜辉橄榄岩	纯橄榄岩	斜辉橄榄岩	纯橄榄岩	蛇纹岩	变质橄榄岩
产地	东风矿	东风矿	东风矿	东风矿	东风矿	东风矿	东风矿	东风矿	东风矿	东风矿	齐日埃加查
序号	1	2	3	4	5	6	7	8	9	10	11
编号	TD0018	TD0021	TD0024	D1305/5－1	D1307/2－2	D1306/5－1	D1306/3－1	22 个样平均	9 个样平均	YQD2116－1	D45/1YQ
SiO₂	39.18	42.42	38.42	38.71	41.19	38.01	35.96	44.03	40.0	36.52	40.50
TiO₂	0.01	<0.01	<0.01	<0.01	<0.01	<0.01	<0.01	0.01	0.01	0.13	0.008
Al₂O₃	0.34	0.27	0.22	0.22	0.24	0.25	0.12	0.41	0.29	0.69	0.41
TFe₂O₃	7.23	7.09	7.79	7.64	7.82	7.18	6.01	8.27	8.30	7.17	7.41
FeO	2.55	3.40	3.55	2.85	1.50	2.52	0.25	4.34	3.98	1.10	0.26
MnO	0.10	0.11	0.10	0.10	0.10	0.10	0.08	0.12	0.12	0.12	0.02
MgO	39.73	39.77	42.61	41.06	38.66	41.11	41.24	45.86	49.26	39.48	37.84
CaO	0.22	0.37	0.18	0.17	0.25	0.17	0.08	0.49	0.30	0.19	0.15

岩石名称	斜辉橄榄岩	斜辉橄榄岩	斜辉橄榄岩	斜辉橄榄岩	斜辉橄榄岩	斜辉橄榄岩	纯橄榄岩	斜辉橄榄岩	纯橄榄岩	蛇纹岩	变质橄榄岩
产地	东风矿	东风矿	东风矿	东风矿	东风矿	东风矿	东风矿	东风矿	东风矿	东风矿	齐日埃加查
序号	1	2	3	4	5	6	7	8	9	10	11
Na_2O	0.04	0.13	0.06	0.03	0.03	0.04	0.04	—	—	—	0.013
K_2O	0.02	0.02	0.02	0.01	0.02	0.01	0.01	—	—	—	0.006
P_2O_5	0.01	0.01	0.01	<0.01	0.01	<0.01	0.01	—	—	0.03	0.023
LOI	13.02	9.49	10.92	12.01	11.24	13.27	16.98	0.85	1.05	0.81	14.96
合计	99.90	99.68	99.84	99.95	99.56	100.14	100.53	100.04	99.33	85.14	101.34
$\dfrac{MgO}{MgO+TFeO}$	0.86	0.86	0.86	0.86	0.85	0.86	0.88	0.85	0.86	0.86	0.84

注：1~7号样系此次工作专题测试样（测试单位：西北大学地质系大陆动力学教育部重点实验室，2002年6月）；8~9号样引自王希斌、鲍佩声、郑海翔（1984）；10~11号样此次区调工作测试样。

1）调查区地幔橄榄岩化学成分比较稳定。主要元素含量都局限于一个较窄的范围内，$MgO/(MgO+\Sigma FeO)$值介于0.85~0.86之间（绝大部分为0.85，个别数据为0.88），与世界典型蛇绿岩平均化学成分相同。易熔组分CaO，Na_2O，K_2O含量明显偏低，MgO含量明显偏高，含铁偏低，且斜辉橄榄岩含铁量要大于纯橄榄岩，MgO/FeO一般大于6~7，MgO（$w(B)/\%$）均大于30%。斜辉橄榄岩中$MgO/(MgO+\Sigma FeO)$值低于纯橄榄岩，平均为0.855，而纯橄榄岩则介于0.86~0.88之间。显然，该岩体成分总的演化趋势是其$MgO/(MgO+\Sigma FeO)$值由纯橄榄岩到斜辉橄榄岩减小。

2）东风矿地幔橄榄岩中的Al_2O_3含量显示出由纯橄榄岩到斜辉橄榄岩的递增。岩石中含较高的铝，看来主要来自地幔橄榄岩中的辉石，而不是来自铬尖晶石。

3）从图3-14（$Mg/(Fe)$-[（Fe）+Mg]/Si关系图）可以看出，所有样品投影点大部分落在Ⅱ区（即镁质区），少数落在Ⅲ区（即镁铁质区）。在图3-15（Al_2O_3-SiO_2关系图）上，所有样品投影点均落入Ⅳ区（即贫铝质区）偏底线一个较窄范围内。因此认为该区变质橄榄岩以富镁、贫铝为特征，属阿尔卑斯型。

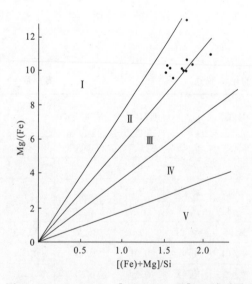

图3-14 $Mg/(Fe)$-[（Fe）+Mg]/Si关系图
（据张雯华等，1976）

Ⅰ—超镁质区；Ⅱ—镁质区；Ⅲ—镁铁质区；
Ⅳ—铁镁质区；Ⅴ—铁质区[（Fe）为FeO，Fe_2O_3原子数]

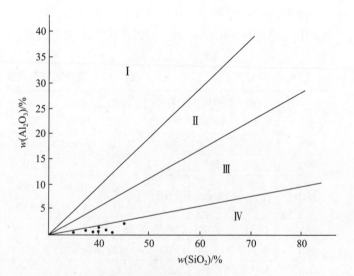

图3-15 Al_2O_3-SiO_2关系图
（据张雯华等，1976）

Ⅰ—高铝质区；Ⅱ—铝质区；
Ⅲ—低铝质区；Ⅳ—贫铝质区

4）据NiXon等（1981）及Wyllie（1971）有关数据及相应图（图3-16）解表明，原始地幔中

Mg 低，$K_2O + Na_2O$，CaO，Al_2O_3，TiO_2 高，其中 Mg/[Mg + (Fe)] 多小于 91（一般为 87.4 ~ 89.3)，而残留地幔中的 Mg 高，$K_2O + Na_2O$，CaO，Al_2O_3，TiO_2 低，其中 Mg/[Mg + (Fe)] 多大于 91，调查区几个地幔岩样品测试数据与此吻合。从图 3 – 16 [($K_2O + Na_2O$) – CaO 相关图] 中投影点看，大部分样品落入 D 区（即残余地幔范围），少数样品也落在 D 区附近。

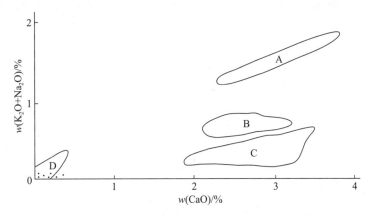

图 3 – 16　($K_2O + Na_2O$) – CaO 相关图

（据 Wyllie，1971）

A. B. C. 原始地幔范围（A. 据陨石估算；B. 据玄武岩及阿尔卑斯超镁铁岩估算；

C. 据超镁铁岩及地幔包体估算）；D. 残余地幔范围

5）该区地幔橄榄岩的 $MgO – Al_2O_3 – CaO$ 成分图（图 3 – 17）表明，由斜辉橄榄岩到纯橄榄岩，其成分未显示出明显的递变趋势，暗示了该区斜辉橄榄岩与纯橄榄岩同样都经历了较高度的部分熔融。

6）从表 3 – 2 分析数据可以看出，齐日埃加查变质橄榄岩中 MgO 含量明显低于东风矿变质橄榄岩中 MgO 含量，而 Fe_2O_3 与 FeO 含量这两项则明显相反（齐日埃加查变质橄榄岩 Fe_2O_3 含量显著高于东风矿，FeO 则相反），这反映了两处岩石的氧化蚀变程度与构造环境存在较大的差异。

（二）堆晶杂岩岩石化学特征

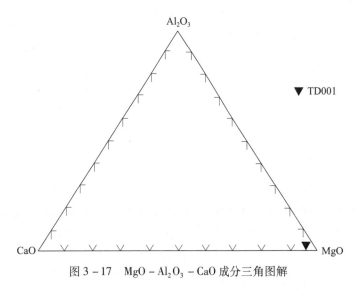

图 3 – 17　$MgO – Al_2O_3 – CaO$ 成分三角图解

表 3 – 3 列入了根据堆晶杂岩岩石化学计算 CIPW 标准矿物成分和部分岩石化学指数，并从相关的图解上可以了解本区堆晶杂岩有如下 5 个特点。

表 3 – 3　调查区堆晶杂岩岩石化学成分及标准矿物成分（CIPW）　　　　　$w(B)/\%$

岩石名称	橄榄异剥岩	辉石橄榄岩	长橄榄岩	橄榄辉长岩	橄榄岩	辉长岩	辉长岩	橄长岩	辉长岩	橄长岩	辉长岩	蛇纹岩（原岩为辉石橄榄岩）		
序号	1	2	3	4	5	6	7	8	9	10	11	12	13	14
编号	OPH602	OPH603	OPH606	OPH609	G – 20	G – 25	G – 28	G – 34	G – 36	D – 29	D – 33	P_8YQ_{19-1}	P_8YQ_{14-1}	P_8YQ_{8-2}
SiO_2	50.64	36.56	35.10	45.42	40.28	46.80	45.00	36.08	38.20	38.52	44.88	38.30	38.09	38.12
TiO_2	0.09	0.01	0.01	0.07	0.10	0.20	0.20	0.20	0.10	0.095	0.074	0.22	0.15	0.14
Al_2O_3	3.31	0.45	11.70	13.01	2.13	15.62	15.49	8.91	13.50	2.17	15.13	11.20	2.13	1.53
Fe_2O_3	0.75	6.97	1.80	0.45	2.35	1.42	1.06	5.04	2.34	6.50	2.14	2.92	9.05	8.20

岩石名称	橄榄异剥岩	辉石橄榄岩	长橄榄岩	橄榄辉长岩	橄榄岩	辉长岩	辉长岩	橄长岩	辉长岩	橄长岩	辉长岩	蛇纹岩（原岩为辉石橄榄岩）		
序号	1	2	3	4	5	6	7	8	9	10	11	12	13	14
编号	OPH602	OPH603	OPH606	OPH609	G-20	G-25	G-28	G-34	G-36	D-29	D-33	P_8YQ_{19-1}	P_8YQ_{14-1}	P_8YQ_{8-2}
FeO	2.46	1.77	5.78	2.77	2.46	3.07	3.22	3.13	2.32	3.92	2.62	3.96	0.64	1.33
MnO	0.07	0.09	0.13	0.06	0.11	0.10	0.10	0.15	0.07	0.16	0.08	0.25	0.19	0.18
MgO	20.32	38.12	24.66	13.60	23.56	11.19	14.42	30.88	20.27	33.01	16.93	26.89	33.94	36.36
CaO	20.05	0.08	11.12	20.70	15.79	17.40	12.94	3.05	15.04	2.84	13.38	5.56	2.82	0.48
Na_2O	0.02	0.05	—	0.07	0.23	0.85	0.82	0.05	0.12	0.35	0.55	0.19	0.00	0.00
K_2O	0.01	0.01	0.01	0.03	—	0.30	1.08	—	—	0.013	0.02	0.004	0.000	0.000
P_2O_5	0.01	0.01	0.01	—	0.03	0.03	0.003	0.05	0.05	0.034	0.02	0.040	0.030	0.030
H_2O^+	2.45	15.04	9.50	4.04	3.10	1.72	3.89	10.22	6.30	10.46	4.02	9.51	11.83	12.59
H_2O^-	0.09	0.38	0.33	0.17	—	—	—	—	—	—	—	—	—	0.96
CO_2	0.16	0.24	0.22	—	0.38	0.10	0.38	0.29	0.10	0.20	0.06	—	—	0.25
CaO	—	—	—	—	—	—	—	—	—	0.105	0.015	0.012	0.016	0.017
Cr_2O_3	—	—	—	—	0.306	0.143	0.196	0.732	0.338	0.412	0.145	0.58	0.91	0.76
NiO	—	—	—	—	0.071	0.071	0.057	0.120	0.085	0.164	0.063	0.31	0.20	0.22
Σ	100.43	99.78	100.37	100.39	99.90	99.01	98.86	98.95	98.95	98.95	100.13	99.95	100.02	101.17
Or	0.06	0.06	—	—	—	1.77	6.38	—	—	0.08	0.12	0.56	—	—
Ab	0.17	0.42	—	—	1.95	5.21	6.94	0.42	—	2.96	4.65	2.10	—	—
An	8.91	0.33	31.88	35.08	4.78	37.90	35.38	14.80	36.28	4.31	38.73	26.90	5.84	1.59
Lc	—	—	—	0.14	—	—	—	—	—	—	—	—	—	—
Ne	—	—	—	0.32	—	1.01	—	—	0.55	—	—	—	—	—
DI-Wo	37.78	—	—	22.53	30.62	20.13	10.67	—	3.45	3.99	11.48	—	—	—
DI-En	30.73	—	—	17.59	24.56	15.08	8.29	—	2.74	3.08	8.95	—	—	—
DI-Fs	2.52	—	—	2.21	2.50	3.05	1.23	—	0.31	0.49	1.28	—	—	—
Hy-En	3.88	16.03	—	—	9.90	—	1.71	12.75	—	11.65	5.92	12.15	31.55	34.55
Hy-Fs	0.32	1.83	—	—	1.01	—	0.25	1.60	—	1.85	0.85	0.81	—	—
Ol-Fo	11.20	55.28	43.03	11.26	16.95	8.96	18.15	44.94	33.44	47.27	19.12	38.48	35.32	39.31
Ol-Fa	1.01	6.92	7.84	1.54	1.90	1.99	2.97	6.23	4.17	8.27	3.02	3.20	—	—
Mt	0.93	2.38	2.21	0.94	1.35	1.29	1.24	2.27	1.31	2.89	1.35	4.40	0.70	3.47
Il	0.17	0.02	0.02	0.13	0.19	0.38	0.38	0.38	0.19	0.19	0.14	0.46	0.30	0.27
Ap	0.02	0.02	0.02	—	0.07	0.07	0.01	0.11	9.21	0.07	0.04	0.34	0.34	0.34
Cs	—	—	7.19	4.22	—	—	—	—	—	—	—	—	8.62（hm）	5.91（hm）
Cm	—	—	—	—	—	—	—	—	—	—	—	0.9	1.57	1.12
C	—	—	—	—	—	—	—	—	—	—	—	0.85	—	—
SI	86.25	81.24	76.28	80.38	82.38	66.49	70.00	78.98	80.92	75.38	76.06	79.17	77.79	79.23
DI	0.23	0.48	-1.85	0.46	1.95	8.06	13.32	0.42	0.55	3.04	4.77	2.66	0	0
（FeO）/MgO	0.14	0.21	0.28	0.21	0.18	0.36	0.27	0.24	0.21	0.28	0.25	0.24	0.26	0.24

注：1~11 样品数据来自王希斌等（1987），其中 1~9 来自姜索日，10~11 来自东巧；12~14 样品数据为此次工作成果，样品来自帕日；（FeO）$=0.9Fe_2O_3+FeO$。

1）表 3-3 中 CIPW 数据可以看出，调查区 14 个堆晶岩样品中仅 5 个为含标准分子的橄榄石（Fo>90%），占总数的 36%，平均值为 96.2%，其余 9 个 Fo 值介于 82%~89% 之间，平均为 86.44%，以 Fo（铁橄榄岩）为主；Hy（紫苏辉石）中以 En（顽火辉石）为主；堆晶岩中的橄长岩、辉长岩、橄榄辉长岩中均以标准斜长石（An）为主，平均为 88.5%，有的高达 100%，即倍长石和钙长石类。

2）（FeO）/MgO 值可用来代表分离结晶作用的程度（church，Retal，1977；Hawkis et al.，1979），该区（FeO）/MgO 值较小，介于 0.14~0.36 之间，说明堆晶杂岩未显示出岩浆的分离结晶作用。铁的明显富集，也就是说明岩浆分离作用程度较低；SI（固结指数）值均大于 70，DI（分异指数）值介于 -1.85~13.32 之间。如辉长岩 DI 值一般较大，而橄榄异剥岩、辉石橄榄岩、长橄岩、橄榄岩的 DI 值一般较小，说明该区的堆晶辉长岩具有上部层位特征，它们是较晚期岩浆分离结晶的产物。

3）从表 3-4 所列数据分析，调查区蛇绿岩堆晶岩与世界典型蛇绿岩堆晶岩相比，Al_2O_3，FeO 值略偏低，Fe_2O_3，Cr_2O_3 值略偏高，其他非常接近。因此认为该区堆晶岩是近似于大洋拉斑玄武岩的原始液体分离作用产生的。

表 3-4 调查区蛇绿岩与世界典型蛇绿岩氧化物含量对比

分析项目	世界典型蛇绿岩堆积岩（据 Coleman，1977）	调查区蛇绿岩堆积岩
SiO_2	37.90~53.00	35.10~50.64
MgO	3.00~42.80	11.19~38.12
Al_2O_3	1.50~27.20	0.45~15.62
CaO	1.80~17.48	0.08~20.70
Fe_2O_3	0.21~6.80	0.45~9.05
FeO	1.74~7.96	0.64~5.78
$K_2O + Na_2O$	0.20~2.60	0~1.82
TiO_2	0.10~0.45	0.01~0.22
Cr_2O_3	0.00~0.36	0.143~0.91

4）$A-F-M$ 图解（图 3-18）上堆晶杂岩投影点落在 $F-M$ 线附近靠近 M 一侧，表明低碱富镁的特征。

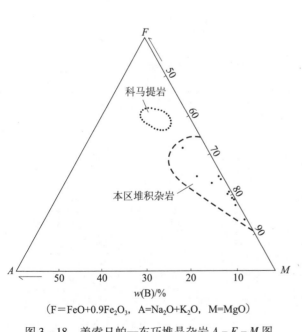

（F＝FeO+0.9Fe₂O₃，A＝Na₂O+K₂O，M＝MgO）

图 3-18　姜索日帕—东巧堆晶杂岩 $A-F-M$ 图

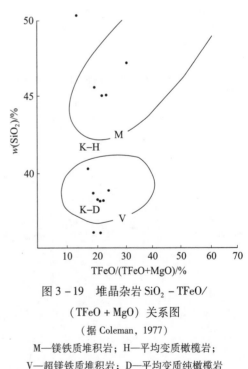

图 3-19　堆晶杂岩 SiO_2 – TFeO/（TFeO + MgO）关系图

（据 Coleman，1977）

M—镁铁质堆积岩；H—平均变质橄榄岩；
V—超镁铁质堆积岩；D—平均变质纯橄榄岩

SiO_2 – TFe/TFe + Mg 关系图解（图 3-19）上，堆晶杂岩绝大部分投影点落在 M 区（镁铁质区）和 V 区（超镁铁质区）。从 $CaO - Al_2O_3 - MgO$ 三角图解（图 3-20）上也可解读到该区堆晶岩的成分点落入镁铁岩区和高镁型两个区域。随着堆晶岩分离结晶作用的进行，MgO 值迅速减小，Al_2O_3，CaO 值明显增加，从而反映出辉石橄榄岩→橄榄岩→辉长岩的分离趋势。

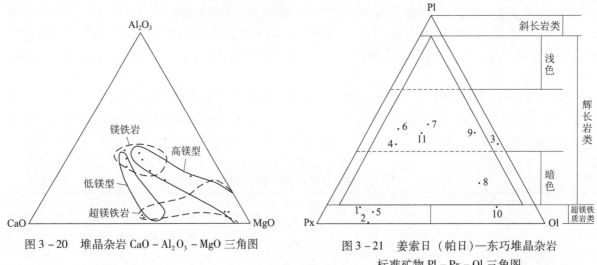

图 3-20　堆晶杂岩 $CaO-Al_2O_3-MgO$ 三角图　　　　图 3-21　姜索日（帕日）—东巧堆晶杂岩

标准矿物 Pl-Px-Ol 三角图

5）在以标准矿物 Pl，Px(Opx + Cpx) 和 Ol 为顶点的三角图解中（图 3-21），堆晶杂岩投影点（1~11 号样品较新鲜故用于投影，而 12~14 号样由于蛇纹石化非常强烈，未用于投影）落在超镁铁质岩类和中色辉长岩范围内（个别点落在暗色辉长岩范围内），缺少浅色部分的辉长岩类和斜长岩类，与岩石薄片鉴定结果一致。

（三）镁铁质席状岩墙杂岩及火山杂岩岩石化学特征

通过 CIPW 标准矿物成分计算及有关图解（表 3-5），可以总结出以下 4 点认识。

表 3-5　调查区火山杂岩岩石化学成分及标准矿物成分、岩石化学指数

岩石名称	玄武岩	玄武岩	玄武岩	玄武岩	玄武岩	玄武岩	辉绿岩	玄武岩
产地	水帮屋里	水帮屋里	水帮屋里	水帮屋里	水帮屋里	水帮屋里	察曲	水帮屋里
序号	1	2	3	4	5	6	7	8
编号	OPH466	OPH471	005	006	008	003	P_4YQ_{6-1}	
SiO_2	51.69	51.36	49.70	51.40	48.32	50.84	52.47	49.78
TiO_2	1.18	1.74	1.00	1.10	1.05	1.25	1.40	0.87
Al_2O_3	12.42	12.63	13.37	14.08	14.36	16.62	14.09	13.48
Cr_2O_3	—	—	—	—	—	—	0.031	
Fe_2O_3	2.72	2.08	2.37	3.61	2.71	1.56	5.12	3.62
FeO	8.61	11.65	8.31	6.83	8.11	6.51	8.44	7.29
NiO	—	—	—	—	—	—	0.009	
MnO	0.22	0.25	0.17	0.15	0.16	0.14	0.18	0.26
MgO	6.74	5.52	8.05	6.59	8.40	6.82	4.78	7.16
CaO	11.08	8.62	10.11	8.76	11.01	9.44	7.09	11.64
Na_2O	2.55	1.45	2.46	2.54	1.95	3.04	3.72	1.45
K_2O	0.05	0.55	0.12	0.26	0.12	0.40	0.34	0.082
P_2O_5	0.15	0.04	0.09	0.13	0.08	0.15	0.19	0.090
H_2O^+	2.58	3.66	—	—	—	—	1.78	2.25
H_2O^-							—	0.33
CO_2	0.31	1.14	3.50	4.26	3.34	2.00	0.38	0.29

96

岩石名称	玄武岩	玄武岩	玄武岩	玄武岩	玄武岩	玄武岩	辉绿岩	玄武岩
产地	水帮屋里	水帮屋里	水帮屋里	水帮屋里	水帮屋里	水帮屋里	察曲	水帮屋里
序号	1	2	3	4	5	6	7	8
Σ	100.30	100.69	99.25	99.71	99.61	98.77	100.02	98.59
Q	4.16	10.64	1.11	5.54	0.10	1.01	6.16	5.60
Or	0.30	3.25	0.71	1.54	0.71	2.36	2.23	0.50
Ab	21.58	12.27	20.82	21.49	16.50	25.72	31.98	12.80
An	22.28	26.31	25.07	26.23	30.06	30.50	18.08	31.40
Di - Wo	13.23	6.75	10.22	6.83	10.03	6.40	6.43	11.80
- En	7.17	3.14	5.99	3.81	5.95	3.98	2.85	6.50
- Fs	5.61	3.55	3.74	2.75	3.58	2.04	3.56	5.00
Hy ~ En	9.61	10.61	14.05	12.60	14.92	13.00	9.09	12.10
- Fs	7.53	12.00	8.79	9.09	9.00	6.66	11.34	9.30
Ol - Fo	—	—	—	—	—	—	—	—
- Fa	—	—	—	—	—	?	—	—
Mt	3.27	4.00	3.09	2.98	3.12	2.34	4.63	2.90
IL	2.24	3.30	1.90	2.09	1.99	2.37	3.04	1.70
Ap	0.33	0.09	0.20	0.28	0.17	0.33	0.67	0.20
δ	0.78	0.48	0.99	0.93	0.81	1.51	1.74	0.35
SI	32.61	25.98	37.78	33.23	39.46	37.21	37.21	39.44
DI	26.03	26.16	22.63	28.57	17.30	29.09	40.37	18.90
CI	44.48	40.51	47.83	43.28	53.38	48.20	—	43.90
AR	1.25	1.21	1.25	1.28	1.18	1.30	1.47	1.13
L	-9.15	-8.12	-9.78	-4.79	-11.29	-5.42	—	—
τ	8.36	6.43	10.91	10.49	11.82	10.86	7.41	13.83
(FeO)/MgO	1.64	2.45	1.30	1.53	1.26	1.16	2.73	1.47

注: 1, 2, 3, 4, 5, 6 数据引自王希斌等 (1987); 7 数据引自王希斌等 (1984)。(FeO) = FeO + 0.9Fe₂O₃。

1) 水帮屋里玄武岩为含标准 Q 的玄武岩，δ 值（介于 0.35 ~ 1.51 之间）与 AR 值（介于 1.13 ~ 1.30 之间）均较小，属钙性玄武岩。一般原始玄武岩浆 SI 值近于 40 或稍大些，DI 值近似 35 ±，而调查区枕状玄武岩 SI 值介于 25 ~ 40 之间，DI 值介于 17 ~ 30 之间，均比原始玄武岩浆值略小。说明该区玄武岩浆是经原始玄武岩浆一定程度的分异或同化而来。

2) 与东风矿变质橄榄岩及帕日堆晶岩相比，SiO_2 含量变化不大，而 MgO 含量明显减小，TiO_2 含量相应增多。总体来说，水帮屋里玄武岩具有非常低的 K_2O（介于 0.05 ~ 0.55 之间）和 TiO_2（0.87 ~ 1.74），低的全铁（FeO; 7.91 ~ 13.52）、P_2O_5（0.04 ~ 0.19）和 Fe_2O_3/FeO 值（0.18 ~ 0.61），但 CaO 含量较高（7.09 ~ 11.64）。这些特征表明，其成分更接近于原始拉斑玄武岩浆，因此有可能直接来源于上地幔。

3) 水帮屋里玄武岩（FeO）/MgO 值大部分介于 1.16 ~ 1.64 之间，仅个别达 2.45，与大多数深海拉斑玄武岩（FeO）/MgO 值小于 1.7（Miyashiro, 1975）一致。

4) 从 $A - F - M$ 图（图 3 - 22）上可以看出，样品投影点落在 T 区近 F - M 线一侧，说明贫钾、钠、富铁、镁；$Al_2O_3 - An$ 图（图 3 - 23）样品投影点落在 T 区靠近 T、C 区分界线附近，仅个别点落入 C 区。$Al_2O_3 - (FeO)/[(FeO) + MgO]$ 图（图 3 - 24）上所有投影点落入 A 区（1, 2, 3）范围，而不是 B 区（科马提岩区）范围。

这些图解至少说明了水帮屋里玄武岩属拉斑玄武岩，而 $TiO_2 - K_2O - P_2O_5$ 图（图 3 - 25）所有投影点均落入 OT 区，则进一步说明了其属大洋性质。

5) 可以用下面图解进一步探讨其构造环境，$(FeO)/Mg - (FeO)$ 及 $(FeO)/MgO - TiO_2$ 图（图

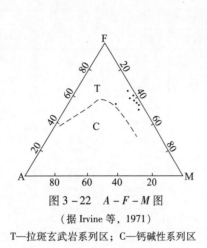

图 3 - 22　*A - F - M* 图

（据 Irvine 等，1971）

T—拉斑玄武岩系列区；C—钙碱性系列区

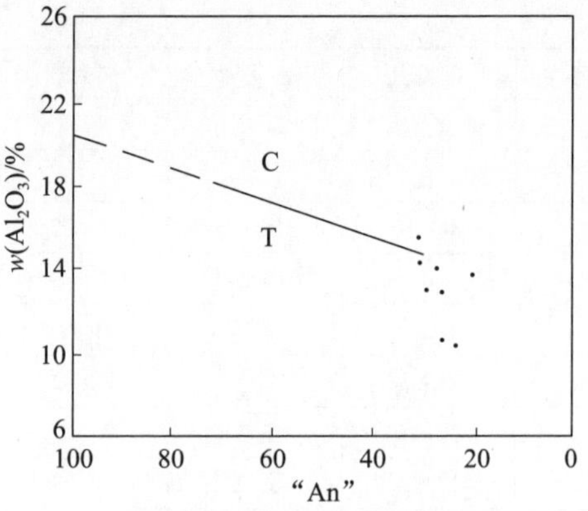

图 3 - 23　Al_2O_3 - "An" 图

（据 Irvine 等，1971）

T—拉斑玄武岩系列区；C—钙碱性系列区

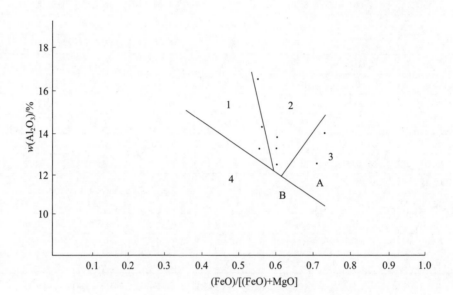

图 3 - 24　Al_2O_3 - （FeO）/[（FeO）+ MgO] 图

（据 Vilyoen 等，1982）

A—拉斑玄武岩区：1—Mg—拉斑玄武岩；2—正常拉斑玄武岩；3—铁拉斑玄武岩；

B—科马提岩区：4—科马提岩

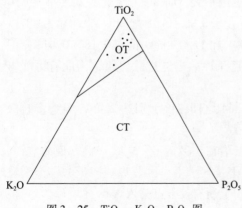

图 3 - 25　$TiO_2 - K_2O - P_2O_5$ 图

（据 Pearce 等，1975）

OT—大洋拉斑玄武岩；CT—大陆拉斑玄武岩

3 - 26）上绝大部分点落入 1（大洋拉斑玄武岩），4（岛弧拉斑玄武岩）及其重叠范围内。$TiO_2 - 10MnO - 10P_2O_5$ 图（图 3 - 27）上所有投影点落入 IAT 区（岛弧拉斑玄武岩区）；（FeO）- MgO - AlO_3 图（图 3 - 28）有 5 个点落在 2 区（大洋岛屿），2 个点落入 4 区（大陆板块内部），1 个点落入 3 区（造山带）。

　　水帮屋里玄武岩的平均化学成分中 SiO_2，TiO_2，（FeO），MgO，K_2O 更接近于洋脊玄武岩，而 Al_2O_3，Na_2O 接近于洋岛玄武岩、CaO 接近于岛弧玄武岩，与大陆裂谷玄武岩和大洋碱性玄武岩、高铝玄武岩相差较大。因此认为调查区水帮屋里玄武岩具有特殊的构造环境，参照表 3 - 6 及综上所述足以说明水帮屋里玄武岩属非正常大洋环境，而是类似于消减带之上的古岛弧或小洋盆（多岛小洋盆）环境。

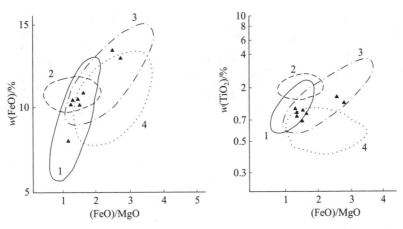

图 3 - 26　（FeO)/MgO –（FeO）及（FeO)/MgO – TiO$_2$ 图

（据 Miyashiro，1975，从柏林，1980）

1—大洋拉斑玄武岩；2—大洋橄榄拉斑玄武岩；3—大陆拉斑玄武岩；4—岛弧拉斑玄武岩

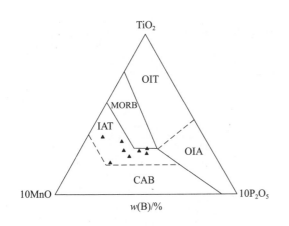

图 3 - 27　TiO$_2$ – 10MnO – 10P$_2$O$_5$ 图

（据 Mullen，1983）

OIT—洋岛拉斑玄武岩；OIA—洋岛碱性玄武岩；

MORB—洋中脊玄武岩；CAB—钙碱性玄武岩；

IAT—岛弧拉斑玄武岩

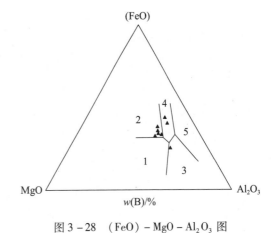

图 3 - 28　（FeO）– MgO – Al$_2$O$_3$ 图

（据 Pearce，1977）

1—洋中脊及大洋底部；2—大洋岛屿；3—造山带；

4—大陆板块内部；5—扩张中心岛屿（冰岛）

表 3 - 6　水帮屋里枕状玄武岩同典型构造环境玄武岩平均化学成分对比表　　　　$w(B)/\%$

	岩石名称	SiO$_2$	TiO$_2$	Al$_2$O$_3$	（FeO）	MgO	CaO	Na$_2$O$_3$	K$_2$O
①典型构造环境	洋脊拉斑玄武岩	49.8	1.5	16.0	10.0	7.5	11.2	2.75	0.14
	岛弧拉斑玄武岩	51.1	0.83	16.1	11.8	5.1	10.8	1.96	0.40
	大陆裂谷拉斑玄武岩	50.3	2.2	14.3	13.5	5.9	9.7	2.5	0.66
	洋岛拉斑玄武岩	49.4	2.5	13.9	13.4	8.4	10.3	2.13	0.38
	高铝拉斑玄武岩	51.7	1.0	16.9	11.6	6.5	11.0	3.10	0.40
	大洋碱性玄武岩	47.4	2.9	18.0	10.6	4.8	8.7	3.99	1.66
	大陆裂谷碱性玄武岩	47.8	2.2	15.3	12.4	7.0	9.0	2.85	1.31
②水帮屋里	枕状玄武岩	50.44	1.17	13.85	10.59	7.04	10.09	2.21	0.23

注：引自 K. C. Condie，1982，岩石去 H$_2$O，CO$_2$ 后换算成 100%；水帮屋里 7 个样品的平均值（FeO）= FeO + 0.9Fe$_2$O$_3$。

四、地球化学特征

（一）变质橄榄岩地球化学特征

1. 微量元素

从表 3 - 7 测试数据看，调查区变质橄榄岩与原始地幔相比，斜辉橄榄岩与纯橄岩相同之处是都亏损 V，Y，Ti，Mn，富集 Cr，Ni；与雅鲁藏布蛇绿岩带变质橄榄岩和堆晶纯橄榄岩相比，过渡族元素丰度普遍要低。对调查区斜辉橄榄岩与纯橄榄岩之比较，斜辉橄榄岩以高 V 为特征，纯橄榄岩以高 Cr，Ni 为特征。过渡族金属在不同岩类中的分配特点与它们的寄生性有直接关系，也就是这些元素在地幔岩矿物中的分配系数 $D^{固相/液相}$ 不同造成了这种差异。如过渡金属中的 Sc，Ti，V，Mn 主要赋存在单斜辉石中，而测区地幔橄榄岩中又缺乏单斜辉石。所以它们的丰度比雅鲁藏布蛇绿岩的变质橄榄岩要低；此外，斜方辉石只可以容纳一部分的 Ti 和 V，而 Cr，Co 和 Ni 大量地存在于橄榄石（其次斜方辉石）中。总之，过渡金属在不同地幔橄榄岩中丰度的差异正是它们在不同地幔橄榄岩矿物中相容特征的反映。

表 3-7　调查区变质橄榄岩中微量元素含量　　　　$w(B)/10^{-6}$

岩石名称	斜辉橄榄岩	斜辉橄榄岩	斜辉橄榄岩	斜辉橄榄岩	斜辉橄榄岩	斜辉橄榄岩	纯橄榄岩	斜辉橄榄岩	蛇纹岩	方辉橄榄岩	纯橄榄岩	变质橄榄岩	
产地	东风矿	东风矿	东风矿	东风矿	东风矿	东风矿	东风矿	东风矿	东风矿	东风矿	东巧	齐日埃加查	
序号	1	2	3	4	5	6	7	8	9	10	11	12	13
编号	TD0018	TD0021	TD0024	D1305/5-1	D1307/2-2	D1306/5-1	D1306/3-1	8个样平均	3个样平均	2个样平均	OPH438	D45/1Y	
Li	2.02	2.78	1.15	2.16	2.71	1.39	0.48	—	—	—	—	—	—
Be	<0.03	<0.03	<0.03	<0.03	<0.03	<0.03	<0.03	0.25	0.18	0.13	—	0.14	—
Sc	6.35	7.59	6.69	6.99	7.02	7.75	4.25	9.48	3.63	2.92	4.6	7.18	
V	25.3	24.1	21.1	22.1	21.6	21.2	13.7	50.86	32.1	29.65	14	26.5	59
Cr	1960	2922	2499	2053	2252	2353	3367	2622.59	1187.5	1115.5	1278	2984	1020
Co	100	97	109	108	111	105	102	207.7	112	140.6	65	129	105
Ni	1304	1217	1399	1383	1421	1356	2267	3099.8	1923.67	1143	3000	2098	2400
Cu	2.29	1.27	1.78	2.19	2.24	2.06	1.39	—	—	—	—	—	26
Zn	33.6	34.1	35.7	33.9	37.1	34.4	33.0	—	—	—	—	—	53
Ga	0.51	0.40	0.33	0.30	0.36	0.39	0.34	—	—	—	—	—	
Ge	0.88	1.10	0.83	0.92	0.99	0.94	0.73	—	—	—	—	—	
Rb	0.79	0.55	0.47	0.74	0.64	0.89	0.30	1.56	0.77	0.20	—	1.30	0.69
Sr	2.12	2.78	0.25	4.80	3.16	1.94	3.63	28.13	34.2	913.15	<17	23.7	23.7
Y	0.35	0.11	0.15	0.039	0.12	0.084	0.11	—	—	—	—	—	4.69
Zr	1.32	0.40	0.36	0.18	0.47	0.53	1.39	—	—	—	68	2.30	11.1
Nb	0.22	0.079	0.050	0.045	0.061	0.071	0.38	3.0	0.60	1.55	—	6.90	0.75
Cs	0.059	0.041	0.038	0.19	0.045	0.084	0.018	—	—	—	—	—	0.023
Ba	2.30	1.73	1.91	1.69	5.86	2.21	1.92	52.89	50.5	80.2	88	23.4	6.81
Hf	0.036	0.011	0.013	0.005	0.015	0.013	0.038	—	—	—	0.08	—	0.306
Ta	0.010	0.005	0.008	0.007	0.007	0.011	0.006	1.38	0.91	1.24	—	1.52	0.043
Pb	2.51	5.30	6.81	19.6	2.21	1.43	1.64	—	—	—	—	—	—
Th	0.034	0.001	0.027	<0.03	0.049	0.064	0.023	—	—	—	—	2.40	0.088
U	0.014	0.017	0.012	0.000	0.047	0.005	0.007	—	—	—	—	—	
Ti	—	—	—	—	—	—	—	1045.88	806.67	802.5	68	35.9	1230
Mn	—	—	—	—	—	—	—	786.6	904.67	626.5	310	6.48	1000
Mo								0.12	0.24	0.32	—	—	—
Cd	—	—	—	—	—	—	—	0.061	0.18	0.23	—	—	

注：1~7 号样测试单位：西北大学地质系大陆动力学教育部重点实验室（2002 年 6 月）（系专题研究样品）；8~10 及 12 号样测试单位：地质矿产部沈阳综合岩矿测试中心；11 号样引自王希斌等（1987）；13 号样为原始地幔（数据来源 MaSon，1971；MCDonough，1985）。

2. 稀土元素

稀土元素测试结果见表 3-8。由于样品由不同单位测试，得出两组相差较大的数据。东风矿 8

号样品仅1个样，代表性差，而1~7号样品具有普遍性，为地幔岩流变学专题样品，采用了目前最先进的等离子体光谱仪分析技术，因此可信度高。

表3-8　调查区变质橄榄岩的稀土元素丰度　　　　　　　　　$w(B)/10^{-6}$

岩石名称	斜辉橄榄岩	斜辉橄榄岩	斜辉橄榄岩	斜辉橄榄岩	斜辉橄榄岩	斜辉橄榄岩	纯橄榄岩	斜辉橄榄岩	变质橄榄岩	
产地	东风矿	东风矿	东风矿	东风矿	东风矿	东风矿	东风矿	东风矿	齐日埃加查	
序号	1	2	3	4	5	6	7	8	9	10
编号	TD0018	TD0021	TD0024	D1305/5-1	D1307/2-2	D1306/5-1	D1306/3-1	XTD2116-1	D45/1XT	C_1^*
La	0.31	0.071	0.14	0.054	0.14	0.23	0.11	6.56	1.27	0.2446
Ce	0.45	0.13	0.13	0.12	0.26	0.32	0.20	13.3	2.48	0.6379
Pr	0.28	0.073	0.14	0.054	0.14	0.21	0.088	3.99	4.43	0.09637
Nd	0.063	0.014	0.036	0.012	0.030	0.047	0.021	7.01	1.72	0.4738
Sm	0.064	0.015	0.037	0.013	0.028	0.047	0.015	0.88	0.00	0.1540
Eu	0.016	0.005	0.005	0.002	0.007	0.006	0.004	0.67	0.26	0.05802
Gd	0.064	0.018	0.032	0.012	0.023	0.054	0.017	4.14	0.86	0.2043
Tb	0.011	0.003	0.006	0.002	0.004	0.006	0.003	0.35	0.00	0.03745
Dy	0.062	0.017	0.038	0.012	0.021	0.015	0.015	1.77	0.50	0.2541
Ho	0.013	0.003	0.006	0.003	0.004	0.005	0.004	0.36	0.34	0.05670
Er	0.037	0.010	0.016	0.007	0.013	0.014	0.010	1.00	0.18	0.1660
Tm	0.005	0.002	0.003	0.001	0.002	0.005	0.002	0.34	0.00	0.02561
Yb	0.035	0.013	0.021	0.011	0.015	0.016	0.013	0.70	0.41	0.1651
Lu	0.007	0.002	0.003	0.002	0.003	0.013	0.003	0.23	0.12	0.02539
Y	—	—	—	—	—	—	—	7.23	1.25	—
ΣREE	1.417	0.376	0.613	0.305	0.690	0.988	0.507	48.67	13.82	2.59934
ΣLREE	1.183	0.308	0.488	0.255	0.605	0.860	0.438	32.41	10.16	1.66469
ΣHREE	0.2340	0.068	0.125	0.05	0.085	0.128	0.069	16.26	3.66	0.93465
La_N/Sm_N	3.05	2.98	2.38	2.62	3.15	3.08	4.62	4.69	—	—
La_N/Yb_N	5.98	3.69	4.50	3.31	6.30	9.70	5.71	6.33	2.09	—
Ce_N/Yb_N	3.33	2.590	1.60	2.82	4.490	5.08	3.98	4.92	1.57	—
δEu	8.757	0.927	0.434	0.481	0.820	0.363	0.764	0.889	2.129	

注：1~7号样测试单位：西北大学地质系大陆动力学教育部重点实验室（2002年6月），系专题研究样品（采用ICP~MS法）；8~9号样测试单位：地质矿产部沈阳综合岩矿测试中心；10号为C_1球粒陨石平均（引自Henderson，1984）。

从1~7号样品分析的数据来看，除1号样（TD0018）外，其余的6个全岩样品的ΣREE都低于1×10^{-6}，远远小于C_1球粒陨石的标准值。用C_1球粒陨石标准化的REE分配型式如图3-29所示。

调查区变质橄榄岩的稀土分配曲线总体来看向右缓倾斜，属轻稀土富集型（$Ce_N/Yb_N>1$），这一分配型式与许多阿尔卑斯型橄榄岩不同：阿尔卑斯型橄榄岩一般呈轻稀土亏损的分配型式。一般认为，这是因部分熔融作用使轻稀土进入熔体的结果。因为轻稀土碱性较强，局部熔融时优先进入熔体中；而重稀土元素碱性较弱，部分熔融时易保留在残余固相中。与之相比，调查区地幔橄榄岩稀土分配型式近似不规则的"U"字形，但重稀土相对亏损（或分配曲线近似平坦状，说明其分馏不明显）。究其原因，可能有以下几种情况：①东风矿岩体侵位后遭受交代蚀变，但这种以蛇纹石化为主的蚀变是难以较大程度地改变岩石的稀土性质的；②地幔交代作用的结果；③低度部分熔融岩浆未抽取部分再结晶的产物，故表现为轻稀土富集的特征。参数Ce_N/Yb_N值可用来判断部分熔融程度：随部分熔融程度增加，Ce_N/Yb_N值逐渐减小。1~7号样品中，以2，3号Ce_N/Yb_N值较低，表明其部分熔融程度较高，而纯橄榄岩（7号样品）的Ce_N/Yb_N值并不是最低的，说明后期的热液活动对其稀土元素性质的影响还是比较大的（因为一般认为纯橄榄岩的部分熔融程度要大于斜辉橄榄岩）。此外，东风矿变质橄榄岩还表现为负Eu异常（δEu均小于1），齐日埃加查变质橄榄岩表现为正Eu异常（δEu大于1），说明这两处变质橄榄岩的矿物组成有较大的差别。这是因为，Eu是稀土元素中唯

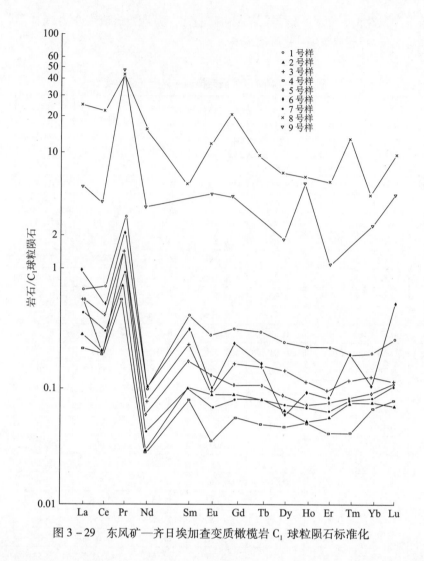

图 3 - 29 东风矿—齐日埃加查变质橄榄岩 C_1 球粒陨石标准化

一可以呈二价形式出现而与其他稀土元素分离开来的元素，它主要以二价形式进入钙长石，取代 Ca^{2+}。因此，Eu 的主要携带者是斜长石，斜长石的成分和含量决定了岩石中 Eu 的多少。这进一步说明了东风矿变质橄榄岩是斜长石分离结晶后剩下的残余熔体。

3. 锶同位素

表 3 - 9 是东风矿变质橄榄岩的 $^{87}Sr/^{86}Sr$ 初始值，它比任何镁铁质岩都要高得多，而且高于 Coleman（1977）总结的蛇绿岩中变质橄榄岩。造成如此高的 $^{87}Sr/^{86}Sr$ 值，究其原因可能是俯冲的洋壳中的 Sr 进入部分熔融岩浆而受到污染的缘故。

表 3 - 9 东风矿变质橄榄岩 $^{87}Sr/^{86}Sr$ 初始值

样品号	岩性	$^{87}Sr/^{86}Sr$	备注
EH - 83	斜辉橄榄岩	0.71816 ± 0.00082	
EH - 90	斜辉橄榄岩	0.71055 ± 0.0011	引自王希斌等，1984
EH - 91	纯橄榄岩	0.72674 ± 0.0015	

（二）堆晶杂岩地球化学特征

1. 微量元素

调查区堆晶杂岩微量元素含量与球粒陨石相比，大部分元素富集（表 3 - 10），如 Sc，Ti，V，Cr，Zn，Sr，Ba，Nb，Rb，Fe，Ta 等，少部分亏损，如 Mn，Co，Ni 等；与东风矿变质橄榄岩相比，Cr，Co 丰度大体一致，Ni 显著偏低，Be，Sc，Ti，V，Mn，Ba，Rb，Sr 等含量偏高，显示出了此消彼长，反映它们之间有某些互补特征。

表 3 – 10　调查区堆晶杂岩微量元素含量 $w(B)/10^{-6}$

岩石名称	蛇纹岩	橄榄辉长岩	异剥辉石岩	辉石橄榄岩	橄榄异剥岩	长橄岩	
产地	帕日	帕日	帕日	帕日	姜索日	姜索日	
序号	1	2	3	4	5	6	7*
编号	5个样平均	2个样平均	P_8Y_7-1	P_8Y_{11-1}	OPH602	OPH606	球粒陨石
Sc	12.48	29.85	30.5	17.1	23	1	5.2
Ti	1 583.4	1 160.5	2 900	927	695	72	610
V	63.64	65.4	101	54.2	180	11	49
Cr	2 393.34	931.5	1 217	3 227	3 050	2 320	2 300
Mn	1 192.8	651.5	1 347	1 115	370	1 050	1 720
Co	103.42	47.95	58.6	119	144	130	470
Ni	1 115.48	356	504	1 146	395	960	9 500
Cu	—	—	—	—	40	89	—
Zr	—	—	—	—	112	53	9.84
Y	—	—	—	—	13		2.0
Sr	145.1	162	60.4	9.50	28.5	26	10.5
Ba	161.9	82.2	59.4	41.8	—	—	3.6
Mo	0.18	0.02	0.09	0.000	—	—	—
Cd	0.07	0.08	0.30	0.03	—	—	—
Nb	3.22	2.4	11.9	1.00	—	—	0.56
Rb	32.86	7.55	1.50	0.60	—	—	1.88
Si	245 800	201 100	219 800	180 700	—	—	—
Fe	60 000	30 900	62 000	62 600	—	—	26 500
Ta	2.47	1.47	3.31	2.06	—	—	0.027
Be	0.38	0.28	0.17	0.31	—	—	—

注：5，6号样数据来自王希斌等（1987）；7*号样数据引自Tarney（1984）。

2. 稀土元素

稀土元素含量见表 3 – 11 及 C_1 球粒陨石标准化稀土分配形式图（图 3 – 30）。调查区堆晶杂岩的稀土总量变化较大，相对丰度是 C_1 球粒陨石的 0.2 ~ 21.5 倍左右。从稀土分配曲线可以看出该区堆晶杂岩有两种分配型式：一种是轻稀土富集、重稀土略有亏损或分馏不明显，稀土分配曲线略向右倾斜，呈"W"型，δEu 弱负异常，明显特征是 Pr，Gd，Tm 强烈富集；另一种是轻稀土略有亏损或近似平坦型，稀土分配曲线向左倾斜，δEu 正异常，这与大洋橄榄辉长岩、辉长岩范围近似一致（Dostal 等，1978）。从表 3 – 11 计算结果中也可以看出，以上情况表明，该区堆晶杂岩与变质橄榄岩具有相同的分配特征：即稀土总量变化大，大部分轻稀土富集，尤其是 Pr 含量高。少数轻稀土略有亏损，铕异常具多变性，不同岩类分别有正、负异常或无异常。

表 3 – 11　调查区堆晶杂岩稀土元素含量 $w(B)/10^{-6}$

岩石名称	铬尖晶石蛇纹岩	蛇纹岩	蛇纹岩	橄榄异剥岩	长橄岩	橄榄辉长岩
产地	帕日	帕日	帕日	姜索日	姜索日	姜索日
序号	1	2	3	4	5	6
编号	P_8XT_{8-2}	P_8XT_{14-1}	P_8XT_{19-1}	OPH602	OPH606	OPH609
La	3.11	2.97	7.12	0.146	0.104	0.196
Ce	11.2	8.91	13.9	—	0.444	0.560
Pr	0.83	2.42	4.60	—	—	—
Nd	1.48	1.28	7.89	—	—	—

103

岩石名称	铬尖晶石蛇纹岩	蛇纹岩	蛇纹岩	橄榄异剥岩	长橄岩	橄榄辉长岩
产地	帕日	帕日	帕日	姜索日	姜索日	姜索日
序号	1	2	3	4	5	6
编号	P_8XT_{8-2}	P_8XT_{14-1}	P_8XT_{19-1}	OPH602	OPH606	OPH609
Sm	0.00	0.00	0.96	0.218	—	—
Eu	0.15	0.20	0.83	0.104	0.036	0.212
Gd	3.44	4.23	5.32	—	—	0.138
Tb	0.00	0.00	0.46	—	—	0.300
Dy	0.42	0.76	2.05	—	—	—
Ho	0.00	0.00	0.33	—	—	—
Er	0.22	0.42	1.35	—	—	—
Tm	0.07	0.54	0.28	—	—	—
Yb	0.31	0.42	0.94	0.336	0.089	0.272
Lu	0.09	0.10	0.29	0.085	0.014	0.057
Y	1.65	2.27	9.49	—	—	—
ΣREE	22.97	24.52	55.81	0.89	0.68	1.54
$\Sigma LREE/\Sigma HREE$	16.77/6.2=2.71	15.78/8.74=1.81	35.3/20.51=1.72	0.47/0.42=1.12	0.58/0.10=5.8	0.91/0.63=1.44
La_N/sm_N	—	—	4.67	0.41	—	0.56
La_N/Yb_N	6.77	4.77	5.11	0.29	0.77	0.48
Ce_N/Yb_N	9.35	5.49	3.83	—	1.29	0.53
ΔEu	0.31	0.27	0.89	—	—	1.67

注：4，5，6号样品数据引自邓万明（1985）；以 C_1 球粒陨石作标准化样。

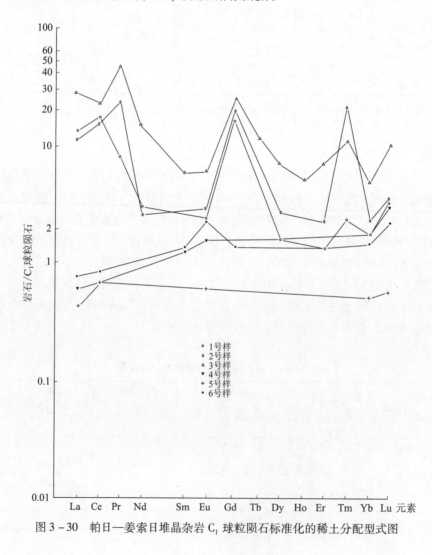

图3-30　帕日—姜索日堆晶杂岩 C_1 球粒陨石标准化的稀土分配型式图

（三）火山杂岩地球化学特征

1. 微量元素

在表 3-12 中，与标准洋中脊玄武岩相比，调查区火山岩低 Sc，Ti，Zr，Y，高 Sr，Ba，Nb，Ta，属低钛玄武岩（正常洋中脊属高钛玄武岩）。从图 3-31 火山杂岩球粒陨石标准化的过渡金属分配型式可以看出，该区火山熔岩具有非常高的 Ti，V 正异常（为球粒陨石的 3.28～14.28 倍和 1.06～8.16 倍）和 Cr，Ni 负异常（分别为球粒陨石的 0.01～0.18 倍和 0.001～0.03 倍）。因此，显示为"W"型的强烈分离型。我们知道，Co 和 Ni 主要集中赋存在橄榄石中（其次斜方辉石），而 Cr，Sc 则主要寄生于石榴子石和单斜辉石中。显然，该区玄武岩相对于球粒陨石有高丰度的 Ti，V 和极度亏损的 Cr，Ni，表明它们的原始岩浆经历了低压下的橄榄石分离结晶。

表 3-12 调查区火山岩微量元素含量 $w(B)/10^{-6}$

岩石名称	玄武岩	玄武岩	玄武岩	玄武岩	辉长辉绿岩	辉石安山岩	玻基安山岩	玄武安山玢岩	辉石安山岩	玻基安山岩	玄武岩	球粒陨石
产地	水帮屋里	水帮屋里	水帮屋里	水帮屋里	水帮屋里	水帮屋里	日琼	日琼	日琼	日琼		
序号	1	2	3	4	5	6	7	8	9	10	11*	12*
编号	OPH466	OPH471	P_4Y_{1-1}	$\begin{cases}P_4Y_{2-1}\\P_4Y_{6-1}\end{cases}$	P_4Y_{3-1}	P_4Y_{7-1}	$\begin{cases}P_7Y_{2-1}\\P_7Y_{3-1}\end{cases}$	$\begin{cases}P_7Y_{16-1}\\P_7Y_{18-1}\end{cases}$	$\begin{cases}P_7Y_{23-1}\\P_7Y_{24-1}\end{cases}$	P_7Y_{25-1}	—	—
Sc	8	3	—	—	—	—	—	—	—	—	40	5.21
Ti	4950	8710	500	5350	6300	2000	7950	3450	4700	5500	9000	610
V	310	400	173	218	245	51.9	83.4	63.85	160	130	—	49
Cr	330	280	408	255	66.7	24.3	204	14.25	95.9	165	250	2300
Mn	1465	1780	1039	1264	1161	388	1042.5	467.5	829	630	—	1720
Co	70	68	39.4	38.45	35.1	8.30	24.25	7.45	21.8	22.0	—	470
Ni	120	250	149	116.50	49.5	7.40	100.3	17.55	54.05	73.2	120	9500
Cu	91	42	—	—	—	—	—	—	—	—	—	140
Zr	58	43	—	—	—	—	—	—	—	—	90	—
Y	14	17	—	—	—	—	—	—	—	—	30	—
Sr	140	130	—	—	—	—	—	—	—	—	120	—
Ba	—	100	84.7	39.25	77.7	1236	246.5	720.5	675.5	535	20	—
Mo	—	—	0.20	0.17	0.22	0.80	0.52	1.48	1.12	0.88	—	—
Cd	—	—	0.05	0.065	0.04	0.03	0.055	0.05	0.085	0.04	—	—
Nb	—	—	9.40	7.50	9.60	8.60	15.55	20.05	11.95	14.5	3.5	—
Si	—	—	222 300	227 350	227 100	267 800	246 450	2 8400	241 050	257 100	—	—
Fe	0.29	—	58 800	71 350	80 200	2 300	55 500	29 950	46 250	51 000	—	265 000
Ta	—	—	0.29	1.17	0.87	2.26	4.05	1.91	2.615	2.70	0.18	—
Be	—	—	0.16	0.19	0.49	0.94	1.425	2.215	1.75	1.69	—	—

注：1，2 号样品数据引自王希斌等（1987）；3～10 号样品测试单位：地质矿产部沈阳综合岩矿测试中心；11* 号样数据为标准洋中脊玄武岩（引自 Pearce，1982）；12* 号样数据为球粒陨石（引自 Tarney，1984）

通过表 3-13 统计了部分微量元素在不同构造背景下的丰度值并进行对比后发现，该区玄武岩的部分微量元素含量与洋岛拉斑玄武岩（OIT）、大陆拉斑玄武岩（CT）、洋脊拉斑玄武岩（OFT）及异常的洋中脊拉斑玄武岩（E-MORB）、初始裂谷拉斑玄武岩（IRT）等都有较大的差别，而与低钾玄武岩（LKT）及弧后拉斑玄武岩（BATm）比较接近。结合前面所综述的岩石化学成分特征及部分

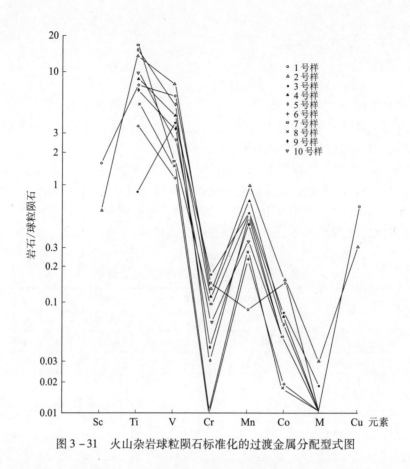

图 3 – 31　火山杂岩球粒陨石标准化的过渡金属分配型式图

图解，可以得出该区枕状熔岩隶属于非正常大洋的岛弧（或多岛小洋盆）环境的结论和认识。

表 3 – 13　不同构造背景下形成的拉斑玄武岩微量元素丰度对比　　　　　$w(B)/10^{-6}$

元素	OIT	CT	OFT	LKT	E – MORB	BATm	IRT	本区
Ti	15728	7940	8704	4581	12063	7635	12063	6002.5
Zr	174	114	96	37	141	105	131	50.5
Y	30.7	29.7	35	15.6	28.7	26.8	26.8	15.5
Sr	350	216	119	267	244	200	310	135
Ba	143	234	29.2	99	174	55	163	74.7
Nb	20	7.7	4.35	1.26	20.5	3.22	12.6	8.5
La	158	12.8	3.6	2.9	13.5	5.68	11.5	3.02
Ce	38	29	10.5	8.22	34	15	27	8.14
Sm	6.24	4.24	3.19	1.65	5.4	3.5	4.24	2.12
Yb	2.27	2.58	3.28	1.58	2.8	2.58	2.1	2.53

　　注：OIT（洋岛）；CT（大陆）；OFT（洋底）；LKT（低钾）；E – MORB（异常的洋中脊）；BATm（弧后）；IRT（初始裂谷）；本区（2~4 个典型拉斑玄武岩平均值）。

2. 稀土元素

　　稀土元素含量见表 3 – 14 和图 3 – 32。通过调查区枕状熔岩稀土元素部分特征参数的计算和图解，可以得出 3 点认识。

　　1）与球粒陨石标准样比较，该区玄武岩 ΣREE 都较大，水帮屋里—察曲玄武岩的 ΣREE 为球粒陨石的 4.74 ~ 10.06 倍，齐日埃加查玄武岩的 ΣREE 为球粒陨石的 38.40 ~ 64.21 倍；与正常洋中脊玄武岩 ΣREE 相比，水帮屋里—察曲玄武岩小得多，而齐日埃加查玄武岩则与之近似。

　　2）水帮屋里—察曲玄武岩的 La_N/Sm_N，La_N/Yb_N，Ce_N/Yb_N 均小于 1，δEu 大于 1；而齐日埃加查玄武岩正好相反，La_N/Sm_N，La/Yb_N，Ce_N/Yb_N 均大于 1，δEu 小于 1。La_N/Sm_N 值反映了洋盆的扩

表 3 –14　调查区枕状熔岩稀土元素含量　　　　　　　$w(B)/10^{-6}$

岩石名称	玄武岩	枕状熔岩	枕状熔岩	枕状熔岩	凝灰质玄武岩	玄武岩	枕状玄武岩	
产地	水帮屋里	察曲	察曲	察曲	齐日埃加查	齐日埃加查	齐日埃加查	
序号	1	2	3	4	5	6	7	8*
编号	OPH466	Du–20	Du–22	Du–27	D43/3XT	D43/4XT	D45/3XT	
La	2.83	2.57	2.93	3.73	41.8	23.3	27.1	0.34
Ce	7.13	6.87	7.35	11.22	80.4	42.4	46.1	0.91
Pr	—	—	—	—	9.05	6.00	4.66	0.121
Nd	—	5.45	—	—	37.1	25.0	23.0	0.64
Pm	2.27	—	—	—	—	—	—	
Sm	—	1.76	1.83	2.76	6.44	4.93	1.73	0.195
Eu	0.927	0.60	0.76	1.02	1.51	1.79	0.92	0.073
Gd	—	—	—	4.38	5.65	16.3	4.36	0.26
Tb	0.539	0.55	0.58	—	1.30	1.34	0.66	0.047
Dy	—	—	—	4.80	5.62	4.99	3.30	0.30
Ho	—	—	0.79	—	0.55	0.88	0.15	0.078
Er	—	—	—	2.71	3.47	2.50	1.84	0.20
Tm	—	—	—	0.55	0.23	0.51	0.20	0.032
Yb	2.29	2.28	2.46	3.08	2.92	1.86	1.83	0.22
Lu	0.359	0.41	0.44	—	0.48	0.32	0.32	0.034
Y	—	—	—	—	25.0	18.7	16.3	
ΣREE	16.35	20.50	17.35	34.70	221.52	150.82	132.47	3.45
ΣLREE/ ΣHREE	13.16/ 3.19	17.25/ 3.25	—	—	176.3/ 45.22	103.42/ 47.4	103.51/ 28.96	2.279/ 1.171
La_N/Sm_N	—	0.84	0.92	0.78	3.72	2.71	8.98	—
La_N/Yb_N	0.80	0.73	0.77	0.78	9.26	8.11	9.58	—
Ce_N/Yb_N	0.75	0.73	0.72	0.88	6.66	5.51	6.09	—
δEu	—	1.82	2.22	1.04	0.76	0.56	0.98	—

注：1 号样数据引自杨瑞英等（1986）；2~4 号样数据引自王希斌等（1984）；5~7 号样为本次工作；8* 号样数据选择 12 个球粒陨石作标准化样（Henderson，1984）。

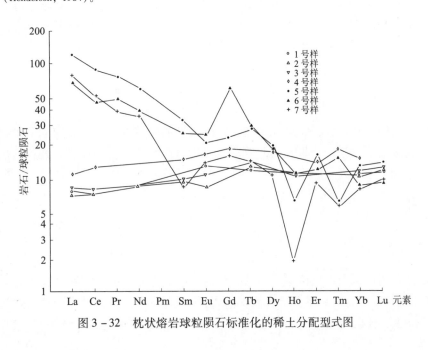

图 3 –32　枕状熔岩球粒陨石标准化的稀土分配型式图

张速度，随扩张速度增加，其玄武岩 La_N/Sm_N 值有不同程度的减小；Ce_N/Yb_N 可以反映岩浆的分离结晶程度，Ce_N/Yb_N 越大，表明分离结晶程度愈高；而 δEu 的大小，反映了铕的富集与亏损程度，其主要取决于含钙造岩矿物的聚集和迁移（前面已涉及）。

3）从稀土元素分配型式图上也可以解读到该区存在两种不同的稀土分配型式：水帮屋里—察曲玄武岩稀土分配曲线向左轻微倾斜—近似平坦状，表明轻稀土略有亏损，重稀土略有富集，铕异常不明显，齐日埃加查玄武岩稀土分配曲线明显的向右倾斜，表明轻稀土强烈富集，重稀土亏损，且亏损程度不一。前者与 Tords 蛇绿岩中的基性熔岩稀土分配型式近似一致（Hedge，1978；李昌年，1992）但与大多数岛弧拉斑玄武岩、正常洋中脊拉斑玄武岩、洋岛拉斑玄武岩等（Frey 等，1968；李昌年，1992）还是有较大的差别，后者与不同构造背景下的大洋拉斑玄武岩差距更大。由此可以得出一个结论：水帮屋里—察曲与齐日埃加查两处的玄武岩属两种不同原始玄武岩浆源结晶分异的产物。

3. 锶同位素

察曲枕状玄武岩 $^{87}Sr/^{86}Sr$ 平均值为 $0.704\,60 \pm 0.000\,16$（王希斌等，1984），与现代大洋中脊玄武岩（Robert，1982；Hawkesworth et al.，1977；Saunders，1980）的同一比值 $0.702\,33 \sim 0.703\,30$（MORB），$0.702\,27 \sim 0.702\,68$（EPR），$0.703\,2 \sim 0.703\,5$（MIOR）相比，显然差别较大，也比环太平洋岛弧玄武岩 $^{87}Sr/^{86}Sr$ 的平均值 $0.703\,55$（Robort，1982）以及它们的弧后盆地拉斑玄武岩的该比值 0.70311 高得多。调查区玄武岩这样高的 Sr 同位素初始比值明显不同于深海拉斑玄武岩，究其原因可能有三：①地幔源区不同；②混染引起；③较老的洋壳 Sr 同位素比值要高于年轻洋壳的缘故。

五、蛇绿岩的时代

蛇绿岩的时代包括蛇绿岩作为洋壳的形成时代和作为外来体的侵位时代。

1）作为洋壳的形成时代一般根据与蛇绿岩相伴生的沉积物中化石来确定或用同位素测年法直接测定。在东巧的硅质岩中见保存较好的放射虫化石，经鉴定属侏罗纪（王乃文，1983）；而邻区罗布莎枕状熔岩上覆的整合复理石沉积物中发现大量的六射珊瑚、水螅、层孔虫等化石，经鉴定时代为晚侏罗世（汪明洲等，1980）。另外，据王希斌等（1987）对东巧西岩体北侧接触带变质晕圈中角闪石（选自石榴子石角闪岩）的 K - Ar 法测定，其变质年龄为 179 Ma，综合这些，可以得出一个结论，调查区蛇绿岩形成至少在晚侏罗世以前。

2）作为外来体的构造侵位时代，一般依据蛇绿岩的上覆沉积盖层的形成时代确定。兹格塘错南岸东巧蛇绿混杂岩与早白垩世地层之间存在一个明显的角度不整合，下白垩统东巧组下段角度不整合于变质橄榄岩之上，在其上的东巧组上段中产大量的白垩纪化石，如植物、层孔虫、海娥螺、六射珊瑚、双壳类、腹足类、菊石、海胆、固着蛤等，有些为早白垩世标准化石。此次工作在水帮屋里枕状熔岩中测得一个 K - Ar 年龄值为 145 Ma，属中—晚侏罗世。结合其他地质事件综合分析，认为调查区蛇绿岩的构造侵位时间应在晚侏罗世—早白垩世早期。

第二节　中酸性侵入岩

调查区岩浆侵入活动相对较弱，规模也较小。代表性的中酸性侵入岩主要为 3 个独立的复式侵入岩体。分别位于班公错 - 怒江结合带及其北侧附近。为燕山晚期—喜马拉雅早期构造旋回在调查区的主要活动标志。这 3 个独立岩体分别为康日岩体、多勒江普岩体和洗夏日举岩体。

一、侵入岩

（一）康日岩体

康日岩体出露于调查区南边兹格塘错西约 5 km 的康日周围。平面形态呈近似圆形，出露面积约 175 km²。北侧被沟谷分布的第四系分割成梳状。康日岩体由一个复式岩体及西部两个独立岩体组成，独立岩体面积分别约 3.8 km² 和 1.8 km²，距复式岩体的距离分别为 2 km 和 8 km。较近的独立岩体与复式岩体之间在地表被第四系隔开，可能在下部为同一个岩体。而较远的独立岩体之间被班公错－怒江结合带内的硅质岩、火山岩等岩块相隔，深部与复式岩体是否相连，尚不能肯定。

1. 地质特征

康日岩体侵入于班公错－结合带内的木嘎岗日岩群、火山岩岩块和超基性岩块中。与围岩接触部位发生了接触变质作用，出现了绿泥石、绿帘石角岩和黑云母角岩等。康日岩体根据岩石类型、结构构造、宏观外貌特征及接触关系，可划分为4个单元，即4期侵入体。自早到晚分别为灰白色—浅肉红色花岗闪长岩、中细粒黑云二长花岗岩、浅肉红色含斑黑云二长花岗岩及肉红色微细粒二长花岗岩。

中细粒花岗闪长岩位于康日岩体的北部，约占岩体总面积的45%，与围岩侵入接触关系清楚截然。主要特征有：①岩体与东侧木嘎岗日岩群的侵入接触界面呈圆弧形（图3-33），接触面产状41°∠56°；②岩体附近地层中有大量的中细粒花岗闪长岩脉贯入，有近于垂直板理侵入者（图3-34），也有近于平行板理侵入者（图3-35）；③局部界线附近花岗闪长岩中有围岩的捕虏体；④靠近岩体边界附近围岩的地层走向平行或近于平行岩体边界（图3-36），以被动变形的方式达到强大挤压作用下的最大位移量和最大稳定平衡条件下的被动位态；⑤花岗闪长岩体边部围岩发育宽度达1 km的热接触变质带，但变质作用较弱，仅形成绢云母粉砂质角岩、粉砂质角岩及角岩化板岩等，表明康日岩体具有强力低温侵入的特点。

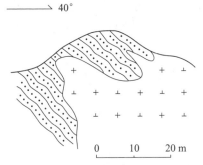

图3-33 康日岩体与木嘎岗日岩群侵入关系素描图

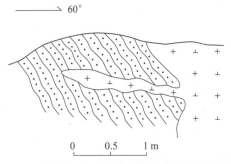

图3-34 花岗闪长岩脉贯入围岩地层形态素描图

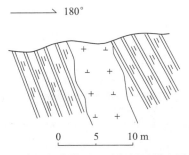

图3-35 花岗闪长岩脉近于平行板理贯入围岩素描图

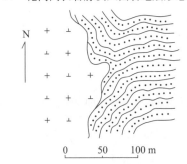

图3-36 岩体边部围岩产状变化平面图

中细粒二长花岗岩位于岩体的中部，形态为近圆形，面积约70 km²，占岩体总面积的40%。因覆盖与北侧花岗闪长岩和南侧含斑二长花岗岩的接触关系均不清。

含斑黑云二长花岗岩分布范围较小，仅出露于岩体南部顾浪玛一带。占岩体总面积的14%，由两个侵入体组成。东侧较大侵入体东西长约15 km，南北平均宽约1.5 km，面积约22.5 km²；西侧小侵入体出露面积仅1.8 km²。含斑黑云二长花岗岩与中部黑云二长花岗岩接触关系不清，与围岩超基性岩、木嘎岗日岩群为侵入接触关系，接触界线附近围岩受热接触变质作用，热接触变质带宽可达300 m。形成的变质岩石有黑云母石英角岩等，角岩中变斑晶黑云母片径可达0.8～1.5 mm。

微细粒二长花岗岩分布范围极小，仅出露于康日西南山间小盆地边部。呈北西西向展布，长约2.5 km，宽约300 m，面积约0.75 km²（不到康日岩体总面积的1%）。微细粒二长花岗岩主要特征有：①与中细粒二长花岗岩接触界线清楚截然，接触面产状5°∠20°，接触界线局部呈直线状；②在接触界线附近微细粒二长花岗岩边部见1～1.5 cm宽的冷凝边，其矿物粒度比微细粒二长花岗岩更细；③位于接触界线附近的中细粒二长花岗岩内含斑黑云二长花岗岩大量发育微细粒二长花岗岩岩脉，岩脉宽度最大可达 5 m，最小仅 2 cm。故微细粒二长花岗岩与含斑黑云二长花岗岩中细粒二长花岗岩均呈脉动接触界线。含斑黑云二长花岗岩中见较多的微细粒二长岩岗岩脉穿入。

2. 岩石学特征

中细粒花岗闪长岩（$\gamma\delta_5^3$）：灰白色—红色，中细粒花岗结构，粒径 0.5～2.5 mm，块状构造。主要矿物为斜长石 45%～50%、碱性长石 15%～20%、石英 20%～25%、角闪石 5%～7%、黑云母 5%～10%。斜长石自形—半自形板柱状，部分可见环带构造，双晶发育；碱性长石半自形—他形，发育条纹；黑云母、角闪石半自形—自形；石英呈他形充填。岩石蚀变明显，斜长石、碱性长石具高岭土化，黑云母具绿泥石化。

中细粒黑云二长花岗岩（ηr_5^{3-1}）：灰白色—红色，花岗结构，粒径 0.5～2.5 mm，块状构造。主要矿物为碱性长石 25%～35%、斜长石 30%～40%、石英 20%～25%，次要矿物为黑云母 5%～7%、角闪石 3%～5%。斜长石较自形；碱性长石多为半自形—他形，以条纹长石为主，微斜长石少量；角闪石、黑云母呈自形—半自形；石英呈他形粒状，充填于其他矿物间隙。碱性长石具较强的高岭土化。

含斑黑云二长花岗岩（ηr_5^{3-2}）：浅肉红色，似斑状结构，块状构造。斑晶为浅肉红色钾长石，粒径 0.8～1 cm，含量 1%～2%。基质为中细粒花岗结构，粒径一般 0.5～2.5 mm，个别可达 3.5 mm。主要矿物为斜长石 35%～40%、碱性长石 25%～30%、石英 20%～25%、黑云母 5%～10%、角闪石 3%～5%。岩石中斜长石相对较自形，具高岭土化和绢云母化；碱性长石为条纹长石和正长石，部分具高岭土化；石英呈他形充填，黑云母、角闪石为自形晶，发育绿泥石化。

微细粒二长花岗岩（ηr_5^{3-3}）：浅肉红色，微细粒花岗结构，粒径 0.1～2 mm，块状构造。主要矿物为斜长石 25%～30%、钾长石 45%～50%、黑云母小于 5%、石英 20%～25%。斜长石呈自形板柱状，钾长石呈不规则板状及他形粒状，黑云母为自形条状，石英呈他形粒状。岩石蚀变比较明显，主要有斜长石的高岭土化、绢云母化和黑云母的绿泥石化。

3. 岩石化学特征

康日岩体岩石化学分析结果列于表 3－15。从表中可以看出，SiO_2 含量均大于 65%，属酸性岩范畴。花岗闪长岩与中国的火成岩中花岗闪长岩平均值相比，SiO_2，K_2O，Na_2O 含量略高，Fe_2O_3 和 CaO 含量略低，其他含量相近。3 种二长花岗岩与中国的火成岩中的花岗岩平均值相比，各氧化物含量均比较接近。二长花岗岩与中国的火成岩中的花岗岩平均值相比，各氧化物含量均比较接近。里特曼指数 δ 在 1.8～2.53 之间，属钙碱性岩石化学类型。花岗闪长岩（$r\delta_5^3$）和中细粒黑云二长花岗岩（ηr_5^{3-1}）的 $Al_2O_3 < K_2O + Na_2O + CaO$（分子数），属次铝花岗岩，含斑黑云二长花岗岩（$\eta r_5^{3-3}$）的 $Al_2O_3 > K_2O + Na_2O + CaO$（分子数），属过铝花岗岩。4 个样品 $Al_2O_3/(K_2O + Na_2O + CaO)$（分子比）分别为 0.95，0.97，1.06 和 1.01，均小于 1.1，属 I 型花岗岩类，但含斑黑云二长花岗岩和微细粒二长花岗岩的 $Al_2O_3/(K_2O + Na_2O + CaO)$ 值为 1.06 和 1.05，大于和等于 1.05。在 $A-C-F$ 图解中，除花岗闪长岩样品投入到 I 型花岗岩区外，其他 3 个二长花岗岩均投入到 S 型花岗岩区，且比较靠近 I 与 S 分区的界线（图 3－37）。

表 3－15　康日岩体岩石化学分析结果及 CIPW 标准矿物一览表　　　　$w(B)/10^{-2}$

分析项目	岩石化学分析结果				标准矿物	CIPW 标准矿物及含量			
	$r\delta_5^3$	$\eta\gamma_5^{3-1}$	$\eta\gamma_5^{3-2}$	$\eta\gamma_5^{3-3}$		$r\delta_5^3$	$\eta\gamma_5^{3-1}$	$\iota\gamma_5^{3-2}$	$\eta\gamma_5^{3-3}$
	YQ13－1	YQ25－1	D978/2	D978/1		YQ13－1	YQ25－1	D978/2	D978/1
SiO_2	66.40	68.20	70.12	76.88	Q	19.9	29.2	27.5	36.5
Al_2O_3	15.17	14.38	14.96	12.32	Or	22.3	20.3	19.7	25.4
Fe_2O_3	1.46	1.01	0.81	0.46	Ab	34.1	32.0	30.8	31.5
FeO	2.34	2.85	2.16	0.65	An	12.5	12.4	11.7	0.9
MgO	1.68	1.67	1.59	0.27	DI	1.1	0.3	—	—

岩石化学分析结果					CIPW 标准矿物及含量					
分析项目	$r\delta_5^3$	$\eta\gamma_5^{3-1}$	$\eta\gamma_5^{3-2}$	$\eta\gamma_5^{3-3}$	标准矿物		$r\delta_5^3$	$\eta\gamma_5^{3-1}$	$\iota\gamma_5^{3-2}$	$\eta\gamma_5^{3-3}$
	YQ13-1	YQ25-1	D978/2	D978/1			YQ13-1	YQ25-1	D978/2	D978/1
K_2O	3.70	3.42	3.32	4.28		Wo	0.6	0.1	—	—
Na_2O	4.00	3.75	3.62	3.70	DI	En	0.3	0.1	—	—
CaO	2.95	2.74	2.49	0.80		Fs	0.2	0.1	—	—
MnO	0.084	0.089	0.053	0.026		Hy	7.1	9.7	7.4	2.1
P_2O_5	0.19	0.21	0.11	0.016	Hy	En'	3.9	4.1	4.0	0.7
TiO_2	0.61	0.56	0.38	0.09		Fs'	3.2	5.6	3.4	1.4
CO_2	0.00	0.27	0.35	0.29		Mt	2.1	1.4	0.8	0.3
H_2O^-	0.26	0.24	0.18	0.28		Il	1.2	1.1	0.7	0.2
H_2O^+	0.51	0.29	0.57	0.39		Ap	0.3	0.3	0.2	—
Σ	99.35	99.68	100.71	100.45	C		—	—	1.1	0.2

　　以上结果表明，康日岩体具 I 型与 S 型过渡的特点，这与既有成分演化又有结构演化的现象一致。同时它处在班公错-怒江结合带这个特殊的位置就表明了它具有 S 型花岗岩的特征；I 型与 S 型过渡的特征表明，康日岩体是中特提斯洋闭合以后碰撞造山阶段岩浆活动的产物。

　　岩石化学 CIPW 标准矿物及含量列于表 3-15。主要造岩矿物含量计算投影定名结果为，原定名的花岗闪长岩和微细粒二长花岗岩与标准矿物定名一致（图 3-38），原定名的中细粒黑云二长花岗岩和含斑二长花岗岩与标准矿物定名略有差别，标准矿物投影定名为花岗闪长岩（图 3-39）。晚期侵入的含斑二长花岗岩和微细粒二长花岗岩标准矿物中出现刚玉，表明康日岩体具由 Al_2O_3 不饱和向 Al_2O_3 饱和演化的特点。

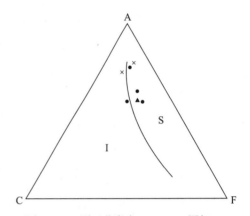

图 3-37　测区花岗岩 A-C-F 图解
●—康日岩体；▲—多勒江普岩体；
×—洗夏日举岩体

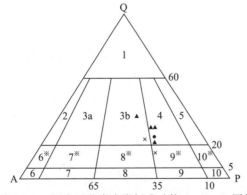

图 3-38　调查区花岗岩类标准矿物 Q-A-P 图解
1—富石英流纹岩（富石英花岗岩）；2—碱长流纹岩（碱长花岗岩）；3—a，b 流纹岩（花岗岩）；4—英安岩（花岗闪长岩）；5—斜长流纹岩（英云闪长岩；斜长花岗岩）；6※—碱长石英粗面岩（碱长石英正长岩）；7※—石英粗面岩（石英正长岩）；8※—石英安粗岩（石英二长岩）；9※—石英粗安岩（石英二长闪长岩）；10※—石英安山岩（石英闪长岩）；6—碱长粗面岩（碱长正长岩）；7—粗面岩（正长岩）；8—安粗岩（二长岩）；9—安粗岩（二长闪长岩）；10—安山岩、玄武岩（闪长岩，斜长岩；辉长岩，苏长岩）
●—多勒江普岩体；×—洗夏日举岩体；▲—康日岩体

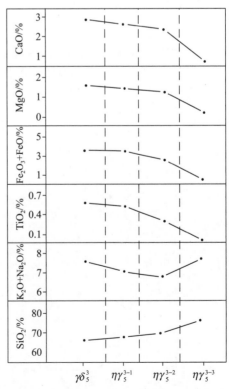

图 3-39　康日岩体岩石化学成分变异图

康日岩体从早到晚 4 个侵入体的主要氧化物变异图如图 3 - 39 所示。从图中可以看出，随着由花岗闪长岩—中细粒二长花岗岩—含斑二长花岗岩—微细粒二长花岗岩的演化，SiO_2 含量逐渐增加，而 $Fe_2O_3 + FeO$，MgO 及 CaO 的含量则逐渐减少，显示了同源岩浆演化的特点。$K_2O + Na_2O$ 却表现出不明显的变化趋势。

另外，康日岩体既具有成分演化也具有结构演化的特征。从花岗闪长岩—二长花岗岩，表现为成分演化，即具 I 型花岗岩特点。在二长花岗岩中从中细粒二长花岗岩—含斑二长花岗岩—微细粒二长花岗岩，表现为结构演化，即具 S 型花岗岩特点，并完全符合同源岩浆演化的等粒结构—斑状结构—微花岗结构的规律。

4. 稀土元素及微量元素特征

康日岩体各类岩石稀土元素含量及特征参数列于表 3 - 16。稀土元素总量为（178.95 ~ 82.29）× 10^{-6}，属中等—较高；轻重稀土（LREE/HREE）值为 4.0 ~ 5.6，属轻稀土富集型；δEu 分别为 1.01，0.9，0.9 和 0.7，多数接近于 1 或略小于 1，表明 Eu 不亏损—微弱亏损；Ce_N/Yb_N 值在 6.5 ~ 11.1 之间，表明岩浆部分熔融程度较低，但分离结晶程度较高，这就是康日岩体规模较小但侵入期次多的原因。而岩浆的分离结晶程度愈高，容易分离出不同成分、不同结构构造的多期岩浆，并形成多期侵入体。

表 3 - 16　康日岩体稀土元素含量及特征参数一览表　　　　$w(B)/10^{-6}$

侵入体代号	样品编号	分析项目及含量												
		La	Ce	Pr	Nd	Sm	Eu	Gd	Tb	Dy	Ho	Er	Tm	Yb
$\gamma\delta_5^3$	XT13 - 1	33.6	69.4	8.27	29.5	3.26	1.22	4.21	0.46	4.35	0.67	2.02	0.37	2.09
$\eta\gamma_5^{3-1}$	XT25 - 1	37.4	60.3	7.67	29.4	3.24	1.04	4.24	0.46	4.51	0.16	2.13	0.31	2.14
$\eta\gamma_5^{3-2}$	D978/2	28.9	56.5	6.06	22.1	3.33	0.84	2.40	0.55	2.46	0.31	1.43	0.31	1.31
$\eta\gamma_5^{3-3}$	D978/1	18.9	32.1	3.12	13.3	1.93	0.38	1.21	0.10	1.50	0.049	0.95	0.098	1.27

侵入体代号	样品编号	分析项目及含量及特征参数					
		Lu	Y	ΣREE	LREE/HREE	δEu	Eu/Sm	Ce_N/Yb_N
$\gamma\delta_5^3$	XT13 - 1	0.35	19.0	178.95	4.3	1.01	0.37	7.9
$\eta\gamma_5^{3-1}$	XT13 - 2	0.33	20.1	173.43	4.0	0.9	0.32	7.3
$\eta\gamma_5^{3-2}$	D978/2	0.22	11.9	138.72	5.6	0.9	0.25	11.1
$\eta\gamma_5^{3-3}$	D978/1	0.24	7.74	82.89	5.3	0.7	0.2	6.5

康日岩体稀土元素球粒陨石标准化型式见图 3 - 40。从图中可以看出，分配曲线明显向右倾斜，

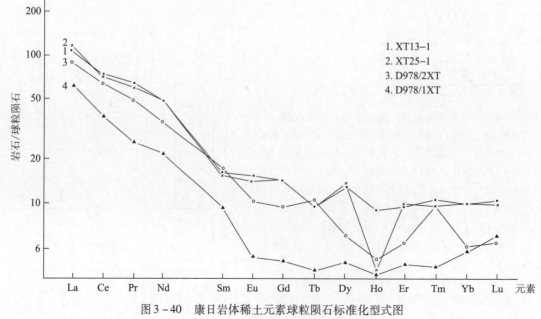

图 3 - 40　康日岩体稀土元素球粒陨石标准化型式图

说明轻稀土元素明显富集；分配曲线在 Eu 处从未见"沟谷"到出现微弱"沟谷"，表明 Eu 为不亏损型—弱亏损，属平坦—弱亏损型。康日岩体的球粒陨石标准化型式与陈德泉（1982）的地壳重熔型花岗岩球粒陨石标准化型式大体一致（图 3 - 41），即轻稀土明显富集，但分配曲线在 Eu 处无异常—弱负异常，分馏也较差。从 δEu - ΣREE 关系图中也可以得到充分的证明（图 3 - 42），不同岩石类型中 4 个样品均投入到了偏基性的花岗质岩区，表明康日岩体的早期侵入体偏向于 I 型花岗岩类。

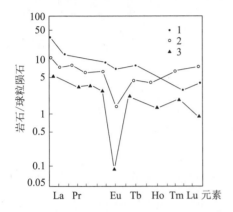

图 3 - 41 不同成因花岗岩的稀土分配型式图
（据陈德泉，1982）
1—花岗岩化型；2—地壳重熔型；3—幔源型

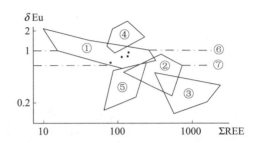

图 3 - 42 不同花岗质岩石的 δEu - ΣREE 关系图
（底图据 Balashov，1976）
①偏基性的花岗质岩石；②花岗岩；③碱性花岗岩；④中、基性的片麻岩；⑤酸性的片麻岩；⑥地幔和下地壳平均；⑦沉积岩（P_2—N）

微量元素分析结果列于表 3 - 17。从表中可以看出，由中细粒黑云二长花岗岩—黑云二长花岗岩，微量元素 U，Cr，Ni，Sr 平均值明显减少，而 Zr，V，Rb，Ba 则明显增多。在 Rb - Hf - Ta 判别图解中，样品投入到火山弧花岗岩区，但也有一部分样品投入到其浓集区附近的碰撞后花岗岩区（图 3 - 43）。在 Rb - Y + Nb 判别图中，所有样品均投入到火山弧花岗岩区（图 3 - 44a）。在 Nb - Y 判别图中，全部样品均投入到火山弧 + 同碰撞花岗岩区（图 3 - 44b）。表明康日岩体形成的构造环境为板块碰撞 - 碰撞后环境，侵入时期在班公错 - 怒江结合带形成阶段或略晚。

表 3 - 17 康日岩体微量元素含量一览表 $w(B)/10^{-6}$

岩石类型	样品编号	U	Mo	Zr	V	Cr	Th	Ce	Co	Ni	Sc	Rb	Sr	Ba	Nb	Ta	Y	Hf	La
中细粒黑云二长花岗岩	P5y1 - 1	3.09	1.04	259	49.7	35.4	32.5	100	6.5	17.6	7.85	211	264	530	23.7	2.28	27.2	7.08	52
	P5y6 - 1	2.37	1.04	239	48.5	38.1	29.1	77.4	7.9	16.0	6.54	207	265	489	19.1	0.97	22.4	7.17	48.6
	P5y10 - 1	1.91	0.64	266	50.4	29.2	26.0	106	7.1	19.8	6.68	184	288	554	19.8	2.63	22.5	7.12	55.3
	P5y13 - 1	2.58	0.60	224	46.1	29.4	31.0	43.8	6.4	12.4	5.72	218	236	483	17.2	1.48	21.1	7.06	47.9
	P5y19 - 2	2.92	0.4	200	40.6	24.1	32.7	87.0	7.3	13.8	5.59	194	257	430	15.5	1.17	19.0	6.67	46.1
	P5y19 - 6	2.80	0.48	235	49.8	31.0	28.4	90.2	7.6	13.5	7.04	194	255	495	18.0	1.75	21.9	6.51	44.9
	平均值	2.61	0.70	237	47.5	31.2	30.0	90.7	7.1	15.5	6.57	210	261	497	18.9	1.71	22.4	6.94	49.1
含斑黑云二长花岗岩	P5y27 - 1	2.75	0.04	133	49.4	42.9	23.3	62.8	13.4	14.5	6.41	142	306	420	11.7	1.78	14.9	4.96	37.3
	P5y27 - 2	2.92	0.2	145	47.6	58.3	25.1	56.6	6.90	17.0	6.71	134	296	399	13.0	1.25	14.4	4.32	44.4
	P5y27 - 5	3.01	0.04	129	12.8	74.7	27.9	59.8	10.5	12.2	6.24	150	260	487	12.5	1.59	14.7	4.96	46.5
	P5y27 - 1	4.21	0.72	205	12.6	54.8	31.1	86.9	7.2	15.7	6.77	174	271	426	17.4	1.72	21.0	7.27	39.4
	P5y28 - 4	2.75	0.76	305	12.3	49.0	32.0	101	11.1	41.1	11.6	192	354	486	25.2	1.76	27.3	9.80	42.4
	P5y28 - 6	3.36	0.64	315	12.5	34.5	30.9	103	10.0	38.9	10.9	233	348	389	25.0	1.86	26.0	9.16	44.4
	平均值	3.17	0.51	205	24.5	52.4	28.4	78.4	9.9	23.2	8.1	171	306	433	17.5	1.66	19.7	6.7	42.4

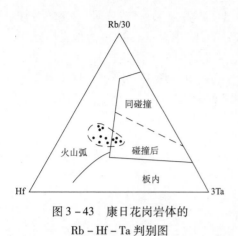

图3-43 康日花岗岩体的
Rb-Hf-Ta判别图

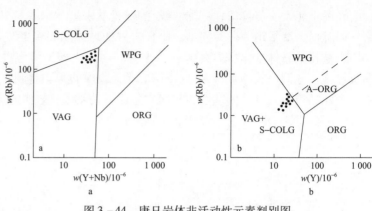

图3-44 康日岩体非活动性元素判别图

VAG—火山弧花岗岩；WPG—板内花岗岩；S-COLG—同碰撞花岗岩；

ORG—洋中脊花岗岩；A-ORG—异常洋中脊花岗岩

5. 副矿物特征

康日岩体含斑黑云二长花岗岩副矿物含量及锆石特征列于表3-18。中细粒黑云二长花岗岩和微细粒二长花岗岩副矿物含量及锆石特征列于表3-19。

表3-18　康日岩体副矿物含量及锆石特征一览表

岩石类型	矿物种类	含量/g	锆石特征			
含斑黑云二长花岗岩	磁铁矿	24.51	颜色	无色、淡黄色	蚀象	形态
	赤褐铁矿	—	粒度	长: 0.1~0.5 mm 宽: 0.05~0.2 mm	晶体熔蚀现象普遍，大部分锆石晶棱浑圆，晶面具有熔坑、裂隙，晶棱清晰度较差，晶面较为清晰	大部分为正方柱状和正方双锥及复方双锥聚形组成，晶形主要为正方柱[110]，[100]和[111]及[311]组成，次为正方柱[100]和正方锥[111]聚形组成
	褐帘石	—	长宽比	(2~3):1		
	榍石	4.42	光泽	金刚光泽		
	黄铁矿	—	透明度	半透明—透明		
	磷灰石	—	荧光	黄色		
	角闪石	10.97	包体	气液包体固态包体		
	锆石	1.86				
含斑黑云二长花岗岩	绿帘石	0.001	颜色	淡黄色	表面多较粗糙，蚀坑、蚀痕明显，少数表面较光滑	主要发育柱面[100]和锥面[111]及[311]聚合晶形，次为[110]，[100]和[311]聚合晶形
	石榴子石	—	粒度	(0.56×0.08) mm ~ (0.04×0.02) mm		
	电气石	—	长宽比	(2~4):1		
	榍石	0.003	光泽	金刚光泽		
	磷灰石	—	透明度	半透明—不透明		
	白钨矿	—	荧光			
	锆石	0.80	包体	较普遍		

含斑黑云母二长花岗岩副矿物组合为锆石-榍石-磷灰石-磁铁矿。锆石晶形主要为[110]，[100]和锥面[111]，[311]聚合而成。锆石多数呈自形柱状、少数碎块状，但熔蚀现象明显，多数晶体含稀疏包体。中细粒黑云二长花岗岩副矿物组合为锆石-榍石-磁铁矿。锆石大部分为正方柱状，由[110]，[100]、正方锥[100]和正方锥[111]聚形组成。晶体熔蚀现象普遍，尤其晶棱熔蚀突出。微细粒二长花岗岩副矿物组合为锆石-磷灰石-榍石-电气石-磁铁矿。晶体主要由柱面

[100] 和锥面 [111]，[311] 聚合组成，次为 [100]，[110] 及 [111]，[311] 的聚合晶体。熔蚀现象不明显，主要为晶棱遭受不明显熔蚀，晶面熔蚀较少。

表3-19　康日岩体副矿物含量及锆石特征一览表

岩石类型	矿物种类	含量/g	锆石特征			
中细粒黑云二长花岗岩	磁铁矿	12.3	颜色	淡黄色、无色	蚀象	形态
	褐铁矿	—	程度	长：0.1~0.5 mm 宽：0.05~0.2 mm	晶体熔蚀现象普遍，尤其晶棱熔蚀明显，晶面熔坑常见	主要为正方柱 [110]，[100]，正方锥 [111] 及复方锥 [311] 聚形组成，次为正方柱 [100] 和正方锥 [111] 聚形组成
	褐帘石	—	长宽比	（2~3）：1		
	绿帘石	—	光泽	金刚光泽		
	榍石	0.082	透明度	半透明—透明		
	磷灰石	—	荧光	黄色		
	锆石	0.50	包体	气液包体白色包体		
微细粒二长花岗岩	绿帘石	0.3	颜色	浅玫瑰、浅褐黄色	主要为麻点状蚀象，个别蚀象不明显，多数晶棱被熔蚀成浑圆状—次浑圆状，晶面熔蚀较少	主要发育柱面 [100] 和锥面 [111]、[311] 聚合晶体，次为 [100]，[110] 及 [111]，[311] 的聚合晶体
	褐铁矿	0.12	粒度	长：0.56~0.04 mm 宽：0.04~0.02 mm		
	磁铁矿	0.27				
	电气石	—	长宽比	（2~4）：1		
	榍石	—	光泽	弱金刚光泽		
	黄铁矿	0.006	透明度	不透明		
	磷灰石	0.006	荧光	暗黄色		
	锆石	0.005	包体	氧化铁包体		

6. 侵入体时代

康日岩体侵位于班公错-怒江结合带内，与结合带中蛇绿混杂岩火山岩岩块（β）、变质橄榄岩岩块（Σ）以及木嘎岗日岩群呈清楚的侵入接触关系，形成时代明显晚于木嘎岗日岩群和班公错-怒江结合带的闭合时间，即晚于早白垩世。康日复式岩体最早期侵入体黑云母花岗闪长岩中 U-Pb 同位素年龄样品（TWD2152/1），经宜昌地质矿产研究所测定为 111~117 Ma，大致相当于早白垩世。根据以上证据显示：镶嵌于班公错-怒江结合带中的康日复式岩体成岩年龄为早白垩世。

（二）多勒江普岩体

多勒江普岩体位于黑阿公路第五道班北约 30 km 的多勒江普附近。平面上呈不规则状，出露面积约 23 km²。岩体侵位于中侏罗统布曲组中，西南侧被大面积第四系覆盖。受岩浆侵入的影响，四周地层（除第四系外）均改变了原来的各自位态，沿平行岩体边界向四周呈同心圆状倾伏。与围岩布曲组接触关系清楚，接触界线呈弯曲状（图3-45），岩体边部见围岩捕虏体（图3-46）；岩体边界附近围岩受微弱的接触变质，形成角岩化岩石。

根据岩石结构构造、矿物成分及接触关系，多勒江普岩体可划分为两种岩石类型，即两期不同的侵入体。早期为细粒英云闪长岩；晚期为中细粒含斑花岗闪长岩。

1. 地质特征

1）细粒英云闪长岩（$o\delta_5^3$）出露于岩体的东南边部，走向近南北向。南北长约 6 km，东西宽约 1.5 km，面积约 9 km²，约占该岩体（不包括西部出露的含角砾次火山岩）总面积的 40%。

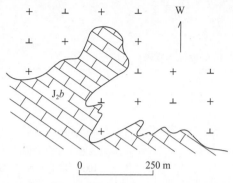
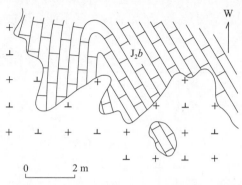

图 3 – 45　花岗闪长岩与围岩侵入关系素描图　　　　图 3 – 46　岩体边部围岩捕虏体形态素描图

2）含斑花岗闪长岩（$r\delta_5^3$）出露于岩体中部含角砾次火山岩与细粒英云闪长岩之间。呈近南北向展布，南北长约 9 km，东西宽约 1.5 km，面积约 14 km²，约占总面积的 60%。与细粒英云闪长岩脉动接触关系清楚，接触面产状：315°∠55°，二者在 2 m 内即可看到结构和成分的快速变化；接触界面之上的细粒英云闪长岩边部可见 2 ~ 3 cm 宽的铁红色烘烤边，表明中细粒含斑花岗闪长岩明显晚于细粒英云闪长岩侵入。

2. 岩石学特征

1）英云闪长岩（$o\delta_5^3$）灰白色，块状构造，细粒花岗结构。粒径 2 ~ 1.5 mm。主要矿物为斜长石 60% ~ 65%、石英 30% ~ 35%、黑云母 5% ~ 10%、钾长石 5% ~ 8%。斜长石呈自形板柱状，黑云母呈自形条状，钾长石呈不规则板状，石英呈他形充填。岩石蚀变明显，斜长石普遍绢云母化和高岭土化，黑云母呈绿泥石、绿帘石化。

2）含斑花岗闪长岩（$r\delta_5^3$）灰白色，似斑状结构，块状构造。斑晶为斜长石，粒径 3.5 ~ 5 mm。基质为细粒粒状结构，显微蠕英交代结构。主要矿物为斜长石 45% ~ 50%、石英 20% ~ 25%、钾长石 10% ~ 15%、黑云母 5% ~ 10%、角闪石 5% ~ 10%。斜长石自形板柱状，且环带结构发育，钾长石为半自形板状和他形粒状，黑云母呈自形条状，石英呈他形充填，角闪石呈自形柱状。矿物蚀变明显，斜长石具绢云母化、绿帘石化和高岭土化，黑云母具绿泥石化，角闪石具次闪石化和绿泥石化，钾长石交代斜长石，在其边部形成显微蠕虫状石英。

3. 岩石化学特征

多勒江普岩体含斑花岗闪长岩岩石化学分析结果列于表 3 – 20。SiO_2 含量大于 65%，属酸性花岗岩范畴，其他含量与中国的花岗岩平均化学成分相近。里特曼指数 δ 为 2.35，属钙碱性岩石化学类型；$Al_2O_3 < K_2O + Na_2O + CaO$（分子数），为次铝花岗岩类，$Al_2O_3/(K_2O + CaO)$（分子比）为 0.9，属 I 型（科迪勒拉型）花岗岩类。但在 $A – C – F$ 图解中，该样品投入 S 型花岗岩区（图 3 – 37）；在 $K_2O – Na_2O$ 图解中，该样品投入 A 型花岗岩区（图 3 – 47）。岩石化学分析结果表明，多勒江普岩体属 IS 型花岗岩。

表 3 – 20　多勒江普岩体岩石化学分析结果及 CIPW 标准矿物一览表　　　$w(B)/10^{-2}$

样品编号	分析结果及含量													
	SiO_2	Al_2O	Fe_2O_3	FeO	MgO	K_2O	Na_2O	CaO	MnO	P_2O_5	TiO_2	CO_2	H_2O	Σ
D3116/1	65.76	14.67	1.29	3.09	1.48	3.45	3.87	3.43	0.075	0.27	0.54	0.88	1.08	99.89

样品编号	CIPW 标准矿物及含量												
	Q	Or	Ab	An	W_o	En	Fs	En′	Fs′	Mt	Il	Ap	C
D3116/1	20.0	20.8	33.5	12.7	1.2	0.5	0.7	3.2	4.5	1.2	1.0	0.6	0

CIPW 标准矿物及含量列于表 3 – 20 中，暗色矿物透辉石和紫苏辉石达 10.1%，与薄片鉴定结果

相近，造岩矿物含量分别为石英20%、钾长石20.8%、斜长石46.2%，在矿物定名三角图解中投入花岗闪长岩区（图3-38），与薄片鉴定结果一致。

4. 稀土元素和微量元素特征

多勒江普岩体含斑花岗闪长岩稀土元素含量及特征参数列于表3-21。从表中可以看出，稀土元素总量达 192.71×10^{-6}，属稀土总量较高；LREE/HREE 值为 3.4，属轻稀土富集型；δEu 和 Eu/Sm 值相对较小，反映岩浆分异作用明显。稀土元素球粒陨石标准化型式如图3-48（球粒陨石参数选用《花岗岩类1:5 万区域地质填图方法指南》推荐的球粒陨石平均值），稀土元素分配曲线明显向右倾斜，表明轻稀土明显富集，曲线在 Eu 处呈现出微弱的沟谷状，表明为 Eu 微弱亏损，反映多勒江普岩体属地壳重熔型，即为上地壳局部重新熔融产生花岗质岩浆，并侵入于一定部位而成。

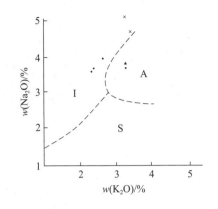

图3-47 调查区花岗岩 $Na_2O - K_2O$ 图解

• 康日岩体；▲ 多勒江普岩体；

× 洗夏日举岩体

表3-21 多勒江普岩体稀土元素含量及特征参数一览表

样品编号	稀土元素及含量/10^{-6}												
	La	Ce	Pr	Nd	Sm	Eu	Gd	Tb	Dy	Ho	Er	Tm	Yb
D3116/1	30.3	67.2	9.38	33.6	6.70	1.71	5.52	0.75	5.6	0.39	2.59	0.5	2.72

样品编号	稀土元素含量/10^{-6}及特征参数					
	Lu	Y	ΣREE	LREE/HREE	δEu	Eu/Sm	Ge_N/Yb_N
D3116/1	0.65	25.4	192.71	3.4	0.85	0.26	6.4

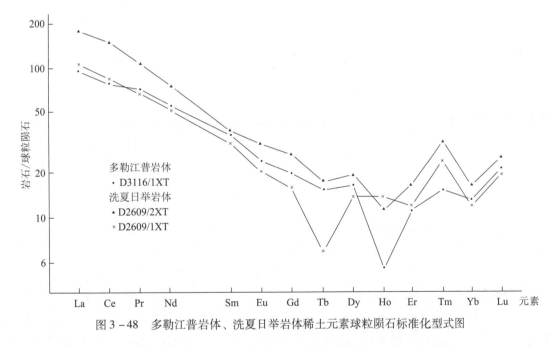

多勒江普岩体
• D3116/1XT
洗夏日举岩体
▲ D2609/2XT
× D2609/1XT

图3-48 多勒江普岩体、洗夏日举岩体稀土元素球粒陨石标准化型式图

多勒江普岩体微量元素含量列于表3-22，与花岗岩类岩石中的丰度（李昌年，1992）相比，Rb，Sr，Ba，Nb，Ta 等元素含量明显偏低，而 Cs，Zr，Hf 等元素含量则明显偏高，其他元素则比较接近。微量元素含量在 Rb-Hf-Ta 判图中，9 个样品全部落入火山弧花岗岩区（图3-49）；在 Rb-Y+Nb 判图中，9 个样品全部落入火山弧花岗岩区（图3-50a）；在 Rb-Y 判图中，9 个样品全部落入火山弧+同碰撞花岗岩区（图3-50b）。以上结果表明，多勒江普岩体属火山弧环境的花岗岩。

表 3-22　多勒江普岩体微量元素含量一览表　　　　　　　$w(B)/10^{-6}$

岩石类型	样品编号	微量元素含量																	
		Mo	Be	Rb	Sr	Ba	Ti	V	Cr	Co	Ni	Sc	Zr	Nb	Ta	La	Ce	Th	Hf	Y	Cs
细粒英云闪长岩	D3116/1	0.55	2.59	150	291	565	3052	55.6	295	23.8	311	9.87	201	17.2	1.57	39.1	81.6	15.8	5.66	29.3	6.04
	D3116/2	0.55	3.06	136	272	559	2975	50.0	23.0	10.8	10.6	9.06	210	15.4	1.06	35.6	78.4	14.0	5.06	26.1	5.52
	D3116/3	0.55	2.36	139	275	628	3069	54.0	23.0	7.3	11.3	7.89	217	16.5	0.85	37.0	77.0	19.0	5.03	25.4	7.25
	D3116/4	0.44	2.17	154	240	642	2968	51.9	20.0	9.1	13.2	8.77	213	15.0	0.34	40.0	76.5	19.7	5.35	27.3	6.48
	D3116/5	0.50	2.25	142	257	576	2952	53.4	23.4	8.6	15.2	8.24	206	16.5	1.01	35.7	69.8	18.2	4.33	26.4	5.15
	D3116/6	1.08	0.99	21.9	296	118	6209	119	181	20.5	101	15.6	123	19.4	1.72	21.4	36.4	2.10	2.42	18.2	2.58
含斑花岗闪长岩	D3115/2	0.85	2.28	164	215	621	2426	38.2	9.1	5.90	9.5	8.57	218	16.6	1.02	45.8	95.1	20.2	9.30	27.8	7.03
	D3115/3	0.69	2.26	153	228	630	2495	39.6	5.3	5.60	7.4	8.61	231	16.7	1.88	39.2	102	17.8	9.00	28.3	8.33
	D3115/4	1.02	2.69	163	230	677	2514	38.8	10.4	6.10	8.5	6.51	222	16.4	1.05	43.1	111	17.4	5.91	29.4	12.3

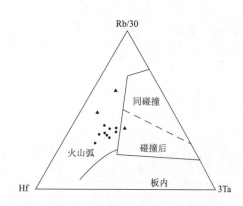

图 3-49　不同构造环境花岗岩的
Rb-Hf-Ta 判别图

• 多勒江普岩体；▲ 洗夏日举岩体

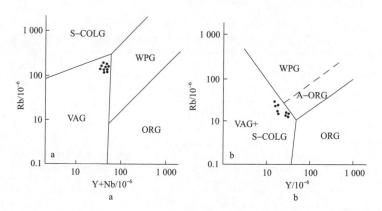

图 3-50　多勒江普岩体非活动性元素判别图

VAG—火山弧花岗岩；WPG—板内花岗岩；S-COLG—同碰撞花岗岩；
ORG—洋中脊花岗岩；A-ORG—异常洋中脊花岗岩

5. 同位素年龄

此次区域地质调查在含斑花岗闪长岩中取全岩样品作 K-Ar 同位素年龄测定，经宜昌地质矿产研究所测试中心测试其年龄值为 84.1 Ma，相当于晚白垩世中期。其他参数分别为 $W(K)/10^{-2}$ 为 2.806，$W(^{40}Ar)/10^{-6}$ 为 0.01674，$^{40}Ar/^{40}K$ 为 0.004999，φ（空氩）$/10^{-2}$ 为 36.5。

（三）洗夏日举岩体

洗夏日举岩体位于调查区南部黑阿公路第四道班与第五道班之间。平面上呈透镜状，北东向展布，长度约 6 km，平均宽度约 1.2 km，出露面积约 7.2 km²。与牛堡组紫红色砂岩以沉积不整合覆盖。

1. 地质特征

根据结构构造，矿物成分可将洗夏日举岩体解体为两个不同侵入体单元，其岩石类型分别为中细粒石英二长闪长岩（$\eta o \delta_5^3$）和微细粒花岗闪长岩（$r\delta_5^3$）。其中微细粒花岗闪长岩分布于岩体的边部，出露面积约 5 km²，约占岩体总面积的 70%。中细粒石英二长闪长岩位于微细粒花岗闪长岩体的中心，出露面积约 2.2 km²，约占岩体总面积的 30%。因覆盖，两者接触关系不清，因而两侵入体的侵入先后顺序不明。

2. 岩石学特征

1）石英二长闪长岩（$\eta o \delta_5^3$）：浅肉红色，灰白色，中细粒柱粒结构，显微文象结构，粒径 0.5～

3.5 mm，块状构造。主要矿物为斜长石 60%～65%、石英 15%～20%、钾长石 10%～15%、黑云母小于 5%。斜长石呈自形长柱状，粒径多数 0.5～2 mm，少数 0.6 mm×4 mm，部分具环带结构，发生强烈高岭土化及绢云母化；石英和钾长石呈他形粒状，石英与长石相互交生，形成显微文象结构；黑云母呈自形条状。

2）微细粒花岗闪长岩（$r\delta_5^3$）：浅肉红色，微细粒花岗结构，块状构造。粒径 0.03～1 mm。主要矿物为斜长石大于 60%，石英 20%～25%，钾长石 10%～15%，黑云母小于 5%。斜长石呈自形一半自形板柱状，石英和钾长石呈他形，黑云母呈自形条状。斜长石具高岭土化及绢云母化，黑云母具绿泥石化。

3. 岩石化学特征

洗夏日举岩体岩石化学成分分析结果列于表 3－23。两个样品 SiO_2 含量均大于 65%，属酸性岩范畴。石英二长闪长岩化学成分与中国的火成岩平均值中的石英二长岩相比，Fe_2O_3 和 K_2O 含量明显偏高，FeO，MgO，CaO 和 MnO 含量则明显偏低，其他氧化物含量相近。二长花岗岩与中国火成岩平均值中的花岗岩含量相比，TiO_2，Fe_2O_3，MgO，CaO 含量明显偏低，而 Na_2O 和 K_2O 则明显偏高，其他氧化物含量则比较相近。里特曼指数（δ）为 3.9 和 3.0，分别属于碱钙性和钙碱性岩石化学类型。中细粒石英二长闪长岩样品（D2609/1）$Al_2O_3 > K_2O + Na_2O + CaO$（分子数），属于过铝岩石类型；微细粒花岗闪长岩样品（D2609/2）$Al_2O_3 < K_2O + Na_2O + CaO$，属次铝岩石类型。两个样品的 $Al_2O_3/(K_2O + Na_2O + CaO)$（分子比）值分别为 1.01 和 0.97，均小于 1.1。在 $A-C-F$ 图解中，两个样品分别投入到 I 型花岗岩区和 S 型花岗岩区分界的两侧附近（图 3－46）；在 K_2O-Na_2O 图解中，两个样品均投入到 A 型花岗岩区（图 3－47），与计算结果一致，表明洗夏日举岩体属 A 型花岗岩，即造山带花岗岩。

从岩石化学分析结果可以看出，从石英二长闪长岩到微细粒花岗闪长岩，SiO_2 含量递减，K_2O/Na_2O 值也明显减小，Al_2O_3，$Fe_2O_3 + FeO + MgO$，CaO 及 TiO_2 含量则明显增大。

CIPW 标准矿物及含量列于表 3－23。标准矿物中仅有少量的暗色矿物，这与薄片鉴定结果中暗色矿物黑云母的含量基本一致。造岩矿物含量经三角图解定名为石英二长闪长岩和花岗闪长岩（图 3－38），与薄片鉴定结果完全一致。石英二长闪长岩中出现刚玉分子，表明为铝过饱和岩石化学类型。

表 3－23　洗夏日举岩体岩石化学分析结果及 CIPW 标准矿物含量　　　　$w(B)/10^{-2}$

样品编号	分析结果及含量													
	SiO_2	Al_2O_3	Fe_2O_3	FeO	MgO	K_2O	Na_2O	CaO	MnO	P_2O_5	TiO_2	CO_2	H_2O	Σ
D2609/1	71.88	14.57	0.79	0.75	0.5	4.47	4.79	1.3	0.05	0.026	0.09	0.59	0.74	100.55
D2609/2	66.54	16.07	2.71	0.95	0.74	4.32	5.20	1.46	0.10	0.16	0.50	0.47	1.39	100.61

样品编号	CIPW 标准矿物及含量												
	Q	Or	Ab	An	Wo	En	Fs	En′	Fs′	Mt	Il	Ap	C
D2609/1	23.0	26.6	40.9	5.1	0.5	0.2	0.3	1.0	1.7	0.4	0.2	0.1	
D2609/2	14.4	25.9	44.6	6.3				1.9	4.0	1.0	1.0	0.4	0.6

4. 稀土元素及微量元素特征

洗夏日举岩体稀土元素含量及特征参数列于表 3－24。从表中可以看出，稀土元素总量高达 315.61×10^{-6} 和 191.61×10^{-6}，表明稀土总量高和较高。轻重稀土（LREE/HREE）值分别为 5.0 和 3.9，属轻稀土富集型。δEu 值分别为 0.96 和 0.9，基本上接近于 1，属 Eu 微弱负异常，为 Eu 微弱亏损型。δEu 和 Eu/Sm 值相对较大，反映岩浆分异作用不明显。稀土元素球粒陨石标准化型式见图 3－49。图中分配曲线明显向右倾斜，表明轻稀土富集。分配曲线在 Eu 处基本不呈现"沟谷状"形态，表明洗夏日举岩体属地壳重熔型。

表 3-24 洗夏日举岩体稀土元素含量及特征参数一览表

样品编号	稀土元素及含量/10⁻⁶												
	La	Ce	Pr	Nd	Sm	Eu	Gd	Tb	Dy	Ho	Er	Tm	Yb
D2609/2	57.2	132	14.3	49.7	7.25	2.24	6.86	0.84	6.17	0.84	3.56	0.98	3.44
D2609/1	35.1	67.8	8.67	33.4	5.97	1.57	4.41	0.34	4.83	1.06	2.56	0.78	2.66

样品编号	稀土元素及含量/10⁻⁶及特征参数					
	Lu	Y	ΣREE	LREE/HREE	δEu	Eu/Sm	Ce$_N$/Yb$_N$
D2609/2	0.78	28.9	315.16	5.0	0.96	0.31	9.9
D2609/1	0.66	21.8	191.61	3.9	0.9	0.26	6.6

微量元素含量及特征参数列于表 3-25。主要微量元素 Rb，Cs，Sr，Ba，Th，Zr，Hf，Nb，Ta 含量与李昌年（1992）的各元素在各类岩浆岩中的丰度相比，石英二长闪长岩与闪长岩（中性岩）相比，Rb，Cs，Th，Nb 含量明显偏高，Sr，Zr 含量则明显偏低，而 Ba，Hf，Ta 含量基本接近。花岗闪长岩与花岗岩（酸性岩）在各岩浆岩中的丰度相比，Rb，Cs，Sr，Ba，Zr，Ta 含量明显偏低，而 Th，Nb 含量则明显偏高。在 Rb-Hf-Ta 判图中，有两个样品投入火山弧花岗岩区，一个样品投入碰撞后花岗岩区（图 3-49）；在 Rb-Y+Nb 判图中，3 个样品均投入到火山弧花岗岩区（图 3-51a）；在 Nb-Y 判图中，3 个样品均投入到火山弧+同碰撞花岗岩区（图 3-51b）。以上结果表明，洗夏日举岩体形成于火山弧或碰撞后的造山带环境。

表 3-25 洗夏日举岩体微量元素含量一览表　　　　　　　$w(B)/10^{-6}$

岩石类型	样品编号	微量元素含量									
		Mo	Be	Rb	Sr	Ba	Ti	V	Cr	Co	Ni
微细粒花岗闪长岩	D2609/1	1.85	3.17	168	58.2	129	1414	25.7	11.0	3.3	8.6
中细粒石英二长闪长岩	D2609/2	1.85	2.25	152	192	554	2814	39.3	5.5	3.3	4.8
	D2609/3	1.85	2.42	175	198	687	2809	40.7	19.1	4.8	9.5

岩石类型	样品编号	Sc	Zr	Nb	Ta	La	Ce	Th	Hf	Y	Cs
微细粒花岗闪长岩	D2609/1	3.39	141	28.2	0.43	35.6	58.2	35.1	2.19	20.9	3.95
中细粒石英二长闪长岩	D2609/2	4.71	244	27.1	0.49	52.3	123	33.6	4.21	22.3	4.30
	D2609/3	4.11	242	32.5	1.57	56.2	124	37.4	4.53	27.6	4.36

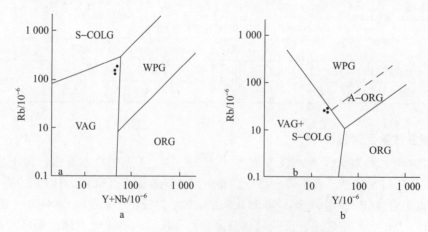

图 3-51 洗夏日举岩体非活动性元素判别图

VAG—火山弧花岗岩；WPG—板内花岗岩；S-COLG—同碰撞花岗岩；

ORG—洋中脊花岗岩；A-ORG—异常洋中脊花岗岩

5. 副矿物特征

洗夏日举岩体中细粒石英二长闪长岩副矿物含量及锆石特征列于表 3-26。副矿物组合主要为磁铁矿-榍石-磷灰石-锆石。锆石呈残缺柱状及碎块状，熔蚀现象较明显，晶面多具蚀坑、蚀痕，较粗糙。晶棱浑圆度以棱角状为主，次棱角状次之，个别呈浑圆状。包裹体较多，主要为分布无规模的细小锆石，次为红色星点状氧化铁等。形态主要发育柱面［100］，［110］及锥面［111］聚晶，次为近于相等的柱面［110］，［100］和锥面［111］，［311］聚晶。

表 3-26　洗夏日举岩体副矿物含量及锆石特征一览表

矿物种类	含量/g	锆石特征		
磁铁矿	0.005	颜色	浅玫瑰色	形态
赤铁矿	0.001	粒度	长：0.34~0.1 mm 宽：0.1~0.08 mm	主要发育柱面［100］，［110］及锥面［111］聚合的晶形，次为近于相等的柱面［110］，［100］和锥面［111］，［311］聚形
绿帘石	—			
褐铁矿	0.003	长宽比	(2~4)∶1	
榍石	0.002		金刚光泽	
磷灰石	0.001		半透明—不透明	
方铅矿	—		不发光	
石榴子石	—		锆石星点、氧化铁	
锆石	0.001		蚀坑、蚀痕明显	

6. 同位素年龄

此次区域地质调查在洗夏日举岩体中细粒花岗闪长岩中取同位素 K-Ar 法全岩年龄样品，经宜昌地质矿产研究所测试中心测试其年龄为 66.1 Ma，其时代相当于晚白垩世末期。主要参数为 $w(K)/10^{-2}$ 为 4.101，$w(^{40}Ar)/10^{-6}$ 为 0.1914，$^{40}Ar/^{40}K$ 为 0.003912，φ（空氩）$/10^{-2}$ 为 28.9。

二、岩体的剥蚀程度

对青藏高原这样一个最年轻的山系来说，岩体剥蚀浅是它最基本的特点。但调查区 3 个岩体由于其侵入高度略有差别，相对剥蚀程度仍各不相同。

1. 多勒江普岩体

多勒江普岩体平面上呈近圆形，出露面积相对较小，约 23 km²。其重要特征是发育上覆围岩的残留顶盖及规模巨大的火成（岩浆）角砾岩顶盖——次火山岩。岩体上部残留围岩和顶盖较多，最大长度可达 400 m，火成（岩浆）角砾岩（次火山岩）的出露面积可达总岩体的 70% 以上。且角砾棱角分明，大小不一，成分多为围岩的角砾，显示了浅部岩浆热量较低，而无法使围岩角砾蚀变，发生浑圆化，特别是未剥蚀掉的大面积火成角砾岩（次火山岩）的出现，为该岩体剥蚀极浅提供了有力的佐证。同时由于岩浆上涌过程中，温度随之不断降低，上升到近地表时温度更低，以使岩体边部的围岩蚀变微弱，而仅发育角岩化岩石，且角岩化带较窄，仅 30~100 m，局部更窄。

在微量元素方面，稀土总量较高，为 192.71×10^{-6}，顶部大面积出露的含角砾的次火山岩，其稀土总量更高，可达 204.43×10^{-6}，显示了岩体愈到顶部稀土总量愈富集的特点。

以上资料表明，多勒江普岩体剥蚀程度极浅，仅剥蚀到岩体的顶部位置，甚至将局部顶部的围岩还没有完全剥蚀掉。

2. 洗夏日举岩体

洗夏日举岩体由于受盆地的切割和古近-新近系等的覆盖，使原始形态和出露面积不详，但综合分析原岩体的出露面积可达 30~40 km²。由于岩体四周覆盖较多，仅从局部围岩中未见较明显的热接触变质现象，岩体边部无围岩捕房体及岩石矿物粒度较细小等特征判断，其剥蚀程度相对较浅，但比多勒江普岩体要深。

微量元素特征显示稀土总量（REE）分别为 191.6×10^{-6} 和 315.16×10^{-6}，初步表明其剥蚀程度应为浅—较浅。微量元素 Cr，Ni，Co，Ba，U 含量分别为 11.9×10^{-6}，7.6×10^{-6}，3.8×10^{-6}，4.57×10^{-6} 和 35.2×10^{-6}，与康日岩体同元素含量相比明显偏低，显示了岩体顶部这些元素含量减少的特点。特别是 Nb/V 值为 0.83，显然高于康日岩体同元素的比值，代表了靠近岩体较上部 Nb/V 的比值特征。以上可以看出，洗夏日举岩体剥蚀深度相对稍深。

3. 康日岩体

康日岩体为一出露比较完整的岩体，平面上呈圆形，出露面积约 175 km^2，对侵入岩不发育的兹格塘错地区来说，是一个规模较大的岩体。岩体中主要岩石类型矿物粒度相对较粗，除最晚期侵入的微细粒二长花岗岩外，其余均为中—细粒结构，含斑结构，粒径一般可达 2～3 mm，个别最大可达 5 mm，斑晶的粒度最大可达 0.8～1 cm。岩体边部少见围岩的捕房体，但岩体边部围岩热接触变质作用相对较强，具体表现为接触变质带较宽，一般 500～600 m，最宽可达 1 km；其次是角岩化特征明显，形成各类角岩；再就是热接触变质矿物相对较明显，角岩中出现变斑晶矿物黑云母片径可达 0.8～1.5 mm。这与岩体较深部位温度较高，变质作用相对较强有关。

在微量元素方面，康日岩体稀土总量（REE）明显较低，为（82.89～179.95）$\times 10^{-6}$ 之间。V，Mo，Nb，Ta 元素平均含量分别为 2.89×10^{-6}，18.2×10^{-6}，456×10^{-6} 和 36.0×10^{-6}，总体相对偏高，显示了岩体较下部位 Cr，Ni，Co，Ba，V 相对富集，而 U，Mo，Nb，Ta 则相对贫乏的微量元素分布规律。而 Nb/V 值则更能说明这一点，康日岩体微量元素平均值的 Nb/V 值为 0.4～0.7。Nb/V 值在花岗岩体的深部为零点几，而在含 W 和 Mo 矿化剥蚀较浅的岩体顶部则达 4～5 以上（邱家骧，1991），这就表明该岩体 Nb/V 值在 0.4～0.7 之间正是岩体较深部的位置。以上资料表明，康日岩体剥蚀程度较深。

三、侵入岩的成因及构造就位机制

（一）成因类型

调查区出露的中酸性侵入岩主要集中在班公错－怒江结合带及其北侧附近，3 个复式岩体和零星分布的独立侵入体根据岩石学和岩石化学特征分析，均属中酸性—酸性花岗岩类。在岩石学方面，其明显的矿物组分含量变化及岩石中组构演化特征。反映了调查区花岗岩具有成分及结构演化的双重特点。因而，在成因类型划分方面，往往存在复杂的过渡类型。

1. 康日复式岩体

康日岩体不同侵入体从早到晚显示了中酸性—酸性的演化特点，结构演化表现为早期为细粒、中细粒结构，中期为中粗粒含斑结构，而晚期为微细粒结构特点。在物质成分方面，TiO_2，Fe_2O_3，MgO，CaO 等组分由早到晚显著减少，即酸性增强；SiO_2 含量则增多，反映了酸性增强。在早期侵入体内，含少量闪长质暗色不规则包体。$Al_2O_3/(K_2O + Na_2O + CaO)$ 分子比值在 0.95～1.06 之间，小于临界值 1.1。δEu 在 0.7～1.01 之间，明显小于 1。综合各种资料，康日复式岩体中的早期侵入体具 I 型花岗岩成因特点。在 $A - C - F$ 图解中，有一部分样品投到 S 型花岗岩区，这也说明，该复式岩体的成因类型不是单一性的，具有 I 型向 S 型过渡的特点。因而，归属 IS 型成因。

2. 多勒江普复式岩体

多勒江普复式岩体形成于班公错－怒江结合带边界以北约 40～50 km 的多玛地层分区，时空上与康日岩体有所不同。根据同位素测年资料显示，康日复式岩体成岩年龄为 111～117 Ma（锆石 U－Pb 年龄），多勒江普复式岩体则较晚（84.1 Ma，K－Ar 年龄），两者相差约 30 Ma，成因上不具有同源岩浆演化特征。

多勒江普复式岩体由两个侵入体组成，早期为英云闪长岩，晚期为花岗闪长岩。由岩石化学分析结果可以确定，该复式岩体为中酸性花岗岩类。SiO_2 含量均大于 65%，与中国花岗岩的平均 SiO_2 含量接近。$Al_2O_3/(K_2O + Na_2O + CaO)$ 分子比为 0.9，里特曼指数 δ 为 2.35，属钙碱性岩石系列。在 $A - C - F$ 三角图解中，所有样品均投到 I 型与 S 型花岗岩分界线附近的 S 型花岗岩区中，稀土分配曲线也显示了地壳重熔型花岗岩特征。根据上述资料分析，多勒江普复式岩体早期侵入体具 I 型花岗岩特点（在早期侵入体岩石中见大量的闪长质有一定圆度的暗色细粒包体）；晚期花岗闪长岩则具有明显的 S 型花岗岩特征，岩石具斑状组构，钾长石含量也明显偏高（CIPW 计算为 20.8%）。因此，认为该复式岩体属 IS 过渡类型。

3. 洗夏日举复式岩体

该复式岩体产于班公错 - 怒江结合带中，其上被古近系牛堡组紫红色砾岩角度不整合覆盖，空间上与康日岩体和多勒江普复式岩体均无关联。在时间（66.1 Ma，K - Ar）上，也要比前两者分别晚 20 Ma 和 50 Ma。

洗夏日举复式岩体由两种岩石类型构成，早期为细粒石英二长闪长岩，晚期为微细粒花岗闪长岩。以成分演化为主，结构演化呈反序特征。岩石化学成分中 SiO_2 从早到晚具递增演化特征（66.54% ~71.88%），属酸性岩范围。TiO_2，Fe_2O_3，FeO，MgO，CaO 与中国的花岗岩平均含量相比，明显偏低。δ 值为 3.0 ~ 3.9，属碱钙性和钙碱性岩石系列。$Al_2O_3/(K_2O + Na_2O + CaO)$ 分子比为 0.97 和 1.01，低于临界值 1.1。在 $A - C - F$ 图解上，早期侵入体中两个样品均落到 I 型花岗岩区，晚期侵入体则落到 S 型花岗岩区。据以上特征，洗夏日举复式岩体与前述复式岩体在成因方面相同，具有 I 型向 S 型的过渡类型特点，属 IS 型。

（二）构造就位机制

1. 康日复式岩体

康日复式岩体产于班公错 - 怒江结合带中，其侵位是在该带闭合后短暂时间形成的，时间发生在早白垩世（同位素 U - Pb 年龄为 111 ~ 117 Ma）。

随着燕山运动使青藏高原中特提斯构造域的关闭，陆块和陆块之间的碰撞也相继开始，沿结合带深部所形成的小范围热点使下地壳岩石发生熔融作用。其熔浆沿构造通道向上运移进入上地壳而侵位。康日复式岩体就是在这种由挤压应力在局部（构造带）转化过程中形成，沿班公错 - 怒江结合带软弱带侵位。早期岩浆在相对高温条件下和相对较深条件下，发生熔离和良好的地球化学分馏，形成 I 型花岗岩，并含有少量暗色包体。

由于构造通道围压减少应力作用，并伴随着岩浆量的不断增加，动能也在不断加强，形成了具主动就位的康日复式岩体。由于岩浆温度是缓慢降低的，因而形成具环斑结构的斜长石斑晶。矿物晚期岩浆能量逐渐减少，但由于热液的活动，在早期侵入体中，形成了规模较小的微细粒二长花岗岩侵入体或脉体，并以脉动关系与早期侵入体接触。从康日复式岩体与围岩的接触关系、接触面特征、围岩蚀变类型和产出空间形态分析，该复式岩体应属热气球膨胀式的主动就位机制。

2. 多勒江普复式岩体

多勒江普复式岩体出露于多玛地层分区侏罗系中。同时，它侵入于莫库潜火山口颈相的次火山岩中，呈不规则形态。沿该复式岩体发育有近东西向断裂和近南北向断裂构造。空间上两条不同方向断裂相交位置就是多勒江普复式岩体（莫库潜火山口）的就位位置。因而，断裂构造是明显的控岩构造。

侵入相的多勒江普复式岩体与潜火山口关系密切，并与火山熔岩相，潜火山口次火山相"三相一体"，成因上密不可分。在班公错 - 怒江结合带形成后，燕山运动使羌塘盆地发生南北向挤压缩短，使已经闭合的班公错 - 怒江结合带造山，并形成陆 - 陆碰撞，使俯冲的陆块在深部发生熔融，沿断裂交汇部位上涌，形成火山机构。局限的引张应力成就了莫库潜火山口的形成，继而由火山喷发（溢），次火山作用过渡到侵入作用，形成了多勒江普复式岩体。复式岩体早期侵入体为一套含大量包体的英云闪长岩和少量石英闪长岩，晚期为斑状花岗闪长岩和少量不均匀的斑状二长花岗岩。该复式岩体因为与莫库潜火山机构关系密切，并形成了明显的先后演化顺序。因而，属主动就位机制。

3. 洗夏日举复式岩体

该复式岩体形成于班公错 - 怒江结合带中，但由于新生界地层的覆盖，宏观上未发现与之有关的断裂构造。根据形成的构造位置（结合带中）和形成时代（K-Ar 年龄 66.1 Ma）应与燕山旋回晚期构造活动有关，属中特提斯挤压造山过程中形成。根据其产出形态特征，并与邻近构造线方向一致的特点，判断其应属被动就位机制。

综上所述，根据调查区各复式岩体的时空状态，它们之间不具同源岩浆演化特征，也不属于中特提斯洋壳消减过程中火山弧产物。应归属碰撞造山可能与岩浆弧有关的构造岩浆活动。

四、脉岩

调查区脉岩不发育，且出露范围局限，主要出露于气相错—多勒江普以南区域（图 3-1）。但岩石种类较齐全，从基性—酸性均有出露。各类岩脉均沿构造裂隙或构造面理、层理侵入，与围岩界线清楚，脉壁平整，多呈脉状或透镜状产出。部分受晚期构造破坏并发生蚀变。

（一）基性岩脉

调查区基性岩脉主要有辉绿岩、辉绿玢岩及辉长岩，仅有 3 处出露，分别为气相错东约 30 km 的齐乃浪定附近、康日岩体东侧及多玛贡巴附近。

1. 辉绿岩脉

辉绿岩脉出露于多玛贡巴北约 2.5 km 附近，东侧与白云质角砾岩接触关系不清，其他周围被第四系覆盖，自身构成一弧立小丘，长宽均大于 100 m，不具方向性。

岩石灰绿色，含长结构，似斑状结构，块状构造。斑晶粒径小于 3.5 mm×1 mm，基质粒径小于 2 mm。主要矿物为斜长石 35%~40%，单斜辉石 60%~65%。斑晶中单斜辉石为自形柱状，斜长石为自形板柱状。基质具辉长结构，在自形板柱状斜长石杂乱分布的空隙中充填他形单斜辉石。岩石蚀变强烈，辉石全被阳起石及透闪石取代，斜长石发生钠黝帘石化，仅保持自形板柱状晶体轮廓。

2. 辉绿玢岩脉

辉绿玢岩脉出露于气相错东约 30 km 的齐乃浪定附近，顺层侵入，被夹在浅灰白色硅质岩和灰绿色玄武岩之间，产状与地层产状一致，为 180°∠65°。出露宽度为 10 m，可见延伸长度大于 200 m。

灰绿色，斑状结构，基质细—微粒含长结构。斑晶粒径 0.8~3 mm，成分为斜长石、单斜辉石及橄榄石。基质粒径 0.3~2 mm。主要矿物为斜长石 40%~45%，单斜辉石 35%~40%，橄榄石 10%~15%，黑云母 3%~5%。斜长石为自形长柱状，单斜辉石为自形—半自形柱状，橄榄石呈他形粒状。斜长石呈杂乱分布，其三角空隙被辉石、黑云母及橄榄石充填。岩石蚀变主要为单斜辉石的次闪石化及绿泥石化，黑云母的绿泥石化，斜长石的钠长石化等。

3. 辉长岩脉

辉长岩脉出露于兹格塘错北约 2 km 附近。平行板理侵入于木嘎岗日岩群绢云母板岩中，产状与板理产状一致，为 150°∠60°。出露宽度为 10 m，可见长度 250 m。

灰绿色，细粒粒状结构、辉长结构，块状构造。主要矿物为单斜辉石 15%~20%，斜长石 80%~85%。斜长石呈自形板状，发育聚片双晶和复合双晶，粒径 0.5~2 mm。晶粒间存在不太明显的三角架结构，$N_p'\Lambda$ (010) =23°~25°，为中—拉长石。单斜辉石呈半自形—他形粒状，晶体中多包有斜长石，粒径 0.4~0.6 mm。$N_p'\Lambda C$=40°，为易变辉石。

（二）中性岩脉

中性岩脉主要出露于图幅北西角查郎拉—江刀塘之间、东南角多玛贡巴和卓给浦港附近。主要岩石类型有黑云角闪闪长岩、闪长玢岩、石英闪长岩及石英闪长玢岩。

1. 黑云角闪闪长岩脉

该岩脉出露于调查区东边扎沙区卓给浦港沟内。被严格地控制在一大型断裂带内，产状与断裂带产状完全一致，为 190°∠65°。宽度为 250 m，可见长度大于 800 m。

灰绿色，中—细粒柱粒结构，块状构造，粒径 1.5~2.5 mm。主要矿物为斜长石 65%~70%，角闪石 15% ~20% ，黑云母 10% ~15% 。斜长石呈自形柱状—长柱状，角闪石呈自形长柱状，黑云母呈自形条状。岩石蚀变较强，斜长石发生高岭土化、绢云母化及绿帘石化，角闪石发生次闪石化，黑云母部分发生绿泥石化。

2. 闪长玢岩脉

闪长玢岩脉出露于调查区北西角江刀塘西约 16 km 的通季阿夏玛附近。位于一等厚向斜褶皱的两翼，与三叠纪地层门格拉群一起发生褶皱变形。其产状与地层产状基本一致。出露宽度为 120 ~150 m，可见长度大于 300 m。

灰绿色，斑状结构，块状构造。斑晶主要为斜长石，粒径 1 ~4 mm，含量 25% ~30% 。基质显微柱粒结构，粒径小于 0.3 mm×0.1 mm。矿物成分为斜长石 60% ~65% ，角闪石 25% ~30% ，黑云母 5% ~10% ，石英 2% ~3% 。斜长石自形板柱状，角闪石及黑云母绿泥石化，伴生绿帘石及方解石等。

3. 石英闪长岩脉

石英闪长岩脉出露于多玛贡巴西约 2 km 处。位于一大型韧性剪切带内，受韧性剪切带的影响边部普遍发生糜棱岩化，形成典型的退变质矿物绿帘石和绿泥石，并发育由绿泥石、绿帘石组成的定向构造。边界与围岩糜棱岩化玄武岩侵入接触关系清楚。走向近东西向，宽度 190 m，可见长度大于 1 000 m。

浅灰绿色—浅灰色，微—细粒柱粒结构，半自形粒状结构，块状构造。边部受糜棱岩化影响形成糜棱结构，条纹状 - 片状构造。矿物粒径 0.5 ~2 mm。主要矿物为斜长石 65% ~70% ，石英 10% ~15% ，角闪石 15% ~20% 。斜长石自形板柱状，角闪石全部发生绿泥石化，部分绿泥石具柱状晶形轮廓。石英呈他形充填。受糜棱岩化影响蚀变强烈，斜长石发生绿帘石化及钠长石化，绿帘石取代斜长石明显，角闪石被绿帘石取代，伴生绿帘石。

4. 石英闪长玢岩脉

该岩脉出露于调查区西北角江刀塘以西约 12 km 的麦托来江丁附近。位于一背斜构造的两翼，与三叠系上三叠统一起发生褶皱，其产状与地层产状基本一致。出露宽度 20 m，可见长度大于 1 000 m。

灰绿色，斑状结构，块状构造。斑晶主要为斜长石，粒径 1 ~3 mm，含量为 20% ~25% 。基质为显微柱粒结构，粒径 0.3 ~0.5 mm，含量 80% ~85% 。岩石主要矿物为斜长石 75% ~80% ，黑云母 10% ~15% ，石英 5% ~10% 。斜长石自形板柱状，部分具环带结构，黑云母自形条纹，石英呈他形粒状充填。岩石蚀变强烈，斜长石具绢云母化、绿帘石化、局部钠长石化；黑云母发生白云母化及绿泥石化。

（三）酸性岩脉

酸性岩脉主要出露在康日岩体内部、边部及多玛贡巴附近，主要类型有花岗斑岩脉、细晶岩脉及石英脉。

1. 花岗斑岩脉

花岗斑岩脉出露于康日岩体北部花岗闪长岩中。可能与南部较晚期侵入的含斑二长花岗有关。岩脉走向为近东西向，产状直立，出露宽度 5 m，可见长度大于 100 m。

浅肉红色，斑状结构，块状构造。斑晶粒径 0.5 ~2.5 mm，含量 30% ~35% ，其中石英 10% ，碱性长石 15% ，斜长石 4% ，黑云母 6% ，基质具细霏结构，含量 65% ~70% ，粒径小于 0.3 mm。石英多具熔蚀现象，黑云母已强烈暗化，并析出磁铁矿。

2. 细晶岩脉

细晶岩脉出露于康日岩体北部花岗闪长岩中。可能与南部最晚期侵入的微细粒二长花岗岩有关。岩脉沿裂隙产出，脉体产状 190°∠85°。宽度 13 m，可见长度大于 100 m。

肉红色，细晶结构，显微文象结构，粒径 0.1 ~0.3 mm，块状构造。主要矿物为碱性长石 55% ~

60%，斜长石 20%～25%，石英 20%～25%，黑云母 2%。碱性长石以条纹长石为主，与石英构成文象结构。斜长石有强烈的高岭土化和绢云母化。

3. 石英脉

石英脉出露于多玛贡巴北约 1 km 阿木岗岩群及图幅西南角木嘎岗日岩群地层中。围岩为灰绿色糜棱岩化玄武岩及千枚岩。走向近东西向，宽度约 80 cm，可见长度大于 100 m。为纯白色石英脉，不含任何其他矿物或杂质，石英含量 100%。

第三节 火 山 岩

调查区火山岩比较发育，但分布范围比较集中，即主要集中分布于南部的气相错—马登—扎沙区以南，北部仅个别地段出露晚白垩世阿布山组中的马登火山岩夹层。明显地表现出火山岩分布与构造带同位置的特点，也进一步证明了火山岩与构造带之间的密切关系。根据构造位置、变形变质、形成环境及时代，调查区火山岩可分为 4 期。古近纪火山岩由于出露较少，此节不作详述（见第二章地层及沉积岩部分）。

一、前泥盆纪火山岩

该火山岩位于调查区南部黑—阿公路第五道班—第六道班以北约 5 km 处的鄂如附近。为此次区域地质调查过程中新发现的强变形火山岩地层（地层划分与区域对比见第二章）。该地层呈构造移置体沿班公错－怒江结合带边缘呈透镜状分布，可能构成安多－聂荣地体的西延部分。东部被第四系覆盖，其他部位均与尕苍见组呈断层接触关系。作为保枪改－夏赛尔韧性剪切带的一部分，与带内的其他单元，如变质橄榄岩、千枚状绢云母粉砂质板岩、紫红色硅质岩等，均以脆性、韧性断层接触。移置体内与之构造混合由于它们同处强烈变形的构造带内，所以均遭受不同程度的糜棱岩化和碎裂岩化。

1. 地质特征

鄂如一带前泥盆纪火山岩呈北西西向以构造岩块的形式分布。受第四系覆盖和断裂的严格控制。平面上呈不明显的三角形，近东西向最长约 12 km，南北向最宽约 2 km。由于受到韧性剪切变形的破坏和影响，其原始层理和层序已不复存在，被晚期的糜棱面理（Sm）完全置换。糜棱面理总体北倾，倾向 330°～15°，倾角 40°～50°。岩性主要为一套灰绿色糜棱岩化基性熔岩，自南向北主要有玄武糜棱岩、糜棱岩化玄武岩、糜棱岩化细碧岩及糜棱岩化枕状玄武岩等。

2. 岩石学特征

1）糜棱岩化玄武岩：灰绿色，糜棱结构、变余填间结构和变余细碧结构，条纹状构造。主要矿物为斜长石和钠长石 70%～75%，单斜辉石 25%～30%。由于受韧性剪切变形，斜长石残斑定向平行排列，且出现两端不对称的拖尾及由剪切裂隙发育而成的叠瓦状布丁构造（书斜构造）。残斑被次闪石、绿泥石及绿帘石条纹绕行而过。辉石次闪石化后，呈纤柱状变晶定向平行分布。绿泥石、绿帘石均呈显微鳞片状或粒状集合体组成条纹，并平行排列，构成该糜棱岩化岩石的基质，含量为 35%～40%。在韧性变形较弱的弱变形域内，可见到原岩残留的填间结构，自形板条状斜长石杂乱分布，粒径小于 0.2 mm×0.05 mm，其形成的三角架空隙被次生矿物次闪石、绿帘石及绿泥石等充填。恢复其原岩为玄武岩。

2）玄武质糜棱岩：灰绿色，糜棱结构、轻微碎裂结构、变余斑状结构、变余填间结构、变余含长结构和变余细碧结构，条纹状—片状构造。斑晶为单斜辉石，粒径小于 1.5 mm×0.3 mm，基质粒径小于 0.2 mm×0.05 mm。主要矿物为斜长石和钠长石 50%～55%，单斜辉石 30%～35%，绿泥石 10%～15%。岩石受韧性剪切变形明显。残斑为次闪石化的单斜辉石及斜长石，呈眼球状平行定向排列，两端出现不对称的拖尾（δ 残斑）及叠瓦状剪切裂隙（布丁构造）。次闪石呈纤柱状变晶平行定向分布或条纹状相对集中分布。绿泥石为显微鳞片变晶，呈条纹状平行定向排列，这些条纹绕残斑而行，构成典型的糜棱结构和条纹状构造。

岩石弱变形域中可见残余填间结构及辉长结构，斜长石呈自形板条状，粒径小于 0.2 mm × 0.05 mm，并发生钠黝帘石化。斜长石杂乱分布的空隙中被绿帘石、次闪石及绿泥石等矿物充填。

3）糜棱岩化杏仁状细碧岩：灰绿色，显微鳞片纤柱状—不等粒变晶结构（图版Ⅲ-1）、糜棱结构、变余斑状结构，基质变余填间结构、变余交织结构和细碧结构，片状构造、变余杏仁状构造。斑晶为斜长石，粒径 0.2 ~ 0.6 mm，含量小于 5%，基质粒径小于 0.2 mm × 0.03 mm。主要矿物为斜长石（钠长石化）>65%，单斜辉石 25% ~ 30%。斜长石呈自形板条状，钠长石化明显，多数已变为钠长石，且杂乱分布，其空隙被绿泥石、次闪石及绿帘石等次生矿物充填。部分斜长石板条平行定向分布，形成交织结构。岩石中气孔被石英及绿帘石充填，变形后拉长呈透镜或眼球状，并平行定向分布，粒径 0.3 ~ 2 mm。

岩石受韧性剪切变形影响，斜长石残斑呈眼球状或小扁豆状，两侧出现不对称拖尾，部分出现布丁构造（书斜构造），绿泥石条纹、次闪石条纹及绿帘石条纹围绕残斑分布，构成糜棱结构和眼球状构造。

4）糜棱岩化杏仁状枕状玄武岩：灰绿色，宏观上具典型的枕状构造。岩枕形态多为透镜状，长轴一般 40 ~ 60 cm，短轴一般 15 ~ 25 cm，边部发育 0.5 ~ 1.5 cm 厚的隐晶质或玻璃质冷凝边。镜下为变余斑状结构，基质为变余细碧结构、填间结构、含长结构及交织结构，变余杏仁状构造、条纹构造。受韧性剪切变形影响，发育显微纤柱状-鳞片状-不等粒状变晶结构、糜棱结构。斑晶为钠长石及钠长石化斜长石，粒径 0.3 ~ 0.6 mm，含量 1% ~ 2%。基质主要为钠长石、斜长石、绿泥石及阳起石等，粒径小于 0.2 mm × 0.04 mm。主要矿物含量为斜长石及钠长石 60% ~ 65%，阳起石 5% ~ 10%，绿泥石 15% ~ 20%，绿帘石 10% ~ 15%。斜长石及钠长石自形板条状杂乱分布，其空隙被绿泥石、绿帘石、阳起石等矿物充填，大致平行分布形成交织结构。岩石中气孔被绿帘石和石英充填，杏仁体多呈球形及椭球形，粒径 0.3 ~ 1.5 mm，变形后拉长定向排列分布。

岩石发生糜棱岩化后，钠长石和斜长石残斑呈小眼球状定向排列，退变质矿物绿泥石、绿帘石、阳起石等条纹绕残斑而过，形成糜棱结构和条纹状构造。

3. 岩石化学特征

前泥盆纪火山岩中糜棱岩化玄武岩岩石化学分析结果及 CIPW 标准矿物含量列于表 3-27。从表中可以看出，SiO_2 含量为 48.56%，属基性岩范畴。各氧化物含量与中国的火成岩平均值中的玄武岩相比，TiO_2，Fe_2O_3，MnO，K_2O 含量明显偏低，MgO，CaO 含量则明显偏高，其他氧化物含量基本相近。里特曼指数（δ）为 2.62，为钙碱性岩石系列。在 $A-F-M$ 图解中，样品落入钙碱性玄武岩与拉斑玄武岩的交界处（图 3-52），表明该火山岩具拉斑玄武岩与钙碱性火山岩过渡特征。在 TiO_2，MnO，P_2O_5 图解中样品落入火山弧拉斑玄武岩区（图 3-53）

表 3-27 前泥盆纪火山岩（玄武岩）岩石化学及 CIPW 标准矿物含量一览表 $w(B)/10^{-2}$

样品编号	分析项目													
	SiO_2	Al_2O_3	Fe_2O_3	FeO	MgO	CaO	Na_2O	K_2O	TiO_2	P_2O_5	MnO	CO_2	H_2O	Σ
D1892/4	48.56	14.82	3.24	6.77	8.15	8.84	3.38	0.44	0.85	0.1	0.1	2.49	2.68	100.52

样品编号	CIPW 标准矿物											
	Or	Ab	An	DI			Hy		Ol		Mt	Il	Ap
				Wo	En	Fs	En'	Fs'	Fo	Fa			
D1892/4	2.7	30.0	25.2	8.6	5.1	3.1	3.9	2.3	5.7	8.6	2.7	1.7	0.2

两种图解对强变形火山岩构造环境判别，显然存在一定差异。前泥盆纪阿木岗岩群火山岩由于可能代表的是调查区古特提斯大洋环境。根据图解，可将其构造环境归为大洋演化中的初始岛弧环境。CIPW 标准矿物中未出现石英分子，且钾长石（Or）含量仅占 2.7%，属典型的低钾玄武岩类。暗色矿物含量高达 37.4%，与典型玄武岩中暗色矿物含量相近。由此可见，该玄武岩基本由斜长石和暗色矿物组成，与薄片鉴定结果基本一致。

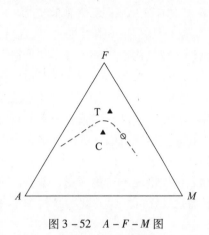

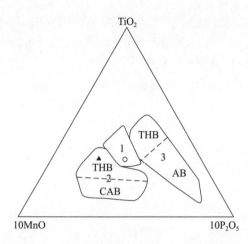

图 3 – 52 *A* – *F* – *M* 图

（底图据 Irvine 等，1971）

○—鄂如火山岩；▲—尕苍见火山岩

T—拉斑玄武岩系列区；C—钙碱性系列区

图 3 – 53　各种构造玄武岩的次要元素判别图

（底图据 Mullen，1983）

○—鄂如火山岩；▲—尕苍见火山岩；1—洋中脊玄武岩；

2—火山弧玄武岩（THB：拉斑玄武岩；CAB：钙碱性玄武岩）；

3—洋岛、板内玄武岩（AB：碱性玄武岩）

4. 稀土元素及微量元素特征

前泥盆纪火山岩稀土元素含量及特征参数列于表 3 – 28 和表 3 – 29。从表中可以看出，稀土元素的总量偏低，稀土总量（REE）仅为 75.36×10^{-6}。轻重稀土比值（LREE/HREE）仅 0.40，为轻稀土亏损型。

表 3 – 28　前泥盆纪火山岩稀土元素含量及特征参数一览表

样品编号	分析项目及含量/10^{-2}												
	La	Ce	Pr	Nd	Sm	Eu	Gd	Tb	Dy	Ho	Er	Tm	Yb
D1892/4	3.65	9.4	1.86	3.98	2.15	0.92	16.45	1.86	6.38	0.37	6.56	0.6	2.78

样品编号	分析项目、含量/10^{-6} 及特征参数						
	Lu	Y	REE	LREE/HREE	δEu	Eu/Sm	Ce_N/Yb_N
D1892/4	0.40	17.3	75.36	0.40	0.31	0.45	1.69

稀土元素球粒陨石标准化型式见图 3 – 54。其配分曲线总体形态与 Frey 等人（1968）的岛弧拉

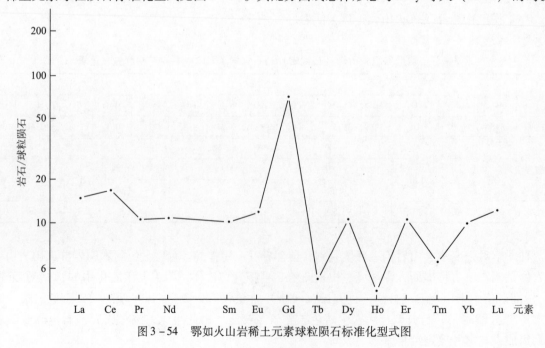

图 3 – 54　鄂如火山岩稀土元素球粒陨石标准化型式图

128

表3-29 前泥盆纪火山岩微量元素分析结果一览表

$w(B)/10^{-6}$

岩石类型	样品编号	Cu	Pb	Zn	Ti	Rb	Sr	Nb	Zr	Co	Cr	Ni	V	La	W	Mo	Ba	Ta	Th	Sc	Y	Cs	Hf
糜棱岩化玄武岩	D1892/4	52.6	6.0	64.8	3573	6.2	87.5	4.3	45.9	30.5	214	63.4	176	10.4	0.25	0.41	100	1.63	6.0	32.0	15.4	0.6	1.32
	D1892/5	59.8	30.2	69.4	4006	93.9	296	7.1	126	26.0	134	52.3	140	20.6	0.25	0.42	565	1.58	8.3	27.2	19.6	3.42	4.06
	D1892/6	13.6	13.0	42.1	2494	2.9	334	6.8	47.1	21.3	36.7	55.2	201	16.2	0.25	1.08	45.7	0.93	5.2	22.2	10.8	0.49	1.69
	D1892/7	81.1	23.0	27.4	3258	2.2	355	8.9	79.4	17.3	64.4	37.7	202	11.5	0.25	0.54	47.5	1.42	6.3	23.9	13.9	0.32	2.16
	D1892/8	92.8	4.05	100	1688	0.85	78.6	3.15	43.6	40.4	468	97.6	130	10.2	0.7	0.64	42.6	0.84	5.8	28.7	6.15	1.54	0.43
	平均	60.0	15.3	60.7	3004	21.2	230.2	6.05	68.4	27.1	189.6	61.2	170	13.8	0.34	0.62	160.2	1.28	6.3	26.8	13.2	1.27	1.93
糜棱岩化枕状玄武岩	D1893/6	118	3.0	48.7	3382	2.6	48.4	5.9	61.3	28.8	95.7	42.4	171	14.1	0.25	0.34	62.2	1.44	5.3	32.5	12.1	1.4	1.58
	D1893/7	49.9	27.4	84.6	6874	4.6	57.0	8.0	86.5	30.1	44.3	37.2	246	12.9	0.25	0.41	166	1.18	5.1	31.3	24.9	2.57	2.71
	D1893/8	94.0	28.2	65.7	3500	4.7	159	5.7	70.9	30.4	71.4	39.3	231	10.7	0.25	0.41	84.2	1.97	8.4	32.8	11.5	1.81	1.94
	D1893/9	18.8	11.3	40.5	3284	4.0	137	7.1	68.1	25.5	49.6	36.6	230	11.0	0.25	0.41	70.4	1.61	3.4	29.1	11.2	1.65	1.85
	D1893/10	18.2	7.6	47.3	3730	4.4	82.0	6.9	80.8	26.6	58.6	34.4	188	16.0	0.25	0.41	132	1.55	6.0	31.7	12.9	1.63	2.01
	平均	59.8	15.5	58.0	4154	4.1	96.7	6.7	73.5	28.3	63.9	38.0	213	12.9	0.25	0.41	103	1.55	5.6	31.5	14.5	1.81	2.02

斑玄武岩配分曲线相近（李昌年，1992），但曲线形态又明显可分为前后截然不同的两部分。前半部分即轻稀土元素部分为一简单的近似水平直线，而后半部分即重稀土部分则为锯齿状折线。前半部分代表岩浆微弱分异后轻稀土先进入熔体的曲线形态；后半部分则代表微弱分异时保留在残余固相中的原始分配形式。同时从配分曲线中还可以看出，稀土元素 Gd 具有最大正异常，而元素 Ho 则具有明显负异常。特征参数 δEu 和 Eu/Sm 均比较小，仅为 0.31 和 0.45，表明为 Eu 亏损型，但从配分曲线中却看不出在 Eu 处的明显"沟谷"，这与相邻元素 Gd 含量有关。特征参数 Ce_N/Yb_N 值较小，仅为 1.69，表明该火山岩熔融程度较强，该岩浆完全由上地幔基性岩石熔融而成。

微量元素在 Ti – Zr – Sr 判图中，10 个样品中有 3 个样品落入洋中脊玄武岩区，7 个样品落入钙碱性玄武岩区（图 3 – 55）。在 Ti – Zr – Y 判图中，两个样品落入洋中脊玄武岩区，8 个样品落入岛弧钙碱性玄武岩区（图 3 – 56），其结果与 Ti – Zr – Sr 判图结果基本一致。在 Ti – Zr 判图中，样品的投点很分散（图 3 – 57），落入 B 区和 D 区的样品各一个，而落入 A 区的有 3 个样品，落入 C 区的有 4 个样品，还有一个投到区域之外。这表明前泥盆纪火山岩成因的多解性。但综合所有分析成果（表 3 – 30），可以认为这套基性火山岩为火山弧环境的拉斑玄武岩或钙碱性玄武岩系列。

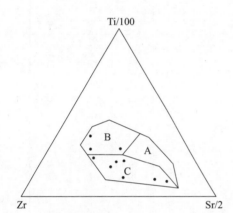

图 3 – 55　不同构造环境玄武岩 Ti – Zr – Sr 判别图
（底图据 Pearce 等，1973）

A—岛弧拉斑玄武岩；B—洋脊拉斑玄武岩；
C—钙碱性玄武岩

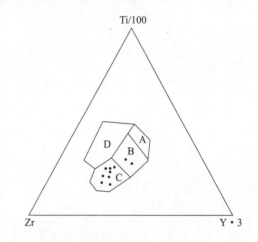

图 3 – 56　不同构造环境玄武岩的 Ti/100 – Zr – Y·3 判别图
（底图据 Pearce 等，1973）

A，B—岛弧拉斑玄武岩；B，C—岛弧钙碱性玄武岩；
B—洋脊拉斑玄武岩；D—板内玄武岩

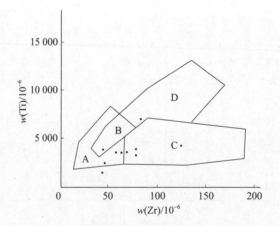

图 3 – 57　不同构造环境玄武岩的 Ti – Zr 判别图
（底图据 Pearce，1982）

A 和 B—岛弧拉斑玄武岩；B 和 C—钙碱性玄武岩（岛弧）；B 和 D—洋中脊拉斑玄武岩

5. 构造环境及形成机制分析

综合以上资料，这套火山岩（玄武岩）具有以下主要特征：①它是一套遭受韧性剪切变形的基性火山岩类——玄武岩、细碧岩等；②根据与周围地质体的接触关系和糜棱岩化特征分析，火山岩来

表 3 – 30　前泥盆纪玄武岩与不同构造环境玄武岩微量元素含量对比表　　$w(B)/10^{-6}$

微量元素	洋中脊		板内		火山弧		标准洋中脊玄武岩	本区玄武岩	
	拉斑玄武岩	过渡型玄武岩	拉斑玄武岩	碱性玄武岩	拉斑玄武岩	钙碱性玄武岩		糜棱岩化玄武岩	糜棱岩化枕状玄武岩
Rb	(2)	(6)	(7.5)	(40)	4.7	23	2	21.2	4.1
Ba	(20)	(60)	(100)	(600)	60	260	20	160.2	103
Zr	90	96	149	213	40	71	90	68.4	73.5
Hf	2.44	2.93	3.44	6.36	1.17	2.23	2.4	1.93	2.02
Ta	0.29	0.85	0.73	5.9	0.10	0.18	0.18	1.28	1.55
Nb	4.6	16	13	84	1.7	2.7	3.5	6.05	6.7
Th	0.26	0.8	0.77	4.5	0.37	1.26	0.2	6.3	5.6
Sr	121	196	290	842	231	428	120	230.2	96.7
Ni	(90)	(130)	(70)	(90)	18	50		62.1	38.0
Y	33	25	26	25	17	22	30	13.2	14.5
Sc	40.6	36.6	32.6	26.2	40	32	40	26.8	31.5
Cr	251	411	352	536	111	160	250	189.6	63.9

注：据 Pearce，1982；表中括号内为估算值。

自深部且经过韧性剪切变形，并被构造推覆置于地表，构成构造移置体；③与它共生并同样遭受构造改造的其他构造岩块有变质橄榄岩、紫红色硅质岩、糜棱岩化绢云母板岩及糜棱岩化石英闪长岩体等，表明它们为一复杂的构造组合体；④岩石化学特征显示，该火山岩（玄武岩）既具有拉斑玄武岩特征，又具有钙碱玄武岩特征；⑤微量元素特征表明，火山岩的形成环境为岛弧环境。

二、晚侏罗世火山岩

晚侏罗世火山岩分布于调查区南部雅纳—捷查—尕苍见以南和亚土错—兹格塘错—第六道班以北。在构造位置上位于班公错 - 怒江结合带中，为此次区域地质调查新发现的一套海相火山岩，其上为正常沉积陆源碎屑岩 - 碳酸盐岩地层，地层划分中将以火山岩为主的地层命名为上侏罗统尕苍见组（J_3g），其中火山岩部分为该组的上段（J_3g^2）。

1. 地质特征

尕苍见组火山岩呈东西向—北西西向展布，近东西向长约 100 km，近南北宽约 25 km。其间被构造和第四系分割成十多个独立的小块体。与晚白垩世阿布山组（K_2a）为沉积角度不整合接触关系，与查交玛组（J_3ch）为整合或断层接触关系。

由于晚期构造的破坏及沿走向上明显的相变，使该火山岩出现不同部位岩性的明显差异。此次区域地质调查选取有代表性的 3 条剖面对尕苍见组的火山岩进行详细划分和研究。

（1）捷查剖面

捷查附近的尕苍见组的火山岩自南向北总体构成一向北倾斜的复单斜，其中发育两背两向的宽缓等厚褶皱。岩性为玄武岩类和安山岩。捷查剖面仅以其中一段单斜为例叙述如下（图 3 – 58）。

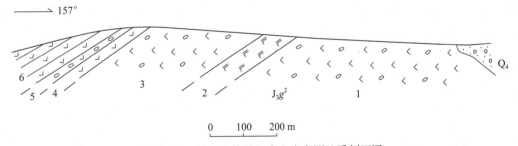

图 3 – 58　捷查尕苍见组火山岩实测地质剖面图

尕苍见组火山岩（J_3g）　　　　　　　　　　　　　　　　　　　　　　　厚度：>605.4 m

6. 浅紫灰色—灰绿色薄层状安山岩　　　　　　　　　　　　　　　　　　　　　　150.6 m

131

5. 灰绿色块状安山质火山角砾岩	22. 3 m
4. 浅紫灰色—灰绿色薄层状安山岩	30. 2 m
3. 灰绿色块状杏仁状玄武岩	199. 5 m
2. 浅灰绿色块状粗玄岩	56. 8 m
1. 灰绿色块状杏仁状玄武岩	>146. 4 m

捷查剖面未见底，顶部位于向斜构造槽部，底部被第四系松散堆积物覆盖。但在原剖面北段向斜槽部火山岩之上见查交玛组（J₃ch）陆棚相泥晶灰岩和内碎屑泥晶灰岩等，表明该火山岩喷发时古地理环境为浅海陆棚相。

该剖面火山岩自下而上可划分为 3 个喷发韵律。第二个韵律由下部 1，2 层组成，即下部的杏仁状玄武岩和上部粗玄岩，表现出自下而上碱性增强的特点；第二个喷发韵律由中部 3，4 层组成，即下部的杏仁状玄武岩和上部安山岩，具有自早到晚由基性—中性的成分演化特点；第三个韵律由 5，6 层组成，即下部厚度较小的安山质火山角砾岩和上部厚度巨大的安山岩，具由爆发相—溢流相演化特点，以上可以看出，尕苍见组火山岩具如下演化特征：①自早到晚喷发物成分由基性向中性演化；②喷发方式由溢流相—爆发相—溢流相的多次重复演化。

（2）尕苍见剖面

尕苍见剖面火山岩为一向北倾斜的简单单斜。上与正常沉积的碎屑岩为平行不整合接触关系。下伏地层岩性为深灰色薄层状细粒岩屑长石砂岩，为正常陆源碎屑沉积岩，上覆岩性为含火山岩岩块组成的火山沉积砾岩。剖面上火山岩岩性主要为火山角砾–集块岩，安山岩及少量玄武岩等，以中性火山岩为主，厚度达 1 873.14 m。现以该剖面为例叙述如下（图 3 – 59）。

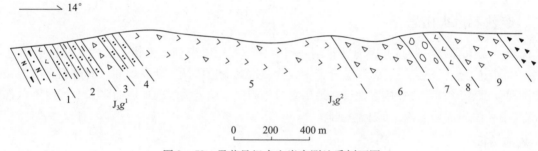

图 3 – 59　尕苍见组火山岩实测地质剖面图

上覆地层：查交玛组（J₃ch）沉积角砾岩

------------------- 平行不整合 -------------------

尕苍见组上段（J₃g²）

9. 深灰绿色块状安山 – 玄武质火山角砾岩	236. 31 m
8. 浅灰绿色块状安山岩	58. 40 m
7. 灰绿色块状安山质火山集块岩	109. 88 m
6. 灰绿色块状玄武质火山角砾岩	268. 02 m
5. 绿灰色块状含火山角砾玻屑凝灰质玄武岩	715. 13 m

尕苍见组下段（J₂g¹）

4. 灰—深灰色薄层状粉砂岩夹灰岩、火山角砾岩、含砾钙质岩屑砂岩岩块及硅质岩	9. 81 m
3. 浅灰绿色块状玄武安山质火山角砾岩	72. 12 m
2. 深灰色薄层状泥质粉砂岩夹火山岩岩块	217. 52 m
1. 浅绿灰色块状蚀变安山岩	39. 96 m

尕苍见剖面上火山岩自下而上可划分为 3 个火山喷发旋回，其间均由正常沉积岩相隔。3 个火山喷发旋回分别由 1 层的安山岩独自组成的火山喷发旋回；由 3 层火山角砾岩组成的单旋回和由 5 ~ 9 层组成的复式火山喷发旋回。5 ~ 9 层组成的复式火山喷发旋回又划分为 3 个火山喷发韵律，即由 5 层含火山角砾玄武岩组成的喷发韵律；由 6 ~ 7 层火山角砾岩 – 集块岩和 9 层安山岩组成火山喷发韵

律和9层火角砾岩单独组成的火山喷发韵律。

该火山岩自下而上成分演化规律为安山质—玄武安山质—玄武质—安山质—安山玄武质，显示了韵律性演化的特点。

从尕苍见组火山岩中的正常碎屑岩夹层及下伏正常沉积岩可以判断，该火山岩喷发时的古地理环境为浅海陆棚相。

（3）鄂布苏尔剖面

鄂布苏尔剖面位于尕苍见剖面的北侧。在层位上位于尕苍见火山岩的上部，其间夹正常沉积的粉砂岩－泥岩－微晶灰岩组合，后被保枪改－夏赛尔构造移置体切割，西侧被古近系牛堡组（$E_{1-2}n$）覆盖；北侧与上白垩统阿布山组（K_2a）为断层或沉积不整合接触关系。剖面中岩性主要为中—酸性钙碱性火山岩。现以鄂布苏尔实测剖面为例叙述如下（图3－60）。

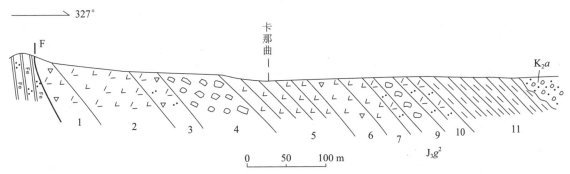

图3－60　鄂布苏尔尕苍见组上段火山岩实测剖面图

上覆地层： 阿布山组紫红色砂岩

～～～～～～ 角度不整合 ～～～～～～

尕苍见组上段（J_3g^2）　　　　　　　　　　　　　　　　　　　　　　厚 >545.89 m

11. 深灰色—黑色泥岩夹浊积岩透镜及灰岩岩块　　　　　　　　　　　　　>133.06 m

10. 灰绿色厚层状玄武－安山质岩屑晶屑凝灰岩夹薄层状英安岩　　　　　　9.612 m

9. 浅绿色块状安山质火山集块岩　　　　　　　　　　　　　　　　　　　20.72 m

8. 浅灰绿色玄武－安山质岩屑晶屑凝灰岩夹薄层状英安岩　　　　　　　　9.61 m

7. 灰绿色块状安山岩　　　　　　　　　　　　　　　　　　　　　　　　26.14 m

6. 灰绿色块状含火山角砾安山岩　　　　　　　　　　　　　　　　　　　39.13 m

5. 灰绿色厚层状安山岩　　　　　　　　　　　　　　　　　　　　　　　97.32 m

4. 灰绿色块状火山集块岩　　　　　　　　　　　　　　　　　　　　　　62.91 m

3. 灰绿色块状玄武－安山质含火山角砾凝灰岩　　　　　　　　　　　　　27.82 m

2. 浅灰绿色块状英安岩　　　　　　　　　　　　　　　　　　　　　　　81.56 m

1. 浅灰绿色块状含火山角砾英安岩　　　　　　　　　　　　　　　　　　19.49 m

===== 断　　层 =====

下伏地层： 紫红色含铁石英岩

鄂布苏尔剖面火山岩地层出露厚度大于545.89 m，其中火山岩厚度大于412.83 m。岩性主要为中—酸性火山岩，比尕苍见一带的尕苍见组火山岩下部层位更偏酸性，而大量的中—酸性火山岩正是火山弧的特点。

该剖面火山岩由一个喷发旋回组成，可划分出4个火山喷发韵律。第一个火山喷发韵律由1~3层组成，即含火山角砾英安岩－英安岩－凝灰岩，由喷溢相－火山沉积相组成；第二个喷发韵律由4，5层组成，即火山集块岩－安山岩，由爆发相－喷溢相组成；第三个喷发韵律由6~8层组成，即含火山角砾安山岩－安山岩－凝灰岩，由喷溢相－火山沉积相组成；第四个喷发韵律由9，10层组成，即火山集块岩－凝灰岩夹英安岩，由爆发相—喷溢相与火山沉积相构成的过渡带组成。4个火山喷发韵律反映了4次比较完整的火山作用。

2. 岩石学特征

根据火山岩的分类方案，尕苍见组火山岩可划分出火山碎屑岩类、火山碎屑熔岩类和熔岩类。火山碎屑岩类主要包括火山集块岩、火山角砾岩、含火山角砾凝灰岩和岩屑晶屑凝灰岩。火山碎屑熔岩类主要包括含火山角砾玻屑凝灰质玄武岩、含火山角砾安山岩和含火山角砾英安岩。熔岩类主要包括玄武岩、杏仁状玄武岩、粗玄岩、安山岩、粗面安山岩和英安岩等。

（1）火山碎屑岩类

1）火山集块岩：灰绿色，火山集块结构，块状构造。集块占岩石总量的60%～70%，为棱角—次棱角状，砾径7～25 cm，局部可达60 cm，成分为安山质。集块具斑状结构，基质玻晶交织结构。斑晶为斜长石和黑云母，粒径0.2～2.5 mm，含量30%～35%。基质以斜长石为主，次为黑云母及玻璃质，粒径小于0.3 mm×0.03 mm。主要矿物为斜长石35%～40%，黑云母5%～10%，玻璃质30%～35%。

2）火山角砾岩：灰绿色，火山角砾结构，块状构造。角砾成分为玄武质和安山质，玄武质含量30%～35%，安山质含量15%～20%。砾径2～12 mm，宏观可达7～8 cm。形态为不规则棱角状、撕裂状及次棱角状。角砾中还发育成群分布的圆形杏仁体，粒径0.05～0.6 mm，充填物为石英、蛋白石、玉髓、方解石和绿泥石等。火山角砾岩的填隙物凝灰质碎屑1%～15%、斜长石、辉石晶屑5%～10%、中—基性玻屑5%～10%，胶结物为钙质20%～25%。含火山角砾凝灰岩：灰绿色，火山角砾凝灰结构，块状构造。火山角砾砾径2～4 mm，凝灰质碎屑粒径2～0.5 mm，粒度较大者为岩屑和晶屑，较小者为凝灰质。主要碎屑物含量：玄武质岩屑10%～15%，安山质岩屑35%～40%，斜长石晶屑20%～25%，单斜辉石晶屑5%～10%。填隙物含量为基—中性火山灰及绿泥石15%～20%。碎屑物呈棱角状、次棱角状及次圆状，少数呈撕裂状。火山角砾含量占碎屑物的5%～10%。

3）岩屑晶屑凝灰岩：灰绿色，岩屑晶屑凝灰结构，块状构造。岩石主要由碎屑物和填隙物两部分组成。碎屑物粒径一般0.5～2 mm，其中包括岩屑和晶屑。凝灰质粒径小于0.1 mm。主要碎屑物成分和含量为玄武质岩屑15%～20%，安山–英安质岩屑25%～30%，斜长石晶屑10%～15%，黑云母晶屑5%～10%，石英晶屑1%～3%，单斜辉石晶屑5%～10%。填隙物主要由凝灰质（火山灰）和方解石组成。火山灰5%～10%，方解石20%～25%。岩石蚀变较明显，斜长石晶屑多被方解石交代，黑云母晶屑多发生绿泥石化及碳酸盐化，单斜辉石晶屑多具次闪石化、绿泥石化及方解石化。

（2）火山碎屑熔岩类

1）含火山角砾玻屑凝灰质玄武岩：绿灰色，含火山岩角砾凝灰结构、填间结构，斑杂状—块状构造。火山角砾砾径2～100.4 mm，形态为棱角状—不规划条状，含量5%～10%，成分为杏仁状玻璃质玄武岩岩屑。熔岩成分主要有斜长石30%～35%，玻璃质和脱玻化物质大于45%，此外还有少量粒径0.02～0.04 mm的基性玻屑。

2）含火山角砾安山岩：灰绿色，火山角砾结构、安山质结构，块状构造。火山角砾多为棱角状—次棱角状，直径一般为2～5 cm，个别可达8～10 cm，构成火山集块，含量20%～25%。胶结物为安山质熔岩，含量75%～80%，斑状结构，基质交织结构、玻晶交织结构。斑晶主要为斜长石，粒径0.3～2 mm，含量45%～50%。基质成分为玻璃质，含量25%～30%。

3）含火山角砾英安岩：浅灰绿色，斑状结构、火山角砾结构，块状构造、气孔状构造。火山角砾为安山岩，砾径2～6 mm，呈棱角—次棱角状，含量5%～10%。英安岩斑晶为斜长石，粒径小于0.6 mm，含量5%～10%。基质为玻晶交织结构、霏细结构和微花岗结构，矿物成分及含量为斜长石18%～20%，石英20%～25%，钾长石10%～15%，玻璃质及脱玻化物质20%～25%。此外岩石中的凝灰质碎屑含量15%～20%。岩石中还发育少量气孔，孔径小于0.8 mm，形态为不规则状。

（3）熔岩类

1）玄武岩：浅灰绿色，薄层状构造，单层厚度5～8 cm。镜下斑状结构，基质间隐间粒结构，块状构造。斑晶含量20%～15%，粒径1～2 mm，个别可达3 mm，成分主要有斜长石5%～10%，辉石5%～8%，黑云母2%～5%。基质含量80%～85%，主要成分为斜长石微晶30%～35%，玻璃质30%～40%，辉石10%～15%。斑晶中斜长石具明显蚀变，双晶发育，局部可见不明显的环带及熔蚀现象，辉石具不同程度的碳酸盐化和绿泥石化，黑云母强烈暗化，并进一步褐铁矿化，但仍可见黑云母晶形外貌。基质中的斜长石微晶呈半定向排列，辉石呈微粒状，玻璃质为黑色。

2）杏仁状玄武岩：灰绿色，斑状结构，基质为间粒间隐结构，气孔状、杏仁状构造。气孔含量为25%～30%，粒径1.5～3 mm，部分被绿泥石、方解石等充填，并发育环带结构，斑晶含量8%～10%，粒径1～1.5 mm，主要矿物为斜长石4%～6%，单斜辉石4%～5%。斜长石具高岭土化、绢云母化特征，辉石具方解石化和绿帘石化特征。基质含量90%～92%，主要矿物为斜长石微晶45%～55%，辉石5%～15%，玻璃质25%～30%。斜长石微晶粒径0.1～0.3 mm，呈杂乱分布，在其孔隙中充填他形辉石，玻璃质部分已脱玻化。

3）粗玄岩：浅灰绿色，粗玄结构，杏仁状构造。杏仁含量3%～8%，粒径2～3 mm，被方解石、泥质等充填。主要矿物为斜长石50%～55%，辉石30%～35%。次要矿物为伊丁石化橄榄石3%～5%，磁铁矿2%～3%。斜长石粒径0.5～0.8 mm，自形—半自形板柱状，分布杂乱，具高岭土化、绢云母化，双晶发育。辉石粒径0.2～0.3 mm，呈他形粒状充填于斜长石空隙中，部分发生方解石化或绿帘石化。

4）安山岩：浅灰色—灰绿色，斑状结构，基质具交织结构，块状构造、显微假流纹构造。斑晶含量20%～25%，粒径0.8～1.5 mm，主要矿物为斜长石15%～20%，角闪石3%～5%。基质含量75%～80%，粒径0.1～0.2 mm，主要矿物为斜长石微晶40%～50%，玻璃质30%～35%。斑晶中斜长石呈半自形板柱状，双晶发育，可见环带构造，具绿泥石化。角闪石多已暗化，边缘部分褐铁矿化。基质中斜长石微晶呈半自形，玻璃质见脱玻化现象。

5）粗面安山岩：灰—灰绿色，斑状结构，基质粗面结构，块状构造、杏仁状构造。杏仁体呈圆—椭圆形，充填物为硅质。斑晶含量8%～10%，粒径0.5～1.5 mm，主要为斜长石和碱性长石，含量各为4%～5%，且均具高岭土化。基质含量90%～92%，粒径0.1～0.2 mm，主要成分为碱性长石30%～35%，玻璃质55%～60%。

6）英安岩：浅灰绿色，斑状结构，块状构造。斑晶为斜长石，粒径0.3～3 mm，含量15%～20%。基质为交织结构、玻晶交织结构和显微花岗结构，粒径小于0.1 mm×0.03 mm。主要矿物为斜长石20%～25%，石英20%～25%，钾长石5%～10%，玻璃质及脱玻化物质25%～30%。斑晶中斜长石呈半自形—自形板柱状，具绢云母化和碳酸盐化。基质多发生脱玻化和绿泥石化。

3. 岩石化学特征

尕苍见组火山岩按岩石的酸碱度可划分为玄武质和安山质。玄武质包括玄武岩和由玄武岩角砾组成的玄武质火山角砾岩，安山质包括安山岩和由安山岩集块组成的安山质火山集块岩。各类型岩石化学成分列于表3-31。从表中可以看出，3个样品SiO_2含量在49.06%～63.06%之间，属基—中性岩类。在硅碱图中，3个样品分别投入到钙碱性玄武岩、钙性安山岩和钙性石英安山岩区（图3-61），与薄片鉴定结果基本一致。样品分析结果与中国的火成岩平均值（黎彤等，1963）同岩性相比，玄武岩中，SiO_2和Fe_2O_3含量明显偏高，Al_2O_3和MnO含量基本相近，而其他氧化物含量则明显偏低。安山岩中，SiO_2，FeO含量明显偏高，MnO含量基本接近，其他含量则明显偏低。显示了尕苍见组火山岩氧化物含量与中国的火成岩平均值相比硅、铁较高，而其他组分均偏低的特点。

在$A-F-M$图解中，两个玄武岩样品均投到拉斑玄武岩区（图3-62）。在$TiO_2-MnO-P_2O_5$图解中，玄武岩样品投入到火山弧玄武岩区（图3-63）。

岩石化学成分CIPW标准矿物及含量列于表3-31。从表中可以计算出，玄武岩、安山岩和安山质火山集块岩的暗色矿物之和分别为34.3%，14.7%和28.1%，与相应的侵入岩相比，暗色矿物含量相对较低。造岩矿物含量经投影定名分别为石英安山岩、英安岩和斜长流纹岩（图3-62），比薄片鉴定结果明显偏酸性，表明CIPW标准矿物中基性火山岩应用中存在一定的局限性。

鄂布苏尔剖面尕苍见组火山岩岩石化学分析结果列于表3-31。从表中可以看出，SiO_2含量为55.98%，属中性岩类。在硅-碱图中，样品投入到钙性岩系列的玄武粗安岩区（图3-61）。氧化物含量与中国的火成岩平均值中的安山岩相比，SiO_2，TiO_2，Al_2O_3，Fe_2O_3，P_2O_5，MgO，CaO，K_2O，

表 3-31　尕苍见组火山岩岩石化学分析结果及 CIPW 标准矿物含量一览表

岩石化学分析项目及结果

剖面名称	岩石类型	样品编号	SiO₂	Al₂O₃	Fe₂O₃	FeO	MgO	CaO	Na₂O	K₂O	TiO₂	P₂O₅	MnO	CO₂	H₂O⁺	H₂O⁻	Σ
尕苍见	玄武岩	D1889/1	49.6	15.15	8.99	5.50	4.51	7.65	3.01	0.10	1.20	0.086	0.18	0.76	3.73	0.29	100.22
	安山岩	D1890/8	63.06	14.58	2.26	3.48	2.49	5.24	2.65	1.59	0.55	0.13	0.12	0.35	3.05	0.29	100.84
	安山质火山集块岩	D1890/6	57.48	14.5	3.36	4.02	6.36	6.73	1.44	0.64	0.39	0.055	0.17	0.70	3.87	0.72	100.09
鄂布苏尔	含火山角砾凝灰岩	D979/18	55.98	16.20	3.09	3.16	4.97	4.61	3.53	4.37	0.54	0.17	0.12	0.29	2.69	0.86	100.58

$w(B)/\%$

CIPW 标准矿物及含量

剖面名称	岩石类型	样品编号	Q	Or	Ab	An	DI			Hy		Mt	Il	Ap
							Wo	En	Fs	En′	Fs′			
尕苍见	玄武岩	D1889/1	2.80	0.60	26.9	29.0	4.3	1.7	2.7	10.1	15.5	3.8	2.4	0.2
	安山岩	D1890/8	24.90	9.80	23.0	24.1	1.4	0.6	0.4	5.8	6.5	1.9	1.1	0.3
	安山质火山集块岩	D1890/6	20.30	4.0	12.9	32.0	1.2	0.7	0.7	15.9	9.6	1.5	0.8	0.1
鄂布苏尔	含火山角砾凝灰岩	D979/18	2.24	25.6	29.89	15.58	2.64	3.21	2.57	12.13	0.07	4.4	1.06	0.34

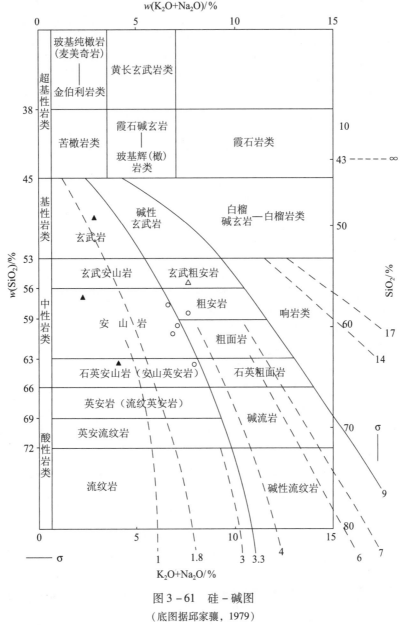

图 3 - 61 硅 - 碱图

（底图据邱家骧，1979）

。尕苍见火山岩（尕苍见剖面）； △尕苍见火山岩（鄂布苏尔剖面）； ▲马登火山岩

Na$_2$O 含量则明显偏高，FeO 和 MnO 含量则基本相近。

岩石化学成分 CIPW 标准矿物及含量列于表 3 - 31。从表中可以看出，标准矿物中出现石英分子，表明该火山岩属 SiO$_2$ 过饱和类型。暗色矿物之和为 20.62%，与典型的中性岩相比，其含量相对较低。标准矿物中钾长石（Or）含量明显过高，表明该火山岩属碱性岩石系列。根据标准矿物投影定名，该岩石为安粗岩（图 3 - 61），属含较高碱性长石的中性岩类。

4. 稀土元素及微量元素特征

尕苍见组火山岩稀土元素含量和特征参数列于表 3 - 32。从表中可以看出，稀土元素总量较低，为 60.8 × 10^{-6} ~ 142.4 × 10^{-6} 之间。轻重稀土比值明显可以分为两种情况：第一种情况是 LREE/HREE 小于 1，为基性的玄武岩，仅为 0.6 为轻稀土亏损而重稀土富集型。第二种情况是轻重稀土比值（LREE/HREE）大于 1，为安山 - 玄武质火山角砾岩和安山岩类，LREE/HREE 为 1.04 ~ 3.84，属轻稀土富集型。特征参数 δEu 和 Eu/Sm 值分别为 0.3 ~ 0.93 和 0.3 ~ 1.03，表明从玄武岩 - 安山岩类岩浆分异作用逐渐增强，而安山岩则是由玄武岩岩浆分异而成，具有同源岩浆演化的特点。

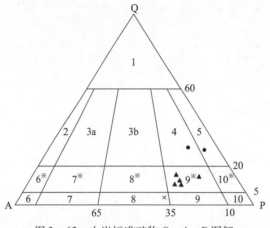

图 3 - 62 山岩标准矿物 Q - A - P 图解

• 尕苍见火山岩（尕苍见剖面）；× 尕苍见火山岩（鄂布苏尔剖面）；▲ 马登火山岩

1—富石英流纹岩（富石英花岗岩）；2—碱长流纹岩（碱长花岗岩）；3—a，b 流纹岩（花岗岩）；4—英安岩（花岗闪长岩）；5—斜长流纹岩（英云闪长岩，斜长花岗岩）；6*—碱长石英粗面岩（碱长石英正长岩）；7*—石英粗面岩（石英正长岩）；8*—石英安粗岩（石英二长岩）；9*—石英粗安岩（石英二长闪长岩）；10*—石英安山岩（石英闪长岩）；6—碱长粗面岩（碱长正长岩）；7—粗面岩（正长岩）；8—安粗岩（二长岩）；9—安粗岩（二长闪长岩）；10—安山岩、玄武岩（闪长岩，斜长岩；辉长岩，苏长岩）

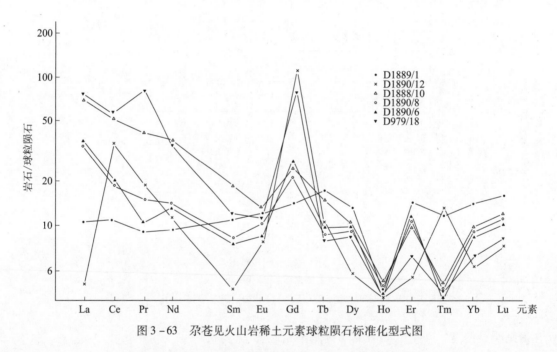

图 3 - 63 尕苍见火山岩稀土元素球粒陨石标准化型式图

表 3 - 32 尕苍见组火山岩稀土元素及特征参数一览表

剖面	尕苍见					鄂布苏尔
分析项目	玄武岩	安山 - 玄武质火山角砾岩	安山岩		安山质火山集块岩	含火山角砾凝灰岩
	D1889/1	D1890/12	D1888/10	D1890/8	D1890/6	D979/18
La	3.46	9.93	22.8	10.6	11.1	23.5
Ce	9.35	30.8	43.3	15.6	15.7	44.3
Pr	1.10	2.38	5.1	1.99	1.37	5.29
Nd	5.55	7.31	22.8	9.30	8.8	22.5
Sm	2.31	0.6	3.69	1.76	1.69	3.42
Eu	0.92	0.62	1.22	0.75	0.66	0.99
Gd	3.89	27.7	6.49	5.46	7.3	21.9

剖面	尕苍见					鄂布苏尔
分析项目	玄武岩	安山－玄武质火山角砾岩	安山岩		安山质火山集块岩	含火山角砾凝灰岩
	D1889/1	D1890/12	D1888/10	D1890/8	D1890/6	D979/18
Tb	0.84	0.49	0.73	0.44	0.47	0.42
Dy	4.55	1.89	3.52	3.15	3.26	3.01
Ho	0.24	0.063	0.31	0.28	0.15	0.067
Er	3.14	1.12	2.08	2.25	2.36	1.62
Tm	0.39	0.44	0.16	0.13	0.00	0.10
Yb	2.95	1.41	2.05	2.02	1.9	1.54
Lu	0.51	0.26	0.39	0.38	0.34	0.29
Y	21.6	16.4	10.0	14.6	14.8	13.5
ΣREE	60.8	101.4	124.64	68.71	69.9	142.4
LREE/HREE	0.60	1.04	3.84	1.39	1.29	2.36
δEu	0.93	0.30	0.75	0.68	0.49	0.26
Eu/Sm	0.40	1.03	0.30	0.43	0.39	0.77
Ce_N/Yb_N	0.82	5.69	5.47	1.99	2.13	7.49

稀土元素球粒陨石标准化型式见图3－63，从图中可以看出，玄武岩样品球粒分配曲线总体为近水平的直线状，其变化趋势与Frey等（1968）的火山弧玄武岩曲线特征一致。安山－玄武岩质火山角砾岩样品显示锯齿状波动曲线，而安山质岩石4个样品的向右倾斜，为典型的轻稀土富集型。尕苍见组火山岩稀土元素球粒陨石标准化分配曲线的最大共同特点是，在稀土元素Gd处具有较强的正异常，而在Ho处则表现出极强的负异常。表明该火山岩具有同一大地构造环境。

尕苍见剖面玄武岩类微量元素含量列于表3－33。表中玄武岩和玄武质火山角砾岩主要微量元素平均值与Pearce（1982）不同构造环境玄武岩微量元素相比较（表3－34），12个元素中，Ta，Sr元素含量与表中任何元素丰度值相差甚远，Nb元素平均含量与洋中脊拉斑玄武岩丰度相同，Th元素平均值含量与板内碱性玄武岩丰度相近，而其他8个元素含量平均值均与岛弧中的拉斑玄武岩或钙碱性玄武岩丰度相近或介于两者之间。表明尕苍见组火山岩（玄武岩）的构造环境为岛弧环境。玄武岩－安山玄武质岩石12个微量元素样品（表3－35，表3－36），在Ti－Zr判图（图3－64）和Ti/Cr－Ni判图（图3－65）中，全部投影到岛弧拉斑玄武岩区。在Zr/Y－Zr判图（图3－66）中，有10个样品的投影到岛弧玄武岩区，两个样品投到区域外。这一结果与岩石化学分析投影结果一致（图3－67），表明尕苍见组玄武岩类为典型的岛弧玄武岩。

表3－33 尕苍见组火山岩（玄武岩类）微量元素分析结果一览表 $w(B)/10^{-6}$

岩石类型	样品编号	分析项目及含量																				
		Ba	Ta	Th	Sc	Y	Hf	Cu	Pb	Zn	Ti	Rb	Sr	Nb	Zr	Co	Cr	Ni	V	La	As	W	Mo
玄武岩	D1889/1	32.5	0.95	6.5	37.4	27.4	1.05	32.4	6.7	102	5651	12.7	104	6.4	57.7	40.9	43.8	35.8	316	2.8	2.69	0.25	0.27
	D1889/2	55.5	2.55	4.0	36.0	26.4	1.29	27.3	5.1	116	6631	30.5	120	7.8	68.0	37.1	35.5	38.6	309	8.4	3.2	0.25	0.27
	D1889/3	22.4	0.1	5.0	12.3	18.4	0.42	17.5	0.1	49.6	2827	2.6	68.7	3.5	49.6	11.2	10.6	7.4	65.6	8.9	5.1	0.25	0.54
	D1889/4	14.8	0.78	1.6	29.7	16.9	1.21	21.2	7.0	86.3	4245	3.0	41.3	4.8	53.0	29.0	35.8	22.2	282	10.2	3.8	0.25	0.42
	D1889/5	27.6	1.6	5.0	29.2	16.4	0.34	27.8	35.3	94.2	3206	5.5	84.3	3.7	37.6	23.4	67.5	37.4	243	0.2	31.6	5.26	0.41
玄武质火山角砾岩	D1890/3	212	2.2	5.4	33.4	13.5	1.4	71.7	5.9	54.7	2947	16.3	87.1	4.2	46.5	32.2	265	131	190	8.1	7.5	7.5	0.41
	D1890/4	47.3	0.98	4.4	37.9	9.4	0.65	80.9	15.7	52.8	2218	1.1	28.9	3.8	32.6	29.0	272	66.4	180	5.8	9.4	0.25	0.34
	D1890/5	57.7	1.28	6.6	26.1	8.1	0.14	60.6	10.5	41.6	1853	4.5	65.4	2.6	27.8	28.6	413	144	137	6.0	9.3	0.25	0.54
安山－玄武质火山集块岩	D1890/12	38.7	1.35	3.0	32.1	13.3	0.37	13.1	13.7	65.1	2523	1.5	158	5.0	36.0	32.8	389	141	142	11.0	13.2	0.58	0.27
	D1890/13	68.4	1.05	3.5	32.1	12.4	0.7	9.4	6.2	45.4	2444	14.9	213	4.4	32.3	21.1	264	92.8	149	9.9	5.99	0.25	0.34
	D1890/14	48.7	1.92	2.8	29.8	11.1	0.45	35.2	5.1	45.6	2375	3.8	119	2.8	30.5	23.8	194	55.2	170	11.7	7.32	0.25	0.34
	D1890/15	77.2	0.74	5.0	32.3	12.9	0.39	173	6.1	47.1	2277	6.1	259	4.3	29.3	30.5	382	120	144	13.0	6.12	0.25	0.27

表 3-34　尖苍见组不同构造环境玄武岩的微量元素丰度比较值

	洋中脊		板内		火山弧		尖苍见玄武岩平均值
	拉斑玄武岩	过渡型玄武岩	拉斑玄武岩	碱性玄武岩	拉斑玄武岩	钙碱性玄武岩	
K_2O	0.20	0.51	(0.5)	(1.5)	0.43	0.94	—
Rb	(2)	(6)	(7.5)	(40)	4.7	23	9.5
Ba	(20)	(60)	(100)	(600)	60	260	57.2
TiO_2	1.44	1.39	2.23	2.90	0.84	0.98	—
Zr	90	96	149	213	40	71	46.6
Hf	2.44	2.93	3.44	6.36	1.17	2.23	0.81
Sm	3.26	3.83	5.35	8.87	1.89	3.78	—
P_2O_5	0.12	0.18	0.25	0.64	0.08	0.19	—
Ce	11.0	23.3	31.3	96.8	6.94	29.3	—
Ta	0.29	0.85	0.73	5.9	0.10	0.18	1.3
Nb	4.6	16	13	84	1.7	2.7	4.6
Th	0.26	0.80	0.77	4.5	0.37	1.26	1.8
Sr	121	196	290	842	231	428	7.5
Ni	(90)	(130)	(70)	(90)	18	50	60.3
Y	33	25	29	25	17	22	17.1
Yb	3.22	2.63	2.12	0.89	1.95	2.31	—
Sc	40.6	36.3	32.6	26.2	40.0	32.0	30.2
Cr	251	411	352	536	111	160	143

注：据 Pearce，1982；氧化物为质量百分数；其他单位均为 10^{-6}；表中括号内数据为估算值。

表 3-35　尖苍见组火山岩（安山岩类）微量元素分析结果一览表　　　　$w(B)/10^{-6}$

岩石类型	样品编号	分析项目及含量										
		Ba	Ta	Th	Sc	Y	Hf	Cu	Pb	Zn	Ti	Rb
安山岩	D1888/10	93.7	0.99	13.8	13.9	19.3	1.67	67.4	27.1	30.4	3114	14.9
	D1890/8	541	1.03	3.95	19.0	18.8	2.73	24.2	10.0	70.3	3528	10.2
	D1890/9	50.5	0.37	6.1	12.9	21.4	2.53	14.6	11.9	16.0	3033	0.6
	D1890/10	376	1.14	6.5	20.8	21.3	3.08	27.8	8.4	71.0	3382	7.6
	D1890/11	69.8	0.89	5.7	35.3	15.9	1.1	23.1	9.4	99.9	2793	3.1
安山质火山集块岩	D1890/6	77.2	0.63	7.0	32.3	13.9	1.3	77.9	13.3	60.6	2538	7.6
	D1890/7	49.7	0.55	7.4	18.7	20.1	1.48	27.2	10.6	50.3	3209	14.1
	D1890/7	120	5.4	96.2	9.4	48.6	15.6	99.1	13.0	10.1	0.25	0.81

岩石类型	样品编号	分析项目及含量										
		Sr	Nb	Zr	Co	Cr	Ni	V	La	As	W	Mo
安山岩	D1888/10	164	7.8	132	18.9	78.6	62.6	133	27.1	35.4	50.5	0.41
	D1890/8	208	4.7	93.6	12.4	335	9.3	106	10.9	9.16	0.25	0.71
	D1890/9	141	3.4	108	6.1	42.7	5.0	53.2	11.5	7.62	0.25	0.54
	D1890/10	102	4.7	101	12.5	35.2	10.2	106	12.2	7.73	0.25	0.54
	D1890/11	102	4.6	48.2	40.4	461	184	122	6.5	11.4	0.25	0.34
安山质火山集块岩	D1890/6	305	4.2	60.2	23.6	135	42.0	148	13.7	9.57	0.25	0.54

表 3 - 36　尜苍见组安山岩与不同构造环境安山岩的微量元素特征比较表

	原始弧安山岩	岛弧安山岩	大陆边缘安山岩	安第斯安山岩	尜苍见安山岩
Th	≤1	1 ~ 3	2 ~ 5	4 ~ 8	3.95 ~ 13.8
La	2 ~ 5	5 ~ 15	10 ~ 25	20 ~ 40	6.5 ~ 13.7
La/Yb	≤0.8	0.5 ~ 3	1 ~ 4	3 ~ 7	—
Zr/Y	≤3	3 ~ 7	4 ~ 12	12 ~ 50	3.03 ~ 5.05
Ti/V	≤30	24 ~ 40	20 ~ 50	20 ~ 70	17.1 ~ 57.0
Hf/Yb	≤1	1 ~ 3	1 ~ 3	≥3	—
Ti/Zr	> 50	40 ~ 50	40 ~ 50	≤40	23.6 ~ 47.9

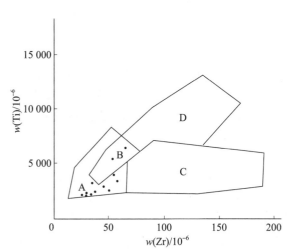

图 3 - 64　不同构造玄武岩的 Ti - Zr 判别图

（底图据 Pearce, 1982）

A 和 B—岛弧拉斑玄武岩；B 和 C—钙碱性玄武岩

（岛弧）；B 和 D—洋中脊拉斑玄武岩

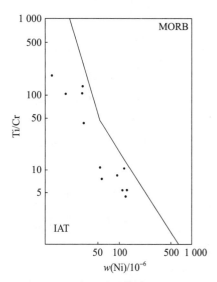

图 3 - 65　两种构造环境拉斑玄武岩的

Ti/Cr - Ni 划分图

（底图据 Beccaluva, 1980）

IAT—岛弧拉斑玄武岩；MORB—洋中脊玄武岩

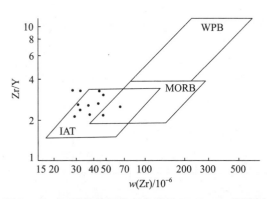

图 3 - 66　不同构造环境玄武岩的 Zr/Y - Zr 判别图

（底图据 Pearce, 1982）

MORB—洋中脊玄武岩；WPB—板内玄武岩；

IAT—岛弧玄武岩

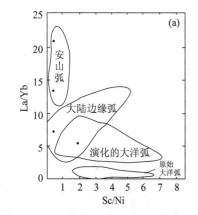

图 3 - 67　各种安山岩的微量元素划分图

（底图据 Condie, 1986）

　　捷查剖面尜苍见组火山岩微量元素含量列于表 3 - 37。表中 3 个玄武岩样品在 Ti/Cr - Ni 判图中（图 3 - 68），均投入到岛弧拉斑玄武岩区。表中玄武岩与安山岩各微量元素含量平均值相比较，随着从玄武岩向安山岩演化，微量元素 Ni，Co，Mn，V，Cr 平均含量明显减少，而 Ba 平均含量则明显增多，其他元素基本相近。

表 3 - 37　捷查剖面尕苍见组火山岩微量元素含量一览表

岩性	样品编号	微量元素及含量											
		Mo	Cd	Nb	Ni	Co	Mn	V	Ti*	Ba	Cr	Ta	Be	Fe*
玄武岩	Y11 - 1	0.62	0.04	10.5	96.6	19.3	502	79.1	0.41	672	209	1.29	1.50	3.53
	Y14 - 1	0.34	0.04	8.7	27.3	10.9	298	83.9	0.30	682	71.8	1.37	1.41	2.67
	Y15 - 1	0.53	0.11	10.9	52.1	17.9	528	87.4	0.34	485	106	1.17	1.30	3.16
	平均	0.50	0.06	10.0	58.7	16.0	443	83.5	0.35	613	129	1.28	1.40	3.12
安山岩	Y2 - 1	0.58	0.03	7.9	25.6	9.3	223	76.5	0.33	841	98.0	0.23	1.04	2.88
	Y12 - 1	0.75	0.04	14.3	12.7	12.3	477	67.6	0.46	523	14.3	1.70	1.64	3.32
	Y16 - 1	0.70	0.04	10.5	46.6	14.7	496	79.8	0.37	674	86.9	1.54	1.48	3.08
	Y19 - 1	0.72	0.08	7.8	46.8	15.4	364	77.2	0.37	612	94.1	1.76	1.62	3.07
	平均	0.69	0.05	10.1	32.9	12.9	390	75.3	0.38	663	73.3	1.31	1.45	3.09

注：* 单位为 10^{-2}，其他元素含量单位为 10^{-6}。

鄂布苏尔剖面上火山岩微量元素含量列于表 3 - 38。该微量元素与岩石圈中主要类型的火成岩（酸性岩）化学元素平均丰度（勒斯勒等，1985）比较，As，Co，Cr，Ni，Cu，Sc，V，Zn 元素含量明显偏高，而 Ba，Hf，La，Mo，Nb，Rb，Ta，Y，Zr 元素含量则明显偏低，其他元素含量基本接近。

表 3 - 38　鄂布苏尔剖面火山岩微量元素含量一览表　　　　　$w(B)/10^{-6}$

岩石类型	样品编号	分析项目及含量										
		Ba	Ta	Th	Sc	Y	Hf	Cu	Pb	Zn	Ti	Rb
英安岩	D979/13	178	0.77	5.9	32.4	11.9	0.76	64.2	13.2	147	2605	37.8
	D979/14	177	0.76	5.0	28.6	13.3	1.34	4.1	14.7	105	2608	37.7
	D979/15	207	1.18	6.3	31.9	10.3	1.61	44.9	18.0	127	2772	38.9
	D979/16	586	1.69	12.6	17.0	22.4	2.38	37.3	20.8	75.5	3405	124
	D979/17	438	1.24	10.9	15.8	17.4	2.01	37.9	15.4	29.8	3306	26.7
凝灰岩	D979/18	496	1.65	11.8	22.2	19.3	2.54	63.2	30.3	61.0	3179	152

岩石类型	样品编号	分析项目及含量										
		Sr	Nb	Zr	Co	Cr	Ni	V	La	As	W	Mo
英安岩	D979/13	98.0	4.1	45.8	26.2	151	79.1	162	16.0	6.4	0.25	0.41
	D979/14	127	3.5	47.8	22.8	59.2	24.5	145	3.9	5.83	0.25	0.27
	D979/15	117	4.3	54.1	23.0	75.4	29.9	180	17.2	5.82	0.25	0.34
	D979/16	193	7.9	114	16.5	39.6	42.0	172	19.3	13.0	0.25	0.41
	D979/17	388	6.5	87.1	36.5	104	167	153	27.3	10.7	16.0	2.31
凝灰岩	D979/18	460	8.2	101	22.4	154	62.4	169	31.8	9.7	32.1	0.81

5. 尕苍见组火山岩时代讨论

尕苍见组火山岩中的正常沉积夹层中未采到任何化石。但其安山岩中所采的同位素年龄样品，作了 K - Ar 全岩分析（宜昌地质矿产研究所测试），其年龄为 141 Ma，时代为晚侏罗世。该年龄代表中特提斯多岛洋整体向南俯冲过程中沿岛屿边缘盆地一侧形成岛弧的年龄，这一时间离中特提斯的最后关闭，已为期不远。

三、晚白垩世火山岩

晚白垩世火山岩被夹于正常沉积磨拉石建造的一套粗碎屑岩中，在马登一带发育良好，被命名为马登火山岩层，是此次区域地质调查于上白垩统阿布山组（K_2a）中发现并命名的非正式地层单位。调查区零星出露 5 处，分别位于多玛贡巴北侧的马登附近，破曲中段奔果沙西塘东侧河谷边部，江刀塘附近、土门煤矿南多卓央地玛及加日加雀附近。

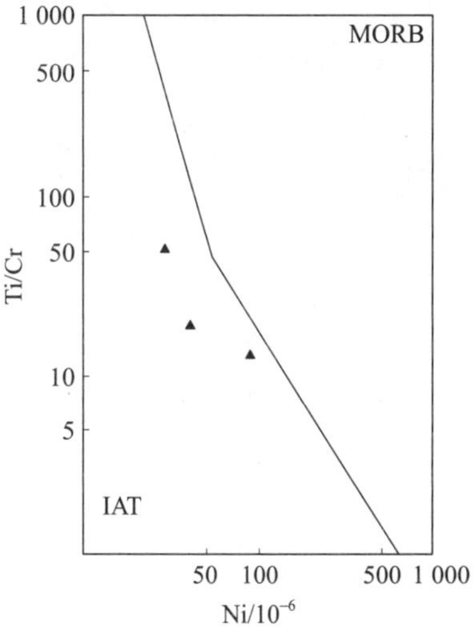

1. 地质特征

马登火山岩在马登附近呈似层状被夹在阿布山组（K_2a）紫红色厚层状砾岩、砂岩之中，与阿布山组为整合接触关系。其走向与阿布山组走向一致，呈北西西—北西向。延伸较远，长度可达 20 km，宽度 0.5 ~ 1.2 km。火山岩层总体北倾，倾角 40°∠65°。奔果沙西塘东侧的火山岩层位于破曲河谷盆地东岸，东侧与中侏罗统布曲组—夏里组为角度不整合接触关系，西侧被破曲第四系覆盖，南侧与布曲组—夏里组为断层接触关系，北侧与阿布山组为整合接触关系。总体形态为一长方形，走向北西，可见长度 4.5 km，出露宽度 2.5 km。其他 3 处均规模较小，或呈孤岛独立于第四系中部，或呈透镜状位于阿布山组边部。

图 3 – 68　两种构造环境拉斑
玄武岩的 Ti/Cr – Ni 划分图
（底图据 Beccaluva，1980）
IAT—岛弧拉斑玄武岩；
MORB—洋中脊玄武岩

2. 岩石学特征

马登火山岩层岩性单一，且 5 处岩性一致，均为安山岩。紫红色，斑状结构，基质玻晶交织结构，块状构造。斑晶主要为斜长石和黑云母，粒径 0.2 ~ 3 mm，含量 30% ~ 50%。主要矿物为斜长石 45% ~ 50%，黑云母 15% ~ 20%，玻璃质 30% ~ 35%，角闪石小于 5%。斑晶斜长石呈自形板状，部分出现环带结构；基质斜长石呈长条板状及针状浸透在玻璃质中。黑云母呈自形条状，角闪石呈自形柱状。岩石蚀变明显，斜长石具钠长石化、绢云母化及绿帘石化，黑云母具绿帘石化及白云母化，角闪石具次闪石化绿泥石化，伴生绿帘石、方鲜石等。黑云母及角闪石晶体边缘析出一圈铁质。

3. 岩石化学特征

马登火山岩岩石化学分析结果及 CIPW 标准矿物含量列于表 3 – 39。从表中可以看出，SiO_2 含量在 57.74% ~ 63.34% 之间，属中性岩范畴。岩石化学分析结果各氧化物含量平均值与中国的火成岩平均值（黎彤等，1963）中的相同岩性（安山岩）相比，SiO_2，Na_2O，K_2O，TiO_2，MnO 含量明显偏高，而 Al_2O_3，Fe_2O_3，FeO，MgO，CaO 含量明显偏低，显示了马登安山岩硅、碱较高，而铝、铁、镁、钙较低的特点。里特曼指数 δ 在 2.74 ~ 3.62 之间，属钙碱性—碱钙性岩石系列。在硅—碱图

表 3 – 39　马登火山岩岩石化学分析结果及 CIPW 标准矿物含量一览表　　$w(B)/10^{-2}$

样品编号	分析项目及结果													
	SiO_2	Al_2O_3	Fe_2O_3	FeO	MgO	CaO	Na_2O	K_2O	TiO_2	P_2O_5	MnO	CO_2	H_2O	Σ
D1005/2	60.08	16.68	5.53	0.5	2.19	4.52	3.4	3.44	0.96	0.27	0.059	0.2	2.42	100.25
D1006/1	57.74	16.71	5.55	0.9	3.0	6.08	3.4	3.14	1.00	0.26	0.037	0.13	2.39	100.34
D1009/1	58.60	16.71	5.35	0.18	0.95	5.72	3.93	3.58	0.97	0.24	0.077	2.19	2.67	100.63
D3170/1	63.34	16.84	3.82	0.16	0.41	3.69	5.8	2.18	0.71	0.25	0.044	1.33	2.32	99.56
D3184/1	59.46	15.90	1.26	4.51	2.71	4.61	4.06	3.19	1.42	0.50	0.078	0.73	1.8	100.1

样品编号	CIPW 标准矿物及含量													
	Q	Or	Ab	An	Di	Wo	En	Fs	Hy	En′	Fs′	Mt′	Il′	Ap
D1005/2	12.7	20.9	29.6	20.7	0.5	0.3	0.1	0.1	11.4	5.5	6.0	1.6	1.9	0.6
D1006/1	8.1	19.1	29.5	21.6	6.3	3.2	1.7	1.4	11.1	6.0	5.2	1.7	2.0	0.6
D1009/1	9.4	22.2	34.9	16.7	9.7	4.8	1.5	3.4	3.0	0.9	2.1	1.5	1.9	0.5
D3170/1	12.8	133	50.6	13.9	2.9	1.4	1.2	1.2	3.4	0.7	2.7	1.1	1.4	0.6
D3184/1	9.8	19.3	35.2	16.1	3.3	1.7	0.9	0.7	10.7	6.0	4.7	1.7	2.8	1.1

（邱家骧，1979）中，5 个样品有 3 个投入到钙碱性安山岩区，一个投到钙碱性石英安山岩区，另一个投到碱钙性粗安岩区（图 3-61）。

CIPW 标准矿物中，5 个样品的石英含量在 8.1% ~12.8% 之间，表明该火山岩为 SiO_2 过饱和岩石类型，这与 SiO_2 含量比中国火成岩平均值比较所得结果一致。根据造岩矿物含量进行定名投影，5 个样品均投入到石英粗安山（石英二长闪长岩）区（图 3-62），仍显示出硅、碱含量明显偏高的特点。

4. 稀土元素及微量元素特征

马登火山岩稀土元素含量和特征参数列于表 3-40。从表中可以看出，稀土元素总量除 D3170/1 样品外，其他 4 个样品均较高，为 188.45×10^{-6} ~ 206.62×10^{-6}。轻重稀土比值（LREE/HREE）较大，属轻稀土富集型。

表 3-40　马登火山岩稀土元素含量及特征参数一览表

样品编号	分析项目及含量/10⁻⁶												
	La	Ce	Pr	Nd	Sm	Eu	Gd	Tb	Dy	Ho	Er	Tm	Yb
D1005/2	37.2	72.7	9.49	37.9	6.94	2.03	6.22	0.86	4.43	0.87	2.27	0.3	2.15
D1006/1	34.2	72.7	8.58	33.2	5.93	1.96	6.20	0.77	3.90	0.75	2.04	0.27	1.91
D1009/1	35.5	69.1	8.84	34.1	6.04	1.83	5.60	0.72	3.64	0.66	1.84	0.22	1.66
D3170/1	14.7	32.5	4.05	15.9	3.01	0.89	2.72	0.34	1.67	0.29	0.77	0.09	0.67
D3184/1	33.9	77.7	10.2	41.3	7.11	1.79	5.97	0.77	3.49	0.58	1.51	0.16	1.10

样品编号	分析项目、含量/10⁻⁶及特征参数						
	Lu	Y	REE	LREE/HREE	δEu	Eu/Sm	Ce_N/Yb_N
D1005/2	0.36	22.9	206.62	4.12	0.93	0.29	8.7
D1006/1	0.30	21.9	194.41	4.11	0.98	0.33	9.9
D1009/1	0.30	18.4	188.45	4.70	0.95	0.30	10.8
D3170/1	0.11	7.64	85.35	4.97	0.93	0.30	12.6
D3184/1	0.20	15.6	201.38	5.85	0.82	0.25	18.2

各稀土元素球粒陨石标准化型式见图 3-63。分配曲线明显右倾，表明轻稀土富集程度较大。δEu 值较大，在 0.82 ~0.98 之间，为 Eu 微弱亏损型，同时在球粒陨石标准化分配曲线中，Eu 处的

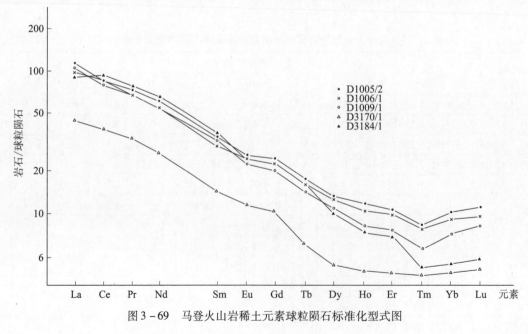

图 3-69　马登火山岩稀土元素球粒陨石标准化型式图

"沟谷状"特征不很明显，表明马登火山岩具 Eu 弱负异常。并由此说明，该火山岩岩浆分异程度极弱，即马登安山岩不是由基性的玄武岩岩浆分异而来，而是由中性安山质岩石直接熔融而成。Ce_N/Yb_N 值较大，在 8.7~18.2 之间，表明该火山岩熔融程度较弱，即为少量安山质岩石发生局部熔融，形成典型的小岩浆房。而这种小岩浆房也必定不会喷发出规模巨大、厚度巨大的火山岩，这与调查区阿布山组（K_2a）中零星分布且厚度较小的马登火山岩特征完全吻合。

马登火山岩微量元素含量列于表 3-41。各元素含量平均值与维诺格拉多夫（1962）中性岩（闪长岩）化学元素的平均丰度值相比，Sc，Cr，Co，Hf，Pb，Th，U 元素含量明显偏高，而 Ni，Rb，Sr，Zr，Nb 元素含量明显偏低，其他元素含量则基本相近。几个主要元素及其比值 Condie（1989）与不同构造环境安山岩的微量元素特征相比，马登安山岩更接近于安第斯安山岩（表 3-42）。

表 3-41　马登火山岩微量元素分析结果一览表　　　　　　　　　　　$w(B)/10^{-6}$

样品编号	Be	Sc	V	Cr	Co	Ni	Cu	Zn	Ga	Rb	Sr	Y	Zr
D1005/2	2.68	9.54	119	51.7	14.4	31.9	17.9	67.8	21.4	49.6	412	22.9	231
D1006/1	2.72	19.8	135	127	20.5	51.3	27.9	86.5	24.3	98.2	548	21.9	194
D1009/1	2.17	11.1	107	99.8	17.3	54.6	19.9	63.1	20.4	43.2	616	18.4	192
D3170/1	1.83	1.90	52.9	33.0	8.53	23.3	25.5	50.9	21.5	17.7	360	7.64	212
D3184/1	2.25	7.79	106	61.4	15.4	49.6	32.2	99.8	22.8	30.3	708	15.6	240

样品编号	Nb	Cs	Ba	La	Yb	Hf	Ta	Pb	Th	U	Ce	Nd	Ho
D1005/2	13.0	7.46	807	37.2	2.15	6.82	1.08	29.0	31.4	13.5	72.7	37.9	0.87
D1006/1	10.5	10.9	759	34.0	1.91	4.90	0.76	26.6	11.6	4.58	72.7	33.2	0.75
D1009/1	10.7	5.55	703	35.5	1.66	5.74	0.99	38.5	45.7	17.4	69.1	34.1	0.66
D3170/1	10.2	1.41	340	14.7	0.67	5.27	0.79	14.3	5.03	3.80	32.5	15.9	0.29
D3184/1	20.7	4.24	544	33.9	1.10	5.96	1.11	19.9	8.98	4.51	77.7	41.3	0.58

表 3-42　马登火山岩（安山岩）与不同构造环境安山岩微量元素特征对比

元素或比值	原始弧安山岩	岛弧安山岩	大陆边缘	安第斯安山岩	马登安山岩
Th	≤1	1~3	2~5	4~8	5.03~45.7
La	2~5	5~15	10~25	20~40	14.7~37.2
La/Yb	≤0.8	0.5~3	1~4	3~7	17.3~30.8
Zr/Y	≤3	3~7	4~12	12~50	8.9~27.7
Hf/Yb	≤1	1~3	1~3	≥3	2.6~5.4

（据 Condie，1989）

5. 马登火山岩的时代讨论

马登火山岩呈层状、似层状被夹在上白垩统阿布山组紫红色砂砾岩中间，其喷发时代应为阿布山组的沉积时期——晚白垩世。此次区域地质调查在该安山岩中采 K-Ar 同位素样品两个，经宜昌地质矿产研究所测试，年龄分别为 91.8 Ma 和 92.3 Ma，代表时代为晚白垩世早期，与阿布山组时代划分完全一致。表明该火山岩更接近安第斯造山带的火山岩特征。在 La-Ba 判图中马登火山岩（安山岩）样品全部落入高钾造山安山岩区（图 3-70），表明马登火山岩具有与前述各火山岩不同的大地构造环境，即造山带环境，代表造山期岩浆活动的产物。

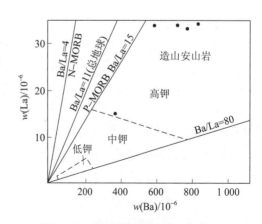

图 3-70　不同类型造山安山岩的
微量元素划分图

第四节 潜火山岩

此次区域地质调查填图过程中，在调查区扎加藏布以南莫库—多勒江普一带，发现一个由火山喷发熔岩、火山爆发物二次熔结岩和浅成—超浅成次火山岩、中酸性侵入岩三相三位一体的潜火山机构——莫库潜火山口。该火山口的发现，为解释调查区白垩纪时期的构造岩浆活动和演化以及火山作用特征、火山岩分布提供了重要的、现实的基础资料。同时，对探讨青藏高原中生代构造岩浆演化，积累了丰富的资料。

一、分布特征

莫库潜火山口位于调查区中部偏东一侧的扎加藏布南岸莫库一带，呈圆状或近似于圆状，南北略长，约 12.5 km，东西略短，约 10.75 km，出露面积约 106 km²。

莫库潜火山口（机构）形成于侏罗纪地层中，其边部与侏罗纪地层明显为侵入接触关系，具有火山口边界属性。潜火山口东侧为喷溢相安山熔岩、玄武岩和少量的英安岩，被断裂切割破坏，出露较少，呈断块分布。与侏罗纪地层为断裂接触，内则（西侧）被多勒江普复式岩体侵入。潜火山口内部的东边被多勒江普中酸性侵入相的复式侵入岩充填，侵入体形态呈向东凸的弧形，近南北向延伸，构成潜火山口南北向展布的最长轴，约 12.5 km，东西距离约 3.75 km，呈北窄南宽形态，占整个潜火山口分布面积的 1/2 稍弱。潜火山口中西部潜火山岩分布范围，西侧边界多被第四系覆盖，北西侧与侏罗纪地层呈侵入关系。潜火山岩的东侧完全被侵入相的侵入岩侵入，边界穿插不齐。潜火山岩构成莫库潜火山口充填物的主体。上述 3 种不同成因相的岩石在空间上具有"三位一体"特征；在时间序次方面，其顺序由早到晚为火山喷溢相安山熔岩—潜火山口相次火山岩—侵入相中酸性侵入岩，K-Ar 同位素年龄分别为 91.8 Ma，89 Ma，85.8 Ma 和 84.1 Ma。

关于莫库潜火山机构中不同岩相的研究，其中火山熔岩在第三节作了详细论述；中酸性侵入岩已在第二节中论述，本节仅对潜火山岩进行详细论述。

二、岩石学特征

莫库潜火山机构中潜火山岩具有火山岩与侵入岩过渡的特点，也包括了一部分火山岩。主要岩石类型为中酸性安山斑岩，含角砾岩屑晶屑凝灰质英安岩，含角砾晶屑岩屑凝灰岩，流纹、英安质晶屑凝灰熔岩和含角砾英安岩等。各类岩石中均含有 5%～23% 的角砾，成为其共性。除此而外，卷入有较多的围岩捕虏体，并呈无规律状态分布。所含角砾和围岩捕虏体形成了具"顶盖"性质的颈相潜火山岩特征。

1. 安山斑岩

该岩石主要出露于与侵入相侵入岩边界附近，有一定规模。岩石呈浅灰色、浅绿灰色，基质具细—微粒结构的斑状结构，局部有不明显的流动构造、块状构造和角砾状构造；斑晶有石英，约 14%，边缘和内部均可见熔蚀现象，他形粒状，粒径 1～4 mm。组成矿物还有黑云母，呈片状、鳞片状，表面已绿泥石化，片径 0.5～1 mm；黏土岩屑呈次圆状，粒径 0.3～1 mm；可见聚片双晶的斜长石（NP［010］＝10°更长石），绢云母化较弱。以上矿物含量约 30%。岩石中基质矿物为细—微粒石英＋斜长石约 67%，粉晶碳酸盐（绕过斑晶分布）约 3%。根据宏观观察，可见该岩石穿入捕虏体中呈脉状分布，根基相连，明显属超浅成次火山岩类。

2. 含角砾岩屑晶屑凝灰质英安岩

该岩石集中分布在潜火山口次火山岩的西半部，与围岩地层呈清楚的侵入的接触关系，岩石中含 5%～10% 的围岩角砾和凝灰岩角砾，角砾大小一般在 0.5～2 cm，均匀或较均匀地分布。

岩石呈浅绿灰色、浅灰色、灰绿色，斑状结构，岩屑、晶屑物质含量为主，主要为斜长石晶屑、石英晶屑、黑云母晶屑及熔岩屑、凝灰岩屑及火山灰等。岩石结构构造复杂，多具有斑状结构、玻璃交织结构、霏细结构、岩屑晶屑凝灰结构、显微花岗结构和玻璃质结构，块状构造。主要矿物成分为斜长石 30% ~40%，石英 20% ~25%，黑云母 5% ~15%。岩石中常含有围岩（异源）砾屑，包括火山灰泥岩屑、粉砂泥晶灰岩屑。由于受后期热事件作用和构造应力作用影响，变质作用明显，常出现变质或蚀变矿物绢云母、绿帘石（由斜长石蚀变形成）、高岭石（由钾长石蚀变形成）及次生矿物方解石等。另外，局部出现有白云母矿物，属蚀变过程中形成。造岩矿物黑云母经轻微区域变质作用，形成绿泥石和白云母等。

3. 含角砾晶屑岩屑凝灰岩

岩石呈浅灰、灰色，绿灰色，砾状结构，岩屑晶屑凝灰结构，斑杂状构造。角砾成分为两种：一种是火山角砾（7% ~13%），包括火山凝灰岩、英安岩屑等；另一种是钙质泥岩角砾（5% ~10%）。岩石中凝灰质晶屑物主要有斜长石晶屑 30% ~35%、石英晶屑 5% ~10%、黑云母晶屑 5% ~10% 和火山灰填隙物约 25% ~30%。根据岩石中火山角砾成分、形态和分布特征，具有火山爆发作用特点，该岩石应为火山爆发物质的二次熔结产物。

4. 流纹－英安质晶屑凝灰熔岩

该岩石出露在火山颈口的侧部，具有较清楚的火山作用特点。属沿火山通道上涌滞留的熔岩类岩石。岩石为灰色、褐灰色、绿灰色，岩屑晶屑凝灰结构、斑状结构、霏细结构，流纹－块状构造。主要矿物成分为斜长石约 20% ~25%，石英 20% ~25%，黑云母 5% ~10%，玻璃质 20% ~25%，熔岩屑 2% ~3%，矿物晶屑 18% ~30%。该岩石具有较清楚的流动构造，反映了岩石成因过程中，熔浆以流动方式运移，同时，熔浆的粘度相对减低。岩石中的玻璃质含量高达 20% ~25%，晶屑含量达 30%。这一特征反映岩石形成于近地表部位，岩浆温度下降较快，众多的造岩矿物没有结晶生长的温－压环境相适应。受区域变质作用影响，岩石发生了轻微变质和蚀变，变质和蚀变矿物为高岭石、绢云母、绿泥石和白云母等，绿泥石化普遍。

三、岩石化学特征

在莫库潜火山口潜火山岩不同岩石中采集 4 件岩石化学分析样，氧化物含量及标准矿物成分（CIPW）和岩石化学参数列于表 3－43 中。从表中氧化物含量在不同岩石类型中的变化相对较小，SiO_2 均值为 66.44，Al_2O_3 均值为 14.23，显示中酸性特征，各氧化物均值与世界各地英安岩相比，SiO_2，FeO，K_2O 明显偏高，特别是 K_2O 要高出 1 个百分点；与中国的标准英安岩相比 SiO_2，K_2O 也明显偏高，且 K_2O 和 FeO 均高出 1.22 个百分点；TiO_2，CaO，MgO，Fe_2O_3 则明显偏低，Al_2O_3 略低于中国的标准英安岩的含量。

表 3－43　莫库潜火山岩岩石化学及（CIPW）标准矿物含量表

氧化物及 CIPW 标准矿物	D3073/1 英安凝灰熔岩	D3119/5 凝灰英安岩	D3121/1 晶屑－岩屑英安岩	D3121/3 晶屑－岩屑英安岩	平均值	世界英安岩	中国英安岩	冈底斯英安岩
SiO_2	67.44	64.62	66.92	66.76	66.44	65.55	65.70	66.47
Al_2O_3	14.47	14.04	14.46	13.95	14.23	15.04	15.24	15.94
Fe_2O_3	1.29	0.55	1.37	1.0	1.05	2.13	2.88	2.66
FeO	3.02	2.8	2.51	2.77	2.78	2.03	1.56	1.79
MgO	1.13	0.99	1.2	0.96	1.07	2.09	1.54	1.41
MnO	0.065	0.076	0.069	0.098	0.077	0.09	0.10	0.11
CaO	1.83	4.61	2.98	3.09	3.13	3.62	4.0	2.92
Na_2O	3.08	3.55	3.48	3.87	3.50	3.67	3.13	3.62
K_2O	4.46	3.54	3.88	4.30	4.05	3.0	2.83	3.81
TiO_2	0.44	0.36	0.37	0.46	0.41	0.6	0.65	0.56
P_2O_5	0.19	0.19	0.17	0.17	0.18	0.25	0.16	0.16

氧化物及CIPW标准矿物	D3073/1 英安凝灰熔岩	D3119/5 凝灰英安岩	D3121/1 晶屑－岩屑英安岩	D3121/3 晶屑－岩屑英安岩	平均值	世界英安岩	中国英安岩	冈底斯英安岩
CO_2	0.88	2.37	1.23	1.17	1.41	0.21	2.18	
H_2O^+	1.54	1.56	1.18	1.41	1.42	1.09		
H_2O^-	0.32	0.32	0.46	0.24	0.34	0.42		
Σ	100.16	99.61	100.2	100.25	100.09	99.79	100.13	
q	25.7	20.8	22.9	20.1	22.38			
C	1.7	0	0	0	0.43			
or	27.1	21.9	23.6	26.1	24.68			
Ab	26.8	31.5	30.3	33.6	30.55			
An	8.1	12.4	12.7	8.2	10.35			
Di	0	8.6	1.1	5.4	3.78			
hy	8.2	2.5	7.3	4.3	5.58			
mt	1.2	0.9	1.0	1.0	1.03			
il	0.9	0.7	0.7	0.9	0.8			
Ap	0.4	0.4	0.4	0.4	0.4			

1. 酸度指数（FeO/Fe_2O_3+FeO）

标准的岩石酸度指数，安山岩为0.55，英安岩为0.48。根据对莫库潜火山机构火山岩4个样品酸度指数计算，分别为0.701，0.836，0.647和0.735。从所计算的结果看，普遍大于0.48的英安岩酸度指数。该类岩石中FeO含量普遍偏高，是酸度指数增大的直接原因。这种特征反映了该潜火山口相潜火山岩岩石在近地表氧化程度较弱，基本保留了原岩氧化物组分面貌。另外，FeO含量较高还说明该岩浆活动源相对较深。

2. 碱度指数

采用里特曼法计算δ值，调查区莫库潜火山岩共有以下4个δ值，分别为2.33，2.325，2.27和2.81，平均值为2.43，均在3.3～1.8之间，具钙碱性岩石系列，属太平洋型。其典型岩石组合由基性到酸性表现为玄武岩－安山岩－流纹岩系列。莫库潜火山岩即属于由安山岩向流纹岩的过渡类型。根据硅－碱图（邱家骧，1991）投影，调查区几个样品的SiO_2在63%～67%之间，K_2O+Na_2O在5%～10%之间，反映莫库潜火山岩属中酸性岩类的安山英安岩和流纹英安岩，其中安山英安岩SiO_2下限为63%，而流纹英安岩SiO_2上限为69%。在该图中δ值演化趋势为K_2O+Na_2O 0～6%时，δ小于1；6%～10.25%时，δ等于1～3；在10.25%至大于15%时，δ为3～9。随着另一主要成分SiO_2含量的减少（70%～56.5%时），δ值明显增大到9～17，说明碱度指数的增大。从Pecerillo等（1976）和Ewart（1979）的SiO_2-K_2O图解中，也可得到相同的结果。

3. 潜火山岩系列

潜火山岩与火山岩大体一致，同样依据氧化物重量百分比及CIPW标准矿物含量的多少、相关图解等可以划分岩石系列，一般分为碱性和亚碱性两种，其中亚碱性可进一步分为拉班玄武岩系列和钙碱性系列。根据对莫库潜火山岩4个样品的$SiO_2-K_2O+Na_2O$图投影（图3－71），全部落到S区，即亚碱性系列区。再利用$F-A-M$三角图（图3－72）图解，这些样品则全都落到代表钙碱性系列的C区（图中F=$FeO+Fe_2O_3$；A=K_2O+Na_2O；M=MgO）。在火山岩中，国内外划分系列常用简便的方法是应用CIPW标准矿物的含量。调查区莫库潜火山岩CIPW标准矿物计算结果见表3－68，一般认为Hy大于3%者，为亚碱性系列，在4个样品中，有3个Hy含量大于3%，4个样品的平均值为5.58%，是标准含量的1.8倍，应归属亚碱性系列。

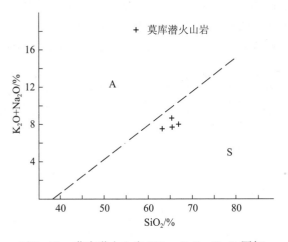

图 3-71 莫库潜火山岩 $SiO_2 - K_2O + Na_2O$ 图解

（底图据 Irvine et al. 1971）

A—碱性系列；S—亚碱性系列

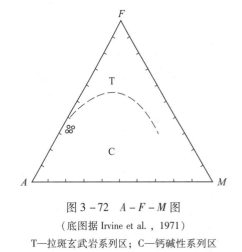

图 3-72 $A - F - M$ 图

（底图据 Irvine et al.，1971）

T—拉斑玄武岩系列区；C—钙碱性系列区

四、地球化学特征

1. 稀土元素地球化学

（1）稀土元素含量及参数特征

莫库潜火山岩稀土元素含量特征见表 3-44，从表中可以看出，潜火山岩不同岩石中稀土元素总量 ΣREE 均较高，可达（$202.43 \sim 228.43$）$\times 10^{-6}$，平均值为 211.99×10^{-6}。总量中轻稀土（LREE）明显高于重稀土（HREE）含量，轻稀土 4 个样品平均 LREE 为 164.89×10^{-6}，而重稀土 HREE 仅为 47.1。轻稀土总量均高于重稀土总量 3.5 倍左右。在地壳稀土元素 ΣREE 克拉克值对比中，中性岩浆岩稀土总量（ΣREE）在地壳中丰度为 130×10^{-6}，酸性岩浆岩则为 250×10^{-6}，两者平均值为 190×10^{-6}，与调查区莫库中酸性潜火山岩稀土总量（ΣREE）的平均值 211.99×10^{-6} 相比较，显然调查区的潜火山岩成因岩石高于地壳丰度值。

表 3-44 莫库潜火山岩稀土元素含量表

样号	岩性	稀土元素含量/10^{-6}														
		La	Ce	Pr	Nd	Sm	Eu	Gd	Tb	Dy	Ho	Er	Tm	Yb	Lu	Y
D3073/1	凝灰熔岩	35.8	84.9	10.2	37.6	7.05	1.61	5.62	0.95	6.66	0.11	3.55	0.47	3.27	0.74	29.9
D3119/5	凝灰英安岩	33.5	71.4	7.88	34.2	6.39	1.65	4.96	0.95	5.97	0.74	3.25	0.97	2.9	0.67	27.0
D3121/1	角砾凝灰英安岩	35.8	75.7	9.59	34.9	6.34	1.67	5.19	1.01	5.76	1.28	3.21	0.87	2.96	0.69	27.1
D3121/3	角砾凝灰英安岩	36.1	78.2	7.77	34.7	5.52	1.09	6.21	0.11	5.21	0.26	2.41	0.18	2.59	0.45	24.1
	平均值	35.5	77.55	8.86	35.35	6.33	1.51	5.5	0.76	5.9	0.6	3.11	0.62	2.93	0.64	27.03
	地壳丰度值	39	43	5.7	26	6.7	1.2	6.7	1.1	4.1	1.4	2.7	0.3	2.7	0.08	24

样号	岩性	ΣREE	LREE	HREE	$\dfrac{LREE}{HREE}$	δEu	$\dfrac{Eu}{Sm}$	$\dfrac{Sm}{Nd}$	$\dfrac{Ce}{Yb}$	$\dfrac{Yb}{La}$	$\dfrac{La_N}{Yb_N}$	$\dfrac{Ce_N}{Yb_N}$	$\dfrac{La_N}{Sm_N}$
D3073/1	凝灰熔岩	228.43	177.16	51.27	3.46	0.92	0.23	0.19	25.96	0.09	1.73	1.68	1.30
D3119/5	凝灰英安岩	202.43	155.02	47.41	3.27	0.96	0.26	0.19	24.62	0.09	1.78	1.69	1.32
D3121/1	角砾凝灰英安岩	212.07	164.0	48.07	3.41	0.96	026	0.18	25.57	0.08	1.79	1.70	1.34
D3121/3	角砾凝灰英安岩	204.9	163.38	41.52	3.93	0.83	0.20	0.16	30.19	0.07	1.90	1.81	1.40
	平均值	211.9	164.89	47.10	3.50	0.92	0.24	0.18	26.47	0.08	1.80	1.72	1.34
	地壳丰度值												

莫库潜火山岩浆的分异程度，依据不同岩石中 δEu 值的大小、稀土总量（ΣREE）大小、LREE/HREE 值大小和 Eu/Sm 比值等参数可以判断。4 个样品中，δEu 均小于 1，平均值为 0.92，反映铕略有亏损。稀土总量较高和 LREE/HREE 值远大于 1（达 3.4 以上）等现象说明，莫库潜火山岩岩浆的分异程度较低。

稀土元素除 Eu 略具亏损外，Pr，Ho 两元素与其他元素相比，也处于相对亏损状态，这些元素与地壳丰度值相比，La，Sm，Gd，Td，Ho 和 Lu 几种元素含量相对较低，其他元素含量则略高于地壳丰度值。

（2）稀土元素分配型式

稀土元素含量经过球粒陨石标准化后做出分配型式图（图 3 - 73）。从该图中可以清楚地反映不同岩石类型稀土总量（ΣREE），LREE/HREE 的值和 δEu 等的含量变化有一个最大的特征，就是各岩石轻稀土（LREE）比较接近，而且各元素含量变化小，形成几乎相互平行或重合的分配曲线，并且具向右缓倾斜特征。各岩石重稀土部分的元素含量，其总量（HREE）明显低于轻稀土，形成的分配曲线极不稳定。各元素（特别是相邻元素）之间因含量差异较大，反映出分配曲线极不规整，跳跃式特征、忽低忽高现象明显。从几个样品 δEu 均小于 1 看，普遍反映 Eu 的弱亏损状态。但另外一些元素如 Ho 更具明显的亏损现象。Tm 元素含量差异的变化，造成各分配曲线在该处的怪异特征。表明岩石稀土分配所表现出不同的分馏型式。从图中可见，D3073/1 凝灰熔岩稀土分馏较好，所有岩石的轻稀土部分也显示出良好的分馏性，整体则较差。

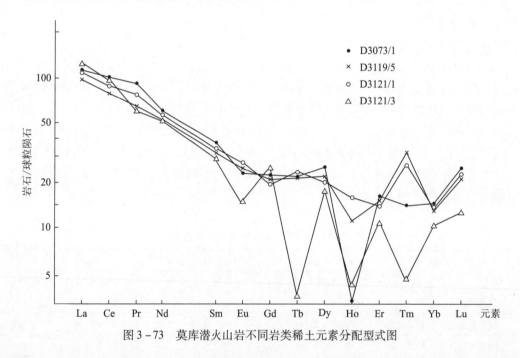

图 3 - 73　莫库潜火山岩不同岩类稀土元素分配型式图

根据稀土分配曲线，莫库潜火山岩具有总体向右缓倾斜分布特征，铕处非常平坦，属平坦型，过渡到重稀土后，曲线发生波状起伏，这种现象与中国的中性岩类安山岩、英安岩比较，分配曲线的型式基本一致，代表了中钾安山岩 - 英安岩的稀土元素特征。

2. 微量元素地球化学

（1）微量元素含量特征

利用微量元素可以描述岩石的特征和构造作用及不同构造环境形成的岩石，通过丰度值变化、对比和含量比值，可以判断和解释岩石类型和生成的构造环境。另外，还可利用微量元素及其比值做各种图解，进行岩石、含矿性及生成环境等方面研究。

莫库潜火山岩不同岩类微量元素含量见表 3 - 45。从表中 24 个样品的微量元素含量的平均值与地壳丰度值（黎彤，1976）进行比较，发现亲石元素 Rb，Ba，Zr，Ce，Cs，Hf，Th 等明显高于地壳丰度值，个别元素高出 3 ~ 4 倍。接近于地壳丰值的元素有 Y，La，Nb，Ta 等，或稍大或稍小于地壳

表 3-45　莫库潜火山岩微量元素特征表

$w(B)/10^{-6}$

样品编号	岩性	Cu	Pb	Zn	Ti	Rb	Sr	Nb	Ta	Ga	Ba	Zr	Co	Cr	Ni	Mo	V	As	Bi
D3071/1	火山角砾凝灰岩	9.4	22.9	23.9	2878	162	229	16.5	0.77	20.2	594	217	6.8	18.1	5.5	0.85	42.4	4.84	0.26
D3072/2	安山-流纹质含	34.3	184	250	3135	163	237	16.5	1.21	20.5	558	210	10.9	41.2	39.6	0.77	49.9	9.0	0.68
D3073/1	火山角砾凝灰岩	16.2	119	212	2531	159	292	14.9	1.03	18.2	525	194	5.7	20.5	12.4	0.93	48.7	5.67	0.25
D3119/1		11.9	29.3	66.6	2973	150	179	16.2	1.3	19.5	468	191	10	35	25.7	0.69	60.9	12.3	0.23
D3119/2	含砾火山角砾岩	11.9	24.3	59.2	2940	162	294	16.9	2.05	20.5	616	207	9.7	33.6	19.2	0.51	54.5	10.3	0.21
D3119/3		10.2	41.9	46.9	3065	147	202	16.8	1.42	20.7	570	225	7.3	10.8	4.5	0.51	43.3	3.68	0.15
D3119/5	屑晶屑凝灰岩	10.8	27.7	59.5	2818	145	312	16.2	1.7	18.5	608	211	7.8	19.4	13.3	0.69	45	6.35	0.28
D3119/6		7.1	29.1	54.4	2970	152	275	17.2	0.9	20.9	549	213	7.5	22.7	16.8	0.33	49.4	7.09	0.25
		13.98	59.78	96.56	2914	155	253	16.4	1.3	19.88	561	209	8.21	25.16	17.13	0.66	49.3	7.4	0.29
D3117/1	岩屑晶屑凝	9.3	44.7	64.2	2746	171	226	17.3	0.9	19.8	645	224	8.9	22.8	14.1	0.94	42.3	124	0.28
D3117/2		18.2	25.3	23.3	3004	191	200	17.2	0.22	19.5	591	243	3.3	13.5	5.6	0.99	36.6	5.39	0.19
D3117/3	灰质英安岩	12	31.1	85.9	2737	163	207	17.3	1.39	19.8	595	221	7.5	22.7	13.9	0.69	41.2	14.5	0.18
D3121/1		9.1	24.2	50.9	2753	158	248	17.6	2.04	19.2	531	220	7.7	15.3	11	0.69	40	14.7	0.23
D3121/2		10.1	18.5	91.6	3115	167	249	16.2	1.85	19.4	620	219	11	17.6	11.1	0.15	49	29.4	0.20
D3120/1		6.5	26.5	52.4	2576	156	285	15.9	1.6	16.9	531	205	8.6	13.6	11.7	0.85	39.8	2.98	0.13
D3120/2	含角砾岩屑晶	10.2	27.2	54.5	2989	170	216	16.3	2.12	19.2	645	227	10	19.4	19.4	1.33	52.1	5.02	0.15
D3120/3	屑凝灰质英安岩	9.9	38.2	58.5	2826	174	220	16.9	1.83	18.7	636	223	7.5	10.9	13.8	0.69	46.1	5.43	0.21
D3121/3		8.4	36.2	54.1	2510	182	234	16.7	1.54	20	614	209	9.8	15.8	12.5	0.51	44	6.9	0.19
D3121/4		24.8	30.7	52.7	2760	184	230	16.6	1.25	15.8	574	212	9.8	27.5	12.4	0.94	39.4	21.6	0.14
D3121/5		9.8	33.7	42.4	2769	183	331	18.3	0.93	17.3	632	218	6	21.2	10.1	0.85	45.9	3.52	0.18
平均值	安山岩类	10.6	35.01	58.8	2755	171	236	16.8	1.22	18.38	614	220	8	17.95	12.61	0.73	43.43	16.08	0.19
D3122/2		12.1	24.4	54.5	2826	179	289	16.8	0.91	17	635	219	6.8	34	23.3	0.51	50.7	7.68	0.19
D3122/3	含角砾凝灰	4.3	66.1	95.9	2801	184	262	16.3	0.36	14.3	771	208	8.4	24.6	16.7	0.77	49.7	4.98	0.25
D3122/6	质英安岩	5.7	26.5	46.6	2597	142	279	16	1.74	18.4	561	215	7.3	15.3	12.3	0.41	41.2	2.92	0.18
D3122/7		12.5	39.7	45.8	2660	164	208	16.1	1.02	20.8	672	229	8.8	9.2	6.8	0.81	40.2	4.97	0.14
D3122/8		6.4	37.1	68.2	2413	172	99.3	17.1	0.7	18	572	221	6.5	3.8	7	0.54	36.6	3.32	0.17
总平均值		12.3	47.4	77.7	2834	163	245	16.6	1.26	19.1	587	215	8.1	21.6	14.9	0.7	46.4	11.74	0.24
地壳丰度值（黎彤，1976）		63	12	94	6400	78	480	19	1.6	18	390	130	25	110	89	1.3	140	2.2	0.4

151

样品编号	岩性	La	Ce	Li	Be	W	Sc	Cs	Y	Th	Hf	Rb/Sr	Sr/Ba	Nb/Ta	Zr/Hf	Ti/V	La/Ce	Zr/Y	Zr/Nb	Ba$_N$/La$_N$
D3071/1	火山角砾凝灰岩	44.4	89.7	20.6	2.44	3.17	8.37	10.1	27.7	21.2	8.63	0.71	0.39	21.43	10.24	67.9	0.49	7.83	13.15	0.64
D3072/2	安山－流纹质含	44.7	87.2	50	2.70	31.5	10.5	9.64	27.4	18.7	8.34	0.69	0.42	13.64	11.23	62.8	0.51	7.66	12.73	0.59
D3073/1	火山角砾凝灰岩	40.8	82.8	41.2	2.84	3.57	8.25	13.6	26.9	14.9	8.74	0.54	0.56	14.47	13.02	52	0.49	7.21	13.02	0.61
D3119/1	含砾火山角砾岩	35.8	99.1	35.6	1.8	3.17	8.95	6	28.4	20.7	4.24	0.84	0.38	12.46	9.23	48.8	0.36	6.73	11.79	0.62
D3119/2	屑凝灰岩	35.2	97.5	57.2	2.86	3.76	8	6.32	28.7	20.3	4.44	0.55	0.48	8.24	10.2	53.9	0.36	7.21	12.25	0.83
D3119/3		52.5	99	28.2	3.29	3.37	6.91	11.6	27.9	21.5	5.70	0.73	0.35	11.83	10.47	70.8	0.53	8.06	13.39	0.52
D3119/5		48.8	70.9	40	2.62	2.96	7.93	5.91	29.8	20.7	3.41	0.46	0.51	9.53	10.5	62.6	0.69	7.08	13.02	0.59
D3119/6		45.8	78.3	49.7	2.10	2.96	8.87	6.09	32.3	20.1	3.89	0.55	0.5	19.11	10.6	60.1	0.58	6.59	12.38	0.57
平均值	凝灰岩类	43.5	88.1	40.3	2.58	6.81	8.47	8.66	28.6	19.8	5.9	0.61	0.45	12.62	10.56	59.11	0.49	7.31	12.74	0.61
D3117/1		45	102	47.6	2.82	4.31	6.66	9.06	31	18.3	6.18	0.76	0.35	19.22	12.24	64.9	0.44	7.23	12.95	0.68
D3117/2	岩屑晶屑凝	17.7	71.1	10.8	2.8	3.37	7.17	6.06	19.6	21.9	5.57	0.96	0.34	78.18	11.1	82.1	0.25	12.4	14.13	1.64
D3117/3	灰质英安岩	42.8	94.8	49.3	3.33	3.17	7.07	5.21	29.4	19.9	6.71	0.79	0.35	12.45	11.1	66.4	0.45	7.52	12.77	0.66
D3121/1		42.4	71.8	47.2	2.95	2.96	7.99	8.56	29.7	23.7	4.37	0.64	0.47	8.63	9.28	68.8	0.59	7.41	12.5	0.6
D3121/2		44.1	75.6	92.5	2.17	71.4	8.14	15.5	24.4	17.1	4.22	0.67	0.40	8.76	12.8	63.6	0.58	8.98	13.52	0.67
D3120/1		42.4	66.1	50	2.72	3.57	6.81	6.51	27.1	22	4	0.55	0.54	9.94	9.32	64.7	0.64	7.56	12.89	0.6
D3120/2		28.8	83.2	67.3	2.29	4.31	8.73	8.72	22.2	18.9	4.15	0.79	0.33	7.69	12.01	57.4	0.35	10.23	13.93	1.06
D3120/3	含角砾岩晶屑	38.2	83.8	86.5	2.53	2.96	7.89	7.41	23.4	20.6	5.29	0.79	0.35	9.23	10.83	61.3	0.46	9.53	13.2	0.79
D3121/3	凝灰质英安岩	48.5	75.9	45.3	1.84	3.17	7.85	14.9	30.4	20.3	4.40	0.78	0.38	10.84	10.3	57.1	0.64	6.88	12.51	0.6
D3121/4		47	82.2	44.2	2.32	2.96	6.55	12.2	25.1	22.2	4.49	0.8	0.4	13.28	9.55	70.1	0.57	8.45	12.77	0.58
D3121/5		44.1	75.7	25.7	2.4	2.74	8.6	7.4	33.7	21.3	4.17	0.55	0.52	19.68	10.23	60.3	0.58	6.47	11.91	0.68
D3122/2		43.6	67.5	59.8	1.89	2.52	8.18	8.43	29.7	18.3	3.24	0.62	0.46	18.46	11.97	55.7	0.65	7.37	13.04	0.69
D3122/3	含角凝灰	42.1	73.4	41.3	1.9	2.96	8.44	11.6	27.6	16.7	2.88	0.7	0.34	45.28	12.46	56.4	0.57	7.54	12.76	0.87
D3122/6		43.3	61.9	48.2	1.5	2.4	7.51	11.5	26.8	20.4	3.69	0.51	0.5	9.2	10.54	63	0.70	8.02	13.44	0.62
D3122/7	质英安岩	24.3	47.9	56.3	2.38	3.46	7.37	6.59	22.1	21.9	4.11	0.79	0.31	15.78	10.46	66.2	0.51	10.36	14.22	1.31
D3122/8		44.2	87.7	46	2.36	3.58	7.64	5.16	33.4	21.2	5.34	1.73	0.17	24.43	10.46	65.9	0.50	6.62	12.92	0.62
平均值	英安岩类	39.9	76.3	51.1	2.39	7.49	7.67	9.05	27.2	20.3	4.55	0.72	0.38	13.77	10.84	63.4	0.52	8.09	13.1	0.73
总平均值		41.7	82.2	45.7	2.49	7.15	8.07	8.86	27.9	20.05	5.23	0.67	0.42	13.17	10.72	61.1	0.51	7.71	12.95	0.67
地壳丰度值（黎彤，1976）		39	43	21	1.3	1.1	18	1.4	24	5.8	1.5	0.16	1.23	11.88	22.41	45.71	0.91	5.42	6.84	0.48

丰度值。过渡元素中 Cu，Zn，Ti，Co，Cr，Ni，V，Sc 等均低于地壳丰度值，尚未发现这些元素具正异常特征。从表中的岩石分类可看出大概划分为两类，一类是凝灰岩；另一类为英安岩，两种岩石类型中不乏出现一些具有过渡特征的岩石。其中凝灰岩类的 8 个样品各微量元素含量与地壳丰度值相比大多数元素与总趋势一致，个别元素（如 Zn）平均值略高于地壳丰度值，出现变异。

（2）微量元素特征参数

根据微量元素特征参数比值（表 3 - 45），可以看出 Rb/Sr 在凝灰岩类岩石中平均值 0.61，在英安岩类岩石中平均值为 0.72，略高于凝灰岩，而与地壳丰度值的比值（0.16）相比，均高出 4 倍左右；Sr/Ba 值为 0.38 ~ 0.45，在 0.2 ~ 2 之间，属英云闪长岩类岩石范围；Ti/V 总平均比值为 61.1，凝灰岩中为 59.11，英安岩为 63.4，均高出由地壳丰度值相比的比值 45.71。这一特征，与世界安第斯型安山岩类岩石大致相似，略大于大陆边缘的安山岩类；而在 Zr/Y 值中，莫库潜火山岩在 7.31 ~ 8.09 之间，高出地壳丰度值比值（5.42），属大陆边缘安山岩类；Ba_N/La_N 为 0.61 ~ 0.73，凝灰岩略低于英安岩，两种岩类平均为 0.67，高于地壳丰度标准化后的比值。除以上的比值外，Nb/Ta 为 12.62 ~ 13.77，最高比值 78.18 是最低比值 7.69 的 10 倍，变化范围较大；Zr/Hf 总平均值为 10.72，显然低于地壳丰度值的比值，各岩石 Zr/Hf 变化在 9.23 ~ 13.02 之间，起伏较小；La/Ce 平均比值为 0.51，低于地壳丰度比值 0.91。上述几种元素的比值特征反映了调查区莫库潜火山岩的特殊性，是火山熔岩、碎屑岩形成于火山颈的一种特殊相，即不同于正常火山喷溢，火山爆发相的成因岩类，也不同于正常深成岩类侵入岩。

五、重矿物特征

1. 矿物组合

根据人工重砂资料，莫库潜火山岩岩石中主要矿物组合有磁性部分、电磁性部分以及重部分和轻部分等。其中所占比例分别为 20%，40%，7.5% 和 32.5%。磁性部分磁铁矿约占 5%，其余为杂质或碎屑；电磁性部分主要有褐铁矿，约占 70%，岩屑约占 25%，钛铁矿、电气石、褐帘石、石榴子石、角闪石、绿帘石和黑云母等占其 5%；重矿物为锆石 - 磷灰石 - 黄铁矿等组合；轻部分为石英、长石及岩屑等。

2. 锆石特征

岩石中锆石呈淡褐黄色，金刚光泽，绝大部分透明，少数半透明或不透明；极少数锆石还见玫瑰红色，弱金刚光泽。淡褐黄色锆石颗粒呈残缺的柱状，少数为完整的柱状，极个别为碎块状；玫瑰红色锆石呈残缺柱状、碎块状、浑圆度表现为棱角状，由于生长较差，少量锆石呈歪晶状。锆石晶形特征见图 3 - 74，多数晶体表面平滑，但内部多包体，包体除少部分为黑色星点状包体外，大多数包体为细小杂乱分布的锆石。锆石粒径在 0.24 mm × 0.08 mm 至 0.56 mm × 0.08 mm 之间，长宽比 3 : 1 ~ 7 : 1，少数为 2 : 1。锆石颗粒在紫外光照射下，发出亮的黄色光。岩石中锆石晶体形态可分为 4 种类型：图 3 - 74① ~ ②为由发育生长柱面 m（110）、锥面 P（111）和 x（311）聚合形成；③ ~ ④是由发育生长柱面 m（110）、a（100）和锥面 P（111）、x（311）聚合形成；⑤是由生长发育的柱面 a（100）和发育差的柱面 m（110）及锥面 P（111）聚合形成；⑥ ~ ⑨是由生长发育近于相等的柱面 m（110）、a（100）和锥面 P（111）、x 面（311）聚合形成。以上 4 类锆石，以⑥ ~ ⑨几个形态最为常见，成为主要晶形，其他晶形都较少，未见异极状晶体。在与中酸性侵入相岩石和溢流相岩石对比中，其晶体形态在石英二长闪长岩类、石英闪长岩中有相似形体；在安山岩、英安岩类喷溢火山熔岩、凝灰岩中相似形体较多，应属接近于火山喷溢相的潜火山口相环境形成。

六、构造环境判别

1. 岩石化学组分的构造环境判别

岩石化学的构造环境判别可作为一个重要的标志，对于各种成分的火山岩可用 Rittmann（1973）方法，该方法可以区别板内与闭合边缘等不同构造环境（图 3 - 75，图 3 - 76）。根据两种图解，可以看出，莫库潜火山岩在 lg τ - lgσ 图解中，4 个样品均落入里特曼、戈蒂里的 B 区，即岛弧或活动

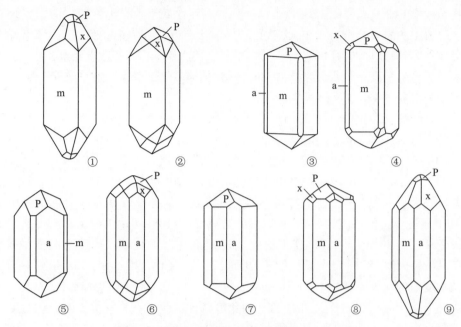

图 3 - 74　莫库潜火山岩重矿物锆石形态特征

（特征见报告中文字描述）

陆缘区，与区内实际情况或与其他判别图相比较有一定矛盾，造成这种矛盾的直接原因可能是该类岩石既不属于正常火山岩类、又不属于正常侵入相岩类，具有特殊的过渡岩类特征。另外，从岩石化学组分上可以看出，这类潜火山岩碱度组分的 K_2O，Na_2O 含量相对较高，两者之和不低于 7.09，最高值为 8.17。

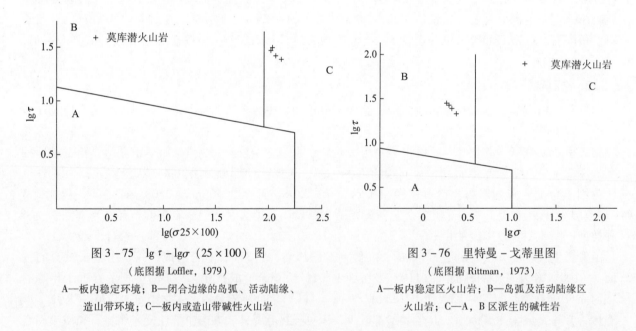

图 3 - 75　$\lg \tau - \lg \sigma$（25 × 100）图

（底图据 Loffler，1979）

A—板内稳定环境；B—闭合边缘的岛弧、活动陆缘、
造山带环境；C—板内或造山带碱性火山岩

图 3 - 76　里特曼 - 戈蒂里图

（底图据 Rittman，1973）

A—板内稳定区火山岩；B—岛弧及活动陆缘区
火山岩；C—A，B 区派生的碱性岩

通过久野久（1966）$Na_2O + K_2O - SiO_2$ 图解和 Jakes 等（1972）$Na_2O + K_2O - K_2O/Na_2O$ 图解（图 3 - 77，图 3 - 78）。从两个图中样品投影结果来看，均落到 SHO 区，即钾玄岩系列区。原图作者认为，该图适应于基、中、酸性火山岩系列，而且 $K_2O + Na_2O$ 为 4 ~ 5，K_2O/Na_2O 值在 0.35 ~ 0.75 之间的样品，完全适合于玄武安山岩 - 英安类岩石。由此可见，莫库潜火山颈相潜火山岩岩石类型具明显的钾玄岩系列。另外，在 Maitre 等（1989）火山岩 $SiO_2 - K_2O$ 图中（图 3 - 79），莫库潜火山岩的凝灰熔岩和英安岩等样品 $SiO_2 - K_2O$ 投影，也均落到英安岩与流纹岩类中的高钾区，反映了莫库潜火山岩的高钾（或高碱）特征。这种高钾或钾质英安岩类的潜火山岩说明，在形成过程中板块的活动相对较弱，位移量很小。因而，莫库潜火山的活动应属板内性质。

154

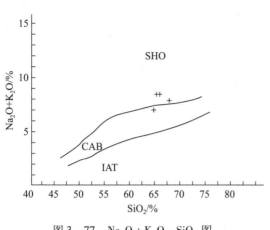

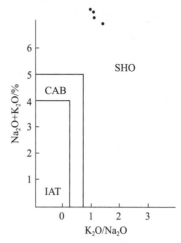

图 3 - 77　Na₂O + K₂O - SiO₂ 图

（底图据久野久，1966）

IAT—岛弧拉斑玄武岩系列；CAB—钙碱性系列；
SHO—钾玄岩系列

图 3 - 78　Na₂O + K₂O - K₂ONa₂O 图

（底图据 Jakes 等，1972）

适用于 SiO₂ 55% ~65% 的火山岩

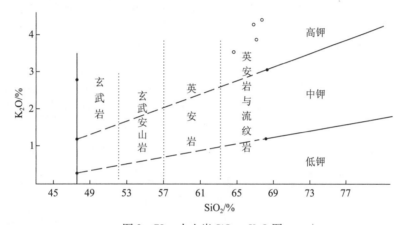

图 3 - 79　火山岩 SiO₂ - K₂O 图

细点线为 TAS 图中酸度分区界线；粗点为 K₂O 与 SiO₂ 坐标点位置；。—莫库潜火山岩投影点

R·A·Batchelor et.（1985）对花岗岩与板块构造关系进行研究，将花岗岩分为 6 类：①地幔斜长花岗岩，即拉斑玄武岩质花岗岩或地幔分异花岗岩，简称 T 型花岗岩；②钙碱性更长花岗岩，即消减的大陆边缘花岗岩或碰撞前花岗岩，简称 I 型（科迪勒拉）花岗岩；③高钾钙碱性花岗岩，即加里东型深熔花岗岩或碰撞后隆起的花岗岩，简称 I 型（加里东）花岗岩；④亚碱性二长岩，即造山晚期或晚造山期花岗岩；⑤碱性过碱性花岗岩，即造山后或非造山区的花岗岩，简称 A 型花岗岩；⑥地壳熔融型花岗岩，即同造山花岗岩，或同碰撞花岗岩，简称 S 型花岗岩。莫库潜火山机构中，潜火山口相火山岩（英安岩、流纹 - 安山质凝灰岩、安山斑岩及凝灰质熔岩）在 R₁ - R₂ 图中，均落入 4 区，属造山晚期或晚造山期过程中形成，为造山带构造环境。

2. 地球化学特征的构造环境判别

利用玄武质岩石和花岗质岩石的微量元素及稀土元素特征来判别岩石所处的构造环境是可行的方法之一，因为玄武质岩石和花岗质岩石分布极为广泛，规律性易掌握，特别是利用微量元素比值来解释构造环境的方法很多。把莫库潜火山岩 Th，La 及 La/Yb，Zr/Y，Ti/V，Hf/Yb，Ti/Zr 与 Condie（1989）构造环境判别研究成果相比较（表 3 - 46），可以看出，莫库潜火山岩 Th 含量为（14.9 ~23.7）×10⁻⁶，与划分 4 种环境相比，仅接近于安第斯型的安山岩类型，其差异性在于调查区莫库火山岩属高钾的英安岩。La，La/Yb 也有相似性。Zr/Y，Hf/Yb 两值与其大陆边缘安山岩形成环境一致，比值均在其范围之间。调查区火山岩以低 Ti 为特征，Ti/Zr 值仅为 12.1 ~13.36。这低于 Condie（1989）所划分的 4 种构造环境类型的 Ti/Zr 值。但从整体角度看，莫库潜火山岩的形成构造环境与原始弧和岛弧环境相差明显，显然不属于这两种环境形成。结合其他方法综合分析认为，与板内或造山带火山岩较接近。

表 3 -46　莫库潜火山岩与不同构造环境安山岩微量元素特征对比

环境元素或比值	D3073/1	D3119/5	D3121/1	D3121/3	原始弧安山岩	岛弧安山岩	大陆边缘安山岩	安第斯安山岩
Th	14.9	20.7	23.7	20.3	≤1	1~3	2~5	4~8
La	40.8	48.8	42.4	48.5	2~5	5~15	10~25	20~40
La/Yb	12.48	16.83	14.32	18.73	≤0.8	0.5~3	1~4	3~7
Zr/Y	7.21	7.08	7.41	6.88	≤3	3~7	4~12	12~50
Ti/V	52	62.6	68.8	57.1	≤30	24~40	20~50	20~70
Hf/Yb	2.67	1.18	1.48	1.70	≤1	1~3	1~3	≥3
Ti/Zr	13.05	13.36	12.51	12.1	>50	40~50	40~50	≤40

注：表中构造环境根据 Condie（1989）。

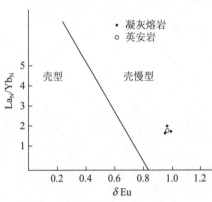

图 3 -80　La_N/Yb_N - δEu 变异图

根据 δEu - La_N/Yb_N 图解（图 3 -80），调查区莫库潜火山岩中两类岩石均落在壳幔型区，说明该火山岩演化与幔源活动有关，岩浆源相对较深，可能仅有少部分壳体物质。微量元素中代表过渡类元素的 Cu，Ti，V，Cr，Co，Ni，Sc 等出现明显的亏损，特别是 Ti 元素的亏损，反映了岩浆分离结晶作用较强的特点，可能预示着火山岩在成因上有古老残留的俯冲携带物质——表壳物质存在。非活动元素中的 Nb，Ta 也有弱的亏损现象，说明了莫库潜火山岩代表的岩浆活动具有板内或造山带构造环境的特点。

3. 成因机制分析

莫库潜火山机构具有"三位一体"空间分布格局，三相之间演化时间顺序极为清楚，同位素 K - Ar 法 3 组年龄值也表现出先后规律性。三相中的火山喷溢相 - 安山熔岩、少量玄武岩等围绕潜火山颈东侧周围分布；潜火山口相安山斑岩、安山熔岩、英安岩等构成颈相的主体，稍晚被侵入相中酸性侵入岩侵入充填。

潜火山机构形成于中生代侏罗纪地层中，颈相边界与围岩均为侵入关系，沿火山机构东西有一条规模较大的断裂，该断裂从调查区西侧气相错买玛乡向东偏南方向延伸至唐抗贡巴出图，横贯调查区东西。断裂北侧为中生代侏罗纪地层、南侧为晚白垩世地层和古近世地层，是明显的板内控盆断裂。根据切割地层及控盆性质，该断裂形成于造山后或晚造山阶段。莫库潜火山机构的形成和演化与该断裂活动关系密切，构成对潜火山机构的控制作用。

气相错 - 唐抗贡巴断裂呈北西西—南东东向或近东西向展布，断裂在不同部位，产状有明显变化，总体倾向北，倾角 30°~75°，燕山晚期板块汇聚后的调整阶段，使其由原来的张性控盆断裂改变了运动方式而形成逆冲（由北向南）断裂。莫库潜火山机构形成于该断裂构造早期张性伸展阶段，使地壳重熔岩浆沿断裂上升，并形成火山喷溢。这一时期的火山喷溢由基性熔浆很快过渡到中性—中酸性熔浆，并具有间歇性。从喷出熔岩在白垩系阿布山组中的岩石、矿物、岩石化学、地球化学特征来看，具陆相喷溢性质，岩浆演化顺序为灰紫色玄武岩—玄武安山岩—安山岩—英安岩—流纹岩。其中玄武岩和流纹岩均较少，安山岩、英安岩为主。从该期火山活动所形成的火山岩层来看，火山作用相对较弱。

随着造山作用逐渐减弱，莫库潜火山机构的火山颈相（通道相）被充填，并伴有轻微的爆破性质，形成了安山斑岩、岩屑晶屑凝灰熔岩和岩屑晶屑英安岩为特征。之后，岩浆房外作用动力继续，借着间歇作用动能再次上升，形成侵入相岩石，充填于火山通道内，形成莫库潜火山机构最后能量物质剩余，并完成了由喷溢相—通道相—侵入相一个非常完整的岩浆演化旋回，这一过程恰好与晚燕山旋回构造作用同步。

第四章 变 质 岩

　　图区内变质岩不甚发育，主要见于图区南部，多为浅—中级变质岩系。根据董申保等（1986）提出的划分原则，调查区的变质岩可划分为区域变质岩、接触变质岩和动力（碎裂）变质岩三大类。区域变质岩多以浅—中变质为主，变质地层为前泥盆系阿木岗岩群和早—中侏罗统的木嘎岗日岩群；接触变质岩主要受岩浆侵入作用影响，在侵入体边界或周围形成带状或环带状变质；动力（碎裂）变质岩呈带状或线状展布。

第一节　区域变质岩

　　调查区区域变质岩分布在图区南部，面积约 892 km²，大致呈近东西向带状展布。根据变质岩分布特点、变质特征、变质作用时期与所处不同构造部位，划分为两个变质岩带，即鄂如变质岩带和兹格塘错变质岩带（图4-1）。

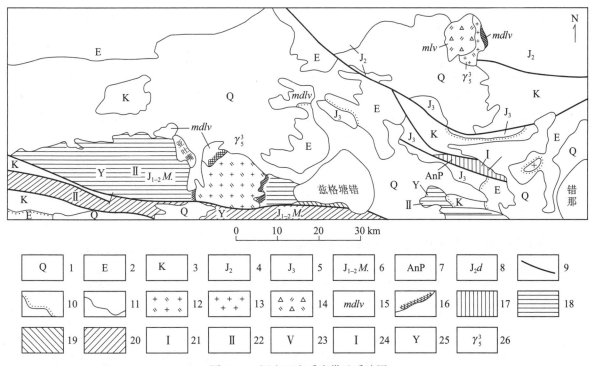

图4-1　调查区变质岩带地质略图

1—第四系；2—古近系；3—白垩系；4—中侏罗统；5—上侏罗统；6—木嘎岗日岩群；7—前二叠系阿木岗群；8—蛇绿混杂岩群；9—断层；10—不整合界线；11—地质体界线；12—二长花岗岩；13—花岗岩；14—潜火山岩；15—火山岩及火山熔岩；16—接触变质；17—低压型区域动力热流低绿片岩相；18—中压型区域动力热流低绿片岩相；19—中压型区域动力热流高绿片岩相；20—中压型区域动力热流低角闪岩相；21—鄂如变质岩带；22—兹格塘错变质岩带；23—华力西变质期；24—印支变质期；25—燕山变质期；26—燕山晚期侵入岩

一、鄂如变质岩带

　　鄂如变质岩带为安多-聂荣变质地体的一部分，主要出露于羌南盆地边缘巴玛日玛、鄂如、阿尕亚一带，为前泥盆系阿木岗岩群戈木日岩组残留地质体或构造移植体。东西长约12 km，宽500～1 500 m，延伸受断裂控制，并不同程度地经受了动力变质作用改造。

(一) 变质岩石类型

该变质岩带变质岩石主要为变质细碧岩、变质玄武岩和绢云母长英质岩石等，以中—基性火山岩组成，原岩成分及组构基本保留，糜棱岩化和片理化强烈，具平行或片状构造。蚀变及变质矿物有：钠长石、绿泥石、绿帘石、次闪石、阳起石、方解石、石英及绢云母等，变质岩石特征见表4-1。

表4-1　鄂如变质岩带主要变质岩石类型及其特征

岩石类型	结构	构造	变质矿物共生组合	变质特征	备注
变质石英闪长岩	微—细粒结构半自形粒状结构、显微鳞片-不等粒变晶结构	块状或条纹状-片状构造	斜长石+绿泥石+石英	原生矿物斜长石发生绿帘石化，绿帘石取代斜长石，角闪石被绿泥石取代，伴生绿帘石	原岩为石英闪长岩
变质长英岩	显微鳞片-粒状变晶结构	条纹（带）状-千枚状构造	斜长石+绢云母+石英	原岩中矿物发生强烈细粒化，绢云母呈鳞片状定向或绕残斑而过，石英波状消光	
变质细碧岩（变质细碧玢岩）	显微鳞片纤柱状-不等粒变晶结构	片状构造、变余杏仁状构造	斜长石+钠长石+阳起石+绿泥石+绿帘石	单斜辉石全次闪石化及绿泥石化，形成阳起石、绿泥石；斜长石钠化明显，且杂乱分布空隙被绿泥石、阳起石及绿帘石充填，具定向平行分布	原岩结构基本保留，受韧性剪切变形
变质玄武岩	显微鳞片-显微纤维状-不等粒变晶结构	条纹-片状构造	斜长石+钠长石+绿泥石+绿帘石 斜长石+钠长石+阳起石+绿泥石+绿帘石	辉石次闪石化后呈纤柱状，绿泥石、绿帘石定向平行分布，斜长石发生钠黝帘石化	原岩结构有所残留，糜棱岩化强烈

(二) 变质矿物带

根据变质基性火山岩变质矿物组合特征，以阳起石的出现与否，可在调查区该带中划分出绿泥石-钠长石带和阳起石-钠长石带两个矿物带（图4-2，图4-3）。

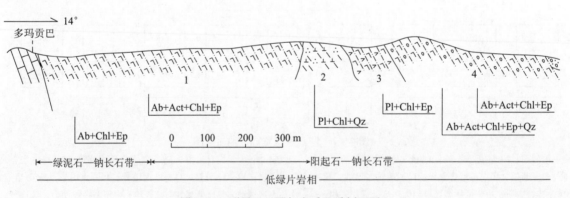

图4-2　明果巴-鄂如变质地质剖面图
1—变质玄武岩；2—变质石英闪长岩；3—变质细碧玢岩；4—变质细碧岩

1. 绿泥石-钠长石带

该带主要分布在变质岩带南侧，典型矿物共生组合为：①钠长石+绿泥石+绿帘石；②斜长石+绢云母+白云石+石英。

上述绿泥石-钠长石带受动力变质作用发生退变质，斜长石被绢云母及绿帘石取代，石英波状消光拉长呈条纹状。

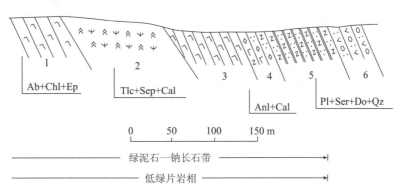

图 4-3 来鄂布苏尔变质地质剖面图

1—变质细碧岩；2—变质超基性岩；3—变质细碧岩；
4—方解石方沸石长英岩；5—变长英质岩；6—沉英安质凝灰角砾岩

2. 阳起石－钠长石带

该带分布在上述带北侧，典型矿物共生组合为：①钠长石＋阳起石＋绿泥石＋绿帘石；②斜长石＋绿泥石＋石英；③斜长石＋绿泥石＋绿帘石＋石英；④钠长石＋阳起石＋绿泥石＋绿帘石。

该带变质相对较弱，保留或残存原岩结构，但角闪石已退变质，完全被绿泥石取代。上述绿泥石－钠长石带和阳起石－钠长石带中，变质矿物主要为钠长石、阳起石、绿泥石、绿帘石和绢云母，因此变质相应属低温低绿片岩相。

此外，据零星见到的铁铝榴石显示：调查区该区域变质岩曾存在石榴子石变质矿物带，有可能与钠长石－绿泥石－阳起石带一起构成一递增变质带。

（三）温压条件及变质相系

鄂如变质岩带内钠长石－绿泥石－阳起石变质矿物共生组合属于贺高品的低绿片岩相，相当于温克勒的低变质级，其形成的变质温压为 0.1~1.0 GPa，350~500 ℃；铁铝榴石带属于贺高品的高绿片岩相，相当于温克勒的低变质级，其形成的变质温压为 0.2~0.6 GPa，500~575 ℃；此外铁铝榴石是代表中压应力条件下的变质矿物，结合该带变形构造组合属于中深构造层次，说明该带至少经历了区域中压变质作用过程，由此确定鄂如变质带变质矿物组合主要形成于中压变质相系。

（四）后期变质作用的叠加

调查区内该变质岩带普遍遭受了后期动力变质作用改造，形成糜棱岩、超糜棱岩及糜棱岩化，从北向南动力变质作用加强。动力变质作用使早期形成的区域变质岩发生退变质，如斜长石矿物被绢云母及绿帘石取代；辉石次闪石化后仅残留原矿物晶形轮廓，单斜辉石退变形成阳起石；角闪石全部变为绿泥石和绿帘石等，展示了一个减压过程。

二、兹格塘错变质岩带

兹格塘错变质岩带分布在调查区南部，大致呈带状延伸。西起桑日，东至甲不弄，东西两侧均延出图区。图内东西长约 122.5 km，宽 6~21 km。该带属日土－怒江变质地带的一部分，处于班公错－怒江板片结合带内，除普遍发生区域变质作用外，动力（碎裂）变质作用与接触变质作用也有发生。主要区域变质地质体分为早—中侏罗统木嘎日岩群康日埃岩组、加琼岩组及东巧蛇绿混杂岩群的超基性、基性岩及早期的构造岩块，与上覆白垩系、古新近系呈不整合或断层接触（图 4-1）。受板块俯冲、碰撞及不同期次、性质、规模和层次断裂破坏，变质地层内强烈变质变形，冲断层发育。

（一）变质岩石类型

调查区内该变质带主要由浅—中级区域变质岩系组成，按原岩类型大致分为变质的沉积碎屑岩、变质的中基性火山岩及超基性岩等。

1. 变质沉积碎屑岩

变质碎屑岩中变质砂岩类主要有变质岩屑砂岩、变质长石石英砂岩、变质粉砂岩；板岩类有绢云母板岩、钙质板岩、硬绿泥石板岩、变质泥质粉砂质板岩及少量硅质板岩；千枚岩类常见有钙质千枚岩、绢云母千枚岩；片岩类见绢云母片岩、含石榴子石片岩、绿帘石英片岩等，以上变质岩大致从北向南变质程度加深。

上述泥质岩常见变质矿物有石英、白云母、绢云母、绿泥石、硬绿泥石、黑云母、绿帘石、钠长石及少量石榴子石、角闪石等。主要变质岩石及特征见表4-2。

表4-2 兹格塘错变质岩带主要变质岩类型及其特征表

岩石类型	结构	构造	变质矿物组合	变质特征	备注
板岩类（绢云母板岩、硬绿泥石板岩、泥质、粉砂质板岩、钙质板岩、硅质板岩）	鳞片变晶结构、纤维状变晶结构、变余泥质—粉砂结构	板理（或劈理）构造	钠长石、黑云母、绿泥石、绿帘石、绢云母、硬绿泥石、石英	绢云母呈细小鳞片状，彼此呈紧密平行排列，细碎屑物紧密嵌连、拉长定向	
千枚岩类（泥质千枚岩、绢云母千枚岩）	粒状鳞片变晶结构	千枚状构造	绢云母、白云母、长石、石英	绢云母定向显著，并局部较聚集，石英个别定向拉长，绢云母多包裹石英	原岩一般为泥质岩或含碳，含粉砂质泥岩
变质碎屑岩类（变质岩屑砂岩、变质石英砂岩、长石砂岩及变质粉砂岩）	变余砂状粒状变晶结构、变余细粒结构	块状或板劈理构造	黑云母、绢云母、白云母、长石、石英	重结晶作用明显，石英次生加大	原岩为细砂岩和粉砂岩，矿物保留原岩结构，重结晶不明显
片岩类（绢云母片岩、石榴子石片岩、绿帘石英片岩、绢云母斜长片岩）	显微鳞片变晶结构，纤维状变晶结构，斑状变晶结构	片状构造	角闪石、石榴子石、绢云母、绿泥石、绿帘石、石英	矿物定向排列显著	部分保留砂状结构
蛇纹岩	网状结构	块状构造	蛇纹石、绿泥石、磁铁矿、方解石	辉石有一定的蛇纹石化、角闪石化、绿帘、绿泥石化及绢云母化	岩石已蚀变为蛇纹石，而辉石柱状晶形仍清晰可见或呈残留体
变质玄武岩	变余斑状结构	块状构造	斜长石、角闪石、黑云母、石英	斜长石多呈聚片双晶、少量有复合双晶、晶体长轴弱定向，辉石仅保留晶体外形，有绿帘、绿泥石化	
变质辉长辉绿岩	变余辉长辉绿结构	块状构造	斜长石、角闪石、绿泥石、绿帘石、绢云母、石英、磁铁矿	斜长石绢云母化、辉石呈半自形—他形状，局部有绿帘石化、石英波状消光，角闪石绿泥石化	原岩成分结构一般保留

2. 变质基性岩及超基性岩

基性岩主要有变质玄武岩、变质杏仁状玄武岩；超基性岩有蚀变辉长辉绿岩、硅化蛇纹岩、蛇纹岩、蛇纹石化辉石橄榄岩、变质细粒橄榄辉长岩、变质细粒辉长岩、片理化方辉橄榄岩以及木嘎岗日岩群中蚀变安山岩、蚀变玄武岩等。

变质基性岩主要矿物成分有黑云母、绿帘石、角闪石、斜长石、石英；变质超基性岩有蛇纹石、绿泥石、绿帘石、方解石、磁铁矿、绢云母、角闪石及斜长石等。主要变质岩石及特征见表4-2。

（二）变质矿物带

根据变质矿物组合特征，区域上可划分为3个带。

1. 绿泥石带

绿泥石带主要分布在木嘎岗日岩群北侧（图4-4），占据木嘎岗日岩群主体地层，典型矿物共生组合为：①绢云母＋白云石＋石英；②绿泥石＋绢云母＋石英；③绢云母＋白云母＋石英；④绢云母＋方解石＋石英；⑤钠长石＋绢云母＋绿泥石＋绿帘石＋石英。

上述变质带绢云母呈细小鳞片状、彼此紧密集合呈平行排列，细碎屑物紧密嵌连，拉长定向，石英波状消光，绿泥石呈细小鳞片状集合体。

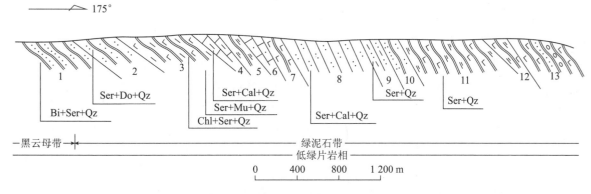

图4-4 兹格塘错变质地质剖面图

1—泥质粉砂质板岩及变质长石岩屑砂岩；2—变粉砂岩、变砂岩；3—泥质、钙质板岩；4—泥晶灰岩；5—绢云母板岩；
6—砂屑灰岩；7—钙质板岩、板理化绢云母粉砂岩；8—浅变质泥质细－粉砂岩；9—板理化砂－粉砂质页岩；10—变质
石英细砂岩、粉砂岩；11—钙质板岩、绢云母板岩；12—绢云母泥质钙质板岩；13—钙质板岩、变砂岩、含砾板岩

2. 黑云母带

黑云母带见于东巧琼那（图4-5），位于东巧超基性岩体北侧，宽度较窄，约70 m。属木嘎岗日岩群上述绿泥石带下部层位，典型矿物共生组合为：①黑云母＋绢云母＋绿泥石＋绿帘石＋石英；②斜长石＋黑云母＋绿泥石＋绢云母＋绿帘石。

上述黑云母带岩石具有变余结构，重结晶作用明显，新生的黑云母呈细鳞片状、绿褐色雏晶，粒径0.1～0.3 mm，多呈扭曲现象，分散于绿泥石中，含量1%～3%；绢云母显著定向排列，并有波状消光，部分绢云母已重结晶成白云母颗粒。

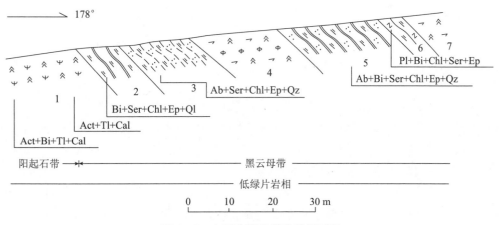

图4-5 东巧琼那变质地质剖面图

1—变质超基性岩；2—绢云母板岩；3—石英绢云母千枚岩；4—绿帘绢云辉橄岩；
5—石英绢云母板岩；6—绢云母斜长片岩；7—方辉橄榄岩

3. 铁铝榴石带

铁铝榴石带见于东巧西超基性岩体东侧（图4-6），岩性为石榴子石角闪片岩，宽3~10 m。与岩体呈断层关系，延伸不稳定，岩石中片理方向与接触带平行。典型矿物组合为石榴子石+角闪石+石英，其中特征变质矿物石榴子石含量很少，在岩石中约3%~5%，呈细小粒状，个别晶体内含有细小石英包体；角闪石呈细小纤柱状。

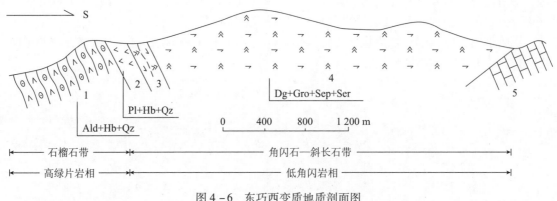

图4-6 东巧西变质地质剖面图

（据王希斌等，1987）

1—含石榴子石角闪石片岩；2—角闪岩；3—片理化方辉橄榄岩；4—方辉橄榄岩；5—灰岩

（三）变质相、变质相系

1. 低绿片岩相

兹格塘错变质带的绿泥石矿物带和阳起石矿物带的变质矿物组合属于贺高品的低绿片岩相，相当于温克勒的低变质级，其形成的变质温压为0.1~1.0 GPa，350~500 ℃。

2. 高绿片岩相

黑云母带和铁铝榴石带属于贺高品的高绿片岩相，相当于温克勒的低变质级，其形成的变质温压为0.2~0.6 GPa，500~575 ℃。铁铝榴石的出现说明上述变质矿物组合主要形成于中压变质相系。

兹格塘错变质带主要以绿片岩相变质为主，而其中又以低绿片岩相为主，高绿片岩相矿物仅呈雏晶出现，显示该期变质为区域低温动力变质，由北向南变质温度升高反映了变质作用发生时，二者位于不同的地壳深度，从而形成不同的变质相系。

（四）变质期

兹格塘错变质岩带的区域变质岩被白垩纪东巧组下段（K_1d^1）和东巧组上段（K_1d^2）未变质地层不整合覆盖，木嘎岗日岩群中有燕山期二长花岗岩侵入，侵入岩体边界部位地层发生接触变质，角岩、角岩化现象明显，侵入岩U-Pb年龄为111~117 Ma，根据不整合关系及侵位时间变质时期应为燕山中期。

此外，在双湖-澜沧江变质带（西藏自治区地质矿产局，1993）的北侧，图幅西北缘发育一套前二叠纪（亚恰组）浅变质强变形的板岩、变砂岩，特征变质矿物有绿泥石、绢云母等，显然属于低绿片岩相区域变质产物，变质温度与戈木日组相近，压力相近或略低。根据区域上泥盆系、二叠系变质变形均较弱，推测其变质时间与前泥盆系接近。

第二节 接触变质岩

接触变质作用主要见于燕山期多勒江普岩体边缘和康日岩体边部两处。变质程度较浅，在岩体周围发生接触变质，一般形成角岩、角岩化岩石，变质矿物带为绿泥石带、角岩化带及斑点板岩带，按岩体将接触变质分述如下。

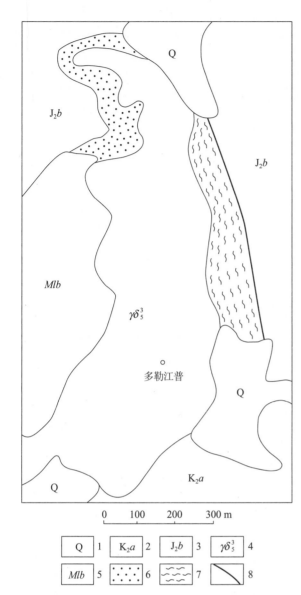

图 4 - 7　多勒江普岩体围岩接触变质略图
1—第四系；2—上白垩统阿布山组；3—中侏罗统布曲组；
4—花岗闪长岩；5—潜火山岩；6—斑点板岩带；
7—泥岩角岩带；8—断层

一、多勒江普接触变质岩

多勒江普接触变质岩为燕山晚期中细粒含斑花岗闪长岩，含角砾次火山岩体（K - Ar 同位素年龄 84.1 Ma 或 85.8 Ma）侵位于中侏罗统布曲组中，使围岩发生角岩化（图 4 - 7）。

（一）变质岩石

1. 变质泥质岩类

钙质斑点状角岩：显微鳞片 - 粒状变晶结构、斑点状结构、变余含粉砂 - 泥质结构、块状或斑点状构造。矿物成分为绢（白）云母含量 10% ~ 40%，绿泥石含量 10% ~ 15%，绿帘石含量 5% ~ 10%，钠长石含量 2% ~ 5%，方解石含量 10% ~ 45%。

2. 变质火山岩类

（1）蚀变英安岩：斑状结构。基质为玻晶交织结构，块状构造。矿物成分为斜长石含量 40% ~ 45%，黑云母含量 5% ~ 6%（发生绿泥石化），石英含量 18% ~ 25%，钾长石含量 5% ~ 10%。

（2）蚀变晶屑凝灰质流纹岩：斑状结构，基质，霏细结构、晶屑凝灰结构，流纹状 - 块状构造。矿物成分为钾长石含量 35% ~ 40%，石英含量 30% ~ 35%，斜长石含量 5% ~ 10%，黑云母含量 5% ~ 10%。

（二）变质矿物带及变质相

1. 绢云母 - 绿泥石带

该带见于岩体北部边缘外布曲组钙泥质岩及马登火山岩地层中，带宽约 30 ~ 100 m 沿岩体外圈分布，矿物组合为：①绢云母 + 绿泥石 + 方解石；②绢云母 + 白云母 + 绿帘石 + 钠长石；③绢云母 + 绿泥石 + 方解石（火山岩）。

变质岩为斑点状板岩，新生矿物绢云母、绿泥石定向性不明显，近于等轴状，方解石、绿帘石、钠长石等呈粒状变晶，组成斑点状集合体，分布不均匀，显示热接触变质特点。

2. 绿泥石 - 绿帘石带

该带见于多勒江普岩体东侧边部火山岩中（K - Ar 同位素年龄值 89 ~ 91.8 Ma），带宽约 40 ~ 120 m，长约 620 m，近南北向延伸，变质矿物组合有：①绢云母 + 绿泥石 + 绿帘石 + 石英；②绢云母 + 白云母 + 方解石。

该变质带内斜长石绢云母化，黑云母绿泥石化及伴生方解石、绿帘石。方解石交代长石较普遍，石英多被熔蚀为浑圆状及港湾状，黑云母被白云母取代。

上述岩体接触变质矿物带，指示矿物为绿泥石，反映接触变质温度较低，应为低绿片角岩相。

二、康日接触变质岩

康日岩体位于班公错 - 怒江结合带东巧，侵位于侏罗系木嘎岗日岩群中，使周边地层发生了接触变质作用，出现了绿帘石角岩，绿泥石角岩及一些蚀变岩石。根据接触变质特点划分出绿泥石角岩带

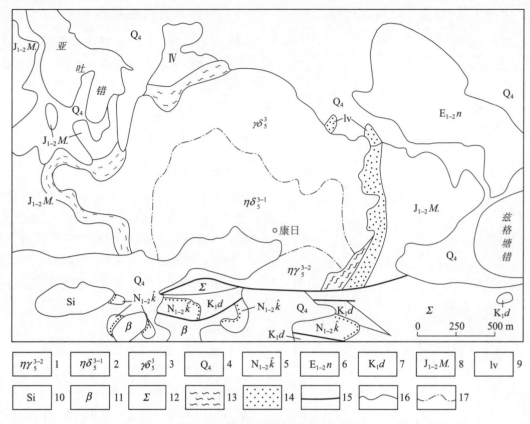

图 4-8　康日岩体围岩接触变质图

1—二长花岗岩；2—花岗闪长岩；3—石英闪长岩；4—第四系全新统；5—新近系康托组；6—古近系牛堡组；
7—白垩系东巧组；8—木岗嘎日岩群；9—中酸性熔岩；10—硅质岩；11—玄武岩；12—超基性岩；13—绿泥石
角岩带；14—角岩化带；15—断层；16—地质体界线；17—涌动侵入关系界线

和角岩化带（图 4-8）。

（一）绿泥石角岩带

该带一般分布在岩体外侧，环绕岩体呈环带状，宽 25～150 m 不等。主要岩石为绿帘石角岩、绿泥石角岩及蚀变安山岩、玄武岩、玄武安山岩、晶屑岩屑凝灰熔岩等。矿物组合有绢（白）云母、绿泥石、绿帘石。指示温度的矿物为绿泥石，接触变质的温度不高，属低绿片角岩相。

（二）角岩化带

角岩化带位于岩体东侧，在上述带外侧和岩体外带分布，宽 50～120 m，主要是原泥质岩发生角岩化，但原岩结构未改变，岩石经热接触烘烤颜色加深。区域变质形成的板岩质地更致密坚硬。

第三节　动 力 变 质 岩

由动力变质作用所形成的变质岩称动力变质岩，以矿物的变形、破碎和重结晶为主，分布有一定的局限性，多受构造断裂带控制，呈狭窄带状展布。调查区存在两个动力变质带，即南羌塘-保山陆块动力变质带和班公错-怒江结合带动力变质带，发育的动力变质岩均可分为糜棱岩系列和碎裂岩系列两部分。

一、南羌塘-保山陆块动力变质带

南羌塘-保山陆块动力变质带内构造角砾岩、构造碎裂岩及碎裂岩化岩石普遍发育，既有压性、压扭性的，也有张裂性质，其特点是岩石无定向或略具定向，微破裂发育，以裂隙切割为主，无或少有重结晶作用，具多阶段多期次对各种成分及性质的原岩进行破坏和改造的特点，且碎裂颗粒的大小及碎基的含量取决于岩石的刚性程度和外部动力的大小；糜棱岩化岩石、糜棱岩及超糜棱岩主要见于南羌塘－保山陆块边缘的巴查－波那－鄂如－唐抗贡巴弧形韧性剪切构造带中。

（一）构造角砾岩

构造角砾岩块状构造，不等粒变晶结构，角砾状结构。角砾大小不一，呈棱角状—次圆状不等。角砾成分因原岩不同而异，普遍具硅化或碳酸盐化，重结晶作用较为明显，原岩的结构构造尚有保留，还能恢复原岩性质。

形成构造角砾岩的构造环境既有张性，也有压性或压扭性的。张性角砾的角砾块大小不一，边缘不整齐，排列杂乱无章，胶结物有外来物质，有时还呈被壳状围绕角砾碎块分布；压性（压扭性）角砾岩因挤压有圆化现象，外源胶结物较少，石英等刚性矿物呈凸镜状或定向拉长明显，有波状消光现象，这种压性构造岩在土门一带的逆冲构造组合带中就非常发育，有的还成为辉锑矿的载体。

（二）构造碎裂岩（碎裂岩化岩石）

该岩类常见有碎裂粉晶灰岩，硅化，碎裂微晶灰岩，碎裂含粉砂泥晶灰岩，轻微碎裂，砂屑砾屑亮晶灰岩，碎裂生物碎屑粉晶灰岩，碎裂英安岩，碎裂粉砂质泥质岩，强碎裂流纹质熔岩和轻微碎裂凝灰质玄武岩等。普遍具碎裂结构或碎斑结构、块状构造，部分岩块可发生移位和细粒化形成假角砾状构造。这种构造岩是原岩在较强的应力作用下，受到挤压破碎而形成，粒化作用仅发生在矿物颗粒的边缘，而尚未到糜棱岩阶段。因而颗粒间的相对位移不大，原岩性质被部分保留下来。调查区碎裂岩见于各种岩石中，但刚性岩石居多，一般发育较多的裂隙，且裂隙中多充填石英脉及方解石脉，硅化及碳酸盐化现象多见，局部地方见到未固结的断层泥。常见的次生矿物有：绢云母、绿帘石、绿泥石、钠长石、石英、方解石和玉髓等。

（三）糜棱岩化岩石

糜棱岩化岩石主要有糜棱岩化碎裂安山英安岩、糜棱岩化玄武岩、片状糜棱岩化杏仁状细碧岩和糜棱岩化强蛇纹石化橄榄岩等，具显微针柱状－鳞片状－不等粒变晶结构，糜棱结构，轻微碎裂结构，条纹状构造。发生脆－韧性变质变形作用，岩石弱变质域可见残余结构发育，如变余斑状结构、变余填间结构、变余含长结构、变余细碧结构、变余火山结构、玻璃质结构和变余杏仁状构造等。原岩残斑多见，呈眼球状和小透镜体状，定向分布，两端出现不对称拖尾及叠瓦状剪切裂隙，脱玻化条纹绕残斑而行，局部出现小褶皱。晚期普遍叠加脆性变形，出现裂隙、碎裂，且裂隙中多充填石英或方解石脉。新生变质矿物一般为绿泥石、绿帘石、次闪石、钠长石、石英及方解石，属低温变质矿物组合发生退变质作用。

（四）糜棱岩

糜棱岩常见碳酸质糜棱岩、玄武质糜棱岩、石英闪长质糜棱岩、方沸石糜棱岩、英安质糜棱岩及长英质糜棱岩等。糜棱岩是原岩在挤压剪切应力作用下，发生韧性剪切变质作用，强烈的细粒化（$d <$ 0.05 mm）并迅速地静态重结晶。一般具明显的糜棱结构、碎裂结构、显微纤柱状－鳞片状－不等粒变晶结构，千枚状构造、条纹状－褶皱状－片状构造、块状构造。部分弱变形域中见少量变余结构，残晶呈小眼珠状、小扁豆状（$d < 0.3 \sim 0.5$ mm）及透镜状，定向分布明显，边缘呈锯齿状，斜长石残斑两端出现不对称拖尾纹及叠瓦状剪切的裂隙，其他变质片柱状矿物定向平行分布，均绕斜长石残斑而行。岩石韧性变形之后又发生脆性变形，出现较多裂隙，沿裂隙有两期以上的方解石脉充填，普遍有硅化和碳酸盐化。新生变质矿物一般有绿帘石、绿泥石、方沸石、钠长石、方解石、石英、绢云母和白云母等，发生明显的退变质作用。

（五）超糜棱岩

超糜棱岩主要有绢云母石英斜长石超糜棱岩和绢云母长英质超糜棱岩，并常与糜棱岩化岩石，糜棱岩共生，组成强弱相间的韧性变形岩石组合带。该类岩石原岩结构面目全非，不具残留结构。普遍具显微鳞片－粒状变晶结构，超糜棱结构，细条纹状－片状－千枚状构造，显微褶皱构造。长石、石英等矿物发生强烈的细粒化，残斑呈眼球状、小扁豆状定向平行分布，粒径为 0.1～0.2 mm（含量＜10%），基质粒径多数小于 0.05 mm（含量＞90%），残斑两端出现不对称尾，且被其他片柱状变质矿物呈条纹状绕行，这些片柱状矿物（如黑云母、绢云母、绿泥石等）分别集结为断续条纹、定向平行分布，石英少量亦呈条纹状。部分岩石中可见明显的构造置换现象，S_2 糜棱面理置换 S_1 面理，二者交角近 90°，S_1 面理由绢云母定向排列而成，且发生微褶，绕残斑而行。韧性剪切变质变形之前裂隙中充填的石英脉，在韧性变形之后随之发生变形，拉长、拉断形成拉丝构造，石香肠构造，无根流变褶曲等，石英波状消光非常明显。新生变质矿物主要为钠长石、绿帘石、绿泥石、黑云母、绢云母、石英和方解石，岩石退变质作用明显。

二、班公错－怒江结合带动力变质带

碎裂岩系列和糜棱岩系列动力变质岩在带内均广泛发育，主要分布在蛇绿岩与基质木嘎岗日岩群之间，构成典型的强变形带与弱变形域相互间隔的韧性变形组合；其次分布于木嘎岗日岩群与蛇绿混杂岩内部，但以碎裂岩系列岩石为主，糜棱岩系列岩石相对较少。

（一）碎裂岩系列岩石

该类岩石如蛇纹石化超基性岩质碎斑岩、碎裂岩化超基性岩和碎裂绢云母板岩等，岩石特点是以脆性变形为主，一般是变余半自形粒状结构、碎斑结构、碎裂结构和网环结构，片状构造，残留碎斑 0.64 mm，原岩强烈地蛇纹石化、次闪石化和碳酸盐化等，且次生矿物大致定向平行分布。裂隙中多充填方解石细脉，部分碎裂绢云母板岩中的碎块发生移位，出现角砾状构造。次生变质矿物一般为蛇纹石、阳起石、透闪石和方解石。

（二）糜棱岩系列岩石

该系列岩石由糜棱岩化石英绢云母板岩、斜长石绢云母糜棱岩和绢云母黑云斜长石超糜棱岩等组成的糜棱岩系列岩石，分布在几米至几十米的蛇绿岩边界韧性剪切构造带中，与南羌塘－保山陆块动力变质带中的糜棱岩系列具有相同的韧性剪切变形特征，如岩石细粒化，斜长石、石英残斑呈眼球状定向分布，且被绿帘石、绿泥石、黑云母、绢云母及金属矿物条纹条带绕行而过，石英残斑的书斜结构及不对称拖尾，强烈波状消光等。部分糜棱岩中还见绢云母重结晶成白云母颗粒，石英碎块或碎斑（前者为石英集合体）在应力作用下发生滑动，呈明显的定向拉长，其长宽约可达 7:1，属高度变形和位移，多发育 S－C 组构，石英脉无根褶皱。新生变质矿物一般为黑云母、钠长石、绿帘石、绿泥石、绢云母和白云母等，退变质作用明显。

在超糜棱岩基础之上，晚期又叠加多期次脆性破裂构造，部分岩石碎块发生位移，裂隙发育，裂隙中多充填钠长石脉、方解石脉及石英脉，具互相穿插之现象，且切穿韧性构造线。

第四节　变质事件期次

变质事件是建立在变质岩石序列的基础之上，依据其形成的自然过程，将其具有密切共生关系的一套原岩建造划归为一个特定的地质单元，排在特定的时间位置上。

一、变质事件期次划分的依据

1）两套变质岩系之间存在明显的区域性不整合。如调查区前泥盆系基底岩系与上覆盖层间的角度不整合（已被破坏）；三叠系与侏罗系间的角度不整合；白垩系与侏罗系及蛇绿岩间的角度不整合。这 3 个区域性角度不整合，就代表了调查区 3 个阶段 4 次规模较大的变质事件。

2）两套相邻变质岩系之间虽未见明显不整合，但变质作用类型截然不同，而且界线又比较清楚。

3）有确切的同位素年龄数据而能说明两套变质岩所属不同变质事件（或变质期），并与地质资料吻合。

4）变质岩系的原岩建造、时代及变形样式完全不同，也可作为划分变质事件的辅助依据。

二、变质事件期次的划分

调查区的变质作用与特提斯演化密切相关，根据变质变形特征可以划分为 6 期 3 个阶段。

1. 原特提斯构造演化阶段

该阶段仅有一期变质，发生于早古生代，为区域动力热流变质，变质地质体为前泥盆系戈木日组、前二叠系亚恰组。调查区仅出现绿片岩相，但在该变质带同一构造带东侧的安多发育一套以片麻岩为主的中深变质岩系，调查区戈木日组的变质特征表明，该组相当于安多片麻岩的上部层位，因此该期变质的变质相最高可达角闪岩相。

对于安多片麻岩的沉积时代，Yu 等（1983）、Yin 等（1988）均认为为中元古代—早寒武世，调查区戈木日组的沉积时间应与之相当。

该期变质与原特提斯洋消减、冈瓦纳大陆的最终汇聚有关。尹安（2001）指出："元古宙晚期—早古生代早期，在喜马拉雅和拉萨地体的北部，隐没于印度板块和拉萨地体之下的俯冲作用产生了寒武纪—奥陶纪的花岗岩侵入，花岗岩和围岩遭受了强烈的 SN 向的缩短，表现在安多片麻岩等倾斜褶皱和广泛的叶理发育。"调查区的该次变质作用与挤压造成的升温有关。

鄂如一带该组地质特征及火山岩微量元素环境判别图解表明该组地层原岩是既有蛇绿岩组分，又有火山弧玄武岩组分的构造混杂岩堆积体，与戈木日一带该组特征相似。成都地质矿产研究所在羌塘中央隆起区阿木岗组变质岩中获得（547.12 ± 19.5）Ma 的绝对年龄，认为代表阿木岗组的变质年龄。许多学者都将阿木岗组和戈木日组划为一个构造层（刘勇等，1998），因此该年龄也应代表了戈木日组的变质年龄。考虑到羌塘陆块是晚古生代从拉萨陆块（或冈底斯—念青唐古拉板片）裂离出的一个微陆块，二者的基底形成均与原特提斯洋消减、冈瓦纳大陆的最终汇聚有关。而调查区鄂如一带的前泥盆系为位于班公错-怒江带边缘的移置地体，它的成因很可能与聂荣等变质地体相似，为晚古生代—中生代中特提斯洋裂开、羌塘陆块与拉萨地块分离、在裂解中心部位地壳减薄形成碎片（或微地体）之一，之后随着板块运动在洋盆中发生漂移，最终随洋盆的闭合而与北侧的岛链发生软碰撞，故调查区戈木日组的变质年龄应与羌塘陆块和拉萨陆块的形成年龄一致。由此认为，调查区戈木日组的变质年龄可能与成都地质矿产研究所在羌塘中央隆起区阿木岗组变质岩中获得的（547.12 ± 19.5）Ma 的绝对年龄接近或稍晚，但最晚不会超过志留纪末期。

考虑到亚恰组位于双湖-澜沧江变质带（西藏自治区地质矿产局，1993）的北侧，其变质年龄无疑应与羌塘中央隆起区阿木岗组变质岩及调查区一带的戈木日组相接近，即其变质时间不会超过志留纪末。

2. 古特提斯构造演化阶段

该阶段共有两期变质作用，第一期为动力变质，发生于三叠纪或更早，变质地质体为前泥盆纪地层，变质仅达到绿片岩相，表现为退变质；该期变质伴生变形较强，在前泥盆纪地层中发生韧性剪切，表现为糜棱岩化，调查区出露部分系变质核杂岩构造移置体。它的形成很可能与中特提斯洋的裂开有关。

第二期为区域低温动力变质，发生于三叠纪晚期，变质地质体为三叠纪地层，变质仅达到绿片岩相，在三叠纪地层中为进变质。区域上该期变质伴生变形较强，主要为褶皱。该期变质与中特提斯洋的开始发育造成古特提斯洋的加速消减有关，是古特提斯阶段在羌中形成的弧后盆地闭合的结果，造成三叠纪地层和上覆侏罗纪地层之间的角度不整合。

3. 中特提斯构造演化阶段

该阶段共有 3 期变质作用，第一期为区域埋深变质作用（仅为极低变质级，且受后期改造，特征不明显，故未单独列出一节讨论），变质地质体为木嘎岗日岩群，是在早中侏罗世伸展的背景下，在盆地内迅速增厚所致。

第二期为区域低温动力变质作用。晚侏罗世末调查区东巧一带的小洋盆闭合，并最终发生弧－弧软碰撞，弧弧软碰撞过程中被刮上来的洋壳残片向上仰冲。由于这一时期强烈的侧向挤压，造成了包括东巧和羌南盆地在内的侏罗纪地层的强烈褶皱变形加厚，从而发生区域低温动力变质作用。此外，弧－弧软碰撞过程中被刮上来的洋壳残片在向上仰冲过程中，由于超基性岩发生塑性流动时尚具有一定温度，从而在其周围形成弱的接触变质（该变质作用在蛇绿岩一章中已提及，故本章中未单独列出）。

第三期变质作用发生于晚白垩世，也是热接触变质作用，与该时期发生的一系列弧－陆或陆－陆碰撞事件有关，这些事件造成了多勒江普等一系列花岗岩侵位过程中围岩的热接触变质作用。

第五章　地质构造及构造发展史

调查区大地构造地处班公错－怒江结合带和羌塘陆块交接部位（图5－1），其中羌塘地壳和岩石圈厚度居青藏高原之首。调查区的地质演化与特提斯构造演化密不可分，特提斯洋演化各阶段在调查区都不同程度地留下了构造形迹，其中中特提斯构造演化阶段是调查区最重要的地质时期。调查区的构造形式多样，既有浅层次的断裂，也有较深层次的韧性变形，加上多期构造的复合叠加，造成调查区地质构造十分复杂，主体构造线方向北西西—南东东。

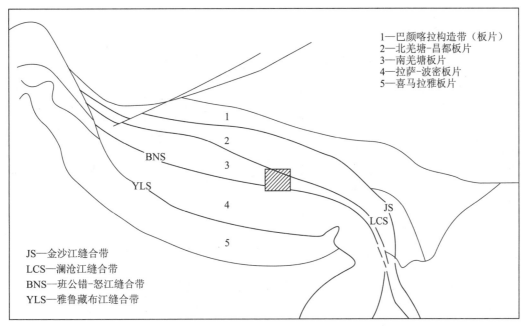

1—巴颜喀拉构造带（板片）
2—北羌塘-昌都板片
3—南羌塘板片
4—拉萨-波密板片
5—喜马拉雅板片

JS—金沙江缝合带
LCS—澜沧江缝合带
BNS—班公错-怒江缝合带
YLS—雅鲁藏布江缝合带

图5－1　调查区大地构造位置图

第一节　构造单元划分及构造单元边界特征

一、构造单元划分原则

随着对板块构造理论的不断应用和进一步完善深化，全球构造格架和洲际板块边界是清晰的，但在1:25万区域地质调查中，板块边界和构造单元的精细研究还有许多值得探讨之处。本报告参照《青藏高原及其邻区大地构造单元初步划分方案》意见稿[1]的研究思路，主要考虑中特提期主构造阶段的演化，根据对大陆岩石圈和大洋岩石圈不同结构特性以及在构造活动、岩浆作用、沉积作用、变质作用、成矿作用与板块运动学、动力学机制等方面的不同表现和各自演化规律的研究，将中特提斯主构造阶段的演化分为大陆和大洋两种构造演化体制，并依次划分次级构造单元。

（一）大洋岩石圈构造体制

由于大洋岩石圈的消减，往往在地质历史记录中显得具有很小的分布范围，而且以线状或带状形式残存，形成特殊的地貌、地形，并在岩石组成、接触关系、地层序次及岩块排列等方面与大陆岩石

---

❶ 中国地质调查局西南项目管理办公室青藏高原地质研究中心综合研究项目．2002年2月．

圈有明显差异。应建立相应的构造单元划分体系，即板块结合带、蛇绿岩带、岛弧岩浆岩带及与之有关不同成因盆地等不同级别构造单元。

（二）大陆岩石圈构造体制

大陆岩石圈根据其相应的构造环境，可划分出陆块、地块，被动边缘褶冲带、陆缘弧、弧后盆地、前陆盆地、裂谷盆地、滑移体和推覆带等不同级别构造单元。另外，把洋盆消失和两个大陆碰撞后形成的构造单元也归到大陆岩石圈构造演化体制。

二、调查区构造单元划分

中特提斯演化阶段是调查区的主构造期，以该期构造和沉积特征为依据，厘定班公错-怒江结合带属大洋岩石圈的构造演化体制，其余为大陆构造演化体制，并进一步将调查区划分为3个Ⅰ级单元和8个Ⅱ级单元（图5-2）。

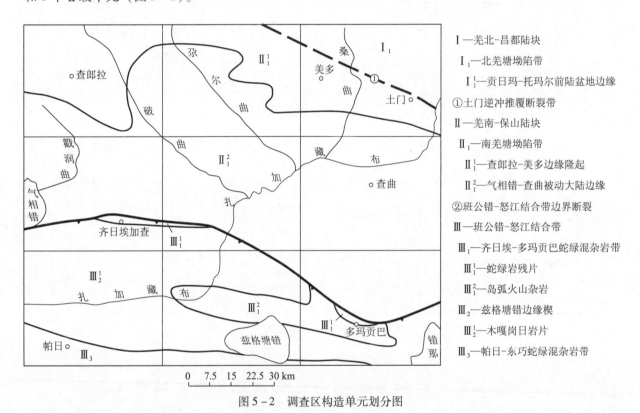

Ⅰ—羌北-昌都陆块

 Ⅰ₁—北羌塘坳陷带

  Ⅰ¹₁—贡日玛-托玛尔前陆盆地边缘

①土门逆冲推覆断裂带

Ⅱ—羌南-保山陆块

 Ⅱ₁—南羌塘坳陷带

  Ⅱ¹₁—查郎拉-美多边缘隆起

  Ⅱ²₁—气相错-查曲被动大陆边缘

②班公错-怒江结合带边界断裂

Ⅲ—班公错-怒江结合带

 Ⅲ₁—齐日埃-多玛贡巴蛇绿混杂岩带

  Ⅲ¹₁—蛇绿岩残片

  Ⅲ²₁—岛弧火山杂岩

 Ⅲ₂—兹格塘错边缘楔

  Ⅲ¹₂—木嘎岗日岩片

 Ⅲ₃—帕日-东巧蛇绿混杂岩带

图5-2 调查区构造单元划分图

三、构造单元边界断裂

调查区内的北羌塘-昌都陆块、南羌塘-陆块、班公错-怒江带构成了调查区内的一级构造单元，相互间均以断层分割，界线清晰，这些构造单元边界断裂对调查区各单元的沉积建造、构造变形样式等具有重要的控制意义，故将之单独列出予以分述，至于各构造单元内部边界断裂则在第三节变形形迹组合部分予以叙述。

（一）土门逆冲推覆断裂带

土门逆冲推覆断裂带规模大，向西延至双湖与岗玛日-玛依岗日一带中央隆起区北侧边界断裂相接，向东沿唐古拉南麓延至澜沧江。该界线是划分华南扬子大陆与冈瓦纳大陆的重要地层分区界线，也是晚古生代暖水型动物群与冷水型动（植）物群的分区界线。

调查区内土门逆冲推覆构造带发育在羌塘上三叠世地层中，由一组逆冲推覆断裂构造组成，主断面位于土门—尕尔根一线（图5-3），断裂延伸清楚，规模较大，控制地层明显（F_1）。断裂带宽50~200 m，主要由挤压变形的泥质岩、含碳灰岩及灰岩构造透镜组成断裂带充填物。根据构造透镜及揉皱变形，该断裂为逆冲推覆性质，与其南侧平行分布的一系列断裂构成逆冲推覆带。另根据切割地层现象分析，该断裂带形成于燕山造山过程。

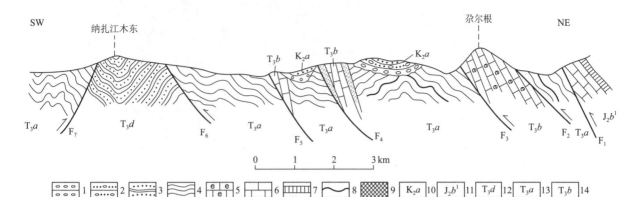

图 5-3　土门逆冲推覆构造带剖面图

1—砾岩；2—含砾砂岩；3—变砂岩；4—粉砂质泥岩；5—生物灰岩；6—灰岩；7—膏盐岩；8—煤层及煤线；9—锑矿；
10—阿布山组；11—布曲组下段；12—多木虽组；13—且木虽组；14—尕尔根灰岩

（二）气相错保枪改－多玛贡巴韧性剪切带

该韧性剪切带是划分班公错－怒江结合带和南羌塘－保山陆块的边界断裂，该断裂带宽几十米至 200 m 不等，韧性剪切带南西倾向（210°），倾角较陡，多大于70°，个别地段直立。

在该构造带内，主要发育一套由蛇绿岩、闪长岩、尕苍见火山岩组成的构造混杂岩，岩块有前泥盆系火山岩块（$AnDg^1$）、白云质角砾岩岩块（$AnDg^2$）、上侏罗统火山杂岩岩块（J_3g）和灰岩岩块（J_3ch）等。带内见闪长岩（δ）、石英闪长岩（δo）等侵入岩侵入。该韧性剪切带构造地质特征见巴查－齐日埃加查剖面（图 5-4），岩石已强烈变形，岩块几乎全部遭受韧性剪切而发生塑性变形（图 5-5），形成糜棱岩，带内发育挤压片理及构造透镜体，韧性剪切变形明显（图 5-6）。

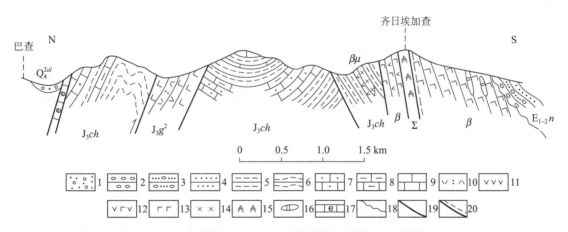

图 5-4　齐日埃加查－多玛贡巴蛇绿岩残片带构造地质剖面图

1—河流冲积物；2—砾岩；3—含砾砂岩；4—砂岩；5—泥岩；6—千枚岩；7—砂屑灰岩；8—泥灰岩；9—灰岩；
10—凝灰岩；11—安山岩；12—安山玄武岩；13—玄武岩；14—辉绿岩；15—橄榄岩；16—大理岩岩块；17—碎裂生
物灰岩块；18—角度不整合界面；19—断层；20—韧性剪切断裂

该韧性剪切带在齐日埃加查一带显示多期变形特点。在早期的变形过程中使玄武岩片理化和变质橄榄岩塑性变形，之后则随着变形的进一步进行和温度的降低，使变质橄榄岩被剪切作用拉裂成一系列的透镜或椭球（图 5-7a）。该带中单个橄榄岩椭球中的变形特征显示球状体形成后叠加了张性剪切应力作用，形成具左行应力剪切的张裂隙，并呈羽状分布（图 5-7b）。在局部还见到一些小的构造叠覆现象（图 5-8）。

该韧性剪切带随时间推移，发生的由地下深处的塑性流变——向上推覆（或隆升）过程中的

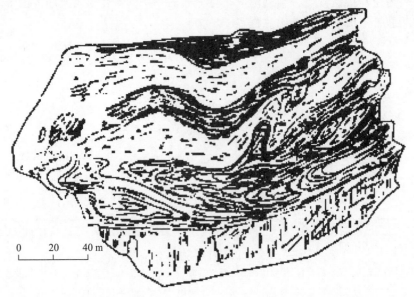

图 5 - 5 双湖保枪改班公错 - 怒江结合带北缘构造带中塑性流变硅质岩岩块

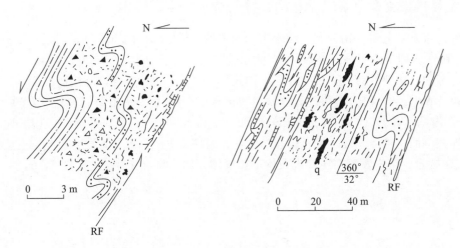

图 5 - 6 双湖区麦布莱齐日埃加查蛇绿岩残片北侧的韧性剪切带构造

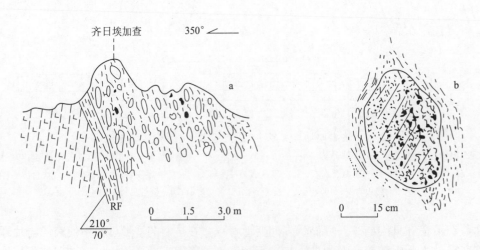

图 5 - 7 双湖区齐日埃加查蛇绿岩残片球状橄榄岩韧性剪切变形特征

a—球状橄榄岩与片理化玄武岩间为韧性剪切带构造面（RF）；

b—变形橄榄岩中构造球状体韧性剪切带局部剪应力形成的裂隙

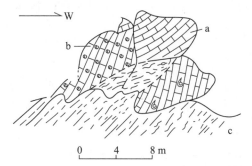

图 5-8 齐日埃加查蛇绿岩残片带中的构造推覆体

a—微晶灰岩；b—生屑灰岩；c—片理化泥质岩

脆-韧性变形—近地表处的脆性剪裂的上述现象，反映了一个较完整的地壳抬升过程。对一系列剪切组构的运动学分析表明：该剪切带具有左行走滑特点从该韧性剪切带切割地层判断，该韧性剪切带应形成于晚侏罗世末岛弧体系闭合过程中。

第二节 构造单元的建造特征

调查区所划分的各构造单元在古地理、古气候环境、沉积物组成、岩浆活动、变质变形作用等方面存在非常明显的差别，这种差别不但取决于板块构造作用方式（即伸展拉张机制或挤压收缩机制），更重要的是形成岩石的物质基础，构造和环境决定了单元内的基本建造特征。

一、北羌塘-昌都陆块

北羌塘-昌都陆块在调查区东北隅局限分布，属北羌塘盆地的南缘地带，以发育中生代侏罗纪地层和零星的晚白垩世地层为特征，不发育岩浆岩。该区沉积建造包括了浅海相碳酸盐岩-碎屑岩沉积建造和山间盆地磨拉石建造两种。

（一）侏罗纪前陆盆地碳酸盐岩-碎屑岩沉积建造

中生代侏罗纪地层具有浅海相-碳酸盐岩台地相沉积古地理环境，由中统雀莫错组（分布在图区外）浅紫红色钙质石英砂岩、石英细砾岩组成盆地边缘粗碎屑建造，角度不整合覆于弱变质的上三叠统之上；随着盆地继续拗陷，形成布曲组具碳酸盐岩台地环境的一套砂屑灰岩、鲕状灰岩、生物及藻屑灰岩的碳酸盐岩沉积建造。夏里组以灰绿色、杂色长石石英砂岩、石英砂岩、粉砂岩夹少量泥灰岩、不纯的膏盐层沉积为特征，具有浅海相-间断暴露环境的碎屑沉积建造特征。晚侏罗世地层（索瓦组）调查区表现为台地生物灰岩建造。

根据上述沉积组合面貌，中生界侏罗纪地层代表了北羌塘前陆盆地浅海相—碳酸盐岩台地相沉积建造。

（二）白垩纪山间盆地磨拉石建造

青藏高原大范围燕山运动造成侏罗纪沉积结束，羌塘盆地普遍隆升褶皱并开始剥蚀，晚白垩世局部伸展或拉伸剪切，形成诸多山间盆地沉积环境，沉积了厚度大于 1 000 m 的砾岩、含砾砂岩、砂岩、粉砂岩、泥岩和少量泥灰岩等河流—湖泊相以碎屑为主的沉积物，角度不整合于下伏侏罗纪（调查区内）不同层位之上。

二、南羌塘-保山陆块

南羌塘-保山陆块是调查区的主体，发育中生代侏罗纪地层、白垩纪地层和古生代零星出露的地层岩块以及新生代地层等。其中早古生代地层仅在图幅西北缘有极少量出露，岩性为板岩、变砂岩夹少量碳酸盐沉积，而三叠纪地层则构成了中生代地层的主体，三叠纪和侏罗纪、侏罗纪和白垩纪地层之间，均呈角度不整合接触。区内岩浆活动较弱，变形改造相对较强，故基本建造包括了沉积建造、岩浆建造及变质变形改造等。

（一）晚三叠世沉积建造

晚三叠世沉积仅出露于查郎拉－美多褶皱隆起带，随着盆地由伸展趋于闭合，沉积建造由早期的碳酸盐岩－硅质岩－锑矿建造－晚三叠世中期的含煤碎屑岩建造—碎屑岩沉积建造转化，在印支旋回末期遭受褶皱变形，造成侏罗系沉积角度不整合覆于其上。

1. 上三叠统早期波里拉组碳酸盐岩－硅质岩－锑矿建造

上三叠统波里拉组为一套青灰色、灰色生物细晶灰岩、生物藻屑灰岩、紫红—淡肉红色生物碎屑灰岩夹黑灰色硅质岩、含铁硅质岩。在东西向断裂破碎带中见脉状、浸染状锑矿化体、矿体。这套碳酸盐岩呈构造透镜体或构造断块，与区域对比，应属上三叠统下部层位。根据灰岩颜色、生物化石及赋矿性，应属盆地边缘与同沉积断裂相关的环境。反映了盆地早期海水较浅，上升部位生物活动频繁，下降部位灰岩颜色较深，不含生物，夹有硅质岩；另据西藏自治区地质六队勘探资料反映，沿含矿灰岩破碎带边部有玄武岩出露，也反映当时存在裂解。以上物质组成说明上三叠统早期沉积属碳酸盐岩＋硅质岩＋锑矿沉积建造，不排除局部有火山作用的参与，它反映了一个局部伸展的沉积环境，很可能与古特提斯洋消减诱发的弧后扩张有关。

2. 上三叠统中期阿堵拉组泥质岩夹煤层－碎屑岩沉积建造

上三叠统中期阿堵拉组下部以泥质岩为主夹煤层，上部以粉砂质泥岩、粉砂岩为主夹砂岩。其中下部泥岩中产丰富的动（植）物化石，该组在土门一带沉积厚度大于 1 470 m，向西厚度更大。根据岩性组合、生物面貌以及含煤层等特征分析，阿堵拉组沉积环境应属滨岸的潮坪或沼泽。

3. 上三叠统夺盖拉组碎屑岩建造

上三叠统夺盖拉组主要为一套岩性单一的灰绿色、浅灰色中厚层状石英砂岩和长石石英砂岩，沉积厚度大于 2 000 m，顶部遭到明显风化剥蚀，并被中侏罗统雀莫错组灰白色石英细砾岩角度不整合上覆。夺盖拉组的沉积特点反映沉积环境相对较稳定的简单碎屑岩沉积建造。

从以上阿堵拉组—夺盖拉组沉积建造特征，反映了一个海退的演化过程。

4. 上三叠统以脉岩为主的岩浆建造

查郎拉－美多褶皱隆起带岩浆活动不明显，除少量的中性岩脉侵入外，偶尔见火山岩浆喷溢。其中脉岩分布在查郎拉以南，为闪长岩和闪长玢岩。该类岩脉与断裂关系不密切，主要受褶皱构造控制。该区属弱岩浆侵入—火山喷溢岩浆建造，岩浆活动所代表的构造意义不明显。

（二）中生代被动陆缘沉积建造

中生代晚三叠世以后，羌南盆地隆起处于剥蚀阶段，从这一时期开始，冈瓦纳大陆北缘受拉张应力作用裂开，中特提斯洋逐步形成。调查区羌南盆地缺失侏罗纪早世的沉积，可能从中侏罗世发生海侵，形成了一套具被动陆缘性质的碎屑岩－碳酸盐岩沉积组合，包括中侏罗统色哇组、雀莫错组、布曲组和夏里组，上侏罗统的索瓦组、雪山组（调查区以北赤布张错地层分区有出露）等沉积地层。其中色哇组和雀莫错组以角度不整合覆于上三叠统之上，为一套碎屑岩。布曲组代表被动边缘盆地伸展最大时期的沉积，沉积分布范围较广，可能查郎拉－美多褶皱隆起带的大部分这一时期也被海水淹没，沉积相变化比较大，大多数地带发育碳酸盐岩夹少量碎屑岩沉积，在靠近隆起带附近还发育暴露环境蒸发盐类沉积，在盆地靠近班公错－怒江洋的部位发育半深海—深海浊积岩－复理石建造。晚侏罗世，随着中特提斯洋的收缩，羌南盆地开始隆升，形成夏里组反映海退的大套杂色碎屑岩。上侏罗统的索瓦组海水变浅，出现广泛发育生物活动的碳酸盐岩台地环境，在调查区沉积厚度约为 300 ~ 400 m。

（三）南羌塘中新生代山间盆地磨拉石建造

班公错－怒江结合带的闭合，结束了青藏高原北部地区特提斯构造域的演化和发展，强烈的挤压碰撞作用，使调查区南羌塘盆地在白垩纪褶皱造山。在隆起剥蚀过程中，受局部拉张应力和剪切应力作用影响，形成了众多成因和规模各不相同的山间盆地，沉积了上白垩统阿布山组河流－湖泊环境互叠的一套陆相地层。除大量的巨砾岩、砾岩、含砾砂岩、砂岩－粉砂质泥岩的河流相碎屑岩外，还沉积了相同碎屑岩夹钙质泥岩、泥灰岩等的湖相沉积。该组底部广泛发育的砾岩以角度不整合关系覆于下伏不同老地层之上，这一不整合面代表了燕山旋回活动的重要界面。这套陆相红层根据分布特点、接触关系和沉积物组合，当为山间盆地的磨拉石沉积建造。另外，在调查区气相错东南玛查一带还发现了一个重要的不整合界面，下伏地层为上白垩统，上覆地层为新生界古近系的牛堡组（$E_{1\sim2}n$）。这一现象说明，调查区中生界与新生界之间界面代表喜马拉雅旋回的开始，依据上白垩统阿布山组已发生褶皱，古近系牛堡组的沉积应构成调查区第二个磨拉石沉积建造。

（四）南羌塘中新生代岩浆建造

南羌塘中生代岩浆活动不发育，火山活动主要见分布面积较小的晚白垩世马登火山岩，其地球化学特点表明属于与造山有关的偏碱的钙碱性火山岩。侵入岩有多勒江普深成侵入体和莫库浅成岩体，均形成于晚白垩世，时间上略晚于马登火山岩，但化学性质相近，均属于钙碱性系列，与晚白垩世调查区造山活动有关。

三、班公错－怒江结合带

（一）早古生代鄂如－捷查移置地体

该套岩系主要为一套变质基性火山岩，仅分布在鄂如一带，呈一系列的北西西向构造岩块紧邻尕苍见岛弧分布。玄武岩地球化学特征显示属岛弧构造环境，受构造作用而拼贴在一起形成的构造混杂堆积，可能与原特提斯洋闭合有关。

（二）古生代移置地体碳酸盐岩建造

晚古生代碳酸盐岩以岩块形式分布于班公错－怒江结合带中，该套灰岩与白垩系东巧组呈断层接触，古近系牛堡组角度不整合于其上。

（三）中生代构造混杂堆积

1. 班公错－怒江结合带蛇绿岩建造

班公错－怒江结合带在调查区分布范围较为局限，仅构成该结合带的北支，区内出露宽度小于30 km，延伸约100 km。该带北支在区内也有分支，南分支为东巧蛇绿混杂岩带，北分支为气相错—多玛贡巴一线所分布的蛇绿岩残片带，且这一残片带从多玛贡巴向东经夏塞尔至安多县，与安多－聂荣地体北缘的安多－丁青蛇绿岩带相连。

在班公错－怒江结合带内，除大量以岩块或岩片分布的蛇绿混杂岩外，还发育不同时代地层的构造岩块或岩片，主要地层岩块有晚古生代中—上泥盆统查果罗玛组灰岩；下二叠统下拉组灰岩－生物灰岩岩块（P_1x）；中生代下—中侏罗统木嘎岗日岩群的康日埃岩组（$J_{1\sim2}\hat{k}.$）变砂岩岩块和加琼岩组（$J_{1\sim2}\hat{j}.$）的碳硅质板岩、硅质岩等基质岩块；上侏罗统尕苍见组（J_3g）火山杂岩岩块、查交玛组（J_3ch）灰泥岩、泥灰岩和生物礁灰岩等岩块，均呈构造岩块状分布，相互间以断裂构造接触，组成具有构造混杂性质的混杂堆积建造。

（1）东巧蛇绿混杂岩

区内蛇绿岩遭受构造作用的强烈肢解和破坏，层序的倒置和构造叠加构成该区蛇绿岩分布的复杂性，与西藏雅鲁藏布江带蛇绿岩的分布明显存在区别。在调查区内没有完整的、理想的层序剖面，但组成蛇绿岩套的四大部分在调查区均可见到，分别是变质橄榄岩岩片（块；Σ）、堆晶杂岩岩片（块；$\Sigma\varphi$）、辉长－辉绿岩席状岩墙（$V-\beta\mu$）、玄武岩、枕状玄武岩岩片（块；β）及外来放射虫硅岩－硅泥岩岩片（块；Si）等。它们之间均以断裂接触，"层序"特征仅在少数地段的个别岩片或岩块之间见到。根据其产出面貌，我们也可恢复一个理想化的蛇绿岩"层序剖面"，从下向上依次为①变质晕岩石－石榴子石角闪片岩、角闪岩（东巧变质橄榄岩底盘热变质晕角闪石的 K－Ar 年龄为 179 Ma；程裕淇，1994），主要形成于东巧地区；②变质橄榄岩为主的超镁铁质—镁铁质杂岩，主要发育在东风矿区及以西的帕日、桑日等地；③堆晶杂岩系列，主要有异剥橄榄岩、纯橄岩、伟晶异剥辉石岩、橄榄辉长岩、辉石橄榄岩、长橄岩和少量辉长岩等，调查区帕日—姜索日一带极为发育；④辉长－辉绿席状岩墙，调查区以辉绿岩和辉绿玢岩席状岩墙为主，辉长岩极少；⑤玄武岩、枕状玄武岩为代表的火山杂岩，以调查区水帮屋里枕状玄武岩和桑日一带玄武岩最为特征。

（2）齐日埃加查蛇绿混杂岩

调查区沿扎加藏布以北的气相错向东经齐日埃加查、多玛贡巴到夏塞尔，见一断续延伸的蛇绿岩构造岩块带，该岩块带宽 50～3 000 m，为齐日埃加查－鄂如蛇绿混杂岩。组成该蛇绿混杂岩建造的岩块包括 4 部分：即变质球状橄榄岩（Σ）、墙状辉绿（玢）岩（$\beta\mu$）、玄武岩（β）和卷入的硅质岩岩块等。它们之间均呈无序的构造叠置关系，韧性剪切作用非常明显，特征变形改造表现为球状构造（图版Ⅱ－6）。蛇绿混杂岩块构成外来部分，原地或准原地部分为上侏罗统尕苍见组（J_3g）和查交玛组（J_3ch）。

2. 沉积混杂岩块复理石建造

班公错－怒江结合带中沉积混杂岩块为中生代侏罗系下—中侏罗统的木嘎岗日岩群，共划分两个组。下部为康日埃岩组，主要由一套深灰色变质砂岩、变粒岩夹少量变粉砂质板岩组成。从下向上碎屑成分由粗变细，韵律层序和旋回性基本层序发育，局部具鲍马序列，具有浊积岩建造或复理石建造特征；上部为加琼岩组，主要以一套深色的千枚岩、板岩为主、夹变砂岩、变粉砂岩等，为类复理石建造。

该岩块中，特别是加琼岩组中发育较多的沉积混杂岩块，常见有变质砂岩岩块（ss）、砾岩（已全部片理化）岩块（Cg）、灰岩岩块（Ls）和少量的火山岩岩块（lv）等。这些混入物具有不同的时代，与基质接触无明显断裂痕迹，多呈插入性质，个别岩块则平行基质层理分布。根据岩石组合及沉积混杂特点分析，该岩块与班公错－怒江结合带其他岩块一样，其整体属构造混杂堆积建造中的一部分。但岩块内明显反映了深水斜坡相的类复理石建造特色。

3. 尕苍见岛弧火山建造

调查区沿班公错－怒江结合带北侧附近，分布一套中生代晚侏罗世岛弧火山岩，呈不连续的带状产出，展布方向近东西向。其岩石类型较复杂，发育大量的火山喷发或爆发的火山碎屑岩及喷溢相熔岩。在火山岩之上为含火山灰的正常沉积碳酸盐岩和少量细碎屑岩；火山岩之下为细碎屑为主夹碳酸盐岩和粗碎屑砾岩。火山岩与正常沉积的碎屑岩、碳酸盐岩之间均为平行整合关系。下部以火山岩为主的地层为尕苍见组（J_3g）；上部以含火山灰碳酸盐岩为主的地层划归查交玛组（J_3ch）。下部火山岩中安山岩 K－Ar 同位素年龄为 141 Ma，时代属晚侏罗世。火山岩主要岩石包括玄武岩、安山岩、凝灰岩、火山角砾岩、火山集块岩、英安岩、凝灰质英安岩和极少量流纹岩等。火山喷发旋回显示：由下向上（由早到晚）由基性到酸性、由溢流相向喷发相转变。它说明晚侏罗世中特提斯洋存在向北的俯冲，并诱发部分熔融造成火山喷发，形成不成熟的火山岛链。

（四）班公错－怒江结合带闭合后残余海盆沉积建造

早白垩世后期，班公错－怒江结合带形成。这时中特提斯海域范围急剧缩小，并向西南方向退却。东巧地区仍残留有海相环境的凹陷盆地，沉积了下白垩统东巧组下段（K_1d^1）一套浅海相碎屑岩和东巧组上段（K_1d^2）含双壳类、珊瑚、有孔虫和菊石等生物化石的灰岩地层。这套地层明显地以角度不整合覆于蛇绿岩或其他岩块之上，构成浅海相碎屑岩和含生物碳酸盐岩沉积建造。

（五）班公错－怒江结合带新生代盆地磨拉石建造

与其他构造单元或地层分区一样，燕山运动使闭合的班公错－怒江结合带发生褶皱造山，随着局部构造应力作用，特别是张性或剪切性质的断裂活动，在该带叠加了新生代的山间盆地，沉积了陆相红色砾岩、砂岩等碎屑岩，局部盆地还接受了陆相火山喷溢沉积夹层。班公错－怒江结合带上的陆相红层主要有古近系牛堡组和新近系康托组，中生代晚期形成的竟柱山组（K_2j）多以断块产出。

根据班公错－怒江结合带上叠盆地红色碎屑岩具陆相山间盆地沉积组合，且又以角度不整合覆于被强烈改造变形的蛇绿混杂岩不同岩块之上等特征判断，新生代叠覆盆地的沉积建造为山间盆地磨拉石建造，是该地区燕山运动晚期活动的重要标志。

（六）班公错－怒江结合带岩浆建造

在该带中，除广泛发育的蛇绿混杂岩建造外，班公错－怒江结合带闭合后，作为软弱部位，在中生代后期侵入了燕山期的花岗岩，如康日复式岩体、洗夏日举复式岩体等。其中康日复式岩体可划分为 4 个侵入体，由早到晚分别为花岗闪长岩（$\gamma\delta_5^3$）、细粒二长花岗岩（$\eta\gamma_5^{3\sim1}$）、中粗粒含斑二长花岗岩（$\eta\gamma_5^{3-2}$）和细粒斑状二长花岗岩（$\eta\gamma_5^{3-3}$）；洗夏日举复式岩体可划分为两个侵入体，早期为中细粒石英二长闪长岩（$\eta o\delta_5^3$），晚期为微细粒花岗闪长岩（$\gamma\delta_5^3$）、两套侵入岩均为中酸性岩浆岩，两者共同组成班公错－怒江结合带中酸性岩浆侵入建造。另外，该带不同岩块中还发育脉岩建造，脉岩类型包括辉长岩、辉绿岩、石英闪长玢岩、细晶岩及个别的煌斑岩和花岗斑岩。侵入岩和脉岩共同组成该带早白垩世闭合以后的岩浆侵入建造。

第三节　构造变形形迹特征

调查区地处冈瓦纳大陆的冈－念板片与羌塘－三江复合板片的衔接部位及其结合带的北侧边缘。区内分布地层有少量的前泥盆系、泥盆系、二叠系和广泛分布的中生界上三叠统，侏罗系、白垩系以及新生界地层。火山岩主要有 4 期，即前泥盆系与岛弧有关的基性火山岩；晚侏罗世的岛弧火山岩；晚白垩世与陆内断陷盆地边缘断裂活动有关的陆相中酸性火山岩和新生界古近系中酸性陆相火山岩等。区内岩浆活动主要反映在班公错－怒江结合带内及北侧边缘地带，岩浆活动与构造关系密切。除羌塘陆块地层表现出良好的层序特征外，构造结合带和断裂带内的地层、岩浆岩均以断块形式产出，断裂构造成为控制其产出形态和规模的主要构造。

根据调查区地层分布和岩浆活动特点，并结合区域资料综合分析；调查区的构造变形与特提斯域的构造演化有关，并可分为加里东、印支、燕山、喜马拉雅 4 个旋回。加里东期构造形迹主要为同斜褶皱、片麻理等，代表青藏高原古生界形成阶段原特提斯活动痕迹；印支旋回所组成的构造群落以断裂构造较为发育，褶皱构造相对较弱，且多以小范围、小规模的复式褶皱为特点。在个别岩块中中深构造层次条件下的塑性变形和韧性剪切变形也非常强烈。燕山旋回的构造活动是调查区最广泛、最明显、应力作用最强烈的构造改造时期，其构造群落主要表现为强烈的褶皱构造、断裂构造、劈理、节理、强烈的面理置换等。特别是燕山运动晚期陆内地块、岩片、岩块的叠覆调整，使调查区构造演化格局复杂多变。喜马拉雅旋回（新生代）青藏高原的演化受全球动力调配影响，沿阿尔卑斯－喜马拉雅特提斯域主要构造运动方式仍以南北向挤压应力作用为主，使青藏高原迅速隆升，著名的阿尔卑斯－喜马拉雅山脉及青藏高原形成。这一构造旋回所表现的构造变形式样主要是新生代地层的微褶和浅表脆性断裂、裂隙等新构造。

调查区受多期构造运动影响，构造变形形迹组合见构造变形纲要图（图 5 - 9）。

一、北羌塘－昌都陆块

北羌塘－昌都陆块在调查区仅占极少部分，位于土门尕尔根以北，以土门逆冲推覆断裂带与南羌塘－保山陆块分界，属北羌塘南部边缘。区内第四系覆盖严重，仅在桑曲以西可见连续露头。

该区构造形迹组合非常简单，构造线方向呈北西西—南东东向，与区域构造线方向一致。所见构造变形以褶皱构造为主，断裂构造次之，属燕山期羌塘盆地南北挤压缩短过程中的构造变形。

1. 断裂构造

图 5 - 9 中仅反映一条尕尔琼多卡断裂，断裂位于安多县岗尼乡桑曲的尕尔琼多卡，起点地理坐

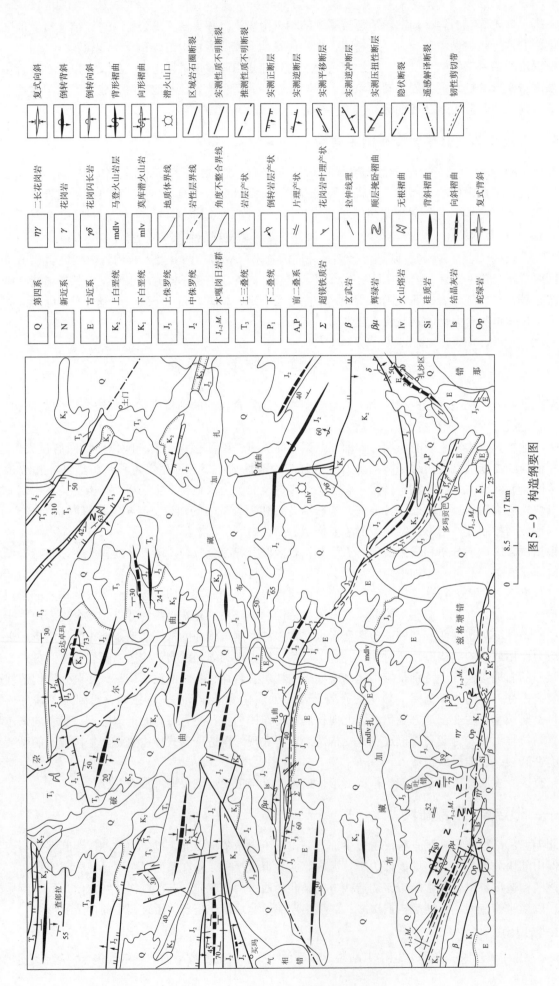

Q	第四系	
N	新近系	
E	古近系	
K₂	上白垩统	
K₁	下白垩统	
J₃	上侏罗统	
J₂	中侏罗统	
J₁₋₂M.	木嘎岗日岩群	
T₃	上三叠统	
P₁	下二叠统	
AₙP	前二叠系	
Σ	超镁铁质岩	
β	玄武岩	
βμ	辉绿岩	
lv	火山碎岩	
Si	硅质岩	
ls	结晶灰岩	
Op	蛇绿岩	

ηγ	二长花岗岩	
γ	花岗岩	
γδ	花岗闪长岩	
mdlv	马登火山岩层	
mlv	莫晖潜火山岩	
	地质体界线	
	岩性岩层界线	
	角度不整合界合线	
	岩层产状	
	倒转岩层产状	
	片理产状	
	花岗岩叶理产状	
	拉伸线理	
	顺层掩卧褶曲	
	无根褶曲	
	背斜褶曲	
	向斜褶曲	
	复式背斜	

	复式向斜	
	倒转背斜	
	倒转向斜	
	背形褶曲	
	向形褶曲	
	潜火山口	
	区域岩石圈断裂	
	实测性质不明断裂	
	推测性质不明断裂	
	实测正断层	
	实测逆断层	
	实测平移断层	
	实测逆冲断层	
	实测压扭性断层	
	隐伏断裂	
	遥感解译断裂	
	韧性剪切带	

图 5 - 9 构造纲要图

0   8.5   17 km

标：东经91°07′~09′，北纬32°58′。断层呈北西西走向，延伸约5 km，断裂带宽近50 m，断层产状；195∠65°。断层带内为灰岩和少量砂岩的挤压破碎岩块，轻微挠曲，为由南向北的逆冲断层。该断层切割地层较明显，造成中侏罗统布曲组中段和上段少量缺失，对整个层序影响不大。

2. 褶皱构造

1）支巴破背斜：背斜位于桑曲上游支巴曲西岸，呈向北倒转的同斜背斜褶曲，背斜北翼完整，南翼被断裂破坏，总体呈北西西—南东东向。褶皱轴长约10 km，褶幅大于5 km，向北西延出图外，向南东被第四系覆盖。褶皱两翼地层为布曲组上段，核部为布曲组中段。南翼产状10°∠45°，明显倒转；北翼产状355°∠30°，为正常翼。褶皱枢纽方向为东西向，有向西倾没迹象，由于断裂破坏，未见转折端。

2）尕尔琼向斜：该向斜分布在支巴破背斜之南，两者之间被白垩系阿布山组砾岩角度不整合覆盖。向斜褶皱地层为布曲组上段生物灰岩，规模较小，延伸约5 km，核部向西翘起，产状130°∠40°，北翼灰岩产状185°∠30°，南翼灰岩产状25°∠50°。

3）杂古尔夏玛向斜：该向斜分布在尕尔曲上游杂古尔夏玛。向斜规模较小，轴向南东东，核部向东翘起，两翼对称分布。核部地层为布曲组上段，两翼为布曲组中段，北翼层序清楚，南翼被白垩系阿布山组砾岩角度不整合上覆，层序不完整。受土门断裂构造影响，该褶曲具歪轴特征，显然褶皱后又被叠加改造。

二、南羌塘－保山陆块

（一）查郎拉－美多边缘隆起变形形迹组合

查郎拉－美多边缘隆起带变形地层为上三叠统，变形形迹主要是印支期挤压应力作用下的断裂构造和褶皱构造；燕山期的变形构造明显发生了叠加。

1. 印支构造期主要变形形迹

（1）断裂构造

断裂构造在浅层基底[1]地层分布区仅见5条，将其产出特征分别列述如下。

1）尕尔根断裂：该断裂分布在土门以西的尕尔根，起点地理坐标北纬32°55′~57′，东经91°02′~06′。共有围绕波里拉组南、北两侧的两条断裂，走向北西—南东，可见延伸约18 km，断带宽分别为100 m和150 m，南侧断裂北倾，倾向35°~45°，倾角50°~65°。断裂带内见强挤压片理化粉砂质板岩、千枚岩，灰岩断面有明显的阶梯状擦痕，另外还可见碳化泥及变砂岩构造透镜体。该断裂围绕波里拉组分布，造成波里拉组在空间上的展布为大的构造岩块，并沿走向串珠状不连续分布。断裂性质为逆冲推覆，破坏地层明显。

2）尕尔西姜－美多断裂：该断裂分布在土门尕尔根以南的尕尔西姜－美多，起点地理坐标为北纬32°50′~51′，东经90°51′~91°11′，呈北西—南东走向，断层宽约40~100 m，区内延伸约43 km，尕尔西姜向西北方延出图外，美多以东不远被新生界松散堆积层覆盖。断裂产状为倾向30°，倾角75°。该断层形成于上三叠统中，并形成明显的破碎带，带内除发育构造岩块外，还可见锑矿化体。断裂切割地层较明显，造成波里拉组和阿堵拉组部分地层缺失，属脆性逆断层性质。

3）索日－热日断裂：该断裂分布在土门以西、美多以南的索日—热日一线，起点地理坐标为北纬32°49′30″，东经91°05′13″。呈北西—南东走向，断带宽达200多米，延伸约15 km，断裂产状为倾向20°，倾角65°。断裂发育在上三叠统中，并形成夺盖拉组（T_3d）和阿堵拉组（T_3a）的构造接触界线。索日以西，被上白垩统阿布山组磨拉石沉积覆盖，热日以东，第四系松散沉积覆盖，未见出露。断层切割地层较明显，造成夺盖拉组底部和阿堵拉组顶部地层的少量缺失。在200 m宽的断裂带中，见挤压的灰岩构造透镜体和强烈炭化现象。据此判断，该断裂性质属脆韧性，形成于印支造山旋回。

---

[1] 指调查区中侏罗统以下的变质变形地层——上三叠统，与传统基底以示区别。

4）多木虽断裂：该断裂分布于土门西南的多木虽，起点地理坐标为北纬32°49′40″，东经91°06′42″。断裂呈北西西—南东东走向，延伸约12 km，断带宽40~50 m，断裂产状为倾向200°，倾角50°~60°。该断裂发育在上三叠统夺盖拉组与阿堵拉组分组界线上，上盘为阿堵拉组灰色粉砂质板岩、粉砂岩，夹少量长石石英岩屑砂岩；下盘为夺盖拉组灰绿色长石英砂岩、石英砂岩，断裂切割地层极为明显。该断裂带内多为黑色的泥质碳化页岩和少量的砂岩构造透镜体，沿走向形成明显的负地形地貌。在断裂上盘，还可见由断裂活动造成的拖曳褶皱。据上述特征，该断裂属脆性逆断裂。

5）永确陇巴北断裂：该断裂分布于双湖特别区和安多县交界的杜日永确，起点地理坐标为北纬32°56′，东经90°07′~15′。该断裂呈近东西向走向，中间微向南凸出成弓状，延伸约11 km，断带在查曲公玛支沟中显现宽度为50~100 m，断裂产状为倾向0°~5°，倾角50°~60°，为一逆断裂。该断裂形成于上三叠统中，明显切割了夺盖拉组与阿堵拉组接触界线附近的地层。

（2）褶皱构造

查郎拉－美多边缘隆起带浅层基底印支期褶皱构造仅发育一些小规模的简单褶曲，虽然印支运动在区域上有广泛的、强烈的构造变形发生，但调查区范围显然以弱挤压应力作用为特点。另外，由于土门北西—南东一线强烈的断裂构造破坏，也造成褶皱构造形态的残缺不全。主要褶皱形态有：

1）无根流变褶皱：该类型褶皱主要形成于泥质成分较高的阿堵拉组细碎屑岩中，流变褶皱部分为粉砂岩或细条纹状砂岩、围岩为泥质岩和板岩等（图5－10；图版Ⅱ－5）。这些无根流变褶皱一般长轴方向与岩层走向延伸方向大体平行，而短轴与岩层倾斜面大体垂直。流变褶皱往往形成同斜紧闭形态。该类型褶皱一般形成于相对较深部位的塑性状态条件下，与剪切应力（特别是水平方向剪切应力）密切相关，类似于褶叠层构造。

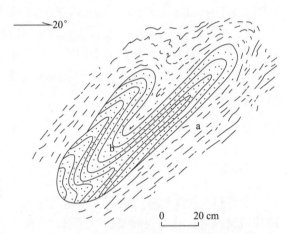

图5－10　岗尼乡阔尔曲上二叠统阿堵拉组
板岩中无根流变褶皱
a—深灰色板岩；b—褶皱砂岩

2）尖棱褶皱：尖棱褶皱较广泛发育在阿堵拉组，夺盖拉组长石石英砂岩和石英砂岩中较少见。褶皱形态呈尖棱状的复式褶皱（图5－11），属"W"或"M"型褶皱，脊呈尖棱状，两翼岩层产状可对称，也可不对称（图版Ⅵ－11b）。

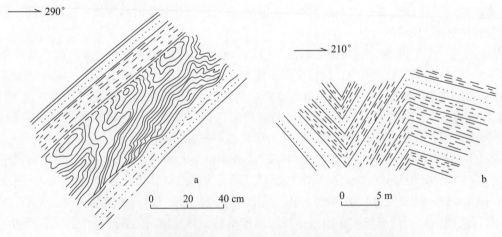

图5－11　安多县土门上三叠统阿堵拉组中浅构造变形褶皱
a—韧性剪切作用形成的组分塑性流变；b—挤压应力作用变形（尖棱褶曲）

3）宽缓波状褶皱：该类褶皱多见于阿堵拉组含煤系的地层中，形成波浪状连续的一系列复式褶皱，不管是向斜还是背斜。均以形成圆弧或圆弧顶为特征。褶皱岩层往往微弯，在核部多表现出近水平状态，两翼产状多对称，但倾角非常小（<30°）。

（3）节理构造

三叠纪地层中的节理构造在碎屑岩和黏土质岩石中较少见，多形成于波里拉组中（图5-12）。这些形成于波里拉组中的节理构造多垂直或近直立产出，规模有大有小，延伸有达数百米，也有仅几米的，节理带宽有几厘米，也有1～2 m的。早期（印支期）形成的节理在燕山期被充填和改造，带内可见垂直节理面生长的栉壳状方解石。该组节理产状分别为322°∠80°，340°∠57°和330°∠70°等。总体反映呈南北向或近南北向走向延伸，北西方向陡倾的分布特点。由于节理规模小，应力作用弱，对地层的破坏也不是很明显。

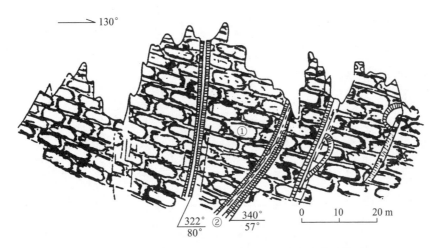

图5-12　安多县土门波里拉组灰岩中近南北向节理构造
①生物灰岩；②栉壳状方解石脉

（4）面理置换

调查区上三叠统受印支运动影响而隆升褶皱，由于变形过程可能是在中浅构造相环境下进行的，因而塑性变形不发育。以新生面理在局部发育，置换不彻底，上三叠统中原生层理 S_0 普遍有保留。S_1 面理有两种形式，一种与局部塑性流变的区域剪切应力有关，由沿层面方向生长的片状矿物构成定向平行排列；另一种与断裂构造或褶皱构造相关，在应力局部集中部位，如断裂带附近两侧或褶皱核部等，可形成局部新生 S_1 面理对 S_0（层理）的置换。

2. 燕山构造期变形形迹

燕山构造运动是青藏高原地史演化的一个最重要的阶段，它结束了藏北地区特提斯域环境的继续演化，使海洋成为陆地。燕山构造期使青藏高原地壳南北向缩短，形成以褶皱构造、断裂构造极为发育的强烈变形形迹为特征。

（1）断裂构造

查郎拉-美多浅层基底地层中燕山构造期的断裂构造较发育，据初步统计有10余条，断裂规模有大有小，断裂性质一般为逆断裂（图5-13，图5-14），正断裂较少，偶尔可见平移断裂，造成地层、构造线的明显位错。断裂分布、产状、性质及其他特征描述见表5-1。

（2）褶皱构造

褶皱构造是燕山构造期最主要的构造形迹表现形式之一，调查区查郎拉—美多一带三叠纪地层褶皱构造非常强烈，总体构成以其为核心的复式背斜。背斜南北两翼均为侏罗纪地层，背斜核部三叠纪地层分布范围的褶皱构造为叠加构造，除明显形成复式背斜褶曲外，次级褶曲也非常发育，多造成地层的重复。现将主要褶皱构造列述如下：

1）查郎拉-美多巨大破背斜：该破背斜横贯全区，以三叠系为褶皱的核部，从背斜核部向两翼，具有良好的对称性特点。调查区东段构造破坏和新生代松散堆积覆盖均较严重，因而缺失北翼地层，形成典型的破背斜，仅残留了该巨大背斜的南翼。图幅西侧查郎拉一带大部分三叠纪地层出露在图外，而图区内仅反映了该背斜的南翼具复式单斜特征的地层。

表 5－1　查郎拉－美多隆起带燕山期断裂构造特征

序号	断裂名称	地理位置	规模及产状	性质	构造地质特征
1	代保姜道断裂	双湖特别区查郎拉起点地理坐标：N32°59′24″，E90°10′~20″	走向近东西，区内延伸约16 km，断带宽近200 m，产状180°∠75°	脆性正断层	发育于上三叠统阿堵拉组，明显截切了上覆盖层上白垩统阿布山组，造成不同地层的少量缺失
2	江达玛日亚－查曲翁玛断裂	双湖与安多县交界处，起点地理坐标：N32°58′38″，E90°04′~21″	走向近东西，区内延伸约36 km，断裂带宽10~50 m，局部达100 m，产状10°∠45°	脆性逆断层	发育在上三叠统阿堵拉组中，沿断带分布挤压碳化泥带，并见构造透镜体岩块，该断裂切割了上白垩统阿布山组，造成地层少量缺失
3	杜日作当玛－美多日阿断裂	双湖特别区查郎拉组，起点地理坐标：N32°49′03″，E90°00′~09″	走向北西西（110°~290°），区内延伸16 km，断裂带宽50~100 m，产状10°∠75°~60°	脆性逆断层	该断裂切割地层界限清楚，造成上、下盘地层均出现缺失现象，断裂带北侧为上三叠统夺盖拉组，南侧为侏罗系中统布曲组。在断裂带中可见砂岩及灰岩将岩压的透镜体和片理化砂岩及两侧轻微碎裂化岩石
4	叫改玛编－扎加洞断裂	双湖特别区与安多县交界附近的叫改玛，起点地理坐标：N32°46′43″，E90°12′52″	走向大致为南东东，呈向北的弧形凸出，延伸约12 km，断裂带宽15~20 m，产状355°∠40°	脆性逆断层	断裂上盘为上白垩统阿布山组，下盘为上三叠统夺盖拉组，上覆地层上盖于断裂之上，形成构造接触，切割和破坏地层较明显。另外，断裂构造控制了附近闪长岩势分地层脉的侵入
5	查查地断裂	双湖区江刀塘以西与查查地理地理坐标：N32°42′40″，E90°10′~26″	走向呈南东东，向北弯曲的弧状延伸约30 km，断裂带宽大于50 m，产状5°~45°∠65°	脆性逆断层	断裂发育在上三叠统夺盖拉组与中侏罗统雀莫错组分界处，呈明显的逆的弧状延伸，切割地层清楚，老地层压于新地层之上，造成少部分地层缺失
6	查查地断裂	双湖区江刀塘以西查查地，起点地理坐标：N32°44′，E90°13′58″	呈近南北向延伸约4 km，宽10~20 m，产状250°∠55°	平移断层	发育于侏罗系与三叠系地层构造分界线上，并将其南北向错断，同时造成中侏罗统雀莫错组向西尖灭
7	尕尔琼多卡断裂	安多县土门以西，起点地理坐标：N32°58′，E90°10′	呈北西西走向，延伸约5 km，断裂带宽50 m，产状195°∠65°	脆性逆断层	发育在侏罗系与三叠系地层中，断裂分别切割了布曲组中段和上段地层，并将其南北向错断，形成断距约150 m，同时造成中侏罗统雀莫错组向西尖灭
8	东尕尔曲断裂	安多县岗尼乡土门西，起点地理坐标：N32°54′58″，E91°03′~12″	走向北西西，区内延伸约20 km，断裂带宽大于200 m，产状21°~40°∠65°	逆冲推覆断裂	该断裂土门以西较清楚，以东严重覆盖，是划分地层大区的重要构造线，剖面上与南侧几条断裂共同组成土门逆冲推覆构造带，断裂切割明显，不但切割了上三叠统，中侏罗统，还切割了上白垩统地层
9	尕尔西美断裂	安多县岗尼乡土门西，起点地理坐标：N32°51′~57″，E91°00′~09″	北西－南东走向，延伸大于20 km，断裂带宽50~150 m，产状35°∠70°~75°	脆性逆断层	发育在上三叠统内部阿堵拉组与波里拉组接触界线上，断层形成较宽的锑矿化蚀变带，从美多向东，切割上白垩统阿布山组盖层明显
10	托木日阿玛断裂	安多县岗尼乡土门查曲果，起点地理坐标：N32°40′~43″，E90°57′~91°16′	近东西向走向，不连续延伸约32 km，断裂带宽50~100 m，产状180°∠75°，向东延伸渐转向0°∠60°	脆性逆断层	该断层不连续延伸，中间被第四系河流堆积覆盖，发育在上三叠统与侏罗系地层分界线附近，除切割上三叠系外，侏罗系和东段的阿布山组均遭到破坏，而且，断面发生扭转而北倾

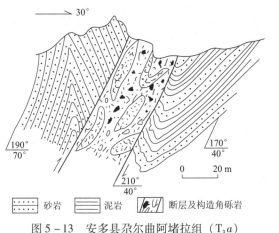

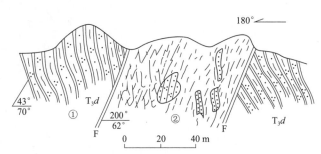

砂岩	泥岩	断层及构造角砾岩

图 5-13 安多县尕尔曲阿堵拉组（T_3a）
中脆性断裂构造

图 5-14 安多县岗尼乡奇盖拉组中脆韧性断裂构造
①奇盖拉组（T_3d）条纹状石英砂岩；②脆韧性断裂构造

该背斜以破背斜形式出现两翼，区内仅见其南翼，地层序列由核部向南侧依次出露上三叠统波里拉组（T_3b）、阿堵拉组（T_3b）、夺盖拉组（T_3d），中侏罗统雀莫错组（J_2q）、夏里组（J_2x）和上侏罗统索瓦组（J_3s）连续沉积地层。土门一带构造破坏作用非常强烈，被土门逆冲推覆断裂组支离破碎，多以断块形式出露（图 5-3）。查郎拉一带构造破坏相对较弱，保持了南翼复式单斜的地层序列（图 5-15）。在复式单斜序列中次一级或更次一级的向斜、背斜极为发育，组合也很复杂。

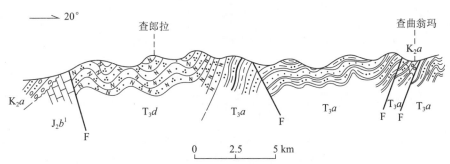

图 5-15 查郎拉一带浅层基底构造地质剖面图

2）达卓玛复式向斜：向斜褶皱在卫星遥感影像图片上显示非常清楚，经过实际调查，达卓玛复向斜以夏里组为核部，并呈现同斜紧闭的倒转向斜特点（图 5-16，图 5-17），向两翼地层逐渐变老，依次是布曲组、雀莫错组和上三叠统夺盖拉组。北翼层序倒转，北翼雀莫错组沉积间断面及逆粒序层理特征（图 5-18），与南侧沉积间断面、正粒序层理显著对称。

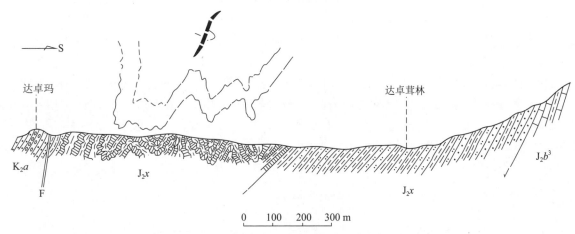

图 5-16 安多县达卓玛中侏罗统夏里组构造地质剖面

183

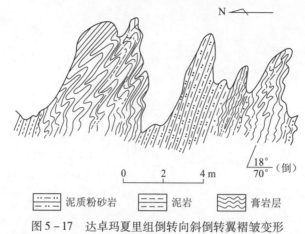

图 5-17 达卓玛夏里组倒转向斜倒转翼褶皱变形

泥质粉砂岩　泥岩　膏岩层

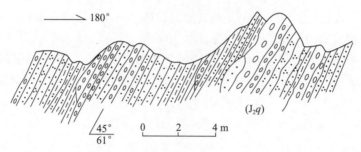

图 5-18 达卓茸林中侏罗统雀莫错组碎屑岩粒序层理剖面（显示地层倒转）

3）扎苍匣－露娃日复式背斜：复式背斜与达卓玛复式向斜连为一体，主要由两个背斜夹一个向斜组成。两个背斜分别是扎苍匣背斜（过去称达卓玛背斜）和露娃日背斜；一个向斜即为曲果陇向斜。

扎苍匣背斜：该背斜构成复式背斜北侧的背斜褶曲，褶皱轴线呈近东西向展布，两翼地层分布对称，北翼产状为290°～310°∠42°～57°；南翼产状为180°～210°，∠30°～61°。轴面向南南西陡倾。该背斜核部地层为上三叠统的夺盖拉组，核部出露宽度接近10 km，向两翼依次是中侏罗统的雀莫错组、布曲组，北翼见夏里组，南翼最高层位为布曲组上段。该背斜向东延伸与北西西向构造相交，被土门逆冲推覆构造带截切破坏；向西延伸倾伏于尕尔曲宽阔河谷，轴向由东西渐变为北西西向。另外，该背斜的核部和两翼地层均发育小规模的向斜和背斜褶曲，使这一背斜具复式背斜特征。

曲果陇向斜：该向斜位于扎苍匣－露娃日复式背斜的中部，轴向呈东西向，沿一河流展布。向斜核部地层为中侏罗统布曲组和雀莫错组，向两翼逐渐变为上三叠统上三叠统的夺盖拉组。向斜褶皱大致呈对称形态，北翼产状180°～190°∠30°～45°，南翼产状350°∠39°。该向斜呈向东翘起、向西倾伏的正常宽缓褶皱。轴心被新生界松散堆积物覆盖，两翼部分地段被零星出露的上白垩统阿布山组不整合覆盖。

托木日阿玛背斜：该背斜分布在土门以西露娃日—托木日阿玛，呈东西向延伸，该背斜向西缓倾伏，转折倾伏端产状265°∠24°；北翼地层与曲果陇向斜连为一体，但覆盖较严重，主要地层为中侏罗统的雀莫错组和布曲组；南翼地层遭到托木日阿玛南侧断层切割破坏，地层层序不完整。该背斜北翼地层产状350°∠39°，南翼地层产状210°～180°∠35°～52°。背斜脊呈现宽缓圆滑状，遭到破坏的南翼地层局部倒转。

（二）气相错－查曲被动陆缘构造变形形迹组合

气相错－查曲被动陆缘范围的北界为上三叠统分布的边界；南界为齐日埃加查—多玛贡巴一线蛇绿岩残片之间所挟广大范围，属羌南拗陷的主体，分布地层主要为中生界侏罗系（占80%以上）和白垩系及新生界古近系、现代松散沉积等。经历燕山—喜马拉雅期构造作用，构造变形以断裂构造、

184

褶皱构造最为发育，次为劈理及面理构造。构造变形可划分两期，主期为燕山期，喜马拉雅期构造有明显叠加。

1. 燕山构造期变形形迹组合

（1）断裂构造

该构造单元中断裂极为发育，一般为中浅层次的脆性正断层和逆断层，另外，有较少平移或走滑性质断层，断裂规模有大有小，有的严重切割破坏了地层层序并造成重复，个别断裂带形成明显的蚀变现象。各断裂产状、规模、地质特征等详细描述见表5-2。

表5-2 断裂构造特征一览表

序号	名称	地理位置	规模及产状	性质	构造地质特征描述
1	尕尔曲-达卓玛断裂	安多县岗尼乡达卓玛，起点地理坐标 N32°57′，E90°33′~53′	近东西向，延伸约23.5 km，断裂带宽50~200 m，产状0°~20°∠40°~54°	脆韧性逆断层	断裂发育在中侏罗统雀莫错组与布曲组界线处，上、下盘地层均明显被切割破坏，断裂带中发育挤压构造透镜体灰岩岩块及片理化现象，断裂活动造成达卓玛同斜紧闭倒转向斜形成
2	宝古拉-尼玛陇曲断裂	安多县岗尼乡尕尔曲西宝古拉，起点地理坐标：N32°54′~55′，E90°28′~43′	南西西或近东西向，延伸约23.5 m，断带宽70~150 m，产状350°∠45°~70°	脆性正断层	形成于布曲组中，断裂规模大，造成部分地层明显缺失，线状负地形地貌清楚，断裂带内发育构造角砾岩，碳酸盐化明显，钙淋滤胶结了部分角砾
3	赛维来宗断层	安多县扎曲乡尕尔曲西，起点地理坐标：N32°47′30″，E90°31′	北北西向，延伸约4 km，断裂带宽和产状不详	平移断层	为遥感图像解译断层，主要标志有：断裂两侧颜色区别明显构造线理方向不一致。并见明显位错现象
4	陇卡尔玛断层	安多县扎曲乡尕尔曲西，起点地理坐标：N32°48′，E90°34′	北东向延伸约5 km，断裂带宽和产状不详		为遥感解译断层，断裂迹象的标志清楚。线状地貌，两侧图像颜色不协调，而且构造线方向也明显可区别
5	露娃日断层	安多县岗尼乡明果曲，起点地理坐标：N32°43′，E90°57′30″	近东西向，东被阿布山组覆盖，西被第四系覆盖，延伸约3.5km，断裂带宽50m，产状350°∠35°	正断层	切割了雀莫错组和布曲组下段地层，形成约50 m宽断裂破碎带，带内为砂屑灰岩、碎块、角砾、钙质胶结
6	叁夏玛断裂	双湖特别区查郎拉南西，起点地理坐标：N32°48′，E90°00′~06′	北西西向，区内延伸约10km，但多被第四系覆盖，产状15°∠55°	逆断层	断层发育在侏罗系布曲组中，西段被第四系二级阶地砂，砾层覆盖，但可见其断裂活动痕迹，断裂带宽仅见20余米，由挤压破碎的灰岩碎屑组成，该断裂不切割上白垩统
7	查苍陇巴断层	双湖区买玛乡查苍陇巴，起点地理坐标：N32°43′40″，E90°06′~10′	近东西向分布，延伸约5 km，断裂带宽50余米，产状：15°∠70°	正断层	形成于侏罗系内部中统布曲组与上统索瓦组接触部位，造成较多的地层缺失，断层两侧产状相反，北侧为10°∠80°，南侧为180°∠75°，断裂带内多为构造岩块和透镜体
8	冈果翁布断裂	双湖区买玛乡戳润曲，起点地理坐标：N32°39′，E90°09′~12′	北西向展布，延伸约13.5 km，断裂带宽2~20 m，产状350°∠70°	正断层	形成于侏罗系中，断裂带宽2~20 m，带内为构造角砾岩破碎带，发育紫红色，灰黑色断层泥及灰岩角砾，角砾呈棱角状，大小不等（2~15 cm），排列无序，钙质胶结，大理岩化轻微，断层两盘产状变化较大，北盘215°∠73°，南盘20°∠70°，东延被另一断层切割
9	扎东来断裂	双湖区买玛乡那丛，起点地理坐标：N32°39′，E90°00′06″	北西西约280°方向，延伸长约9 km，断裂带宽约100 m，产状10°∠66°	逆断层	断裂发育在侏罗系布曲组与夏里组界线上，为由北向南逆冲性质，带内见灰岩构造透镜岩块及板状挤压砂岩，两盘产状明显不一样，北盘灰岩25°∠50°，南盘灰绿色砂岩200°∠45°，断面沿走向呈弧状弯曲，有明显挤压走滑迹象

序号	名称	地理位置	规模及产状	性质	构造地质特征描述
10	那丛夏改－安登来钦断裂	双湖区买玛乡多腾，起点地理坐标：N32°38′，E90°00′15″	北西西约285°方向长约20 km，断裂带宽约100 m，产状10°∠73°	正断层	发育于侏罗系，沿布曲组之间界线分布，向东到戳润曲附近活动不明显，地层之间为整合接触，该断裂宏观上呈线状负地形地貌，两盘岩性不一，且产状有差异，北盘为5°∠70°，南盘为10°∠70°
11	多腾夏根断裂	双湖特别区买玛乡多腾，起点地理坐标：N32°37′30″，E90°00′~10′	近东西向展布，区内延伸约16 km断带宽约100 m，产状180°~190°∠70°~75°	逆断层	断层形成于布曲组中段和上段之间，形成100 m宽挤压破碎带，带内见褐铁矿化灰岩碎裂岩块及挤压裂隙，沿断带有泉水涌出，两侧岩性、产状均有差异，并造成上盘明显褶皱
12	扎陇东让－先驱抗随断裂	双湖区买玛乡扎陇东让，起点地理坐标：N32°36′32″，E90°00′~20′	近东西—东西向，区内延伸约31 km，断带宽100~300 m，西段断裂产状：195°∠65°，中段产状30°∠75°，东段170°∠80°	脆性逆断裂	断裂形成于侏罗系布曲组中，规模大、形成断带较宽，断面沿走向方向呈波状变化，甚至倾向方向发生转化，断裂性质也随之变化，但整体显示为逆断层，戳润曲一带形成300余米破碎带并由一系列次级断裂集合而成，每条断裂宽3~10 m，断层之间发育断层泥及碎裂岩。另外，局部还可见断裂擦痕，磨光面，阶梯等滑动遗痕，显示有斜冲特点，测得一斜向擦痕产状为：120°∠15°~25°。断裂切割地层明显，破坏了褶皱和层序的完整性
13	普样毛－果龙断裂	双湖区买玛乡戳润曲，起点地理坐标：N32°35′20″，E90°06′~16′	东西向展布，延伸长约20 km，断裂带宽10~50 m，产状350°∠60~70°	左行走滑	发育在侏罗系布曲组中，断裂具左行走滑性质，虽然切割地层较少，但对地层岩石的破坏则非常清楚，产状也发生了很大的变化，沿断裂两侧发育条纹、条带状黑云母大理岩
14	玛陇来－麦荀纠莎断裂	双湖区买玛乡改来曲、戳润曲，起点地理坐标：N32°34′，E90°00′18′	近东西向波状延伸，长约28.5 km，断带宽100~300 m，产状变化较大，西段175°∠70，中段145°∠60°~80°，东段170°∠65°	左行走滑	发育在中侏罗统色哇组与布曲组之接触界线上，切割地层明显，带内发育构造旋转透镜和炭化泥及左行擦痕构造，微细S-C组构等，剪切作用造成泥岩被片理化、灰岩出现条纹扭曲等现象
15	显曲坎洞断裂	双湖区买玛乡显曲坎洞，起点地理坐标：N32°32′，E90°17′~23′	北西西向，延伸约7.5 km，与显曲拉断裂形成宽大于1 km的断裂带，产状220°∠45°	脆性逆断层	发育在布曲组中，由对构造角砾岩的挤压形成，变形带较宽，带内发育次一级小断裂，形成强弱不一的变形带，发育构造透镜体及片理化现象，方解石细脉发生明显揉皱和普遍大理岩化
16	显曲拉断裂	双湖区马玛乡显曲坎洞，起点地理坐标：N32°31′30″，E90°17′~23′	北西西向，延伸约10 km，与显曲坎洞断裂形成宽大于1 km断裂带，产状5°∠50°	脆性逆断层	发育在布曲组中，由两期构造叠加而形成较复杂的构造变形带，带内角砾已透镜化，并发生片理化、绿泥石化、大理岩化等蚀变。断裂西延被后期北东东向断裂截切，向东被第四系覆盖
17	鄂斯玛断裂	安多县扎曲乡鄂斯玛，起点地理坐标：N32°40′23″，E90°40′44′30″	近东西向分布，延伸长约6.5 km，断裂带宽30~50 m，产状：185°∠78°	正断层	发育在侏罗系夏里组中，东西向延伸，断裂带较窄，充填物为构造角砾岩，角砾成分以石英砂岩为主、次为生物灰岩，泥灰岩。两侧产状有一定差异，表现为倾角大小之别，与断裂有关的张裂发育
18	毕日阿断裂	安多县扎曲乡破曲东岸，起点地理坐标：N32°37′30″，E90°37′44″	北西西向或近东西向展布，延伸约11 km，断裂带宽约大于50 m，断面北东10°~15°倾，倾角60°	正断层	形成于侏罗系布曲组上段与夏里组接触界线部位，使夏里组石英砂岩直接与布曲组灰岩接触，沿断裂走向方向，布曲组形成明显的宽（厚）度变化，切割地层清楚

序号	名称	地理位置	规模及产状	性质	构造地质特征描述
19	毕日阿来断裂	安多县扎曲破曲东岸,起点地理坐标:N32°37′,E90°38′~44′	北西西向或近东西向展布,延伸约13.5 km,断裂带宽约50 m,断面南倾,倾角不清楚	正断层	发育在侏罗系布曲组与夏里组界线上,造成夏里组底部和布曲组上段顶部少量地层的缺失,但对整个层序影响不大;向东延伸造成夏里组缺失和向斜构造的不完整
20	纳历琼果断裂	安多县岗尼乡扎加藏布,起点地理坐标:N32°31′55″,E90°50′~54′	东西向展布,可见延伸约5.5 km,断裂带宽200~300 m,产状355°∠60°	逆断层	断裂形成于中侏罗统色哇组与布曲组的分界线上,东西延伸被第四系覆盖,断裂带较宽,为挤压破碎带,西侧产状相顶,南侧产状190°∠60°,北侧产状350°∠50°,造成严重地层缺失
21	雀若日断裂	安多县扎曲乡破曲,起点地理坐标:N32°31′50″,E90°42′~44′	近东西向,被近南北向断裂切断,延伸5.0 km,由于覆盖,宽度和产状不清	正断层	断裂形成于中侏罗统色哇组中,断层可见线状分布的负地形地貌及大量构造角砾岩转石及切割擦痕,断层两侧岩性截然,产状差异明显,分别为北10°∠60°、南35°∠65°
22	查索贡玛断裂	安多县扎沙区扎加藏布,起点地理坐标:N32°27′,E90°45′~47′	南东东走向,延伸长3.3 km,断裂带宽5~10 m,产状20°∠75°	正断层	形成于中侏罗统夏里组中,具较清楚地表现为负地形特征,断裂切割了夏里组向斜构造,形成破向斜,带内发育构造角砾岩,碳酸盐化和星点铜矿化可见
23	巴休玛断裂	安多县岗尼乡扎加藏布北,起点地理坐标:N32°39′,E91°14′~18′	南东方向走向,延伸约7.0 km,断裂带宽仅5 m,产状200°∠70°	正断层	发育在中侏罗统布曲组中,形成宽约5 m的构造破碎带,带内均为灰岩角砾及泥屑物等,上盘灰岩含泥质较多,产状较缓(220°∠65°),下盘为布曲组下段,产状较陡190°∠75°切割地层明显
24	扎尼阿断裂	安多县扎沙区多勒江普以西,起点地理坐标:N32°25′~30′,E91°07′	近南北向走向,延伸长度约10 km,走向170°,断裂带宽约5~20 m,产状不清	右行平移	断裂形成于侏罗系布曲组中,南北向延伸,截切地层明显,形成断距约600~700 m,局部可能更大,断带内形成碎裂岩,磨碎岩,发育泥、炭泥,断层还具有清晰的负地形地貌

（2）褶皱构造

燕山造山期使羌塘盆地褶皱造山,褶皱构造在调查区表现极为强烈。有复杂复式褶皱,也有相对简单的宽缓褶皱。褶皱构造总体以形态和方式多样为特点。

1）吉开结成玛复式背斜:该背斜分布于调查区北部,构成查郎拉隆升向东倾伏的背斜复式褶皱,该褶皱与达卓玛-扎苍匣-托木日阿玛所代表的土门隆起向西的倾伏褶皱构造相对应,显示了沿调查区尕尔曲存在一个南北向为轴线的凹陷区。吉开结成玛复式背斜出露于破曲与尕尔曲之间,并由吉郎木结背斜、塞维来宗向斜和崩果额茸背斜等一系列褶曲组成。

吉郎木结背斜:由该背斜组成吉开结成玛复式背斜南侧边部的背斜褶皱,褶皱轴线呈近东西向,由于向西被破曲流域的现代松散堆积层覆盖,下伏上三叠统未直接出露,核部地区出露中侏罗统雀莫错组,翼部地层为中侏罗统的布曲组。背斜北翼地层向北倾斜,层序完整,并与塞维来宗向斜连为一体,产状为30°∠70°;背斜南翼地层向北倾为倒转,被上白垩统阿布山组角度不整合覆盖,层序不完整。核部地层依次向东倾伏,转折端清楚。该背斜轴面北倾,沿走向略显弧形,是受到后期近南北方向断裂构造影响的原因。

塞维来宗向斜:该向斜构成吉开结成玛复式背斜中间部位的向斜褶皱,为正常较宽缓的对称向斜,轴部向东倾状,向西翘起,呈东西向延伸。褶皱核部地层为布曲组上段（J_2b^3）向两翼依次为布曲组中段（J_2b^2）、布曲组下段（J_2b^1）以及下伏地层雀莫错组（J_2q）,东西延伸长度约16 km,南北褶幅约7.5 km,向南与吉郎木结背斜和向北与崩果额茸背斜均彼此相连。向斜南翼地层产状30°∠70°,

35°∠20°。倾角变化较大，与断裂破坏有关；北翼地层产状 160°~170°∠50°，相对稳定。

崩果额茸背斜： 该背斜是组成吉开结成玛复式背斜的一部分，与塞维来宗向斜连为一体。背斜呈近东西向延伸，向西翘起，与下伏上三叠统夺盖拉组被第四系隔开，未见接触关系；向东倾伏端仅出露布曲组下段地层，以上地层被尕尔曲河谷第四系覆盖。背斜轴延伸约 10 km，两翼大体对称，南翼地层层序完整，北翼遭到断裂构造破坏，层序不连续、不完整。背斜南翼产状 160°∠50°，北翼产状 350°∠40°，轴面产状 345°∠80°。

2）宝古拉 - 唐日江木东破向斜：该向斜分布在调查区最北部尕尔曲东西两侧，向斜轴向呈近东西展布，受宝古拉张性断裂影响，向斜南翼破坏严重，层序不全，造成破向斜的不完整形态。向斜核部地层为中侏罗统布曲组上段，北翼依次为布曲组中段、下段和雀莫错组，地层走向近东西向，向东延伸到达卓玛一带。南翼地层被断裂切割仅出露布曲组下段和雀莫错组。向斜南翼地层产状 0°~15°∠50°~65°，北翼地层产状绝大部分南倾（175°∠50°~80°），个别地段地层倒转向北倾斜。

3）麻构错 - 那若复式向斜：该复式向斜由数十个不同形态和结构的二级、三级等次一级背斜和向斜组成，几乎包括了南羌塘盆地全部褶皱的地层，即南羌塘盆地是一个巨大的复式向斜构造，前面述及达卓玛、扎苍匣、露姓日和吉开结成码等复式背斜构造也是其中的一部分。该复式向斜褶皱地层均属侏罗系，由上白垩统阿布山组和第三系所组成的褶皱构造则是喜马拉雅构造期构造变形的叠加。组成的次一级褶皱大多数为简单向斜或背斜，也有一些褶皱同样很复杂，褶皱变形非常强烈，构成了次一级的复式褶皱变形。被褶皱地层从上到下为上侏罗统索瓦组（J_3s）、中侏罗统夏里组（J_2x）、布曲组（J_2b）、雀莫错组（J_2q 北部）和色哇组（J_2s 南部）。现选择几个主要褶皱构造分别描述如下。

鲁给稀塞拉 - 日阿向斜： 该向斜分布在双湖特别区买玛乡以北戳润曲，向东经麻构错、日阿，在安多县扎曲乡卢玛甸冬一带被断裂破坏，未向东再延伸，向斜轴部呈北西西 - 南东东向，向斜出露南北宽度约 10~13 km，麻构错断层将其拦腰截切，造成走向方向上的弯曲。戳润曲以西，该向斜发育不完整，断裂切割破坏较明显，造成地层层序中不连续和部分地层严重缺失；戳润曲以东，该向斜较对称分布，层序连续性好；在卢玛甸冬被北东向断裂和南—北向断裂的切割破坏，形成尖灭。向斜核部地层为上侏罗统索瓦组（J_3s），向两翼依次为中侏罗统夏里组和布曲组。北翼地层产状 180°~210°∠54°~75°；南翼地层产状 350°~15°∠16°~60°。

扎东来背斜： 该背斜仅出露在戳润曲东西两侧，褶皱轴线呈北西西—南东东向，延伸约 25 km，褶宽仅 3~5 km。由布曲组上段组成背斜核部，两翼为夏里组，地层对称发育，北翼产状 20°∠70°，南翼 190°∠45°。该背斜向西延出图外，向东在戳润曲以东不远处被一条北西方向控制白垩系地层分布的断裂构造切断，隐伏于该断裂带之下。

戳润曲捷来向斜： 该向斜分布在双湖区买玛乡戳润曲捷来，呈短轴状东西向延伸。在戳润曲东西见两处短轴向斜核部圈闭的最高层位索瓦组，在深切河谷中，可见清楚的向斜褶皱外貌（图版Ⅲ - 2）。同样延伸到麻构错西南，被一北西向新断层截切而尖灭。向斜核部地层为索瓦组，两翼为夏里组和布曲组，具有对称形态分布特征。北翼产状 180°~190°∠45°~65°，南翼产状 10°∠20°~62°。在西侧图幅边部，该向斜被两条相互平行的断裂构造挟持，使两翼层序出现不连续现象，特别是南翼，断裂破坏强烈，各组之间均呈断裂构造接触。

多日阿向斜： 该向斜呈北西西—南东东轴向延伸。向西被多日阿吉加一带出露的上白垩统阿布山组角度不整合上覆，向东被第四系松散堆积覆盖，可见延伸约 12 km。向斜具有向西缓慢翘起、向东倾没的特征。核部地层为上侏罗统索瓦组，两翼依次为中侏罗统的夏里组和布曲组上段。北翼地层产状 185°~200°∠46°~64°，南翼地层产状 5°~20°∠60°~66°。该向斜具对称分布状态，枢纽圆弧状，轴面近于直立，属"W"型褶曲，燕山造山过程中受南北向挤压应力作用形成，无明显剪切痕迹。

鄂斯玛背斜： 该背斜分布在多日阿向斜北侧，并与其相连形成复式褶皱，该背斜轴向呈北西西—南东东，带状延伸，长约 17.5 km，宽约 5 km。组成背斜核部地层为中侏罗统布曲组的上段，两翼为夏里组，较对称分布，北翼复褶强烈，地层裸露较宽。背斜两端均被河流沉积切断和覆盖，南翼产状 180°∠64°，北翼产状 10°~20°∠45°~62°，背斜轴面近于直立，稍向南倾，倾角 80°左右，枢纽延伸较远，属正常"W"形态褶皱。

额酥木玛 - 鄂斯玛向斜： 该向斜分布在鄂斯玛背斜北侧，相互平行延伸，该向斜北西西—南东东走向，延伸约 23 km，宽约 6 km，核部由一系列小褶曲组成明显的复式变形特征，大体对称分布。核部地层为夏里组，两翼为布曲组上段，南翼产状 10°～20°∠45°～65°，北翼产状 190°～200°∠40°～65°。向斜核部发育一条近东西向的正断层，规模较小，对层序无明显影响。

4）改来曲-雀若日-达玛尔复式破背斜：背斜出露在调查区中部，横贯调查区东西，西起图幅边双湖区买玛乡改来曲向东经雀若日、看木钦到安多县扎沙区唐抗贡巴北侧达玛尔，北西西—南东东向断续延伸。该复式破背斜发育极不完整，断裂切割纵横交错，两翼层序极不完整，核部地层沿枢纽方向被切割成不连续的断块，或被第四系覆盖，或被复式褶皱叠加，或被火山机构侵入隔断。总之，该背斜连续性和完整性、对称性等遭到严重破坏。

复式破背斜核部地层为中侏罗统色哇组，由一套深灰色泥质岩夹少量灰岩、生物灰岩、砂岩组成，是调查区范围南羌塘盆地侏罗系最早沉积，两翼依次为布曲组和夏里组。南翼构造破坏强烈，特别是中生代晚期形成陆内盆地的叠加，仅发育极少的侏罗系连续地层；北翼构造破坏相对较弱，地层层序保持良好，并形成一系列向斜和背斜次一级褶皱。

5）多木多结-央卡尔复式向斜：向斜分布在调查区东部的扎加藏布南岸，呈北西西—南东东向延伸，由于第四系严重覆盖，延伸不连续，北翼露头较差。向斜轴延伸约 20 km，核部地层为中侏罗统夏里组，两翼依次为布曲组上段、中段和下段。扎空切一带，由于断裂破坏，叠加由布曲组上段为核心的破向斜褶曲。在多木多结一带，向斜南翼的布曲组上段受莫库潜火山机构影响，褶皱非常强烈，复式特征极为明显（图 5-19）。复式向斜在央卡尔一带核部地层夏里组出露宽度达 6.5 km，南翼产状 30°∠45°，北翼产状 200°～210°∠53°～65°，向斜核部见一北西西向枢纽的背形，两翼产状分别为 190°∠65° 和 15°∠60°。

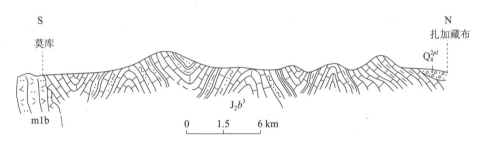

图 5-19　多木多结-尔复式向斜南翼在莫库北褶皱形态剖面

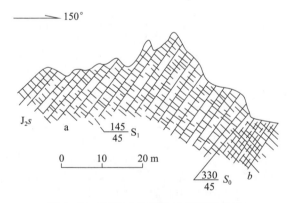

图 5-20　买玛乡东侧色哇组劈理 S_1 与层理 S_0 的置换现象

a—泥晶灰岩；b—板岩、钙质板岩

（3）劈理构造

调查区与褶皱构造有关的劈理极为发育，主要形成于褶皱过程中，在层间滑动、弯曲时发生多为褶劈理。在买玛乡改来曲色哇组板岩夹泥灰岩层序中，褶劈理非常发育，具有渗入性（穿透性）特点，图 5-20 表现的是泥灰岩夹层中的劈理构造，对原生层理 S_0 的置换较强，但未完全置换。层理产状 330°∠45°，泥灰岩褶劈理产状 145°∠45°，与层理方向相反，反映了所代表的地层层序为正常。在气相错东的戳润曲布曲组下段褶皱地层中，在向斜褶曲的北翼深灰色粉晶灰岩夹钙质泥岩地层中，由层间剪切滑动中形成的劈理不具有透入性（图 5-21），往往表现出软质岩石中劈理密集度比硬质岩石中劈理的密集度要高，所形成的劈理具有板状特征。而硬质岩石中的劈理与层理面之间夹角要大于软质岩石与层理面之间的夹角，前者约为 60°，后者约为 45°。

另外，从图 5-21 中还可看到硬质岩石中劈理在进一步层间滑动中，形成具剪切性质的 S-C 组构。

扎沙区莫库北侧布曲组上段钙质泥岩夹薄层灰岩所形成的褶劈理不具有穿入性特征（图 5-22），

褶劈理密集发育于钙质泥岩中，对原生层理进行了较彻底的置换，若不是有灰岩夹层出现，层理和劈理两种面理则难于区别。

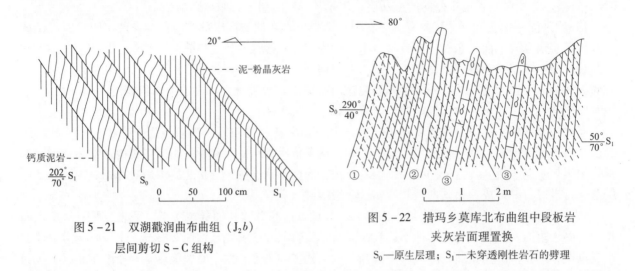

图 5－21　双湖戳润曲布曲组（J_2b）层间剪切 S－C 组构

图 5－22　措玛乡莫库北布曲组中段板岩夹灰岩面理置换

S_0—原生层理；S_1—未穿透刚性岩石的劈理

调查区诸如上述几种类型的褶劈理构造极发育，代表了褶皱构造两翼地层由于弯曲作用产生的层滑剪切。图版Ⅱ－2 是布曲组中段泥晶灰岩发生向斜褶皱，形成于核部（轴部）的轴面劈理，从照片上可见褶劈理对原生层理 S_0 的置换是非常强烈的，表现形式代表了褶皱枢纽及轴部的岩石力学特性，与层理面呈垂直状态分布。

2. 喜马拉雅构造期变形形迹组合

（1）断裂构造

与喜马拉雅构造期有关的断裂构造在该构造单元内比较发育，粗略统计可达 20 条。这些断层均属晚后构造形成，在燕山期褶皱造山以后喜马拉雅构造期陆内调整、板片汇聚叠覆作用过程中形成，以张性正断层和水平平移断层为主，现将这些断裂构造统计于表 5－3 中。达卓茸林南北向断裂（F_2）具平移性质，该断层切割了东西走向的地层和断裂构造（F_1）（图 5－23），平面上形成断距大于 200 m，具左行平移特征。气相错北岸买玛乡－显曲卡岁断裂是调查区羌南盆地与新生断陷盆地有关的、规模较大、构造现象复杂的断裂，气相错一带形成宽度大于 200 m 的韧性断裂，带内主要为色哇组已经片理化的板岩、泥岩和少量砂岩、灰岩构造透镜体。片理化岩石同时还发生了强烈揉皱，显示出左行剪切构造变形形迹。该构造带地质剖面见图 5－24。除明显的向南逆冲推覆外，还表现出左行走滑剪切变形特点。其中古近系牛堡组被上冲盘色哇组构造叠置。

表 5－3　断裂构造特征一览表

序号	名称	地理位置	规模及产状	性质	构造地质特征描述
1	达卓茸林断裂	安多县岗尼乡土门以西达卓玛，起点地理坐标：N32°56′，E90°54′28″	近南北向走向，北北东向约30°，延伸 2.5 km，断带宽约 20 m，产状 135°∠70°	脆韧性平移	该断裂形成于达卓玛一带侏罗系中，达卓玛同斜紧闭倒转向斜北翼，呈北北东向，规模较小，切割了东西走向延伸的构造线及地层，形成断距大于 200 m，具左行平移性质
2	地那江断裂	双湖特别区买玛乡以北地那江，起点地理坐标：N32°38′～44′，E90°01′～15′	北西西—南东东向，延伸长约 24.5 km，断带宽约 50～100 m，产状 30°∠45°	逆断层	断裂规模较大，控制了上白垩统阿布山组分布，断裂上盘为上侏罗统索瓦组生物碎屑灰岩，产状20°∠50°，与下盘阿布山组砾岩之间存在明显的角度变化，破碎带中为断层角砾岩和构造泥，具正断层特征
3	那拉若断裂	双湖区买玛乡以北那拉若，起点地理坐标：N32°38′～42′，E90°03′～1′	北西西—南东东向，延伸长约 27.5 km，断带宽 200 m，产状 30°∠45°	正断层	与地那江断裂平行延伸，麻构错一带将其切断继续东延至跑夸拉龙改以南，规模宏大，控制了上白垩统阿布山组的分布，断裂带宽 200 m，带内为构造角砾岩和构造泥，具正断层特征

190

序号	名称	地理位置	规模及产状	性质	构造地质特征描述
4	麻构错断裂	双湖特别区买玛乡麻构错，起点地理坐标：N32°34′~43′，E90°09′~36′	北西—南东和近东西向延伸，长约40 km，断带宽大于200 m，产状35°∠58°	正断层	断层规模较大，由一系列断裂组成，总体产状30°~40°∠50°~65°，断裂上盘发育新生代湖泊和上白垩统轻微褶皱地层，带中发育碎块岩及构造角砾岩，可见正阶梯状断痕和光滑摩擦面，为控盆断裂
5	麻构改拉断裂	双湖区买玛乡麻构错东侧，起点地理坐标：N32°38′，E90°19′	东西向分布，延伸约3.5 km，断带宽100 m，向西被麻构错覆盖，产状360°∠50°	正断层	断层规模较小，明显控制了由白垩系阿布山组呈豆荚状分布的形态，为一组合断裂，带内为以砾岩为主的构造角砾岩，个别砾石上见擦痕，断裂下盘为夏里组灰绿色砂岩，产状350°∠65°，上盘产状360°∠25°
6	买玛乡－显曲卡岁断裂	双湖特别区买玛乡，起点地理坐标：N32°31′，E90°00′~35′	近东西向分布，略向北呈弧形凸出，延伸长约50 km，宽约200~300 m，产状345°∠70°	逆冲推覆	断裂构造非常清楚，规模宏大，剖面素描见图Ⅵ-23。断裂下盘为古近系牛堡组紫红色砂砾岩，上盘为色哇组。断裂带中主要为挤压变形的片理化板岩和构造透镜体，板岩片理化形成极明显弯曲状等
7	跑夸拉龙改断裂	双湖区与安多县交界附近的显曲卡岁，起点地理坐标：N32°31′~38′，E90°13′~35′	北东－南西向分布，延伸约29 km，断带宽约200 m，断层产状145°∠75°	右行走滑	断裂沿走向形成负地形地貌、露头清楚（图Ⅵ-25）两盘岩性差异较大，上盘为布曲组，被剪切强烈变形，下盘为白垩系阿布山组，被剪切也发生了片理化及揉皱等变形，断带内见砂泥岩片理化现象及构造透镜体旋转"碎斑"，韧性走滑剪切变形明显
8	麻构错南断裂	双湖特别区麻构错，起点地理坐标：N32°35′~37′30″，E90°16′30″	南北向展布，延伸约5 km，断裂带宽5~20 m，产状86°∠45°	右行平移	断裂具线状负地形地貌，南北向展布，断层宽较窄，带内发育挤压剪切之灰岩碎片、碎块及碳酸盐化物质，上盘向右走滑，形成断距大于300 m，局部截切阿布山组，造成分布不连续
9	卢玛甸冬西断裂	安多县扎曲乡汤夏曲水系上游，起点地理坐标：N32°32′~37′，E90°35′	南北向或近南北向分布，延伸约8.5 km	平移断层	发育在侏罗系中，为南北向或近南北向分布，该断裂无路线控制，但在遥感影像图上有较清晰的反映，断裂两侧路线、地层及构造线不连续，发生大于500 m的位错
10	孕目如断裂	安多县扎曲乡孕尔曲，起点地理坐标：N32°37′~41′，E90°50′~91°06′	北西西—南东东走向，延伸长约17.3 km，断带宽50~100 m，产状220°∠50°，10°∠65°	正断层	该断裂分为两段，西段产状10°∠65°，具正断层特征，断带中发育灰岩及砾岩岩块，有轻微碳酸盐化。东段产状220°∠50°，上盘为布曲组灰岩，产状220°∠60°，下盘为紫红色砾岩（阿布山组）产状45°∠40°，西段具正断层性质，东段转化为逆断层性质
11	那若断裂	安多县扎曲乡破曲那若，起点地理坐标：N32°37′20″，E90°42′~48′	近东西向延伸，长约11.2 km，断裂带宽150 m，产状175°∠70°	左行走滑	断层发育在侏罗系和白垩系中，对两个地层均形成明显切割，并截切了北西西向的断裂，断裂造成两盘地层产状上的较明显差异，使地层走向斜交，北侧产状175°∠70°，南侧产状200°∠60°
12	破强松玛断裂	安多县扎曲乡破曲西，起点地理坐标：N32°35′，E90°36′~48′	北西西—南东东100°方向延伸，长约20 km，宽度5~10 m，产状200°∠80°	正断层	断层发育在布曲组中，局部地段控制了阿布山组的分布，对地层切割破坏作用明显，断裂带中均为构造角砾岩，断层面沿走向产状有明显变化，西段产状35°∠70°，破曲一带产状200°∠80°，近于直立

序号	名称	地理位置	规模及产状	性质	构造地质特征描述
13	卢玛甸冬断裂	安多县扎曲乡破曲西,起点地理坐标:N32°34′,E90°36′~47′	北西西—南东东向,与破强松玛断裂平行展布,延伸约19 km,宽200 m,产状30°∠75°	左行走滑	形成于中侏罗统布曲组上段与夏里组接触界线上,断面北倾、倾角较陡,断带宽200 m,带内为挤压剪切破碎带,发育断层泥,断面沿走向呈波状弯曲,发育水平方向擦痕,蚀变明显
14	巴尔格玛西断裂	安多县岗尼乡、土门格拉南,起点地理坐标:N32°38′,E91°17′~22′30″	北西西—南东东走向,延伸长约10 km,带宽约50 m,产状360°∠60°	逆断层	形成于侏罗系布曲组与上白垩统阿布山组不整合界面上,断裂露头清楚,断带内以碎裂灰岩为主,次为断层泥,北盘为阿布山组碎屑岩,产状150°∠15°~58°,南部为布曲组下段灰岩,产状190°~210°∠55°~70°
15	桑曲口断裂	安多县岗尼乡桑曲河口附近,起点地理坐标:N32°37′,E91°15′~20′	近东西向走向,长约8 km,宽约50 m,产状350°∠60°	逆断层	断层主要形成于布曲组,西段切割了白垩系阿布山组,局部断带达500 m,为构造碎裂灰岩,大理岩化明显,方解石脉发育,另外,明显可见挤压扭曲现象,该断裂东段被一近南北向小断层截切,形成断距150~200 m
16	看木钦断裂	安多县扎沙区莫库西北,起点地理坐标:N32°25′,E91°11′	近东西向走向,延伸长约5.5 km,断裂带宽50 m,产状170°∠60°	平移断层	断裂形成于中侏罗统,切割了色哇组及布曲组,形成宽50 m断层带,带内发育碎裂岩,有泥化和炭化现象,造成左行断距达500 m,错断了近南北向断层,也造成地层延伸方向变化
17	别若尔断层	安多县扎沙区莫库以东,起点地理坐标:N32°25′~29′,E91°20′	近南北向走向,延伸长约6 km,断裂带宽约100 m,产状70°∠60°	右行走滑	断裂发育在莫库潜火山机构东侧马登火山岩层及布曲组曲界线上。形成强烈的挤压剪切走滑,带内发育强变形炭板岩、片状砾岩及变形次火山岩片理化岩石等,上盘南行为布曲组灰岩,产状20°∠30°,下盘北行,火山岩产状50°∠65°
18	莫库断裂	安多县扎沙区莫库,起点地理坐标:N32°20′~23′,E91°17′	北东向转为南西西向,走向延伸约6.2 km,断带宽约300 m,产状320°∠72°	逆冲断层	该断裂具有清楚的宏观断面及较宽的变形带,断裂切割地层和火山岩均非常明显,并在断带中见构造透镜体的板岩、泥灰岩、和硅质岩,面理置换强烈,板理产状350°∠60°,另外,侵入相岩石也被剪切而发生密集分布的裂隙,节理和揉皱变形
19	看木东断裂	安多县岗尼乡土门以南,起点地理坐标:N32°37′30″,E91°09′	东西向不连续分布,延伸长约2.8 km,断带宽20~90 m,产状176°∠70°	逆断层	断层发育在布曲组与阿布山组接触界面上,切割地层明显,形成20~90 m断裂挤压破碎带,带中发育构造透镜体。和小褶皱及方解石脉等,断面波状弯曲,产状变化明显
20	伊休木－唐抗贡巴断裂	安多县扎沙区北唐抗贡巴,起点地理坐标:N32°18′30″,E91°21′~30′	近东西走向或北西西走向,延长约20 km,向东延出图外,断裂带宽150 m,产状355°∠62°	左行走滑	断裂具一定规模,有清楚的地表露头,形成约150 m宽断裂带,带内为色哇组生物化石片状泥岩及条纹状细砂岩,变形强烈,剪切裂隙发育,褐铁矿化可见,断裂两侧均为阿布山组,产状变化较大,东延上盘为布曲组下段生物灰岩

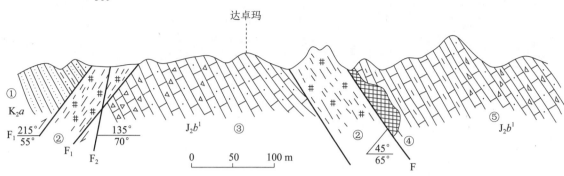

图 5 – 23　安多县达卓玛脆性断裂构造及 F₂ 截切 F₁ 现象素描

①白垩系阿布山组（K₁a）紫红色砂岩、泥质粉砂岩；②脆韧性断裂构造带；

③布曲组（J₂b¹）下段砂屑、灰岩；④膏盐层；⑤布曲组含生物化石泥晶灰岩

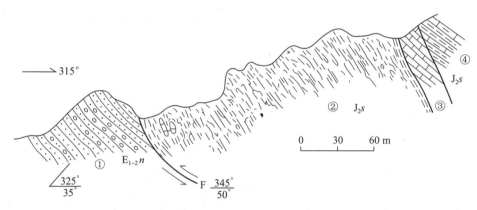

图 5 – 24　买玛乡西侧 E₁₋₂n 与 J₂s 断裂接触特征素描

①古近系牛堡组砾岩、砂砾岩、砂岩；②逆冲推覆断层带；③色哇组细晶灰岩；④色哇组泥岩夹泥灰岩

（2）褶皱构造

那拉若断裂控制了买玛乡北部中生界上白垩统阿布山组的形成和分布，图面上反映出南北两侧两条断裂构造对该套地层的严重切割破坏和对分布的控制，具有断陷带构造性质。向东延伸到麻构错以南被东西向逆断裂叠加，先驱抗随一带的断裂构造特征见图 5 – 25。

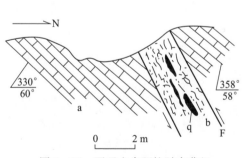

图 5 – 25　买玛乡先驱抗随布曲组
灰岩中断裂构造素描

a—粉 - 细晶灰岩；b—构造碎裂岩；
q—变形石英岩

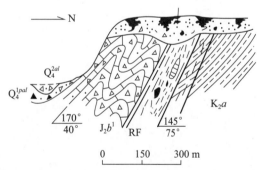

图 5 – 26　买玛乡戳润曲南 J₂b¹ 与 K₂a 断裂接触关系素描

Q₄²ᵃˡ—现代河床冲积；Q₄¹ᵖᵃˡ—一级阶地洪冲积；Q₃—更新统亚砂

土、亚黏土；RF—浅层韧性剪切断层带；K₂a—阿布山组紫红色

泥岩；J₂b¹—布曲组下段砾屑灰岩

从表 5 – 3 中的跑夸拉龙改断裂是调查区燕山 - 喜马拉雅造山带中不多见的北东走向的断裂构造，以规模较大，截切地层和构造线明显为特征。该断裂沿走向延伸约 29 km，形成破裂带宽达 200 余

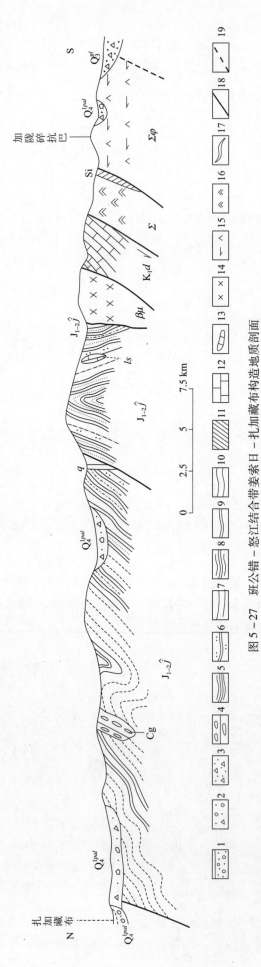

图 5 – 27　班公错 – 怒江结合带姜索日 – 扎加藏布构造地质剖面

1—第四系河床堆积；2—第四系一级阶地；3—第四系冰积物；4—片状砾岩；5—变砂岩；6—变粉砂岩；7—变粉砂岩；8—粉砂质板岩；9—板岩；10—千枚岩；11—硅质岩；12—结晶灰岩；13—灰岩岩块；14—辉绿（玢）岩；15—辉石橄榄岩；16—橄榄岩；17—石英脉；18—实测断层；19—推测断层；

米，断距300~500 m。根据该断裂截切地层和构造线特征应属右行走滑断裂，走滑剪切作用使布曲组下段岩屑灰岩明显发生挠曲扭动变形，同时，也造成下盘阿布山组紫红色泥岩的片理化。断带中可见挤压揉搓的泥质岩及灰岩碎片和透镜体等，局部还形成非常大的砾岩构造透镜体。

戳润曲南东其倒玛绕附近的断裂带特征见素描图（图5-26）。

喜马拉雅构造期的褶皱构造往往不是很发育，多数以规模小、与断裂构造有关为特征。在个别露头上可见上白垩统和古近系发生较强的褶皱现象，这些褶皱形态多为宽缓的向斜褶皱或复式单斜褶皱等。

1）杜讨夏亚向斜：该向斜发育在双湖特别区的查郎拉南，向斜轴向为东西向，核部被水系切割形成新生代河流洪冲积层，两翼地层为上白垩统阿布山组，以角度不整合关系覆于上三叠统之上。褶皱北翼产状175°∠32°，南翼产状330°∠12°，向斜核部有向东翘起、向西偏南倾没特征，但延伸到戳润曲上游又发生翘起，角度不整合覆于布曲组下段之上，向东在江刀塘边缘角度不整合覆于布曲组组成的背斜之上。该向斜虽然被第四系切穿了核部，仅两翼出露清楚，根据产状特征，向斜为一宽缓的不对称向斜，北翼较南翼陡。

2）改拉贡玛向斜：该向斜分布在江刀塘西改拉贡玛水系中，规模很小，延伸受到地形影响倾没的特点，产状反映该向斜为不对称向斜。向斜轴向延伸约13 km，南北宽幅4~5 km，北翼不整合覆于上三叠统之上。向东向西两端延伸均被第四系松散沉积层覆盖。

3）根钦玛叉向斜：该向斜分布在安多县岗尼乡达卓玛南破曲和尕尔曲之间，向斜呈东西向轴向延伸，核部向东收敛翘起，向西散开倾没。褶皱核部被水系冲刷切割第四系松散沉积（洪冲积）物充填，无基岩裸露。两翼地层均为上白垩统阿布山组和与其角度不整合下伏的侏罗系（图5-27）。

在根钦玛叉可见阿布山组形成的向斜转折端，北翼产状240°∠20°，南翼产状350°∠60°，转折端部位产状300°∠35°。

4）果拉查背斜：该背斜出露于安多县岗尼乡托木日阿玛以西果拉查附近，为一向东倾伏的宽缓不对称背斜，轴向近东西，延伸约8 km，褶曲宽大于6 km。被褶地层为上白垩统阿布山组，褶皱北翼产状30°∠18°，南翼产状191°∠27°，向东倾伏端产状85°∠20°。褶皱枢纽宽缓，轴面产状150°∠80°，稍向北陡倾。褶皱北翼地层连续性差，被河谷洪冲积物覆盖，南翼受北西西向断裂构造破坏，也分布不全。

5）查仓玛向斜：该向斜出露在安多县扎沙区尕尔若北，褶皱地层为上白垩统阿布山组，向斜轴向呈东西向或近东西向，延伸长约13 km，宽度达12 km。向斜核部向东翘起，向西倾伏，北翼产状203°∠21°，沿走向变化在160°~220°∠10°~50°之间；南翼产状360°∠33°，沿走向变化在320°~360°∠33°~70°范围。从两翼产状变化情况可以看出，该向斜为宽缓不对称向斜。而且脊线延伸呈波状弯曲，轴面向南陡倾，也呈弯曲状。褶皱北翼分布较宽，被唐抗贡巴-伊休木断裂切割，缺少上白垩统阿布山组底部层位；枢纽东延至查日一带被断裂构造截切，卓给曲港流域仅分布该向斜的北翼而呈单斜构造。

6）与断裂有关的小褶曲：喜马拉雅构造期与断裂活动有关的牵引褶曲在调查区比较多见，或与韧性剪切断裂（图5-28）或与正断层（图5-29）或与逆冲推覆断裂（图5-30）等有关的褶曲都非常发育，其褶曲形态复杂，反映为复式褶皱特征，少数形态相对简单。这些褶曲均与断裂滑动盘应力作用密切相关，是一种常见的构造变形形式。

（3）面理置换

喜马拉雅构造期发育的面理构造，主要表现方式有劈理、裂隙和节理等等。与褶曲有关的形成褶劈理，往往不是很密集，对原生层理 S_0 的置换表现比较平淡，以稀疏具有一定的渗入性为特征，可以形成于褶曲核部，也可以形成在两翼。

上白垩统阿布山组和古近系牛堡组等地层中均可见到。还有一些劈理与新断裂构造有关，发育在新断裂构造带内或两侧，这种现象较为常见，而且造成对局部原始面理 S_0 或 S_0' 等较强置换，以新生面理取而代之。

节理构造在全区裸露的基岩岩石中均能见到，产状较杂乱，无统一方向，同时，还表现非常稀疏的特点。在多勒江普火山机构的侵入相花岗闪长岩边部，往往可见到后期3组方向上的节理面（图

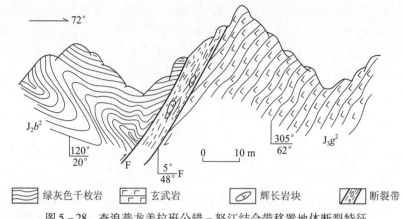

绿灰色千枚岩　玄武岩　辉长岩块　断裂带

图 5 – 28　查浪普龙美拉班公错 – 怒江结合带移置地体断裂特征

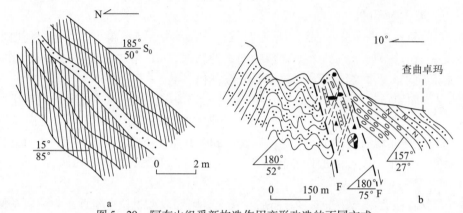

图 5 – 29　阿布山组受新构造作用变形改造的不同方式

a—上白垩统阿布山组（K₂a）砂泥岩中面理置换现象；b—新构造（断裂）切割阿布山组（K₂a）现象

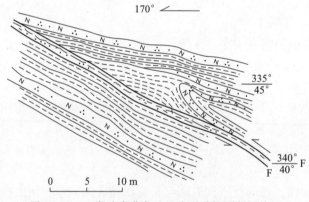

图 5 – 30　双湖改来曲色哇组中逆冲推覆断层特征

5 – 31）。对早期构造变形及构造线进行了截切和破坏，但由于分布稀疏，往往对早期面理以线状置换为特征。

三、班公错 – 怒江结合带

（一）齐日埃加查蛇绿混杂岩和东巧蛇绿混杂岩中的变形形迹

1. 东巧蛇绿混杂岩中的变形形迹

（1）断裂构造

班公错 – 怒江结合带主缝合线部位发育的蛇绿构造混杂岩各岩块、岩片之间均以断裂构造接触，多数断裂构造表现出压扭性和走滑剪切性质。

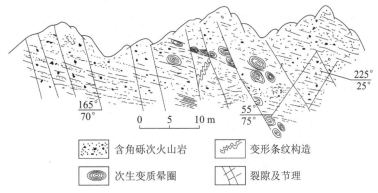

图5-31 措玛乡莫库潜火山岩（mlb）边缘蚀变及裂隙节理构造

1）逆冲推覆断裂：逆冲推覆断裂发育在主缝合带北侧边界，控制了超基性杂岩的分布。沿图幅两侧桑日向东偏南至总鲁玛断续延伸，从姜索日至扑绿果之间受第四系浅层覆盖影响，露头较差，同时还显示分岔特征，延伸长度约38 km，断面北倾，产状360°~20°∠50°，局部60°∠50°，形成断裂带宽30~50 m。断裂下盘为辉石橄榄岩，上盘为晶屑或岩屑灰岩、结晶灰岩，形成由北向南的构造推覆体，局部形成"飞来峰"地貌。在该构造带中，主要为碎屑灰岩岩块，强烈挤压破碎，并形成构造透镜体。硅化、碳酸盐化普遍，绿泥石化、褐铁矿化及孔雀石化等蚀变和矿化偶尔可见。断裂构造摩擦面显示断裂性质为逆冲推覆。

2）脆-韧性断裂：脆-韧性断裂多形成于超基性杂岩与白垩系地层的接触部位和超基性杂岩内部，或为逆断层，或为正断层，规模小，延伸小于2 km，断裂带宽30 m左右，个别为50 m，带内为灰岩、板岩、硅质岩、超镁铁岩石挤压片理化碎块和构造透镜体，菱镁矿化网脉，方解石网脉、硅化、碳酸盐化和蛇纹石化等发育。断裂切割地层或超基性杂岩较明显，并造成构造拼贴之混杂岩的不同岩块或岩片间脆韧性正断层较发育，可能有不同时代和不同构造背景的区别（图5-32）。

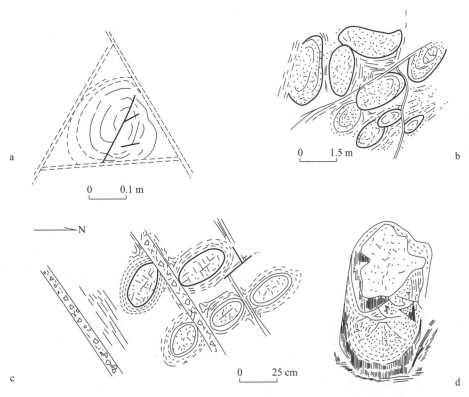

图5-32 东巧西方辉橄榄岩中深部相塑性"构造枕"变形

a—单个"球状"有明显叠加变形；b—"构造枕群"；

c—网格状"构造枕群"；d—裂变"构造枕"

197

3）韧性剪切带：韧性剪切带广泛发育于超基性杂岩体内部，是中深部构造相的塑性变形。一般形成规模较小，剪切带宽几厘米至数米，甚至数十米宽不等，带内发育糜棱岩或糜棱岩化岩石，糜棱面理和矿物剪切拉伸线理也很发育（图5-32a，b，c，图5-33，图5-34）。

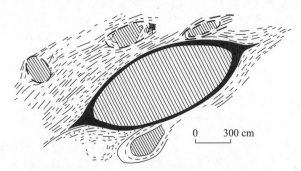

图5-33　东巧蛇绿混杂岩带中方辉橄榄岩构造就位中强挤压剪切变形"构造枕"

4）平移断裂：以甲布弄平移断裂为代表，断裂走向呈东西向，延伸大于17.5 km，断面南倾，产状180°∠70°，断裂带宽80余米，带内可见透镜状灰岩及揉皱灰岩，同时沿走向有水平擦痕及磨光镜面。根据擦痕反映，为左行平移，切割地层明显，并形成大于250 m的断距。该断裂是班公错-怒江结合带中的控"块"或"控片"断裂，上盘为下二叠统下拉组灰岩及生物灰岩，局部被古近系牛堡组不整合上覆；下盘为白垩系东巧组和古近系牛堡组。从断裂切割地层情况看，形成的时代较晚，属喜马拉雅构造期断裂。

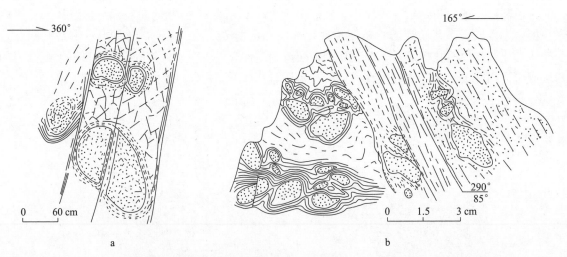

图5-34　东巧蛇绿混杂岩方辉橄榄岩中深部相"构造枕"、"构造枕群"及韧性剪切带
a—由韧性剪切带控制的裂变构造枕；b—构造枕群及韧性剪切变形

（2）褶皱构造

班公错-怒江结合带与主缝合带蛇绿混杂岩有关的褶皱构造不发育，以角度不整合关系覆于蛇绿混杂岩不同岩块之上的白垩系、古近系和新近系盖层在喜马拉雅山陆-陆叠覆调整过程中，普遍发生了宽缓型褶皱。如东巧西岩体一带的白垩系的向斜褶皱、帕日堆积杂岩之上的白垩系向斜褶皱、玛尔碎一带由古近系牛堡组组成的复式向斜褶皱等。

1）东巧西向斜褶皱：褶皱地层为白垩系东巧组，以角度不整合关系覆于东巧岩体之上。向斜枢纽延伸方向90°~270°，北翼产状180°∠30°，南翼产状32°∠60°，轴面南偏东倾斜，倾角大于70°。该向斜北翼地层较完整，南翼缺失东巧组下部沉积，与沉积时期古地理环境差异有关。

2）帕日向斜：向斜褶皱发育于白垩系下统，组成一宽缓两翼不对称形态。枢纽延伸近东西向，规模很小，东西长约5 km，南北宽约2 km。南翼地层相对完整，产状25°∠30°；北翼被断裂切割破坏，层序不完整，缺失东巧组下部碎屑岩层，产状165°∠85°。向斜有向西翘起向东倾没趋势，轴面产状约为360°∠75°。

3）玛尔碎复式向斜：该向斜分布在图幅内的西南角，褶皱地层为古近系牛堡组的一套碎屑岩地层，由两个向斜和一个背斜组成（图5-35），向北由于覆盖，地层出露不全，向南跨到图外，情况不明。褶皱枢纽呈西偏北延伸，圆滑形态。不管是背斜还是向科，均具大体对称宽缓分布形态，背斜两翼产状分别为：南翼180°∠50°，190°∠25°，北翼27°∠20°。

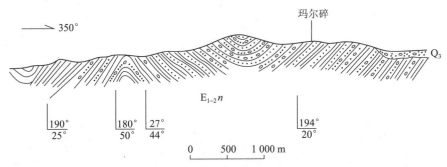

图5-35 班戈县玛尔碎古近系牛堡组（$E_{1-2}n$）复式褶皱剖面

（3）裂隙构造

裂隙在蛇绿混杂岩中比较多见，多以张裂为主，据统计的96组裂隙中，张裂占到了80%以上。沿这些裂隙充填有石英脉和其他细脉，张裂隙走向一般为北东向、约占60%～70%，少数为北西向和南北向、东西向等走向（图5-36）。这一系列的裂隙大多数形成与中浅构造相条件下的"X"共轭剪切作用有关，少数与走滑平移断裂构造派生的剪切张应力有关，代表了班公错-怒江结合带闭合后的后构造活动变形。

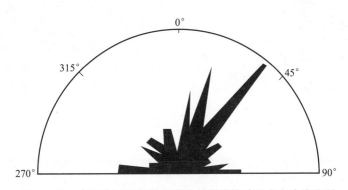

图5-36 东巧北西超基性岩体中的裂隙统计及走向玫瑰花图

2. 齐日埃加查蛇绿混杂岩中的变形形迹

该蛇绿混杂岩中主要的变形形迹——气相错保枪改-多玛贡巴韧性剪切带在本章第一节中已有叙述，其变形特点与东巧蛇绿混杂岩中的变形形迹有明显区别，但出露面积较小，在此不再赘述。

（二）兹格塘错边缘楔中的变形形迹

1. 水平分层韧性剪切变形构造

这一变形构造形成于班公错-怒江多岛洋特提斯域的消减过程中，由于水平应力作用强大，对木嘎岗日岩群进行了强烈的韧性剪切改造，形成一系列与水平分层韧性剪切作用相关的变形形迹，主要有褶叠层构造（图5-37d）、顺层掩卧褶皱构造（图5-38）塑性流变构造（图5-39，图5-40a，b）、板理、千枚理构造（图5-39；图版Ⅳ-4）、S-C组构（图版Ⅱ-4）、多米诺骨牌构造（图5-38a，图5-37b）、岩块碎斑旋转构造（图5-37b，图5-41，图5-42b）、水平拉丝条纹构造（图版Ⅰ-2，3）等等。

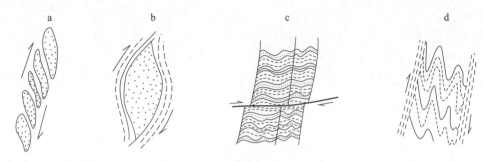

图 5 - 37　安多县东巧西木嘎岗日岩群构造岩块中的变形构造

a—水平分层韧性剪切砂质组分形成的"多米诺骨牌"构造；b—砂岩旋转碎斑；c—弱变域中砂质
组分形成柔褶及晚期浅构造相之轴面裂劈和裂剪构造；d—中深构造相环境下形成的褶叠层

图 5 - 38　木嘎岗日岩群加琼岩组变形岩多米诺骨牌构造

图 5 - 39　姜索日木嘎岗日岩群加琼岩组塑性流变构造

2. 断裂构造

（1）韧性剪切带

　　与水平分层剪切应力相关的韧性剪切带规模有大有小，大到区域性韧性剪切断裂，小者可在手标本上见到。调查区班公错－怒江结合带主缝合边界断裂，就属于此类；在该带木嘎岗日岩群强变域块中常见控制顺层掩卧褶皱和褶叠层构造的小规模韧性剪切带（图 5 - 37d）。

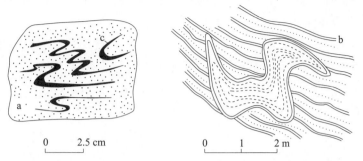

0 2.5 cm

图 5-40 班戈县亚土错木嘎岗日岩群康日埃岩组韧性剪切变形

a—变质砂岩；b—塑性剪切变形板状泥质岩；c—分异条带

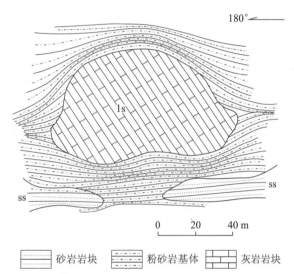

砂岩岩块 粉砂岩基体 灰岩岩块

图 5-41 木嘎岗日岩群基质中灰岩（ls）及变质砂岩（ss）岩块

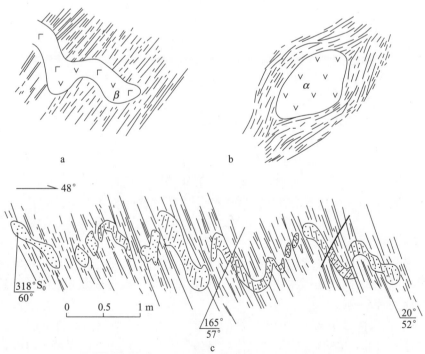

图 5-42 班戈县姜索日木嘎岗日岩群基质中沉积混杂岩块及变形

a—安山玄武岩岩块 β；b—安山岩岩块 α；c—变质变形砂岩岩块

图 5-43b 中 3 条韧性剪切带分别宽只有数厘米或数十厘米，一般与变形面理 S_1 或 S_2 平行，个别截切，延伸几米到数百米。

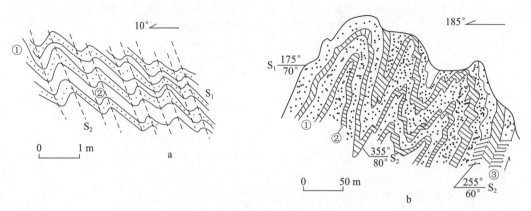

图 5-43　班戈县康日埃木嘎岗日岩群碎屑岩变形构造
①深灰色变砂岩；②灰色变粒岩；③剪切形成的 S-C 组构。a—S_2 对 S_1 面理不完全置换；
b—由变粒岩组成的条带及韧性剪切变形

（2）脆-韧性断裂

拼贴岩块木嘎岗日岩群中脆韧性断裂构造不发育，仅在康日复式岩体西侧见到 5 条，集中分布在康日埃岩组组成复式背斜褶皱核部及北翼，规模较小，最大一条断裂长约 7 km，其余均在 2~3 km 之间。有 3 条断裂北倾，产状分别为 360°∠70°，5°∠72°，5°∠80° 等，断带宽 2~100 m，带内为剪切变形砂岩和板岩片理化、糜棱岩化岩石，同时发育较多的石英（细）脉，断裂两盘地层顺"层"掩卧褶曲发育，特别是带内岩块的构造透镜化明显。有一条断裂南倾，产状为 145°∠80°，断带挤压剪切明显（图 5-44），宽约 20 m，石英脉被透镜化，变砂岩被片理化。还有一条断裂构造的产态不清楚。

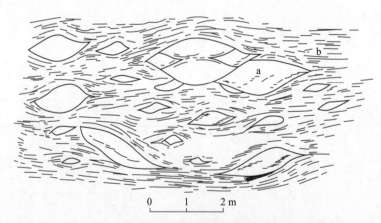

图 5-44　康日埃木嘎岗日岩群中脆韧性断裂构造
a—脉石英构造透镜体；b—挤压片理化

3. 褶皱构造

除前述与水平分层韧性剪切过程中有关的平卧褶皱、褶叠层和流变褶皱外，稍晚叠加的褶皱构造非常发育，整个木嘎岗日岩群地层全被卷入造山褶皱构造带中，以形成复式复杂类型的褶皱构造为特征，褶皱构造剖面见图 5-45。

1）同斜褶皱：同斜褶皱是该地层中最广泛的褶皱式样之一，以褶皱两翼地层产状大致相同为特征，枢纽部位可以是圆滑简单的，也可以是复式褶皱的（图 5-43b）。两翼部位可以是单斜，也可以是复式的（图 5-46a）。

2）叠加褶皱：叠加褶皱是变形强烈地区常见的一种褶皱形式，在木嘎岗日岩群康日埃岩组变质砂岩中，叠加褶皱很发育。图 5-47 中的 a，c 素描图反映了由康日埃岩组变砂岩形成的二次叠加褶

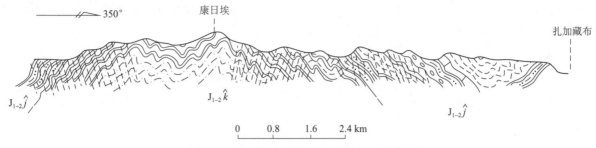

图5-45　康日埃木嘎岗日岩群构造地质剖面图

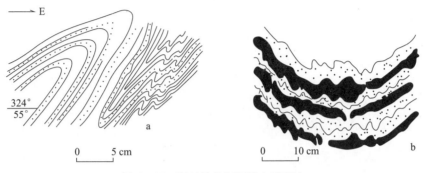

图5-46　康日埃岩组褶皱变形形迹

a—柔皱变砂岩；b—向斜褶皱核部砂质成分流动现象

皱形态，早期形成的褶皱被再次褶皱，轴面及枢纽明显叠置在一起，代表了两期构造活动。

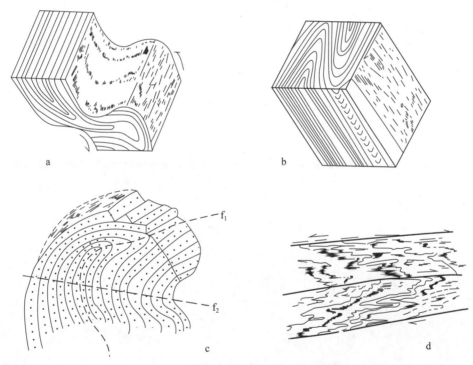

图5-47　康日埃岩组变砂岩中二次叠加褶皱

a，b，c—二次叠加褶皱；d—韧性剪切褶皱层构造素描

　　3）宽缓褶皱：宽缓褶皱在木嘎岗日岩群地层中总体具有不发育的特点，但在局部形成的宽缓褶皱与弱变区相同褶皱则有显然区别（图5-46b），主要表现为强变区宽缓褶皱核部出现了物质汇聚和再分配，表现出流动的特点。在该宽缓向斜核部，可见砂岩层由两翼有向核部汇聚流动趋势；从而使核部变形岩层厚度增大，形成与顶厚褶皱相似的特征。

　　4）膝折：膝折发育于加琼岩组板岩、粉砂质板岩地层中，属于岩层滑动过程中挤压应力所为，形成范围不大，但连续性较好的复式小褶（折）皱（图版Ⅲ-1）。这些小规模连续性好的褶皱，具尖棱特点，是造山过程中的重要变形构造。

4. 面理

1）原生层理：木嘎岗日岩群地层的原生层理（S_0）大多数范围均可见到，以相对坚硬岩层所保留，特别是泥质岩类岩石中的砾岩、砂岩、灰岩，在泥质岩层理被完全（95%以上）置换后，虽然这些相对坚硬岩石同样被剪切、被劈理化，但仍时隐时现地保留了原来夹层的延展特性（图5-42c）。另外，康日埃岩组变砂岩中也较好地保留原生层理（S_0）。

2）剪切变形面理：木嘎岗日岩群加琼岩组中板岩板理和千枚岩的千枚理均属于剪切变形面理（S_1），它与原生层理可以平行，也可斜交、甚至直交（图5-42c；图5-43）等。造成对S_0层理较彻底的置换，残留的原生层理S_0仅在个别露头上可见。置换面理S_1代表的板理、千枚理是在水平分层剪切过程中形成，包括变砂岩、变粒岩中的条纹和条带。

3）造山期褶皱劈理：在羌塘盆山转化时期，班公错-怒江结合带发生了强烈的褶皱变形，褶皱过程中使S_1面理（板理、千枚理）褶皱，同时形成褶劈理（S_2），清楚地与S_1面理相交（图5-42c，图5-45，图5-43），并发生强度不同的面理置换现象。另外，层理或S_1面理滑动过程中，由剪切应力作用，在褶皱两翼还发育了S-C组构的S_2面理，透入性差，不具代表性。

（三）尕苍见岛弧变形形迹组合

齐日埃加查-尕苍见岛弧带北以蛇绿岩残片带为界，南与东巧蛇绿混杂岩带相邻。其内变形构造以褶皱为主，次为断裂，劈理和相应的面理置换构造不甚发育。

1. 断裂构造

尕苍见岛弧所发育的断裂均属浅表层次的脆性构造，共有8条，分别是帮琼脆性逆断层、康玛日脆性正断层、明果巴断层、年莫南断层、扎沙区浪钦正断层、卓给曲港正断层和错那西岸两条正断层等。这些断层多数发育在上白垩统阿布山组和古近系牛堡组中，个别形成于上侏罗统与火山岩有关的地层中，规模小，多数对地层破坏程度低。根据切割地层现象分析，形成时代较晚，属燕山—喜马拉雅期，与陆内岩块或岩片叠覆造山有关。

2. 褶皱构造

1）塑性流变褶皱：此类型褶皱只出现在区内多玛贡巴北侧前泥盆系阿木岗岩群的戈木日岩组下岩段强变形火山岩地层中，褶皱形态复杂、类型多样，为中深层次韧性剪切作用形成，或呈平卧，或形成无根褶皱等（图5-48，图5-49）。图5-50为平卧状态的塑性流变褶皱，受强烈剪切作用，轴面近似水平，枢纽紧闭圆滑，褶皱脊部有复式变形特点，一般分布在小范围内。

图5-48　阿木岗群戈木日组强剪切变形（褶叠层）构造

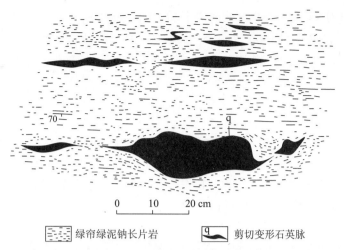

图 5 - 49　阿木岗岩群戈木日岩组糜棱岩化玄武岩中石香肠构造及旋转"碎斑"

绿帘绿泥钠长片岩　　q 剪切变形石英脉

2）复式褶皱：复式褶皱发育在上侏罗统查交玛组中，是复式单斜中的褶皱构造（图 5 - 51）。该类型褶皱以反复的小规模简单的向斜、背斜连续出现为特点，两翼或对称或不对称，脊部圆滑，有一定的延伸范围，造成地层的不断重复和叠厚。

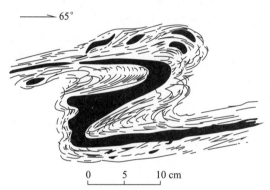

图 5 - 50　多玛贡巴阿木岗岩群玄武岩中的塑性流褶
1—条纹状糜棱岩化流变玄武岩；2—褶皱石英脉

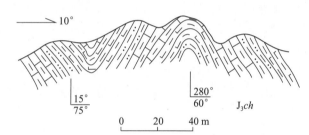

图 5 - 51　多玛贡巴南查交玛组（J_3ch）复式褶皱

3）奔给 - 查日向斜：该向斜形成于扎加藏布以北，呈东西向延伸，长度约 70 余千米，褶皱宽 3 ~ 6km，为一正常宽缓对称向斜褶皱。发生褶皱地层为古近系的牛堡组（$E_{1~2}n$），应属喜马拉雅运动之产物。向斜两翼为紫红色砾岩、砂砾岩和砂岩、核部为褐红色、暗褐色粉砂岩和泥质粉砂岩，南翼地层产状 0° ~ 10°∠10° ~ 60°，北翼产状 190°∠10° ~ 50°，核部产状 280°∠5°。向斜核部向西倾没，向东翘起。南翼第四系覆盖明显，北翼角度不整合覆于侏罗系之上。

4）扎沙区卓给曲港向斜：该向斜分布在图幅东南角扎沙区北侧，呈北东—南西向延伸，长约 15 km，褶皱宽 7.5 km。被褶地层为古近系牛堡组，向斜南翼地层被第四系松散沉积覆盖，出露不全，产状 290° ~ 340°∠20° ~ 60°；北翼地层相对完整，并角度不整合覆于上白垩统阿布山组之上，产状 160° ~ 170°∠50° ~ 57°。卓给曲港向斜核部被一延伸方向相同的断裂构造破坏，未见核部转折端，产状明显相顶。根据产状特征，该向斜向东翘起，向西倾没，为一对称向斜。

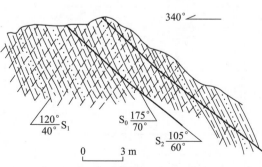

图 5 - 52　买玛乡玛如来 $E_{1~2}n$ 紫红色泥岩夹砂岩中的面理置换现象

3. 劈理及面理置换

在奔给 - 查日向斜褶皱北翼地层中，发育有褶劈理（图 5 - 52）及一组裂隙构造，褶皱劈理具透入性，不同岩石均被穿入。另外，见一组稀疏裂隙不但

破坏了层理 S_0，而且还切割了褶劈理 S_1 而形成了 S_2。原生层理 S_0 产状 175°∠70°，被置换的 S_1 面理（劈理）产状 120°∠40°，最晚期裂隙产状 105°∠60°，三者之间截切关系清楚，分别代表了两期构造作用的结果。这一现象，在被褶皱地层中均有不同程度发育。除此而外，还可见极少的节理构造，零星分布在不同岩层中。

（四）鄂如 – 捷查移置地体

变形地质体为前泥盆系阿木岗岩群，产出受断裂构造控制，由变质基性火山岩组成。岩石中变形形迹表现为长英质拉丝条纹构造、塑性流变构造（图 5 – 48）、石香肠构造（图 5 – 49）、S – C 组构和 S – L 组构。岩石薄片微观观察可见石英、长石等浅色矿物拉丝现象，黑云母、绢云母、绿泥石等片状矿物绕碎斑周围分布。另外，可见方解石、石英等矿物具波状消光特点。

第四节　地球物理特征及构造层次划分

20 世纪 80 年代以后，以岩石圈结构构造及其动力学、青藏高原隆升机制等为研究内容的重点地学前缘目标任务的实施，尤其是与国际上加强了地球物理勘查的合作，在研究中取得了重大进展和发现，为大陆（或大洋）岩石圈构造演化，特别是青藏高原岩石圈结构构造演化以及高原隆升的深部动力学机制等研究奠定了基础，并带动了地质学领域高层次、多学科的综合研究。

在地球物理勘查方面，近 20 年来，先后完成的项目有：1980～1982 年中法合作在藏南完成了佩古错—普莫雍错、藏北色林错—安多人工地震测深剖面及洛扎—那曲大地电磁测深剖面；1991～1995 年中美龙门山 – GPS 测量地壳形变合作项目；1992 年中美国际喜马拉雅和西藏高原深地震反射剖面合作项目；1993 年中国地质科学院完成的沱沱河 – 格尔木地震探测剖面。另外，国家地质矿产部从 80 年代后期陆续组织实施了亚东—格尔木、黑水—花石峡—阿尔泰、格尔木—额济纳旗等一系列地学断面探测研究工作，集中完成以地震为主的地球物理探测剖面总长度达到了 4 500 km。这些对揭示青藏高原以及邻区岩石圈结构、构造，研究板块构造特征，探讨高原隆升与动力学机制等都发挥了重要作用。

一、地球物理探测成果对调查区深部构造的解释

（一）青藏高原地壳模型及厚度

由地震测深、电磁测深资料[1]显示，青藏高原的地壳巨厚，而且是由多个介质层组成，可以得出一个 7 层地壳模型，各层地壳结构特征列于表 5 – 4。从表中可看出，由浅层向深层演化时，纵波速度、横波速度和岩石圈结构密度均由小增大，由低增高。

表 5 – 4　青藏高原的平均地壳模型

序号	H	α	β	ρ
1	7.7	5.34	3.08	2.66
2	15.3	5.81	3.36	2.75
3	10.0	5.65	3.26	2.72
4	10.0	6.14	3.55	2.83
5	10.0	6.73	3.89	3.0
6	15.6	6.34	3.67	2.89
7	∞	8.0	4.32	3.33

注：据国家地震局.1986.《深部物探成果》；

H—层厚度，单位为 km；α—纵波速度，单位为 km/s；β—横波速度，单位为 km/s；ρ—密度，单位为 g/cm³

---

[1]　国家地震局，1986.《深部物探成果》.

测深资料还显示雄居世界第一高峰的珠穆朗玛峰不是地壳的最厚地区（图5-53），而青藏高原腹地的羌塘盆地才是地壳最厚的地区，壳厚可达71~73 km，平均地壳厚度为60 km。青藏高原岩石圈构造分区研究表明，羌塘地块的岩石圈厚度达到180~200 km，大于相邻任何地区，它是重力异常缓变区，并具有大面积负磁异常，磁性变差大，高导层深和稳定低热流特征。

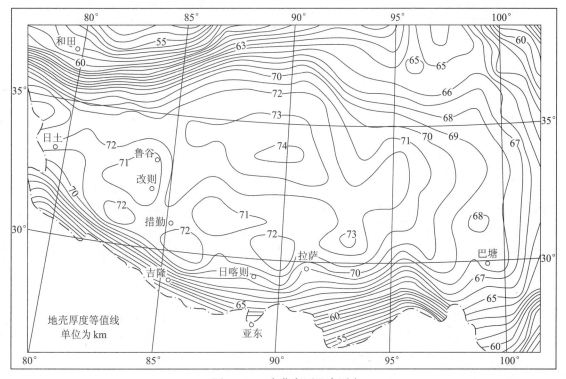

图5-53 青藏高原地壳厚度

（二）低速层特征

深地震测深与天然地震测深资料反映，青藏高原地壳中存在低速层，由地震面波频散收到的地壳模型，低速层在27~40 km之间，该低速层的横波速度为3.29 km/s，纵波速度为5.6 km/s，其中藏北地区地壳低速层埋深为44~45 km，藏南为29~45 km，低速层速度为5.64±0.3 km/s，低速层厚为10.28±1.31 km。

（三）电性层结构

据先后完成的若干条大地电磁测深剖面研究工作[1][2][3]获得的大量深部构造信息。把青藏高原地壳电性划分为5个层，在所有测点的电阻率分布趋势上，存在大体一致的特点。在地壳和上地幔中均存在多个低阻层，其中地壳中低阻层深在10~20 km之间，上地幔低阻层在那曲—安多一带为65~66 km，所测深度与深地震测深法得到的MOHO界面深度相同。以上大地电磁测深剖面资料显示，羌塘地块的地壳中存在着不同时代的地层岩石，其电性结构明显不同。新生代陆相碎屑岩由于裸露地表，一般显示电阻率较低20~27 Ω·m，但同期岩浆岩岩石中电阻率，因为代表下地壳—幔源组分而相对较高，一般在300~1 000 Ω·m之间，平均值在500~700 Ω·m。中生代侏罗纪，羌塘盆地接受了来自南北陆地剥蚀区不同电源层物质组分，沉积了巨厚的浅海相碳酸盐岩和碎屑岩等，由于物质再搬运和磁性载体的聚集作用，使盆地中各层电阻率普遍降低，一般仅在5~150 Ω·m。中央隆起的戈木日、阿木岗一带及调查区晚古生代残留的冈底斯地块中变质变形地层，电阻率则明显增高，达

[1] 中国科学院地球物理研究所. 1995. 吉隆—鲁谷—三个湖大地电磁测深剖面研究.
[2] 王家映. 1994. 横贯羌塘盆地四条大地电磁测深剖面.
[3] 中国石油天然气总公司新区勘探事业部. 1994~1996. 羌塘盆地找油任务及大地电磁测深剖面研究.

1 000～8 000Ω·m。班公错－怒江结合带表现为近直立的低阻带，并错断了两侧地块中的低阻层，其中结合带的电阻率一般只有数十个Ω·m，反映该带的确存在磁性载体物质。所分割的南羌塘地块和冈底斯陆块的上地壳均具有较高的电阻率。详细的地电断面资料，显示羌塘地块具有分层和分块结构，即明显存在纵向上的多向异性。调查区以西代表中深变质岩系的前奥陶系褶隆地层电阻率，显然要比南羌塘和北羌塘地块要高，而且三者各自的低阻层也存在显著差异。在南羌塘地块中，发育两个壳内低阻层，上低阻层深10～25 km，电阻率为10～80 Ω·m；下低阻层深40～70 km，为3～50Ω·m。在北羌塘只形成一个低阻层，深10～30 km，电阻率1～60 Ω·m。通过对不同地块的电性对比，壳内存在的低阻层埋深和电阻率大小明显不具代表性。这些特征，反映了青藏高原地壳结构所具有的特殊性和复杂性。

（四）航空磁测

20世纪90年代末期，国土资源部航空物探遥感中心在青藏高原中西部（北纬40°以南，东经94°以西）完成的1∶100万航磁资料显示：青藏高原磁源顶面埋深为0～16 km，雅鲁藏布江西段相对较浅；东段相对较深；磁性体的下界面平均为25.5 km（居里等温面），该面与磁源顶起伏变化恰好相反，是西深东浅，从而造成青藏高原磁源层由东向西组合成一个由厚至薄的楔状体；在当雄以西有一个北东至南西向断带存在，可能属区域上康马－格尔木地热源和多震活动的深大断裂。

航空磁测所取得对地壳结构特征与演化等方面的研究成果，特别是在基础地质研究方面可归纳以下几个重要进展。

1）根据航磁资料与区域地质构造的对比，认为青藏高原的基底从北喜马拉雅到可可西里大致可确定为：AnZ，AnO，AnD和AnT，最古老的基底应为元古界，可能不存在大范围更老的结晶基底。塔里木地块和印度陆块具强磁性。图5－54显示存在太古界结晶基底。根据在调查区内发现的强变形变质绿片岩和晚古生代早二叠世含腕足类、珊瑚等动物化石碳酸盐岩构造岩块等地层，结合航磁异常对基底地层磁性特征所表现出的异常特点分析，调查区的基底地层可能为AnD。进一步的分析认为，青藏高原初始阶段可能是塔里木地块和印度陆块之间一个大范围的多岛洋盆和古生代连续演化的特提斯构造域。

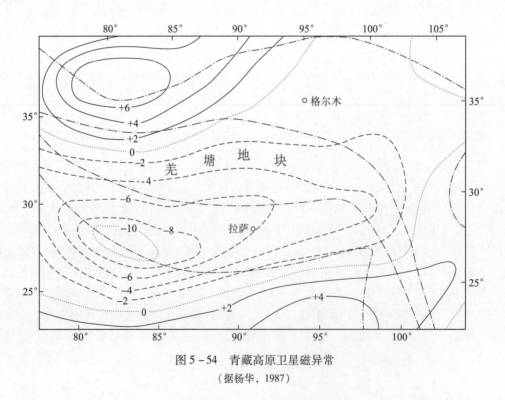

图5－54 青藏高原卫星磁异常

（据杨华，1987）

2）磁测资料显示5组不同方向的断裂构造50余条，其中规模较大的32条，主体构造方向近东西向或北西西—南东东向。通过实际验证和对比，这一特征可以得到肯定。另外，还圈定各类侵入体

328 个（新圈定岩体 202 个），包括分布在调查区中南部的多勒江普岩体（经野外检查验证，为一中生代晚期沿火山机构就位，并与之有成因上联系的中酸性侵入岩）和南侧边部兹格塘错西岸的康日复式岩体。这些侵入体分布的最大一个特征就是与断裂构造有成因上的依存关系，而且受板块运动控制。特别表现在自华力西期以来的岩浆活动，均与各主要结合带和岩石圈级规模的断裂、韧性剪切带等平行分布。

3）总结了雅鲁藏布江等结合带内超基性岩带的不同航磁特征，在雅鲁藏布江结合带出现有强度较大的线性延伸正磁异常，总体呈北西西向延伸，并由南北两条磁异常带组成。北带是具有隐伏特征的基性—超基性岩带，沿印度河—雅鲁藏布江一线分布；南带位于低喜马拉雅与中喜马拉雅的结合部位，超基性岩规模小，断续出露。这种现象是青藏高原各主要结合带典型的磁性模式。同时，在该带特提斯洋消减过程中，可能存在两次裂开、俯冲和两次闭合。隐伏蛇绿岩带可能代表较早裂开成洋时期，应是规模最大的一次。根据航磁资料，调查区班公错－怒江结合带只存在局部成洋历史，可能是冈底斯－念青唐古拉弧岩浆岩带的弧后盆地。与此次项目工作研究得出的班公错－怒江结合带在调查区范围显示小洋盆或有限洋盆性质相吻合。

4）提供了青藏高原隆升一个重要领域的最新资料，从航磁不同高度上的结果分析，上延高度增加，沿柴达木向西南方向出现一条北东—南西向负磁异常带，说明这一地区为弱磁性基底组成的塑性块体，也表示深部可能是北北东向构造，而与浅层的北西西或东西向构造完全不一致。该带深部北北东负磁异常的出现，可能由于深部热流上升，引起消磁作用的结果。在羌塘—昌都和可可西里—巴颜喀拉两个地块中，可见到磁异常有明显的北北东向中断和不连续现象，应该是一个地热值较高构造活动明显的构造活动地带。

5）青藏高原主体显示出巨大的负磁异常面貌，磁场具有明显地分区性，总体趋势是北部为正磁异常，最大值为 6 nT，南部为负磁异常，在拉萨以西形成异常核心最低接近约 12 nT。调查区所处的羌塘地块南缘（南羌塘拗陷）及整个羌塘盆地属于由正异常的转化过渡地带。在调查区内的表现处于磁异常相对稳定状态。反映了盆地沉积物巨厚、均匀的特性。另外，从航磁彩色影像图中可以看出：航磁影像的色谱（图 5－55）在北部、中部和南部 3 个区变化明显。北部区和南部区磁异常值相对较高，中部区则较低，特别是沿扎加藏布流域形成明显的低负异常带。调查区班公错－怒江结合带东巧—帕日一线的超镁铁岩石和土门逆冲推覆构造带尕尔根一线以及气相错—多玛贡巴一带断续出露的蛇绿岩残片等范围，也出现了较高航磁异常值区。其原因一是结合带蛇绿岩带中的超镁铁质岩石和基性岩所引起；二是在这些地带，虽然不发育超基性—基性岩类，但可能存在隐伏的侵入体。反映了调查区地壳结构在均衡较好大背景下的局部变异现象。

（五）布格重力异常

以雅鲁藏布江为界，地壳结构显示南北差异较大。从青藏高原 1°×1° 布格重力异常图（图 5－56）中清楚地反映在高原腹部的羌塘地块，存在一个巨大的、宽缓的负异常区，说明这里有大量的地壳低密度硅铝层物质存在，且分布均匀。异常中心负值高达（−500～550）×10⁻⁵ m/s²，反映了地壳厚度巨大的特征。重力梯度带则位于盆地边缘与高山带的结合部位。

调查区所处的羌塘盆地中心地带，异常值变化很小。从重力异常剖面图（图 5－57）中，总体显示出南疏北密的特点，可能反映 MOHO 具南深北浅或边界断裂（对应班公错－怒江结合带）的产状为向南陡倾。与布格异常相比，地磁资料则明显为正异常，向四周逐渐减弱。雅鲁藏布江及以南地区地磁异常变化剧烈，航磁显示出强的正异常带特征，强度达 150～450 nT，并向北急剧减小。可能反映藏北的超镁铁岩带（蛇绿岩带）纵向延深小，多属表层之岩片，班公错－怒江结合带在东巧地区形成的蛇绿岩具有相同特征，埋深较浅，构成浅表之岩块、构造岩楔等。而上地壳中大多数物质则属硅铝质。

（六）均衡异常特征

均衡异常在青藏高原 1°×1° 均衡异常图（图 5－58）中，清楚地反映了调查区所处的羌塘地块均衡异常表现模糊不清的特点。同时，也说明羌塘地块内部基本处于均衡状态，高正均衡异常位于青藏

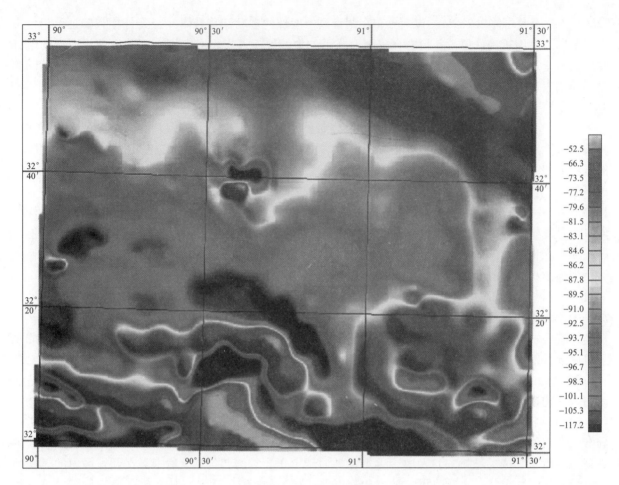

图 5-55　测区航磁影像图

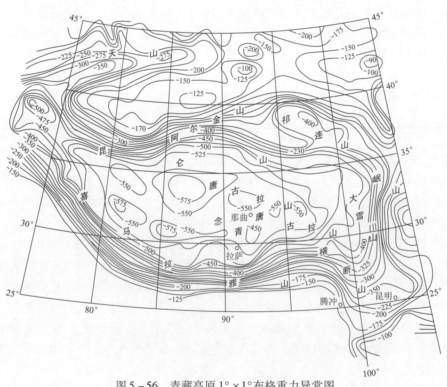

图 5-56　青藏高原1°×1°布格重力异常图

（据殷秀华等，1989）

高原南北两侧质量过剩的造山带；低负异常位于青藏高原周边盆地，表现为质量亏损的沉积坳陷带，说明地壳深部可能存在物质流失现象。

210

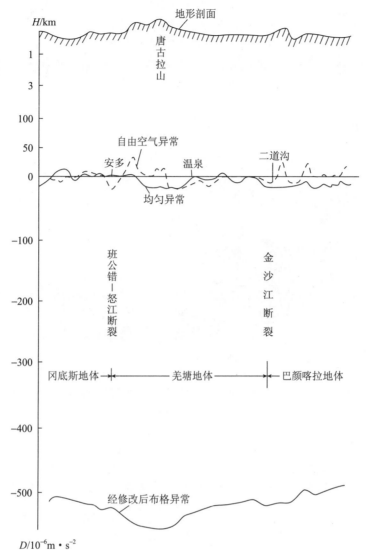

图 5 - 57　二道沟—安多重力异常剖面图

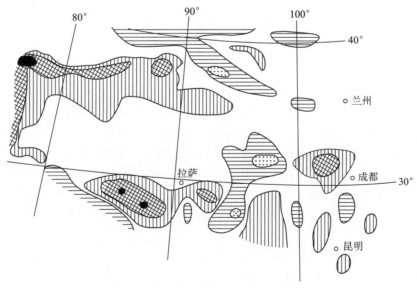

图 5 - 58　青藏高原 1°×1°均衡异常图

（据肖序常，1988）

（七）自由空气异常

青藏高原1°×1°自由空气异常（图5–59），图中总的形态特征与1°×1°均衡异常图有些相似。羌塘地块在该图中处于自由空气异常的低异常区，而藏南喜马拉雅褶皱带和藏北的昆仑造山带与羌塘地块相反，则表现为正自由空气异常。

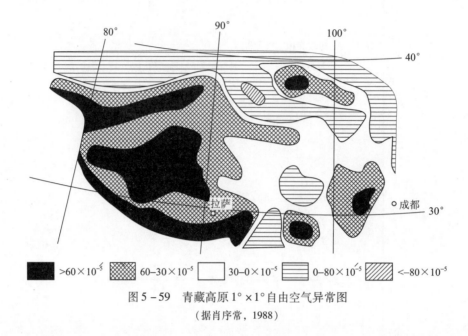

图5–59　青藏高原1°×1°自由空气异常图

（据肖序常，1988）

青藏高原5°×5°自由空气异常的波长为数百千米，异常源埋深约200 km。其形态与1°×1°自由空气异常正好相反。在青藏高原的中部，相对于周边地区为自由空气的高异常区，这反映了羌塘地块的地壳结构相对简单，地壳密度相对较低的特点，与布格重力异常、磁异常等资料的构造解析相一致。但在这一地区200 km以下深度，明显存在高密度不等厚物质层。

（八）热流异常

二维壳幔温度分布与实测热流分布线图（图5–60）显示羌塘地块具有正常的壳–幔热结构，其热流值在调查区代表羌塘盆地相对均衡平衡，随深度增大而增大，不存在急升急降现象，总体呈现出由边缘向盆地中心缓慢过渡的特征。说明该地区地壳结构相对的简单和均一性。根据热现象判断，该区属冷地壳地体，构造活动及岩浆活动相对较弱。

（九）地震波速特征

中、美、德合作项目INDEPHT深反射、广角反射和宽频地震等研究成果反映，羌塘地区地壳地震波的平均速度为0.48 km/s（P波），S波为3.37 km/s，上地幔及莫霍面附近分别为7.9～8.1 km/s和4.41 km/s，而南侧的冈底斯地块P波明显高于羌塘地块，为8.1～8.3 km/s。曾融生等（1992）在研究青藏高原三维地震速度结构时认为高原中央部位存在一个壳内低速区，中心在那曲附近，涉及到调查区南羌塘范围。这一结果与大地电磁测深认可的下地壳低阻层大体接近。在深度剖面上，低速层的中心深度为50 km（图5–61），南北方向为短轴约300 km，东西方向为长轴，大于500 km。这个低速层正好位于青藏高原巨大宽缓壳根部的下地壳中，可能与青藏高原地壳物质汇聚以及地壳增厚有关。

广角反射探测到羌塘盆地中心附近莫霍面深度为63～67 km，这一深度的P波波速为8.0 km/s。莫霍面之上大体可分出4层，分别为6.6～7.0 km/s，6.2 km/s，5.9～6.2 km/s和4～5.9 km/s，班公错–怒江结合带上的上地壳速度降低了0.4 km/s。

研究表明，具有不同构造性质和不同构造演化的大陆构造单元地壳波速结构存在明显的差异，其中，活动强烈构造区与前寒武纪稳定大陆区这种差异最为明显，后者P波速度较高集中地表现在6.4～

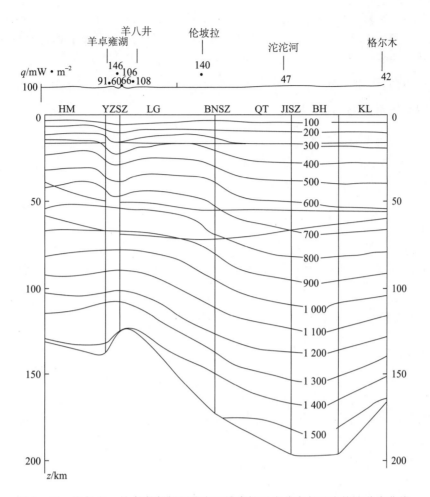

图 5-60 格尔木—羊卓雍湖断面稳态二维壳幔温度分布与地表热流分布曲线
（据亚东-格尔木地学断面资料）

HM—喜马拉雅地体；YZSZ—雅鲁藏布江结合带；LG—拉萨-冈底斯地块；BNSZ—班公错-怒江结合带；
QT—羌塘地体；JTSZ—金沙江结合带；BH—巴颜喀拉地体；KL—昆仑地体

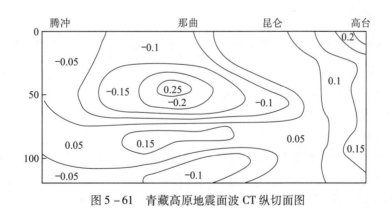

图 5-61 青藏高原地震面波 CT 纵切面图
（据曾融生，1993）

7.6 km/s 范围，而且壳内低速层不发育。活动区 P 波为 5.8～7.0 km/s，代表中—新生代伸展构造区及年轻造山带 P 波速度明显要低，而大陆边缘及古生代的造山带要高。羌塘地块地壳速度结构与前寒武纪有明显差异，大致与大陆活动区相似，这与羌塘地块古生代造山与中生代造山的叠加作用（强烈改造）有关。

（十）古地磁资料

1∶20 万唐古拉山口幅区域地质调查，在调查区东北的土门附近中生代上三叠统产煤地层中曾采集了7件古地磁样，均为浅灰—浅绿色的变质长石石英砂岩。经对其中5个未被污染的样品测试，分别获得古纬度为23°54′，22°22′，29°26′，24°18′和28°53′。5组数据显示，晚三叠世时期的土门地区应靠近赤道，平均纬度25°35′附近地区。与现今土门地区纬度32°45′地理位置比较，从晚三叠世开始，至今为止，代表当时的大陆由25°35′位置缓慢向北漂移了约700 km。

二、构造层次划分及基本特征

综合调查区建造和变形组合特征，并参考青藏高原地球物理及航空遥感等技术手段所取得的成果，对调查区的构造层次划分如下（需要指出的是：此处对调查区构造层的划分和基本特征描述仅限于地壳的浅层部分，即浅层构造的研究）。

（一）构造层次划分原则

本报告对构造层的划分仅限于调查区内，划分原则是：①以地质体时代为背景，以地层间不整合现象为依据；②充分考虑区域地质构造事件；③强烈的构造变形和改造程度以及构造作用的方式等。根据这些划分原则，把调查区总体划分为3个构造层次，即中深构造层、中浅构造层和浅构造层。

（二）不同构造层次的基本特征

1. 中深构造层基本特征

中深构造层调查区主要发育在南部羌塘－保山陆块与班公错－怒江结合带衔接的边缘部位，同时也包括了班公错－怒江结合带的大部分岩块与岩片地质体。属于中深构造层的地质体包括前泥盆系阿木岗岩群、东巧蛇绿混杂岩群、木嘎岗日岩群以及被卷入在蛇绿岩带中的晚古生代沉积地层岩块等。既有前泥盆系变质变形地质体，又有早二叠世的构造岩块和早—中侏罗世强变形地层，另外还包含了班公错－怒江结合带中的蛇绿混杂岩。

（1）前泥盆系阿木岗岩群

阿木岗岩群受断裂构造控制产出，由两部分变质变形的岩石组成，下部为变质基性火山岩，由一套浅变质、强变形的玄武质糜棱岩、细碧质糜棱岩、绢云绿泥绿帘斜长（钠长）片岩、绿帘绿泥斜长片岩和糜棱岩化细碧岩、玄武岩等组成。岩石普遍变质，出现绿片岩相的绿帘石＋绿泥石＋斜长石＋石英的变质矿物共生组合，电子探针分析发现有铁铝榴石矿物，退变明显。应该肯定，变质相是从高绿片岩相的退变质作用形成。岩石中变形形迹表现为长英质拉丝条纹构造、褶叠层构造（图5－48）、石香肠构造（图5－49）、S－C组构和S－L组构。岩石薄片微观观察可见石英、长石等浅色矿物拉丝现象，黑云母、绢云母、绿泥石等片状矿物绕碎斑周围分布。另外，可见方解石、石英等矿物具波状消光特点。

根据以上变质变形特点，特别是强烈变形的宏观岩石外貌，可以证明，前泥盆系阿木岗岩群的戈木日岩组经历了深部或中深部条件下的韧性剪切作用，塑性流变特征清楚，与浅表层次下的脆性变形截然不同，应属中深构造层次的地层岩块。

戈木日岩组上岩段为一套灰质或白云质胶结的角砾岩，呈断块形式产出，角砾成分除碳酸盐岩外，还有基性火山熔岩角砾等，该套岩石变质变形均较弱。

（2）木嘎岗日岩群

木嘎岗日岩群为班公错－怒江结合带内重要的变质变形地层岩块，由于特殊的岩相古地理环境和被强烈的构造改造变形等原因，此次区域地质调查中未采到生物化石。该套地层产出的几个特点可归纳为：①以构造岩块方式拼贴于班公错－怒江结合带边缘；②该套地层具有深水浊积岩特征，同时，含有外来混入的沉积地层岩块；③变质较弱，变形非常强烈，造成该地层序列趋向层状大有序小无序的特点，变质作用表现出低温高压双变质特点；④脆性变形形迹较少，大量出现韧性剪切变形形迹；⑤在康日复式岩体侵位的影响下，沿岩体边部围岩多形成角岩或角岩化岩石。

1）水平分层韧性剪切作用：韧性剪切构造一般被认为是中深构造层次条件下形成的典型变形构造，形成改造后的岩石往往是糜棱岩、糜棱岩化岩石、千糜岩和超糜棱岩等。班公错－怒江结合带中的木嘎岗日岩群康日埃岩组、加琼岩组及混入外来岩块的岩石多被糜棱岩化，变形强烈地段出现大量的糜棱岩。在这些岩石中，常出现石香肠构造（图 5 - 39）、塑性流褶（图 5 - 40）、水平拉丝条纹构造（图版 I - 2，3）、多米诺骨牌构造（图 5 - 38）、S - C 组构（图版 II - 4）、碎斑旋转及晶格位错等典型的韧性剪切变形形迹。另外在康日埃岩组中水平分层韧性剪切作用使变砂岩形成"多米诺骨牌"构造、砂岩块的假"碎斑"旋转构造以及由两组剪切面控制的褶叠层构造（图 5 - 37）等。

2）区域动力作用叠加的构造变形：木嘎岗日岩群反映区域动力构造作用最明显的变形形式，属于挤压应力作用造山过程中形成的褶皱构造和韧性剪切断裂构造。褶皱构造一般表现为塑性流褶，规模小、变形复杂；韧性剪切断裂多以水平分层的剪切面为特征，另外可见缓倾角的、规模较大的韧性断裂构造，并沿这些构造面两侧发育糜棱岩或糜棱岩化岩石。

3）木嘎岗日岩群中的混杂岩块剪切变形：木嘎岗日岩群加琼岩组的板岩和千枚岩中常可见沉积混杂的灰岩岩块（ls）、火山杂岩岩块（α，β）以及变质砂岩岩块（ss）和砾岩岩块（cg）等杂乱分布，这些岩块与其围岩（基质）一样，也发生了中深层次的塑性变形，往往被剪切发生旋转、位错或石香肠化，甚至残留早期的褶曲面貌，使基质部分定向的千枚理、板理中的片状矿物绕岩块而过（图 5 - 41），塑性剪切变形特征清楚。

根据对木嘎岗日岩群中变形构造特征和变形作用的应力方式分析，结合变形形迹构造特点，认为木嘎岗日岩群的构造变形具有中深构造层次的形迹，均表现出强烈的深部塑性剪切变形特征。变形构造发生的主要应力，与班公错 - 怒江结合带多岛洋盆闭合的剪切应力关系密切，其表现形式为水平分层剪切和区域挤压应力叠加共同作用的结果。

（3）东巧蛇绿混杂岩

东巧蛇绿混杂岩主要以超镁铁质和镁铁质岩类为主，与基性火山杂岩、基性岩脉群以及含放射虫硅质岩、硅泥岩等为构造混杂产出，组成蛇绿构造混杂岩带。蛇绿混杂岩被认为是洋壳洋中脊拉张环境下地幔岩浆活动侵出（堆出）的产物，形成深度为地幔。由于蛇绿岩在侵位或构造就位移置过程中，均受控于板块构造的活动性质和方式。因而，蛇绿岩地质体的各个组成部分均处在强构造应力作用状态下，变形和强烈的改造是不可避免的。随着蛇绿岩由深部被构造挤向浅表，蛇绿岩岩石学、矿物相、岩石化学及地球化学等物理化学性质也在发生变化，特别是应力的由强到弱、岩石本身由塑性向脆性的逐渐过渡，使地表分布的蛇绿岩不论是从微观方面还是宏观方面均发生了很大的变化。通过设立专题，对东巧地幔岩流变学以及深部构造演化所采用的岩石人工热压（高温高压实验）测试，结合物探和遥感技术应用和综合研究，在地幔岩流变学研究方面取得了重要认识和突破性成果。这些资料揭示了东巧蛇绿混杂岩具有深层次、中深层次变质过程和变形的形迹特征。

1）东巧蛇绿混杂岩宏观变形构造：班公错 - 怒江结合带东巧地区的超镁铁岩石主要有两种类型，一类是蚀变方辉橄榄岩；一类是强蚀变纯橄岩。普遍蛇纹石化、菱镁化角闪石变质晕是蚀变主要类型，其形成与超镁铁质岩石（地幔岩）侵位过程中的水溶液加入有关。因而，具中深构造层变质作用特点。除明显的变质作用外，构造应力作用所形成的中深部构造变形形迹是超镁铁岩石的另一重要特征。这种特征就是在方辉橄榄岩中大量构造透镜体的发现，由于构造透镜体酷似枕状玄武岩中的"岩枕"。因此，将其命名为"构造枕"或"构造枕群"，与岩体在浅表部位形成的"球状风化"具明显区别。

这类"构造枕"一般呈枕状、椭圆状、也有串珠状、圆状或不规则状、网络状、双枕等形状（图 5 - 41，图 5 - 43，图 5 - 44）。这些枕状体结构大体可分为圈层结构、放射状结构和均质结构体 3 种。经综合分析研究，认为这些"构造枕"或"构造枕群"并不是在浅表层次脆性裂解环境中形成，而是形成于深部构造相，也就是洋壳俯冲由深部返回活动陆缘早期阶段环境突变时形成。大致经历了 3 个阶段，①即早期环境突变由强塑性向半塑性转化时，剪切应力作用（"X"剪切方式）使地幔岩形成菱形网状或带状剪切，并随之缓慢上移；②中期在移动过程中的旋转变位，"构造枕"雏形形成，由于仍处于较深部位，相应的高压高温使新生矿物沿表面生成，继而平行定向排列，形成"构造枕"外圈的层状特殊构造现象；③晚期接近地表，发生脆性变形（图 5 - 42），应属浅构造层次变形构造，造成了原"构造枕"的裂变，形成"双枕"、"破枕"等后生变化。

在东巧超基性岩体的西端蚀变方辉橄榄岩中，可见清晰的韧性剪切变形条纹构造，这些呈黑色、灰黑色的橄榄石条纹，宽约 0.1 mm，延伸方向和密度不确定，在橄榄石条纹上有脆性裂隙的叠加，方向和密度也不确定。这些现象与岩体核部的"构造枕"变形差异较大，原因可能是冷侵位岩体空间体系和位态差异的原因。应该认为，"构造枕"的形成相应为较封闭的构造环境，这一点与该岩体中铬铁矿的生成，具明显的相似特点。

2）东巧蛇绿混杂岩微观变形构造：通过对蛇绿岩岩石和矿物、矿石中显微构造观察研究，可以发现，普遍存在流动变形构造。在流动变形构造中，以流线为主。矿石中铬尖晶石往往形成流层，纯橄榄岩发育成条带，局部铬铁矿为似层状－扁豆体状、脉状、扭曲现象发育。从岩石蚀变中可分出矿物生成先后时间和穿插关系，强蛇纹石化橄榄岩中的橄榄石多沿辉石边缘和解理挤入生长，反映了构造侵位过程中温度和压力两者明显多变的特征。

流动构造：岩体内流动构造主要表现为辉石的流层构造、铬尖晶石的流层构造、流线构造以及不同岩石和矿石组成的流带构造。流动构造沿岩体延伸方向扭曲现象、产状变化极为明显，平面上大致呈反"S形"扭曲。斜辉橄榄岩中的流层构造以斜方辉石定向成层排列显示，具明显的压扁拉长现象。长宽比为2∶1，［110］解理一般也与流层大致平行。铬尖晶石组成的流层和流线构造，违背了铬尖晶石按等轴晶系结晶的习性，说明压应力作用及剪切应力对其生长发育起着控制作用。

流褶及裂隙构造：在岩体的不同部位，也发育有褶皱构造，特别是小规模流褶最为清楚，属韧性剪切作用过程形成。裂隙构造发育程度相对较高，且以张裂为主，伴有剪切滑动形式的裂隙。根据充填于裂隙中的脉岩、细脉的统计，在96组裂隙中，走向呈北东的约占60%～70%（图5-46），少数为北西向，大致为南北向和东西向者也较发育，显然与"X"共轭剪切作用有关。

在蛇绿岩超镁铁岩石中，斜辉橄榄岩中橄榄石在显微镜下约80%～85%发育裂纹构造。斜方辉石蚀变而成的绢石在暗色蛇纹石背景上呈"斑晶"假象，构成蛇纹石化岩石典型的"网环状结构"。纯橄榄岩中，发育不规则条带状构造及构造透镜体，形似"层壳"结构。东风矿一带的变质橄榄岩，变形组构较发育，包括变形面理和线理。这些变形均属于高温条件下塑性－半塑性变形的流动形式。在纯橄榄岩和方辉橄榄岩中主要造岩矿物橄榄石、斜长石都存在扭折带，这一现象类似于钠长石双晶和波状消光。有的颗粒还可看到宽窄不等和平行排列的若干条变形条纹。扭折带的形成是晶体骨架在应力作用下发生滑动的结果，是岩石在固相状态下受强大挤压应力作用的有力证据。另外，还可见到橄榄岩中发育的重结晶碎斑及压扁组构，大的碎斑可达6 mm，被一些碎粒状的细颗粒包围。这些现象说明，虽然超镁铁质岩石形成时温度较高，但变形改造的存在，反映了岩石侵位过程中构造应力仍以低角度的剪切应力为主导，比起温度来说，应力作用也非常强烈。

2. 中浅构造层基本特征

调查区中浅构造层包括多玛地层分区和赤布张错地层分区广大范围，约占调查区总面积的2/3。属于中浅构造层的地层包括中生界上三叠统和侏罗系的全部地层。

（1）上三叠统褶皱地层

上三叠统在变质变形改造方面，明显表现出中浅构造层的变质和变形特征。该地层经印支运动发生隆起褶皱，晚侏罗世又遭燕山旋回构造运动的叠加，变形改造较为复杂。主要构造变形形式以褶皱构造为主，断裂构造为次，层理改造不明显，以发育原生层理S_0为特征，S_1面理仅在强变形带内见到。褶皱构造式样以复式类型为主，常见"W"型、"M"型和少部分"N"型褶皱、尖棱褶皱和局部与断裂活动有关的组分塑性流变构造（图5-11）。

（2）侏罗纪褶皱地层

侏罗纪地层作为羌塘盆地中生代地层的绝对主体，经历了燕山旋回早期构造运动影响，发生强烈褶皱和断裂构造破坏，形成以中浅构造层的变形为主要特征。褶皱多表现的复式褶皱，即有宽缓复式褶皱，又有紧闭型复式褶皱。所形成的断裂构造形态和性质各样，规模也有大有小，对地层的切割破坏极为明显。

3. 浅表构造层基本特征

浅表构造层的变形构造以小规模、小范围的脆性断层、裂隙、节理和劈理等形式出现，发育在全区各地质体的最浅部位。浅表构造层的地质组成，为中生代燕山晚期旋回的白垩系磨拉石沉积、新生代古近系和新近系喜马拉雅旋回河湖相沉积碎屑岩地层。零星出露的地层和极为宽缓的褶皱构造、浅层的裂隙和断层反映了调查区浅表构造层的基本变形构造特点。

第五节　新构造运动

新生代以来，作为印度板块向欧亚板块俯冲的远距效应，使青藏高原北部，包括调查区范围受这一巨大构造应力影响，发生了强烈的陆内板片叠置与汇聚调整，同时使陆块快速抬升。

20世纪70年代杨理华等（1974）根据珠穆朗玛峰科学考察资料，将喜马拉雅期造山运动划分为4期，分别为晚白垩世、早渐新世、中新世和第四纪；任纪舜（1980）将青藏高原新构造运动的喜马拉雅期分为晚始新世—早渐新世、中新世、上新世—早更新世三幕。显然，晚白垩世的造山作用属燕山运动的晚期。喜马拉雅的崛起和青藏高原的隆升是喜马拉雅运动的直接结果。近年来，大量资料证明，整个青藏高原抬升只是第三纪以来发生在地球上的重大地质事件。据推算，上新世以前的高原海拔仅在1 000～1 500 m（张林源，1995）。古近纪的45～50 Ma左右，雅鲁藏布江结合带的形成标志着青藏高原各块体拼贴的结束和地壳南北向巨量的缩短，这是高原隆升的初期阶段，在约3 Ma以来，青藏高原大约抬升了4 000 m，出现了板内各种变形构造。

其构造形迹主要表现为新构造从北向南依次推覆的薄皮构造，断陷、走滑剪切形成的生盆构造等。地貌上清楚地表现为多级河流阶地切割和叠加形成的角度不整合面以及冰川活动遗痕等。

一、陆内板片叠置汇聚调整的薄皮构造与高原隆升

调查区从北向南依次发育着规模不等的一系列推覆断裂，这些推覆断裂在调查区的分布只是构成青藏高原整个隆升过程中由昆仑山到喜马拉雅山新构造运动中的一部分。调查区以土门逆冲推覆断裂组和气抗错－塘抗贡巴推覆断裂为主为推覆构造带，使北羌塘陆块（板片）沿土门带向南逆掩（图5－3），而南羌塘陆块（板片）沿气相错—唐抗贡巴一线向南逆冲（图5－4），形成对班公错－怒江结合带板片的逆掩。在两条影响地层区划和构造单元划分的南羌塘褶皱造山带内，次一级岩块、岩片之间由南向北逆掩叠置的断裂构造也非常发育（图5－25，图5－28，图5－30），共同组成了新生代青藏高原隆升，板片、岩片、岩块之间薄皮构造和叠置的重要构造现象（图5－62）。其重要的动力来源就是印度大洋岩石圈对欧亚大陆岩石圈的俯冲和碰撞。地球物理资料（见第四节）也从青藏高原地壳深部组成的多向异性结构证明了这一点。

二、高原隆升的几个重要现象

（一）第四系河流阶地

调查区第四系河流切割强烈、阶地发育，一般可划分出四级阶地，分别是Ⅰ级阶地现代河谷两岸一级平台，由河流相洪冲积层构成，分布特别广泛，平均高出河床0.5～2.8 m；Ⅱ级阶地，河流相洪冲积层，高出一级阶地几米至十几米，可以对称分布在河流两岸，也可以不对称分布，形成Ⅱ级阶地的最高海拔，调查区内为5 000 m，图5－63、图5－64是测制的第四系阶地剖面，反映了局部地段河谷下切与陆地抬升的相比关系：Ⅲ级阶地（Q_2），以河流相冲积层为主，不同部位伴有洪积层、湖相沉积层等，最高可高出河床60余米；Ⅳ级阶地（Q_1），为河流相冲积＋洪积沉积，阶地分布非常局限，多被切割冲刷，调查区仅见两处，海拔高度在5 060～5 122 m，前缘高出现代河床达120余米。

（二）第四系冰碛

调查区现代冰川由于全球气温回暖，已消融殆尽。晚更新世时期的冰川和冰水沉积在调查区东北隅的唐古拉山南麓和南西的达玉山南坡有两处出露，它们的存在，说明青藏高原在更新世时期由于海拔较高和气候相对寒冷，形成冰川与青藏高原抬升有关。据蔚远江等（2002）对调查区古气候演化研究，与新构造运动有关的古近系为陆内亚热带的干燥—半干燥—高原温凉气候；第四系曾出现过6次冰期和5次间冰期。反映了由第三纪—第四纪期间古气候由热变冷，有陆壳明显的抬升作用。

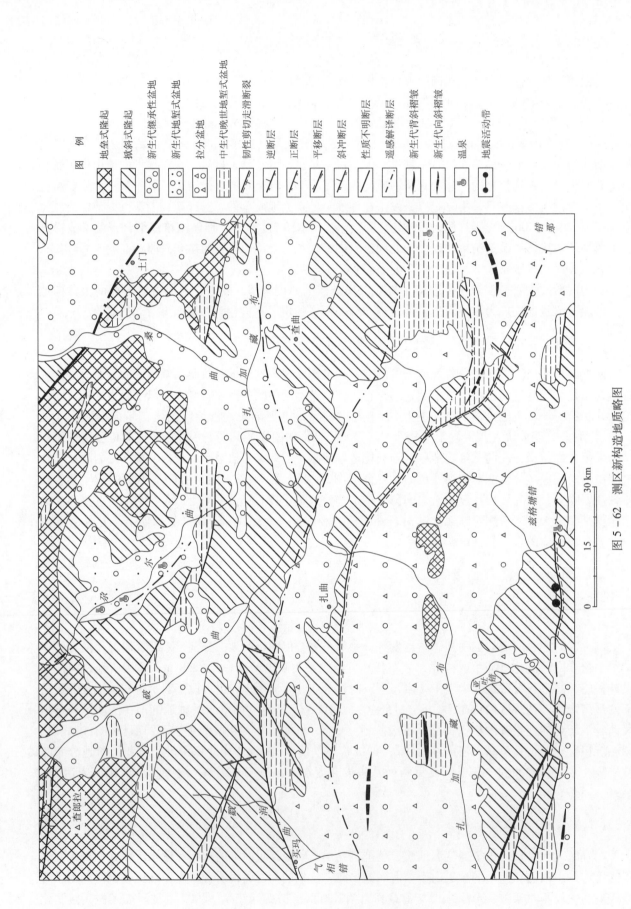

图 例

地垒式隆起
掀斜式隆起
新生代继承性盆地
新生代地堑式盆地
拉分盆地
中生代晚世地堑式盆地
韧性剪切走滑断裂
逆断层
正断层
平移断层
斜冲断层
性质不明断层
遥感解译断层
新生代背斜褶皱
新生代向斜褶皱
温泉
地震活动带

0 15 30 km

图 5-62 测区新构造地质略图

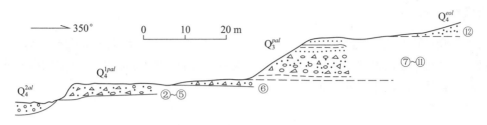

图 5-63 破曲江刀塘第四系剖面图

①卵石、砂层堆积；②~⑤含砂亚土及砾石层；⑥砾石层、砂砾层；
⑦~⑪土黄色、浅灰白色砂层，含植被亚砂土层；⑫残积物，含砾角砾状沙层

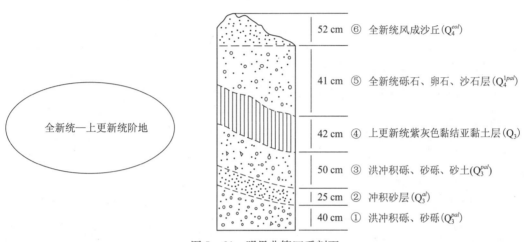

52 cm ⑥	全新统风成沙丘(Q_4^{eol})
41 cm ⑤	全新统砾石、卵石、沙石层(Q_4^{1pal})
42 cm ④	上更新统紫灰色黏结亚黏土层(Q_3)
50 cm ③	洪冲积砾、砂砾、砂土(Q_3^{pal})
25 cm ②	冲积砂层(Q_3^{al})
40 cm ①	洪冲积砾、砂砾(Q_3^{pal})

全新统—上更新统阶地

图 5-64　明果曲第四系剖面

三、地热活动

地热的分布与新生代断裂构造活动有紧密的关系，调查区沿兹格塘错南岸呈东西向分布的热水喷泉、间歇喷泉（图版 I-5）、尕尔曲西岸呈北西向展布的一系列喷泉和扎加藏布流域的热水喷泉、古泉华暴露标志、卓给曲港古泉华、戳润曲古泉华及气相错南北两岸古泉华暴露标志等等，均清楚地反映了调查区新生代构造活动遗痕。从地热显示的位置和频度来看，它们均受到大的活动断裂的控制，其方向性较清晰，古泉华的裸露一般与东西向断裂有关，如买玛断裂等，现在仍在活动的热水喷泉，多与北西向断裂有关。由此可见，调查区地热活动明显与新构造运动的频繁活动有关。

四、新生代沉积特征

在沉积方面，调查区所代表的青藏高原北部以及可可西里盆地等地区，新生代古近纪的陆相红层沉积局部厚达 6 000 m，一般均在 3 000~4 000 m 之间。根据沉积物特征，新生代古近纪 56~52 Ma 期间的环境主要是河流相，沉积物以磨圆度较好的砾岩为标志；52~46.7 Ma 则为湖泊环境，代表性的沉积物主要是灰色黏土层；46.7~39.7 Ma 又转化为河流相，阶地形成，湖泊、山涧、山谷陇岗、丘陵等地貌发育；39.7~33.2 Ma 仍以河流相为主，形成广泛的粗碎屑砾岩。从古近纪早期开始，由于燕山期断裂的延续和继承性活动，调查区还形成了陆相火山沉积夹层，如多苍见安山岩、英安岩等，这些火山作用属钠质碱性玄武岩系列，属高钾-碱性系列或者钾玄岩系列。沉积物沉积速率曲线显示，古近纪曾有 3 次大幅度增大过程，资料显示，可由 10~20 cm/ka 增大到 210 cm/ka，说明印度板块与欧亚大陆板块碰撞在高原腹地的响应极其明显。

新近系仍以湖泊+河流相沉积为主，形成以康托组紫红色砾岩、砂砾岩、砂岩夹泥岩沉积建造为特征。新生代更新世—全新世以抬升为主旋律，地形、地貌发育河流、谷地、中低山脉、中高山脉、湖泊和多级阶地为特征。新生代沉积显示了青藏高原的强烈隆升轨迹。

五、地震

青藏高原是全球新生代地震活动相对频繁的地区之一，特别是更新世—古近纪，有资料显示，调查区班公错 - 怒江结合带以及一些规模较大的北西向和北东向构造带都曾发生过等级不同的地震活动，表明了新构造活动在调查区的存在。

第六节　区域构造发展史

根据调查区的地质事件（表 5-5），可以发现调查区的地质演化史与特提斯演化的各阶段密切相关，可以分为古特提斯前期阶段、古特提斯阶段、中特提斯阶段和新生代高原隆升几个时期。

表 5-5　调查区地质事件划分表

地质时代			构造旋回	沉积建造			岩浆及热水活动	变质作用及变形改造	同位素/Ma
代	纪	世		木嘎岗日地层分区	多玛地层分区	赤布张错地层分区			
新生代	第四纪	全新世	喜马拉雅期	洪冲积、冲积、湖积、风积、冰积、化学等现代沉积物			沿新断裂构造有热水（温泉）溢流	无变质作用，新构造形成断错和强烈隆升	
		更新世							
	新近纪	上新世		砖红色长石石英砂岩、岩屑砂岩、泥岩				变质作用不明显变形改造形式有两种－断裂及褶皱	<10
		中新世							10~30
	古近纪	始新世		杂砾岩、砂砾岩、砂岩夹砂泥岩及安山熔岩			酸性侵入岩脉及碱性火山岩		40~60
		古新世							
中生代	白垩纪	晚白垩世	燕山期	砾岩、砂岩、砂砾岩、粉砂岩、泥岩夹火山岩			康日岩体多勒江普岩体洗夏日举岩体马登火山岩层	断裂及褶皱构造变形	66.1~92.3
		早白垩世		泥灰岩、生物灰岩砾岩、砂岩含铁建造					111~117
	侏罗纪	晚侏罗世		基—中酸性火山岩、钙质泥岩、碳酸岩盐	生物灰岩	灰岩、生物碎屑灰岩	杂苍见岛弧火山岩	低绿片岩相变质，断裂及褶皱变形	140~141
		中侏罗世		木嘎岗日岩群类复理石建造	碎屑岩、碳酸盐岩、膏盐建造	碎屑岩、碳酸盐岩建造	蛇绿岩、橄榄岩、堆积岩、玄武岩、辉长－辉绿岩	低绿片岩相—角闪岩相，水平分层韧性剪切，构造枕，褶皱断裂、韧性剪切带等	179
		早侏罗世				火山碎屑岩夹碎屑岩建造			
	三叠纪	晚三叠世	印支期		碎屑岩、泥岩夹煤层		少量裂谷型火山岩	低绿片岩相变质，脆韧性变形	
		中三叠世							
		早三叠世							
古生代	二叠纪	晚二叠世	加里东期－华力西期	碳酸盐岩建造			少量裂谷型火山岩	低绿片岩相，变质，脆韧性挤压变形	
	泥盆纪	中—晚泥盆世		碳酸盐岩建造					
	前泥盆纪			阿木岗岩群：变质变形火山岩、白云石角砾岩			变质球状橄榄岩、石英闪长岩、辉绿岩及火山熔岩		370.56（变质）

一、古特提斯前期演化阶段

元古代末—早寒武世，在冈底斯－羌塘陆块所在处存在一个多岛洋体系，且很可能于加里东期随着多岛洋体系的俯冲消亡而形成调查区和羌塘中部双湖一带的俯冲杂岩，并随着进一步的碰撞挤压造成的升温导致大面积的区域动力热流变质作用和地壳的重熔，变质作用最高达角闪岩相，调查区内阿木岗岩群、亚恰组的变质与区域上基底中的寒武纪末－奥陶纪花岗岩侵位活动有关，从而形成冈底斯、羌塘等陆块的基底和统一的冈瓦纳大陆。

二、古特提斯演化阶段

泥盆纪开始，古特提斯洋开始发育，当时调查区可能大部裸露，故仅在调查区局部地带形成泥盆纪陆表海碳酸盐岩沉积。二叠纪调查区的沉积格局可能与泥盆纪相似。二叠纪末—早三叠世，古特提斯洋伸展至最大并发生向南西的俯冲，从而使羌塘盆地转化为古特提斯洋的弧后盆地。该弧后盆地在中三叠世拉伸最为剧烈，最终在弧后扩张的最大位置附近拉出变质核杂岩。调查区内的晚三叠世沉积显示了盆地边缘的台地－深海相沉积，但明显受该时期盆地伸展的影响，在碳酸岩盐沉积中夹有火山热液化学沉积——硅质岩，且碳酸盐岩中发育一系列由于伸展形成的同沉积断层，构成含矿热液的运移通道和锑矿脉的赋矿空间。

晚三叠世末，由于北侧古特提斯洋的闭合和南侧中特提斯洋的裂解，造成北羌塘弧后盆地萎缩，形成晚三叠世中期—晚期的海退相序沉积。从晚三叠世晚期泥沼和湖泊三角洲相的存在，说明晚三叠世晚期调查区大部分已露出水面开始接受剥蚀。晚三叠世末，弧后盆地的最终闭合导致调查区内晚古生代地层中的褶皱及区域低温动力变质作用，并导致区域上侏罗纪地层和三叠纪地层之间的角度不整合接触。在闭合的过程中，位于原弧后盆地扩张最大位置一线附近的调查区查郎拉—美多一带隆升较两侧快，从而形成调查区羌塘陆块内两坳夹一隆的构造单元特征。

三、中特提斯演化阶段

中特提斯演化阶段是调查区地质史上极为重要的一个阶段，调查区内出露的地层以这一时期为主体，该阶段又可分为离散拉张、挤压汇聚、弧－弧碰撞造山几个小的阶段（图5-65）。

（一）离散扩张阶段（T_3—J_2）

区域上中特提斯可能于晚三叠世开始活动，随着伸展造成地壳的减薄，并在裂谷部位形成裂谷火山沉积，局部造成基底的出露。随着进一步的伸展造成地壳的持续减薄，最终可能于早中侏罗世拉出洋壳，造成冈底斯陆块和羌塘陆块的分离，在这一裂解过程中形成的一些陆壳残片（包括班公错－怒江结合带内的前泥盆纪变质地体和晚古生代地体）则漂浮在两大陆之间，构成一系列的微地体。

早中侏罗世班公错－怒江洋结合带内的裂解波及到调查区内的羌塘盆地，羌塘盆地坳陷接受沉积，调查区内南羌塘盆地中侏罗统沉积物由雀莫错组砂砾岩－色哇组中部成分单一的黑色页岩组成，所含古生物由底栖生物向浮游生物的演变，反映了中侏罗世海侵不断加大的过程，其中黑色页岩可能代表最大海泛期沉积。中侏罗世早中期的沉积相分析表明，在整体海进的背景下曾有过几次小规模的海退。

侏罗纪羌塘盆地沉积相的展布受晚三叠世末形成的中间隆起两侧低凹地貌特点的制约。早中侏罗世南羌塘盆地由边缘向班公错－怒江洋结合带沉积厚度增大，水体加深，沉积相由盆地边缘滨浅海相向中特提斯洋边缘部位的深水复理石沉积过渡，其中边缘地带的木嘎岗日群可能代表了冒地斜盆地边缘楔中水体最深的部分。故这一时期羌南盆地构成中特提斯洋的被动陆缘，有些学者又称之为冒地斜盆地。早中侏罗世，受中特提斯洋伸展的影响，羌北盆地由隆升变为坳陷，构成金沙江结合带南侧的前陆盆地。这一时期，北羌塘盆地与南羌塘冒地斜盆地断续相连（水深时，可能完全相连；水浅时断续相连）。早侏罗世的沉积在调查区内未见出露，很可能北羌塘盆地这一时期的沉积较局限。中侏罗世早期，调查区达卓曲一带发生海侵，形成雀莫错组一套海侵初期的碎屑岩沉积建造，因经过晚三叠世末－早侏罗世的长期剥蚀，碎屑物成分较复杂。之后由于沉降速率小于沉积速率，曾出现过短暂

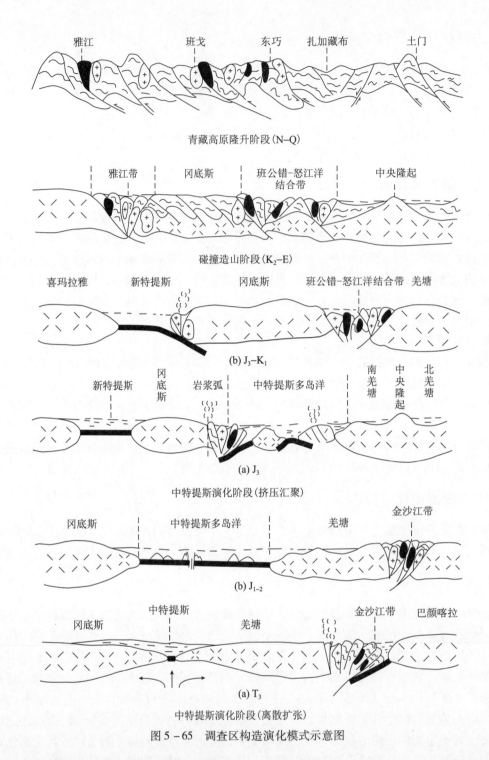

青藏高原隆升阶段（N-Q）

碰撞造山阶段（K₂-E）

(b) J₃-K₁

(a) J₃

中特提斯演化阶段（挤压汇聚）

(b) J₁₋₂

(a) T₃

中特提斯演化阶段（离散扩张）

图 5-65　调查区构造演化模式示意图

的海退，形成调查区布曲组下部的局限潟湖相沉积。中侏罗世中晚期，海侵达到高潮，南北羌塘盆地之间的隆起部位可能也被海水淹没，形成布曲组上部的台地碳酸盐岩沉积。中侏罗世晚期中特提斯洋开始俯冲消减，羌北盆地萎缩形成进积型的碎屑岩建造。部分地带已隆升剥蚀，在调查区外西部的巴扎索巴、东部的唐古拉兵站形成陆相河湖相沉积。

（二）挤压汇聚阶段（J₃—K₁）

中侏罗世晚期，随着中特提斯洋伸展至最大，其中班公错 - 怒江洋洋盆开始出现向南和向北的双向俯冲，其中向南的俯冲诱发产生了东巧鄂荣沟一线的不连续火山岛链，而向北的俯冲则形成了调查区尕苍见一带的不连续火山岛链。尕苍见岛弧火山岩地球化学特点具有由不成熟弧向成熟弧演进的特点，反映了弧壳不断增厚向陆壳转换的过程。中特提斯洋的俯冲消减造成了羌塘盆地的隆升，羌南盆地受向北俯冲的影响，地壳增厚抬升逐渐向前陆盆地转化，发生大面积的海退。随时间的推移，沉积相逐步由陆棚—近滨砂坝—陆相的紫红色砂岩、砂泥岩和潟湖相膏盐沉积演变。晚侏罗世时羌南盆地的海相沉积已局限在一些较低的洼地内，沉积相为潮坪相的碳酸岩碎屑滩。这时羌北盆地基本上都已抬升露出海面，在一些断陷盆地内形成山间磨拉石沉积。

晚侏罗世末—早白垩世，随着中特提斯洋闭合，发生了一系列软碰撞（微地体之间、微地体与羌塘陆块之间、微地体与冈底斯陆块之间），班公错–怒江洋结合带内的侏罗系发生强烈褶皱、塑性流变，但岩块和岛链的变形显然较带内代表原地系统的基质弱得多。挤压造成构造带部位的动力变质作用，进一步挤压造成的温压升高导致了大面积的区域低温动力变质作用。中特提斯东的软碰撞还诱发班公错–怒江洋结合带富水下地壳部分熔融，岩浆侵位形成了调查区康日复式岩体（111~117 Ma）。

调查区一带残留洋盆内的沉积相研究表明，调查区在晚侏罗世末因碰撞发生了大规模的海退，早白垩世沉积角度不整合于侏罗纪沉积之上，说明调查区内中特提斯洋闭合的时间当在晚侏罗世末—早白垩世初。调查区残海盆地在早白垩世又出现过一次海进，但沉积范围已很局限，这次海进可能与软碰撞后的应力松弛调整有关。

（三）碰撞造山阶段（K_2—E）

早白垩世末—晚白垩世早期，中特提斯洋西段的碰撞闭合曾造成中段调查区一带短暂的应力松弛，在调查区马登一带形成钙碱性火山喷发（92 Ma），之后随着挤压作用逐步增强，而依次在火山通道及附近形成浅成中酸性火成岩（85.8 Ma）-深成的中酸性侵入体（84.1 Ma），白垩纪末—古近纪早期，印度板块和欧亚板块陆–陆碰撞的远距效应造成调查区构造软弱带内地壳的部分熔融，洗夏日举复式花岗岩体（66.1 Ma）的侵位。大致在古新世—始新世，羌塘陆块两侧发生了对冲式陆–陆俯冲，羌塘陆块地壳和岩石圈开始大幅度增厚。稍晚在羌塘陆块发生了隆升剥蚀，构成沉积物源区，在班公错–怒江洋结合带内则沉积了厚达近千米的牛堡组山间磨拉石建造沉积。大致在 31.1 Ma 发生了岩石圈的减薄和壳幔混合层的部分熔融事件，在措玛乡多苍见一带形成火山喷发。

（四）高原隆升阶段（N—Q）

新近纪，调查区内的差异性隆升继续进行，但由于经过大规模地壳和岩石圈加厚及熔融事件，此时羌塘陆块刚性大大增加，已无法通过本身的变形来吸收南来的应力，受两侧陆块的楔入作用，羌塘陆块加速隆升。第四纪更是青藏高原隆升的最大时期，在不到 3 Ma 的时间内，隆升了近 3 000~4 000 m，并形成调查区的多级阶地。

第六章　专项地质调查

第一节　立项简况及研究目标

为了更好地完成新一轮国土资源大调查项目1:25万兹格塘错图幅（任务书编号：0100154095）的区测工作，提高该图幅基础研究的质量和水平，经西藏地质调查院和中国地质大学（武汉）地球科学学院共同协商，决定在该区调项目中设立专题研究项目即"班公错－怒江缝合带（东巧地区）地幔岩流变学及其构造演化"，具体由中国地质大学（武汉）地球科学学院金振民教授、王永锋博士生负责，工作时间为3年（2000年9月~2002年9月）。

青藏高原是全球地学界共同关注的大陆动力学研究的最佳场所，揭示青藏高原的深部构造对于研究大陆演化及地球动力学问题均具有十分重要的意义。近二十年来，国内外地质学家和地球物理学家对青藏高原岩石圈组成、性质、形成和演化开展了大量研究，取得了丰硕的成果。然而利用地球物理成果来解释深部物质组成、结构和分布仍存在不确定性（或多解性），它是困惑和制约深部地质问题研究的障碍。到目前为止，青藏高原岩石圈典型岩石物理性质的测量几乎还是空白，严重地制约了人们对其测深资料的解释，制约人们对青藏高原岩石圈动力学过程的总体认识，因此对其研究也就成为具有前缘性和亟待解决的课题，成为深入研究青藏高原大陆动力学机制的重要突破口。

藏北东巧地区位于班公错－怒江缝合带的中东段，地表出露有大量的蛇绿岩套中地幔橄榄岩，为研究藏北乃至整个青藏高原岩石圈形成演化提供了得天独厚的条件。最近，地球物理测深结果表明，羌塘地体存在着明显的地震各向异性，并且各向异性的强度和方向在缝合带两侧并没有明显变化。一般认为，由上地幔塑性流动引起的地幔矿物（尤其是橄榄石）的定向排列是产生地震各向异性的重要原因。矿物的定向排列可以用岩石组构图很好地揭示出来，从而岩石组构可以为地幔塑性流动和地震各向异性的解释提供佐证。但对东巧地区地幔橄榄岩的组构测定工作目前仍没有得到开展，此外对该区地幔岩流变学特征也缺乏研究。为此，我们提出以藏北东巧地区地幔岩岩石物理性质为研究目标，以现代实验岩石物理学、流变学及岩石学、地球化学为主要手段，开展原位条件下岩石圈典型岩石（主要为地幔橄榄岩）的组构、波速和各向异性的测量及流变学特征的观察，重点研究以下两个问题：①东巧一带地幔橄榄岩的流变学特征及其对班公错－怒江缝合带深部构造演化的控制意义；②地幔橄榄岩的变形组构特征和地震波各向异性的关系。

第二节　地质背景及前人研究现状

青藏高原是全球最大和最高的高原，是世界上目前仍在进行的、规模最大的陆－陆碰撞造山带，是全球地学界共同关注的大陆动力学研究的最佳场所。藏北班公错－怒江蛇绿岩带是青藏高原最负盛名的两条蛇绿岩带之一，是羌塘地块和拉萨地块的结合带，它位于羌塘中部，西起班公错，经改则、东巧、丁青，转向东南沿怒江河谷延出西藏，在我国境内延续约1 500 km。其中，处于岩带中段的东巧和安多地区露头好，交通比较方便，研究程度较高，自20世纪60年代起就以找矿为目的对该蛇绿岩的超基性岩做了大量的工作。到目前为止，对该带的研究所取得的主要认识有以下几个方面：

1）藏北蛇绿岩是被肢解了的蛇绿岩，根据不同地区对比恢复建立了该区蛇绿岩的综合层序，蛇绿岩的成员包括（由上至下）：基性火山岩→堆晶杂岩→变形橄榄岩。火山岩包括玄武岩类、安山岩类、英安岩类和流纹岩类；堆晶杂岩又分为超镁铁质堆晶杂岩（包括堆晶纯橄榄岩、异剥橄榄岩、二辉橄榄岩和含长橄榄岩）和镁铁质堆晶杂岩（层状辉长岩或均质辉长岩）；变形橄榄岩以斜辉橄榄岩和纯橄榄岩为主（Kohlstedt，1975）。

2）根据与蛇绿岩伴生的沉积物中化石确定蛇绿岩作为洋壳的生成时代为晚侏罗世，其作为外来体的构造侵位时代为晚侏罗世至早白垩世。

3）关于蛇绿岩的形成环境，大部分学者认为，东巧地区蛇绿岩发育于弧后盆地环境，一部分学者认为为陆缘盆地。

4）研究区内断裂构造发育，班公错－东巧－丁青断裂呈东西向横贯全区，为一组密集排列的断裂束，另有一些次级断裂；地层的褶皱变形一般为中等程度，局部比较强烈，有时可见一些倒转褶曲或平卧褶皱，但白垩纪以后地层变形微弱，产状近于水平。

5）豆荚状铬铁矿含矿岩体为斜辉橄榄岩和纯橄岩。铬铁矿和纯橄岩是原始地幔岩（尖晶石二辉橄榄岩）高度部分熔融的最终产物，其熔融机制是两种辉石不一致熔融转变为橄榄石和铬尖晶石，并伴随着副矿物铬尖晶石及造岩矿物成分的调整和再造。解释豆荚状铬铁矿床的成因要解决 3 个关键问题（金振民等，1988），即①查明纯橄岩－斜辉橄榄岩含矿杂岩的成因；②铬的物质来源；③铬如何聚集形成铬铁矿。研究认为纯橄岩－斜辉橄榄岩含矿杂岩是上地幔部分熔融的产物；形成铬铁矿所需要的铬应主要来自地幔橄榄岩中的铬尖晶石，其次是两种辉石；铬的富集取决于部分熔融程度和剪切变形的程度。铬尖晶石的演化趋势是向富铬、富镁方向演化，先富铬，后富镁。

6）中国地质科学院在调查区东巧及藏南罗布莎蛇绿岩铬铁矿床中发现了金刚石并进行了初步研究。然而近年来国外不少学者对东巧和罗布莎铬铁矿石中金刚石是否与阿尔卑斯橄榄岩有关提出了质疑。他们推测这种金刚石为合成金刚石，可能因开采或分选过程混染所致。

7）青藏高原地球物理探测结果表明，青藏高原存在明显的地震各向异性（王仁铎等，1992；郑伯让等，1989；嵇少丞等，1989；王希斌等，1987；金振民等，1990；Anderson，1993；金淑燕，1997；许志琴等，1997；金淑燕，1993；Shi，1997；Savage 等，2000；金振民等，1994），唐古拉山口以北包括羌塘地体、松潘－甘孜地体是青藏高原各向异性强度最大的区域，其快速与慢速波的比值甚至超过 2 s；班公错－怒江缝合线两侧的各向异性强度及方向都没有明显变化，而通常两个地块的分界处各向异性的方向往往有明显变化。

由上述，藏北班公错－怒江结合带的研究已取得了令人瞩目的成果，但是，同时还可以看到：①青藏高原整个地区仍然缺乏对岩石圈组成物质物理性质的研究，从而制约了对高原隆升、地壳加厚等问题的深入认识和了解。这方面已有人开展了部分工作，但还不够；②藏北班公错－怒江蛇绿岩带所代表的中特提斯洋的消亡方式争议颇多，不少研究者持俯冲消亡模式，但在俯冲方向上却有向南或向北之别。最近有人提出了板块剪式汇聚加地体拼贴的新模式（雍永源等，2000）；③虽然一般认为地球物理测量中的地震各向异性主要是由于橄榄石的弹性各向异性和其优选定向排列造成的，但对研究区地幔岩的岩石组构研究一直未见报道，从而制约了对地球物理资料的解释；④尽管对地幔岩的矿物和岩石成分进行了详细研究，但地幔岩作为岩石圈的主要组成成分，对其流变学特征及其对深部构造变形演化的控制作用缺乏研究。

此次工作试图从岩石学、构造物理学、岩石物理学和流变学等方面对研究区内地幔岩作一初步研究，为该区上地幔提供流变学特征和部分岩石物理特性参考资料。

第三节　地幔岩分布及岩石组合特征

一、地幔岩分布特征

地幔岩作为蛇绿岩的组成单元之一，在调查区的分布较少，主要分布在查多—东风矿及桑日一带，其次在齐日埃加查、鄂如等地零星出露。

查多－东风矿岩体出露面积约 45 km^2，地表呈类似豆荚状形态，是变质变形橄榄岩的主要岩体，也作为东巧铬铁矿床的主要母体，为世人所注目。

桑日岩体为一构造楔状体，长 8.5 km，宽小于 2.5 km。组成桑日岩体的主要成分是地幔橄榄岩，其次少量的堆晶岩和外来的灰岩块体，大小混杂，呈蛇绿混杂岩形式产出。

齐日埃加查和鄂如两处的地幔岩，分布在近东西—南东走向的弧形构造带中，呈大小不一的构造透镜体状产出，大者 100 ~ 150 m，小者仅几米至十几米，线状断续延伸。

二、地幔岩岩石组合特征

1. 查多－东风矿变质橄榄岩岩片岩石组合特征

以斜辉橄榄岩、纯橄岩为主的超镁铁质地幔岩，组成蛇绿岩的下部层序——变质橄榄岩。东风矿岩体主体岩石为斜辉橄榄岩，含大量的大小不一的纯橄岩透镜体、铬铁矿和少量的异剥辉石岩、异剥钙榴岩、辉长岩和纯橄岩岩脉，这些岩脉贯在岩体中，宽约 20 ~ 40 cm，长数米不等且互相穿插，这种呈块状和不规则脉状的镁铁质岩体，过去曾当成蛇绿混杂岩的块体，称"蛇纹混杂岩"，认为是塑性的蛇纹岩挤入上覆镁铁质岩石时包裹后者形成的。实际上，它们与具明显侵入关系的镁铁－超镁铁岩一样，均是地幔部分熔融形成的岩浆的产物（Laurent，1977）。另外还见地幔岩构造侵位过程中卷入的大小不一的放射虫硅质岩岩块、砂岩岩块、灰岩岩块及板岩岩块等，构成混杂堆积，这些块体能够在手标本尺度范围内表示，面积极小，没有实际填图意义（也就是不具可分性）。下面以两个剖面为例详细介绍东风矿变质橄榄岩的岩石组合、构造变形及与下伏地层的接触关系。

（1）东风矿东段构造地质剖面图

从图 2－19 中可以看出，岩体北侧出露的是变质橄榄岩的下伏层序——含石榴子石角闪片岩（第 2 层）、角闪岩（第 3 层），角闪片岩与北侧基质千枚岩（第 1 层）为渐变关系，角闪岩与斜辉橄榄岩（第 5 层）之间为断裂接触，接触面是宽约数米的斜辉橄榄岩片理化带（第 4 层），断面南倾，倾角 55°。石榴子石角闪片岩宽 3 ~ 10 m，延伸不稳定，其片理方向与接触带平行。在远离接触带方向上，由角闪岩过渡为斜长角闪岩，最后为千枚岩、千枚状板岩，整体形成宽几米至几十米的构造混杂岩带。岩体与南侧侏罗纪灰岩（第 6 层）断层接触，断面北倾，倾角较缓，物探资料证明此岩体是一楔状体，与实际资料吻合。

有资料表明，在岩体与围岩的接触处，见岩体的支脉穿插到围岩，在围岩的一侧又出现热变质带，故认为东巧超基性岩西岩体与围岩的原始接触关系为侵入接触，而目前多表现为断裂构造接触，代表了变质橄榄岩的"冷侵位"特征。

（2）兹格塘错南岸构造接触带剖面图

剖面（见图 3－2）分层描述如下：

东巧蛇绿混杂岩群	厚 122 m
10. 灰绿色—墨绿色强蛇纹石化中粒方辉橄榄岩夹黄绿色纯橄岩透镜体	>10 m
9. 灰绿色构 造碎裂岩	4 m
木嘎岗日岩群加琼岩组（$J_{1-2}j.$）	
8. 灰黄—灰绿色黑云斜长石超糜棱岩	2 m
7. 深灰色糜棱岩化石英绢云母板岩	37 m
6. 深灰色千枚状斜长石英绢云母糜棱岩	23 m
5. 深灰色石英绢云母千枚岩	17 m
4. 灰色碎裂岩化绢云母板岩	11 m
3. 挤压构造透镜体	3 m
2. 灰绿色—黄绿色构造碎裂岩	15 m

从上述剖面资料可以看出，构造带内主体岩性为一套受局部动力热流变质的浅变质岩，即石英绢云母板岩－绢云母板岩－千枚岩组合，其中夹较多的变质细砂岩－石英岩沉积混杂岩块，受构造影响糜棱岩带被动地呈透镜状排列。剖面上由北向南至方辉橄榄岩岩块边界，岩性由板岩—糜棱岩—糜棱岩化石英绢云母板岩—黑云斜长石超糜棱岩变化，显示了韧性变形逐渐增强的特点。剖面的南北两端被脆性断裂带所围限，表明该韧性变形带被晚期脆性断裂叠加破坏，明显地表现为韧性变形与脆性变形双重构造特点。

韧性变形构造在剖面的南部即靠近变质橄榄岩的边界比较发育，由两个糜棱岩带夹一个糜棱岩化带，构成了典型的强变形带与弱变形域相互间隔的韧性变形组合。其变形特征主要表现在：普遍发育糜棱面理，局部弱变形域中可以看到糜棱面理不完全置换原生层理（或板理）的现象（见图3-3）；岩层中显示有早期塑性变形阶段发育的顺层小型紧闭褶被（见图3-4）；发育原生石英砂岩夹层被剪切变形呈δ残斑、δ旋斑（见图3-5）、石香肠构造（见图3-6）和由其透镜体斜向排列的多米诺骨牌构造（见图3-7）。这些运动学标志均指示其剪切方向为右行走滑，与班公错-怒江结合带的俯冲运动方向吻合。

2. 桑日变质橄榄岩岩片岩石组合特征

桑日变质橄榄岩由方辉橄榄岩、异剥辉石岩和纯橄岩组成。这3种岩石大小混杂，相互包裹、穿插，组成一个个的构造透镜体，大者15~20 m，小者0.3~1 m，可见2~3 mm的同心圈状冷凝边，相互间的界线有的明显，有的模糊。纯橄岩与方辉橄榄岩中含少量的铬尖晶石矿物，碳酸盐化、蛇纹石化、绿泥石化强烈。该处的蛇绿岩中夹杂着外来的灰岩块体，大小20~30 m，呈明显的构造楔入关系。

3. 齐日埃加查变质橄榄岩岩片岩石组合特征

以齐日埃加查蛇绿岩构造剖面（见图2-15）为例。

上覆地层： 古近系牛堡组（$E_{1-2}n$）
5. 紫红色砂砾岩   >30 m

~~~~~~~~~~~~ 角度不整合 ~~~~~~~~~~~~

4. 暗绿色—暗灰色块状（枕状）玄武岩   >110.76 m
3. 黄绿色块状变质变形橄榄岩   >90.38 m
2. 糜棱岩化橄榄岩、糜棱岩   17.22 m

———————— 断　层 ————————

上侏罗统查交玛组（J_3ch）
1. 紫红色含粉砂质铁钙质泥岩   >200 m

从剖面可以看出，组成东巧蛇绿混杂岩群变质橄榄岩的主要岩性为糜棱岩化橄榄岩、糜棱岩、变质变形橄榄岩（第2~3层），与玄武岩岩块（第4层）为断裂构造接触，与上侏罗统查交玛组（J_3ch）紫红色含粉砂质铁钙质泥岩（第1层）也为断裂接触，空间形态呈近东西向狭长的构造楔状体。该变质橄榄岩变形组构发育，见构造角砾岩、透镜体、旋转碎斑、构造片理及糜棱岩化，脆-韧性剪切特征明显，据橄榄岩构造透镜体中斜列张性节理指示具右行剪切性质。

4. 鄂如变质橄榄岩岩块岩石组合特征

该处的变质橄榄岩沿北西—南东走向的构造带零星分布，其形态以球状为主。除变质球状橄榄岩外，还有辉长岩、玄武岩、细碧岩、生物碎屑灰岩等岩块，顶部见蛇绿岩质火山角砾岩，构成蛇绿混杂岩。早期韧性变形明显，晚期叠加脆性破裂构造，显示了多期次构造叠加复合特征。

第四节　地幔岩的岩石学、矿物学和地球化学特征

地幔橄榄岩按其在自然界中的产状可分为3种主要类型（Zhang，1995）：碱性玄武岩和金伯利岩中的包裹体以及蛇绿岩套中的橄榄岩体（也称阿尔卑斯型橄榄岩）。橄榄岩包裹体被认为是被带到地壳的上地幔小碎块，而岩体则是在地幔中生成，后来侵位于地壳中（虽然侵位机制不同），在新的条件下被改造过的地幔岩的大规模露头。藏北东巧地区分布的地幔橄榄岩正是属于后一种情况，是蛇绿岩套中的橄榄岩体。

一、矿物学和岩相学

藏北东巧地区蛇绿岩套中最主要的岩石类型为地幔橄榄岩。蛇绿岩套的其他成员还包括（由上至下）球颗玄武岩和枕状玄武岩、辉绿岩、均质辉长岩和层状辉长岩、辉橄岩、橄辉岩以及异剥辉

石岩等。其主量元素和微量元素分析结果见表6-1和表3-7。

表6-1 藏北东巧地区地幔橄榄岩的化学成分

分析项目	TD0018	TD0021	TD0024	D1305/5-1	D1307/2-2	D1306/5-1	D1306/3-1
	斜辉橄榄岩	斜辉橄榄岩	斜辉橄榄岩	斜辉橄榄岩	斜辉橄榄岩	斜辉橄榄岩	纯橄榄岩
SiO_2	39.18	42.42	38.42	38.71	41.19	38.01	35.96
TiO_2	0.01	<0.01	<0.01	<0.01	<0.01	<0.01	<0.01
Al_2O_3	0.34	0.27	0.22	0.22	0.24	0.25	0.12
TFe_2O_3	7.23	7.09	7.79	7.64	7.82	7.18	6.01
FeO	2.55	3.40	3.55	2.85	1.50	2.52	0.25
MnO	0.10	0.11	0.10	0.10	0.10	0.10	0.08
MgO	39.73	39.77	42.12	41.06	38.66	41.11	41.24
CaO	0.22	0.37	0.18	0.17	0.25	0.17	0.08
Na_2O	0.04	0.13	0.06	0.03	0.03	0.04	0.04
K_2O	0.02	0.02	0.02	0.01	0.02	0.01	0.01
P_2O_5	0.01	0.01	0.01	<0.01	0.01	<0.01	0.01
LOI	13.02	9.49	10.92	12.01	11.24	13.27	16.98
$MgO/(MgO+\Sigma FeO)$	0.86	0.86	0.86	0.86	0.85	0.86	0.88
Total	99.90	99.68	99.84	99.95	99.56	100.14	100.53

注：样品测试单位：西北大学地质系大陆动力学教育部重点实验室，2002年6月。

采用国际地科联（1973）推荐的以橄榄石-斜方辉石-单斜辉石为顶点的三角图分类命名法（见图3-13），东巧地区地幔橄榄岩在岩相上主要分为纯橄榄岩和斜辉橄榄岩。该区超镁铁岩大都遭受了比较强烈的蚀变作用（主要是蛇纹石化作用），在岩石的色调和结构特征方面变化很大。在蛇纹石化很强烈的岩石中难以确定颗粒的边界及粒度，而代之以不同世代不同颜色的蛇纹石。

手标本观察，纯橄岩大多已完全蛇纹石化，蚀变为灰黄色或黄绿色，结构比较均匀。镜下岩石具网状构造，含有2%～3%的棕红色铬尖晶石。

斜辉橄榄岩一般呈墨绿色或灰绿色，大多为块状构造。部分蛇纹石化作用较弱的岩石中可以分辨出辉石的颗粒轮廓。光学显微镜下观察，岩石由蛇纹石、橄榄石、斜方辉石和少量铬铁矿组成，未发现单斜辉石。岩石蛇纹石化比较强烈，蛇纹石含量一般介于40%～60%之间。

橄榄石大都发生蛇纹石化，蛇纹石呈网状切穿橄榄石，未蚀变的橄榄石小颗粒镶嵌在网眼上。残余的橄榄石含量有一定的变化范围，多在10%～20%之间。橄榄石分为两个世代：橄榄石斑晶和新晶，偏光显微镜下通过一致消光可分辨出原始的橄榄石颗粒（橄榄石斑晶）轮廓。重结晶的橄榄石颗粒分布在橄榄石斑晶周围。

斜方辉石含量变化于15%～35%之间。斜方辉石也有蛇纹石化现象，但蚀变量较少，一般沿辉石的裂隙发生。斜方辉石基本上构成残碎斑晶，晶体呈半自形至他形。

铬铁矿多不超过1%。铬铁矿（铬尖晶石）呈小颗粒分散于岩石中，由他形至自形变化，经常与较大的辉石颗粒直接接触，局部甚至呈小包裹体嵌在斜方辉石中。

二、地幔岩结构类型

岩石的结构特征（晶形、大小、形态和自形程度）取决于岩石遭受的变形程度和辉石的熔融程度。Boullier等（1975）对金伯利岩中的橄榄岩包裹体结构和组构进行了分类，划分出4种主要类型：粗粒结构、斑状结构、残斑状结构（次生板状结构）和镶嵌状结构。Mercier等（1975）将玄武岩包裹体中的上地幔橄榄岩划分为3种结构类型：原生粒状结构、残斑结构和等粒结构。等粒结构又分板状等粒结构和镶嵌等粒结构，并且每种结构之间还有过渡类型的结构。Nielson等（1977）等将尖晶石相超镁铁质包裹体中变质结构分成4类：残斑结构、碎裂结构、面理化结构和等粒镶嵌结构。上述分类方案主要是依据组成矿物的粒度、变形和重结晶程度及矿物晶粒的生长特点等，这种依据主要来自岩石薄片的观察,手标本的宏观构造仅作参考。在此基础上,何永年等(1981)根据晶粒大小、形状、晶粒边界、残碎斑晶及新变晶等主要特征将中国东部一些新生代玄武岩中尖晶石二辉橄榄岩团块的结构划分为粗粒结构、残碎斑状结构及粒状变晶结构,并认为粗粒结构可能代表原生上地幔状态,残碎斑状结构可能代表上地幔变形条件下的产物,而粒状变晶结构则代表了变形后经过恢复和重结晶作用的状态。而王希斌等(1987)将藏南蛇绿岩带的地幔橄榄岩划分为原生粒状结构、变晶结构和熔融残余结构3种主要类型。

参照前人的分类依据及划分方案并结合该区地幔橄榄岩的实际情况,将区内斜辉橄榄岩结构定为残斑结构(图版Ⅷ-1),残斑结构是上地幔变形条件下的产物。橄榄石以两种形式出现:大残碎斑晶(2~3 mm),颗粒粗大并拉长应变,橄榄石残斑大都呈半自形至他形;后期形成的小且无应变的多边形新变晶(≤0.5 mm),多呈他形。斜方辉石基本上构成残碎斑晶,晶体呈半自形至他形。斜辉橄榄岩中的橄榄石和斜方辉石斑晶中都可以看到扭折带构造(图版Ⅷ-2)和波状消光现象,其特点类似于钠长石双晶和波状消光,但相邻带之间的界线很清楚,且较平直。扭折带构造是由于晶体格架在应力作用下发生滑动的结果,是岩石在固相状态受强大挤压力的一种证据。

另外,该区斜辉橄榄岩还可见有丰富的熔融残余结构现象(图版Ⅷ-3)。熔融残余结构其特点是辉石,尤其常见的是斜方辉石,具蚕食状或港湾状边界,港湾间被新鲜的橄榄石所占据。此系上地幔中的一种相转变现象。局部熔融时,辉石在某些温-压下常表现为一致熔融,即固相辉石熔化成液相,进入玄武质熔体中,但在某些特定的温-压范围内,特别是在含挥发份时,固相辉石直接变为另一固相橄榄石,其结果使辉石呈蚕食状,属辉石不一致熔融转变为橄榄石的相转变现象。辉石熔融残余结构的发育提示了岩石曾经历了局部熔融作用。

三、地球化学

(一)常量元素

地幔橄榄岩的化学成分特征在很大程度上反映了其中造岩矿物的成分特征。此次工作中,地幔橄榄岩的7个主量元素分析样品分别是斜辉橄榄岩和纯橄榄岩,样品均有蛇纹石化现象,纯橄榄岩完全蛇纹石化。分析结果见表6-1。

由表6-1中可以得出以下几点认识:

1)该区地幔橄榄岩化学成分比较稳定。地幔橄榄岩含镁偏高,含铁偏低,且斜辉橄榄岩含铁量远大于纯橄,其 MgO/(MgO+ΣFeO) 值低于纯橄榄岩,平均为0.86,纯橄榄岩为0.88。显然,该岩体成分总的演化趋势是其 MgO/(MgO+ΣFeO) 值由纯橄榄岩到斜辉橄榄岩减少。

2)东巧地幔橄榄岩中的 Al_2O_3 含量显示出由纯橄榄岩到斜辉橄榄岩的递增。岩石中含量较高的铝,看来主要来自地幔橄榄岩中的辉石,而不是来自铬尖晶石。

3)该区地幔橄榄岩的 $MgO-Al_2O_3-CaO$ 成分图(图6-1)表明,由斜辉橄榄岩到纯橄榄岩,其成分未显示出明显的递变趋势,暗示了该区斜辉橄榄岩与纯橄榄岩同样都经历了较高度的部分熔融。

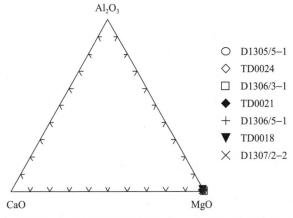

图6-1　藏北东巧地区地幔橄榄岩的 $MgO-Al_2O_3-CaO$ 成分三角图解

（二）微量元素

采用了目前国内最先进的等离子体光谱仪对该区地幔橄榄岩的微量元素进行了测定，结果详见表3-7。根据表3-7的资料，藏北东巧地区的过渡金属丰度比雅鲁藏布蛇绿岩带变质橄榄岩和堆晶纯橄榄岩都低（邓万明，1984）。

此次测试结果与王希斌等（1987）的测试结果具有大体一致的趋势，对藏北斜辉橄榄岩和纯橄榄岩微量元素丰度进行粗略的对比之后发现如下一些有规律的变化：首先斜辉橄榄岩类以高 V 为特征，纯橄榄岩则以高 Cr，Ni 丰度为特征。上述过渡金属在不同岩类中的分配特点是与它们的寄生性有直接关系，也就是这些元素在地幔岩矿物中的分配系数 $D^{固相/液相}$ 不同造成了这种差异。如过渡金属中的 Sc，V，Mn 主要赋存在单斜辉石中，而藏北地幔橄榄岩中又缺乏单斜辉石，所以它们的丰度比雅鲁藏布蛇绿岩的变质橄榄岩要低；此外，斜方辉石只可以容纳一部分的 Ti 和 V，而 Cr，Co 和 Ni 大量地存在于橄榄石（其次为斜方辉石）中。总之，过渡金属在不同地幔橄榄岩中丰度的差异正是它们在不同地幔橄榄岩矿物中相容特征的反映。

（三）稀土元素

藏北东巧地区超镁铁质岩稀土元素前人已经开展了研究工作（王希斌等，1987）。此次工作中，对该地区地幔橄榄岩也进行了稀土元素采样分析，其分析结果详见表3-8。地幔橄榄岩的 7 个稀土分析样品分别代表斜辉橄榄岩和纯橄榄岩，样品分析采用国内目前最先进的等离子体光谱（ICP-MS）仪。

表3-8 的数据表明，藏北东巧地区的地幔橄榄岩稀土元素丰度极低，除样品 TD0018 外，其余全岩样品的 ΣREE 都低于 1×10^{-6}，远远小于球粒陨石的标准值。用球粒陨石标准化的 REE 分配型式如图6-2 所示。由表6-3 及图6-1 的资料可知，藏北东巧地区地幔橄榄岩的 REE 分配型式属轻稀土富集型（$Ce_N/Yb_N > 1$）。这一分配型式与许多阿尔卑斯型橄榄岩的不同：阿尔卑斯型橄榄岩一般呈轻稀土亏损的分配型式。一般认为，这是因部分熔融作用使轻稀土进入熔体的结果，因为轻稀土元素碱性较强，局部熔融时优先进入熔体中；而重稀土元素碱性较弱，部分熔融时宜保留在残余固相中。与之相比，东巧地区地幔橄榄岩稀土分配型式虽近似"U"字形，但重稀土相对亏损。究其原因，可能有以下 3 种：①东巧岩体侵位后遭受交代蚀变，但这

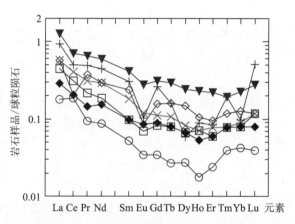

图6-2 藏北东巧地区地幔橄榄岩球粒陨石标准
化的稀土分配型式图
（图例同图3-2）

种以蛇纹石化为主的蚀变是难以较大程度地改变岩石的稀土性质的；②地幔交代作用的结果；③低度部分熔融岩浆未抽取部分再结晶的产物，故表现为轻稀土富集的特征。

参数 Ce_N/Yb_N 值可用来判断部分熔融程度：随部分熔融程度增加，Ce_N/Yb_N 值逐渐减小。7 个样品中，以 TD0021 和 TD0024 Ce_N/Yb_N 较低，表明其部分熔融程度较高。而纯橄榄岩（D1306/3-1）的 Ce_N/Yb_N 并不是最低，说明后期的蛇纹石化作用对其稀土元素性质的影响还是比较大的（因为一般认为纯橄榄岩的部分熔融程度要大于斜辉橄榄岩）。此外，该区地幔橄榄岩稀土元素分配型式还表现为负 Eu 异常（δEu 均小于1），其中以 D1306/5-1 和 TD0018 两个样品 Eu 负异常最为明显，其分配曲线在 Eu 处呈很深的谷。

第五节 橄榄石和辉石组构特征

岩石的组构主要涉及岩石的结构、构造和优选方位 3 个方面的内容，通过构造岩组构的微观定向规律，来揭示一些宏观构造应变规律、应力状态、运动方式和动力学分析等构造信息。研究岩石组构

的优选方位，可以确定构造岩中矿物的结晶要素有无优选定向，并揭示结晶要素的方位优势与构造岩类型、应力和应变之间的联系。

地幔橄榄岩一般含65%以上的橄榄石和20%的斜方辉石。该区地幔岩（斜辉橄榄岩）由于蛇纹石化作用比较强烈，橄榄石含量仅占10%～20%，斜方辉石含量可达15%～35%。地幔岩中橄榄石的优选方位主要是光率体对称轴Ng，Np，和Nm的优选。对幔源包体中橄榄石的组构 Mercier 等（1976）等人做了许多工作，并与橄榄石集合体的人工变形实验结果进行了对比，对优选机制做了比较深入的研究，而辉石由于缺少人工变形实验方面的资料，对其晶格优选方位的形成机制研究不多。此次工作就着重对斜辉橄榄岩中的橄榄石和斜方辉石残斑的晶格优选方位进行了测定，所采用的样品具有残斑结构。样品制备方法如下：根据手标本中斜方辉石颗粒伸长并定向排列确定出面理、线理方向（或X，Y，Z方向），沿XZ和YZ面分别切制定向薄片，在费氏旋转台下测定橄榄石和辉石的组构。由于二轴晶测量Ng，Np，和Nm的工作比较复杂，工作量大，因此，我们选取了兹格塘错湖边和107号矿体的3块样品为代表实测了其组构，结果如图6－3和图6－4所示。下面对测量的结果作一描述。

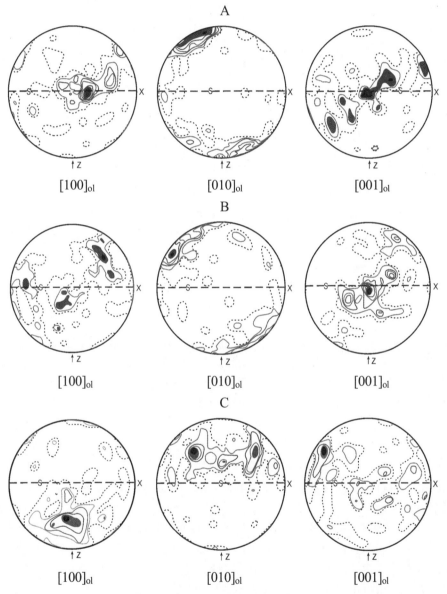

图6－3　藏北东巧地区地幔岩中橄榄石组构图（下半球投影，等密线1%～2%～3%～4%～5%～6%）

A—TD0018—74个；B—TD0021—79个；C—D1305/5－1—88个

一、橄榄石的组构特征

由图6－3可以看出，所测3个样品的橄榄石具有较明显的晶格优选方位。样品 TD0018（图6－

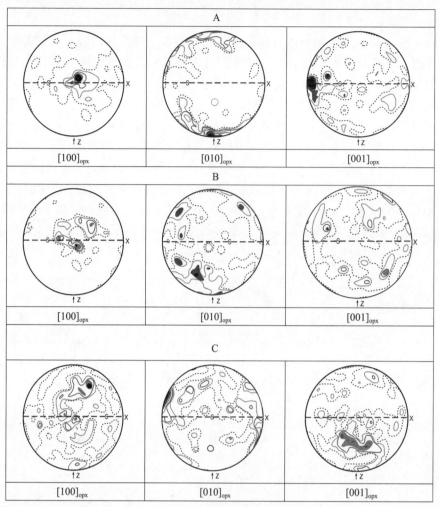

图6-4　藏北东巧地区地幔岩中辉石组构图（下半球投影，等密线1%～2%～3%～4%～5%～6%）
A—TD0018—80个；B—TD0021—90个；C—D1305/5-1—103个

3A）[100]轴存在一个明显的点极密，最高点极密位于面理面（S面）内，表明橄榄石[100]轴平行排列且位于面理面内；[010]轴亦有一明显的点极密，极密并不位于面理面上，而与面理近于垂直（夹角70°～80°）；[001]轴表现为与面理面相交成一定角度（15°～20°）、连续性较好的大圆环带，环带中存在有几个次点极密。据此可以推断该斜辉橄榄岩样品中橄榄石的滑移系为（010）[100]。这种滑移系是橄榄石单晶和集合体人工变形实验中常见的典型高温低应变速率滑移系。

　　与TD0018相比，样品TD0021（图6-3B）中橄榄石晶格优选方位较弱。其[010]轴形成一个较强的点极密，极密位于S面附近并与其相交成较高角度（30°～40°）；[100]轴则表现为一与面理面呈30°左右角度相交的大圆环带，环带上存在一较弱的点极密，表明橄榄石[100]轴分布在某一平面上，在此面上橄榄石有定向优势；[001]轴表现为一不完整的大圆环带，环带中存在一个明显的点极密，极密位于面理面上。

　　样品D1305/5-1（图6-3C）的组构型式与TD0018和TD0021的显著不同：[001]轴存在一明显点极密，极密位于S面附近；[010]轴分布成一小圆环带，环带上存在两个点极密，表明[010]在空间上沿锥面分布，且在锥面上[010]存在两个晶格优选定向方向；[100]轴存在一点极密，极密近于垂直面理面，夹角较小（20°～30°）。

　　由上述，该区地幔岩橄榄石的组构型式可分为两种类型：一种是正常型地幔橄榄岩组构，橄榄石[100]极密发育，位于变形面理上的线理附近，[010]垂直于变形叶理，反映了这种岩石经历了高温塑性变形流动，引起变形的滑移体系为（010）[100]，这种滑移体系属上地幔高温滑移体系之一；另一种组构为异常组构，即[100]轴近似于垂直变形面理，离[010]极点20°～30°左右，这种组构非常类似于瑞士Arami二辉橄榄岩中异常组构，具特殊超高压成因意义，目前对这种组构的解释还

232

存在着很大困难，原因主要有以下几个方面：①幔源包体和地幔橄榄岩体中已发表的橄榄石组构研究资料中未出现这种特征的组构类型；②到目前为止，高温高压变形实验中也未发现这种组构类型；③该区地幔岩样品蛇纹石化现象比较强烈，橄榄石大都发生蚀变，手标本无法分辨其颗粒轮廓，仅仅根据斜方辉石来对标本定向有可能存在一定误差。对这种组构类型的解释还需进一步研究：超高压变质橄榄岩体中橄榄石组构的测定工作及利用透射电镜测定橄榄石的滑移系将有助于了解这种组构的成因。

二、辉石的组构特征

与橄榄石组构相比，斜方辉石的晶格优选方位较差。其中，TD0018 号样品（图 6-4A）辉石晶格优选方位较明显：[100] 轴存在一较强烈的点极密，表明 [100] 轴位于面理面内，并基本平行于线理方向；[010] 轴亦存在一点极密，位于面理面极点附近；[001] 轴点极密位于面理面内并接近垂至于线理方向。因此可以推测该样品中斜方辉石的主要滑移系为（100）[010]。TD0021（图 6-4B）[100] 轴存在一较弱的点极密，位于面理面内且近平行于线理方向；[010] 轴近于大圆环带分布；[001] 轴不具有明显的晶格优选取向。D1305/5-1（图 6-4C）[010] 轴存在一点极密，极密位于 S 面附近并与面理面成 20°左右的夹角，[100] 与 [001] 中点极密都不在面理面内，而与面理极点相交成一小角度。

第六节 地幔橄榄岩的流变学特征

一、宏观流变特征

Coleman（1977）将蛇绿岩层序基底上所有的地幔橄榄岩统称变质橄榄岩，岩石的突出特点是广泛发育塑性变形组构。宏观上，观察到斜辉橄榄岩中发育"变质变形面理"、"变质变形线理"及构造"岩枕"群落等，纯橄榄岩中橄榄石矿物的压扁、定向拉长。这种构造是在固相线以下的高压作用中，超镁铁质岩发生塑性流动形成的，是岩石在上地幔发生流变引起变质作用的一种结果。

重要现象之一：班公错－怒江洋结合带东巧地区的超镁铁岩石主要有两种类型：一类是蚀变方辉橄榄岩；一类是强蚀变纯橄岩。超镁铁岩普遍蛇纹石化，菱镁化角闪石变质晕是蚀变主要类型，其形成与超镁铁质岩石（地幔岩）侵位过程中的水溶液加入有关。因而，具中深构造层变质作用特点。除明显的变质作用外，构造应力作用所形成的中深部构造变形形迹是超镁铁岩石的另一重要特征。这种特征就是在方辉橄榄岩中大量构造透镜体的发现，由于构造透镜体酷似枕状玄武岩中的"岩枕"。因此，将其命名为"构造枕"或"构造枕群"，它与岩体在浅表部位形成的"球状风化"具明显区别。

这类"构造枕"一般呈枕状、椭圆状、也有串珠状、圆状或不规则状、网络状、双枕等形状（参见图 5-32，图 5-33，图 5-34）。这些枕状体结构大体可分为圈层结构、放射状结构和均质结构体 3 种。经综合分析研究，认为这些"构造枕"或"构造枕群"并不是在浅表层次脆性裂解环境中形成，而是形成于深部构造相，也就是洋壳俯冲由深部返回活动陆缘早期阶段环境突变时形成。大致经历了 3 个阶段：即早期环境突变由强塑性向半塑性转化时，剪切应力作用（"X"剪切方式）使地幔岩形成菱形网状或带状剪切，并随之缓慢上移；中期在移动过程中的旋转变位，"构造枕"雏形形成，由于仍处于较深部位，相应的高压高温使新生矿物沿表面生成，继而平行定向排列，形成"构造枕"外圈的层状特殊构造现象；晚期接近地表，发生脆性变形，应属浅构造层次变形构造。也造成了原"构造枕"的裂变，形成"双枕"、"破枕"等后生变化。

重要现象之二：在东巧超基性岩体的西端蚀变方辉橄榄岩中，可见清晰的韧性剪切变形条纹构造，这些条纹呈黑色、灰黑色的橄榄石条纹，宽约 0.1 mm，延伸方向和密度不确定，在橄榄石条纹上有脆性裂隙的叠加，方向和密度也不确定。这些现象与岩体核部的"构造枕"变形差异较大，原因可能是冷侵位岩体空间体系和位态差异的原因。应该认为："构造枕"的形成相应为较封闭的构造环境，这一点与该岩体中铬铁矿的生成，具明显地相似特点。

二、橄榄石位错特征

位错是晶体中的面状缺陷（Yin，2000），是在应力作用下晶格的一部分沿滑移面相对于另一部分的局部滑动。位错在滑移面上传播所引起的滑移的大小和方向的矢量称为伯格斯矢量，它是位错的特征矢量。位错分为刃型位错、螺型位错及混合位错3种类型。对位错的研究有助于划分变形的阶段——加工硬化阶段和恢复阶段以及变形机制——位错蠕变和扩散蠕变；位错密度、亚颗粒大小和重结晶颗粒大小是应力的函数，因此，研究位错可以提供物质发生塑性变形时的应力参数

（一）位错研究方法概述

制样方法：氧化缀饰法是揭示橄榄石位错构造简易而有效的方法（Hirn，1995. Huang Wei-chuang，2000）。该方法的基本原理是：在室内900℃的加温过程中，镁铁橄榄石中的FeO组分，沿着矿物中定向分布的位错发生氧化，并在缺陷（包括位错线）上析出浅棕色或棕色的赤铁矿（或磁铁矿），从而缀饰、衬托了位错组态特征，使之在光学显微镜下能够被观察到。

制样程序：第一步，精细抛光样品表面（单面），要求表面平整、光滑、无明显擦痕和刻坑，一般要求用反光显微镜反复检查。抛光表面质量好坏是能否取得清晰位错图像的关键之一；第二步，把抛光样品放在具有温度数字显示的高温炉（马弗炉）中逐级加温至900℃，恒温持续1~1.2 h左右，使样品表面充分氧化。恒温氧化时间长短取决于橄榄使中FeO组分含量高低而定。本次采用恒温时间为55 min。第三步，将样品自然冷却至室温，清除氧化表面的杂质（小心不要损坏氧化表面），按常规制成标准薄片，可供偏光显微镜及费氏台分别使用。

方法评述：对于橄榄石中位错的研究，前人常采用的研究方法主要有3种方法：氧化缀饰法、透射电镜法和扫描电镜法（Sandvol，1997. McNamara，1994. Lave，1996. Herquel，1995. 姜枚，2001. 史大年，1996. 吕庆田，1996.）。其中氧化缀饰法由于其简单有效而流行。氧化缀饰法与透射电镜、扫描电镜方法的比较见表6-2。此次研究中采用的是氧化缀饰法。该方法主要优点是：①氧化缀饰法在900℃恒温1 h左右，在这种条件下位错实际上不活动。在更高的温度下，相邻位错间的相互作用应力使位错有序排列而成低角度边界，另外缀饰法可以不改变位错的位置或分布；②可供观察视域大，一般为10^8 μm^2，可以研究一个颗粒和不同颗粒中的位错变化情况，因此观察成果代表性强；③氧化深度可达10μm，可以提供极好的三维空间内位错组态情况；④制样方法简单，成本低，耗时少。氧化缀饰法的不足之处在于，该方法不适用于镁橄榄石、石英和方解石；当位错密度大于10^8 cm^{-2}时，通常难于观察；一般条件下不能测定位错伯氏矢量，只有当位错进入低角度倾斜边界（伯氏矢量垂直于边界面）或位错进入扭转边界（伯氏矢量平行于位错线方向）时，缀饰法样品才可测伯氏矢量。

表6-2 几种位错观察方法的比较

比较方面	光学显微镜	透射电镜	扫描电镜背散射电子图像法
制样方法	氧化缀饰法、普通薄片	离子减薄技术	氧化缀饰法、普通薄片（加碳膜）
观察范围	视域大	视域小	视域大
分辨率	$<2 \times 10^8/cm^2$	$>2 \times 10^8/cm^2$	$>2 \times 10^8/cm^2$
优劣点	制样方便简单，成本低，观察范围大，但分辨率低，不易观察位错组态细节。对位错密度估计偏低，无法测伯氏矢量	制样程序复杂，成本昂贵，观察视域小，但分辨率较高，可测伯氏矢量	制样方便，成本低，观察范围大，且分辨率高

（二）位错组态类型

藏北东巧地区地幔橄榄石中位错组态类型主要有以下5类，现将各类特征分述如下：

1）自由位错：自由位错在该区地幔岩橄榄石中很发育。它是一些非边界型的单个游离位错，在蠕变过程中尚未被编织进亚颗粒位错壁中（图版Ⅷ-4）。只有当位错线的方向与薄片平面大致垂直

时，才能见到清晰的自由位错。通过单个位错可统计位错密度。通常氧化缀饰法可揭示的位错密度为 $10^{-6} \sim 10^{-8} \mathrm{cm}^{-2}$ 级，如果位错密度过高，或位错重叠过多，要借助于透射电镜和扫描电镜。自由位错按其分布特点可分为两类：非均匀位错和均匀自由位错。该区自由位错分布相当不均匀，位错密度波动范围大。引起自由位错分布不均匀原因有 3 点（吕庆田，1996.）：①多相矿物存在，影响矿物之间应力分布不均匀；②动态恢复作用影响，使不同部位的刃型位错进入倾斜边界数量不等；③静态恢复作用会导致自由位错密度减低。因此用自由位错密度估算差异应力，应当是应力下限值。

2）[100]，[001] 位错壁构造：在变形过程中，橄榄石内一系列刃型位错按"几何学边界需要"，通过滑移和攀移作用，按晶体学方向排列构成 [100]，[001] 位错壁（图版IX-1，2）。该区内常见一些橄榄石颗粒表现出将要形成位错壁构造而还未形成位错壁的现象（图版IX-3）。该区以 [100] 位错壁最为常见，[001] 次之。区内常见有宽阔型和紧密型两种。[100] 位错壁是一种最常见的低角度倾斜壁，常见 [100] 螺型位错，横跨在两侧倾斜壁之上。低角度位错倾斜边界形成原理见图IX-1所示。[001] 倾斜壁是一种低角度边界，主要由一系列刃型位错组成的亚晶界，有时和 [100] 共同构成亚颗粒构造。[100] 位错壁是地幔橄榄岩在高温稳态下塑性流动中形成的典型构造，已被高温、中等应力条件下的人工岩石变形实验证实。

3）位错弓弯：平直螺型位错在塑性流动中产生弓形弯曲现象，而两端被扎钉在位错壁之上，位错中部向前滑移，形成半月形位错环状构造（图版IX-4）。位错弓弯一般是在 800℃ 以上开始形成的。

4）位错网：位错网构造在世界各地的天然变形橄榄石中是比较少见的，该区地幔橄榄岩中位错网亚构造也比较少见。位错网构造实质上是一种位错扭转壁，它是由两组（[100] 和 [001]）纵横交叉的螺型位错密集排列而成（图版X-1）。

5）亚颗粒构造：这种构造在该区地幔橄榄岩中为数不多，仅在少数颗粒中偶尔可见。它是由 [100] 和 [001] 倾斜位错壁及 [010] 扭转壁所围限而成的长方形平行六面体，称之为亚颗粒（或亚晶粒）构造（图版X-2）。该区出现的亚颗粒形态以矩形或近似正方形为主，大部分由平行于 [010] 面上的 [100] 和 [001] 位错壁构成。其主要特征是形态规则，亚颗粒内位错密度比边界之外的位错密度低，亚颗粒内常见有参与动态恢复作用而残留的位错，后者是区别动态恢复作用与静态恢复作用的重要标准之一。通常经过静态恢复作用没有亚颗粒构造，即使有少量亚颗粒，其颗粒内很少有位错残迹存在。亚颗粒构造是一种高温稳定态流变作用最重要的显微构造标志。一般认为，地幔橄榄石矿物的稳定流动态的形成，本质上是位错增值和伯氏矢量相同而符号相反的位错埋灭（恢复）动态平衡作用的结果。其理论原理是塑性变形橄榄石晶体的自由能由于位错的埋灭而减少（应变能正比于 $|b^2|$，释放出晶体自由能），或者重新通过位错排列成为低能量结构，即亚颗粒构造。

上述显微构造中以位错壁亚构造最为发育，其次为自由位错，这为计算流动应力提供了较好的基础。由观察到的位错显微亚构造特征可以推断藏北东巧地区地幔岩的主要变形机制为位错蠕变，岩石在地幔深处高温环境下主要通过位错滑移作用发生变形，同时还应伴有恢复作用调节发生的变形。

（三）上地幔流变学参数计算

流变学是探索固体物质在温度、压力等环境因素作用下发生变形、流动及断裂规律的一门学科，其重点不仅是研究变形与环境的关系，而且更要考虑时间效应，介于运动学与动力学之间，并把二者有机地结合。上地幔流变学参数包括差异流动应力、流动速率及有效黏度等。这些参数可以大体反映该区上地幔动力学环境中的物理环境。

1. 流动差异应力（σ）

流动差异应力是上地幔流变状态的重要参数之一，合理计算 σ 值是正确了解上地幔物质运动的应力状态和动力学过程的关键问题。冶金物理学研究成果也已表明，在材料变形过程中的差异应力与稳态自由位错密度（ρ）、亚颗粒大小（d）和动态重结晶颗粒大小（D）有一定定量依存关系。地质学家已把这种定量依存关系应用到天然变形岩石显微构造中，将其作为推断地球内部岩石变形的古应力计。然而，在应用这种地质古应力计时，应当首先慎重考虑以下 4 个问题（Makeyeva，1992）：①要鉴别显微构造是否能真实代表稳态变形；②这种显微构造受退火作用或后期变形影响较少；③要通过合适方法求得有代表性显微构造定量参数，进行古应力计算；④古应力的计算公式必须有相应的人工变形实验校正。

根据以上4点，对比所观察的位错特征，我们认为，藏北东巧地区地幔橄榄岩大部分样品中，自由位错分布相当不均匀，而且对静态（退火）作用和后期变形影响敏感，例如，该区一些橄榄石中可以看到自由位错表现出将要形成位错壁而还未完全形成的现象，因此此次不采用自由位错密度作为应力估算参数。而且我们并未观察到重结晶现象，根据我们对本区橄榄岩中橄榄石位错壁构造大量及系统观察和研究，表明位错壁构造是能够代表稳态变形的显微构造，它可以作为古应力估算的可靠定量构造参数，其主要理由是：①位错壁构造稳定性好，受退火作用和后期变形叠加影响小；②位错壁构造形成仅有一种较单一变形机制；③位错倾斜壁一旦形成，活动迁移性比重结晶颗粒弱；④位错壁形状规则，便于精确测量。

大量岩石变形实验（橄榄石单晶体或多晶体）已经证实，亚颗粒大小 d（位错壁）与差异应力 σ 成反比关系，其经验公式如下：

$$d/b = K(\sigma/\mu)^{-p}$$

式中，d 为亚颗粒大小或位错壁间距；b 为橄榄石伯氏矢量；K 为材料系数；σ 为差异应力；μ 为剪切模量；p 为经验系数。

此次工作中采用了 Durham 等（1977）、Karato 等（1980）和 Toriumi（1979）根据高温高压实验总结的经验公式计算东巧地区地幔橄榄岩的流动古应力值（表6-3和表6-4）。

表6-3　东巧地区橄榄石的紧密型位错壁间距统计和差异应力计算结果

样品编号	位错壁间距/μm	颗粒数目/个	差异应力计算公式		
			$\sigma = 10d^{-1}$/MPa Durham 等，1977	$\sigma = (280d^{-1})^{1.49}$/MPa Karato 等，1980	$\sigma = 1462.5\,d^{-1}$/MPa Toriumi，1979
TD0012	7.08	8	141.2	239.7	206.6
TD0019	10.35	61	96.6	136.1	141.3
TD0021	8.76	106	114.2	174.6	167.0
TD0022	9.17	103	109.1	163.1	159.5
TD0024	7.37	30	135.7	225.8	198.4
TD0027	8.04	44	124.4	198.4	181.9
加权平均	8.91	352	113.4	173.4	165.8

表6-4　东巧地区橄榄石的宽阔型位错壁间距统计和差异应力计算结果

样品编号	位错壁间距/μm	颗粒数目/个	差异应力计算公式		
			$\sigma = 10d^{-1}$/MPa Durham 等，1977	$\sigma = (280d^{-1})^{1.49}$/MPa Karato 等，1980	$\sigma = 1462.5\,d^{-1}$/MPa Toriumi，1979
TD0018	24.29	7	41.17	38.19	60.21
TD0019	22.99	17	43.50	41.45	63.61
TD0021	26.80	35	37.31	32.99	54.57
TD0022	26.05	28	38.39	34.41	56.14
TD0024	26.24	7	38.11	34.04	55.74
加权平均	25.66	94	39.1	35.4	57.2

尽管以往许多文章都涉及到用亚颗粒（位错壁间距）方法来计算上地幔差异应力，但是如何取得有代表性意义的亚颗粒大小（位错壁间距）参数及其分布状态，很少引起注意。通常用［100］位错壁间距的算术平均值参加计算应力，有较大误差，且代表性不强。Ranalli（1981）指出，采用算术平均值计算应力会引起偏差的，因为它忽视了构造岩中粒度（或亚颗粒大小）的统计分布特征。王

仁铎等（1992）用6种统计检验方法对河北大麻坪幔源包体中橄榄石亚颗粒大小的6批样品数据进行了分布型式的统计检验，证实了它们均服从对数正态分布的论断，并论证了样本的几何平均数才是合理的橄榄石位错亚颗粒大小的估计量。亚颗粒对数正态分布特征的发现，对于正确建立和使用古应力计具有重要的意义。

通过系统地测定东巧地区地幔橄榄岩中橄榄石的紧密型位错壁间距值，编制位错壁间距频数分布图（图6-5）。由图可见，该地区橄榄石中位错壁间距除 TD0012 号样品由于统计数目较少而未显示出明显的分布规律外，均大体呈近似正态分布，这种分布反映了变形岩石中的位错壁间距有一个最佳值，统计颗粒数目及位错壁间距的几何平均值结果见表6-3和表6-4。

利用 Durham 等 Karoto 等和 Toriumi 的经过人工变形实验校正的应力计算公式，分别用紧密型和宽阔型位错壁间距的几何平均值计算流动应力，其结果分别见表6-5和表6-6。最后对所有样品取加权总平均，东巧地区上地幔紧密型位错壁间距值为8.91 μm，相应的流动差异应力值为113.4～173.4 MPa，平均值为150.9 MPa；宽阔型位错壁间距值为25.7 μm，相应的差异流动应力值为35.4～57.2 MPa，平均值为43.9 MPa。后一结果与大多数根据幔源包体计算的上地幔差异应力值（几个至几十个 MPa）相当。该区地幔岩中存在着的两种不同类型的位错壁（紧密型位错壁间距与宽阔型位错壁间距）可能表明地幔橄榄岩在其侵位过程中受到后期的构造变形作用的叠加改造，反映在位错组态类型特征上就是位错壁间距缩小了。

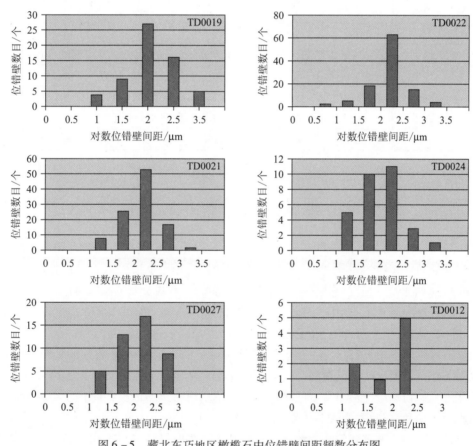

图6-5　藏北东巧地区橄榄石中位错壁间距频数分布图

2. 流动速率（$\dot{\varepsilon}$）和有效黏度（η）

根据高温高压实验，Borch R. C. 等（1989）求出斜辉橄榄岩高温流动律公式，其本构方程如下：

$$\dot{\varepsilon} = A\exp(-gT_m/T)\sigma^n \tag{1}$$

式中，$\dot{\varepsilon}$ 为应变速率（s^{-1}）；A 为物质结构常数（$MPa^{-1} \cdot s^{-1}$）；g 为一常数；T_m 为熔融温度，单位为 K；T 为绝对温度，单位为 K；σ 为差异应力，单位为 MPa；n 为应力指数。其中，A 为 $10^{9.3}\ MPa^{-1} \cdot s^{-1}$，g 为 38，$T_m$=1580K，n=3.2。

Chopra 等（1981，1984）对湿纯橄榄岩和干纯橄榄岩测定其稳态流动方程：

$$\dot{\varepsilon} = A\exp(-Q/RT)\,\sigma^n \tag{2}$$

式中，Q 为蠕变激活能，单位为 KJ/mol；R 为气体常数，单位为 J/mol·K；T 为绝对温度，单位为 K；其余参数同（1）式。其参数值分别为 $A = 10^{4.0}$ MPa$^{-1} \cdot$ s^{-1}，$Q = 440$ KJ/mol，$n = 3.4$ 和 $A = 10^{4.5}$ MPa$^{-1} \cdot$ s^{-1}，$Q = 535$ KJ/mol，$n = 3.6$。

$$\text{有效黏度}\ \eta = \sigma/2\dot{\varepsilon} \tag{3}$$

式中，η 为有效黏度，单位为 Pa·s；其余两个参数意义同（1）式。

考虑到岩石可能受到后期构造变形改造，对每一个本构方程，分别计算了两种情况（紧密型位错壁间距和宽阔型位错壁间距）下相应的流动速率和有效黏度值，计算结果见表 6-5。通过计算，得到相应的流动速率为 9.53×10^{-3} s^{-1} ~ 1.14×10^{-10} s^{-1}（宽阔型）和 6.15×10^{-5} s^{-1} ~ 1.99×10^{-14} s^{-1}（紧密型），有效黏度为 2.3×10^3 Pa/s ~ 1.92×10^{11} Pa/s（宽阔型）和 1.23×10^6 Pa/s ~ 3.8×10^{15} Pa/s（紧密型）。

表 6-5　藏北东巧地区上地幔流动速率和有效黏度计算结果

位错壁类型	温度/K	所采用公式					
		Borch 等，1989		Chropa 等，1981		Chropa 等，1984	
		$\dot{\varepsilon}/s$	$\eta/\text{Pa}\cdot\text{s}^{-1}$	$\dot{\varepsilon}/s$	$\eta/\text{Pa}\cdot\text{s}^{-1}$	$\dot{\varepsilon}/s$	$\eta/\text{Pa}\cdot\text{s}^{-1}$
宽阔型位错壁	1 373	3.67×10^{-5}	5.98×10^5	6.99×10^{-8}	3.14×10^8	1.14×10^{-10}	1.92×10^{11}
	1473	7.14×10^{-4}	3.07×10^5	9.57×10^{-7}	2.29×10^7	2.76×10^{-9}	7.96×10^9
	1573	9.53×10^{-3}	2.3×10^3	9.39×10^{-6}	2.34×10^6	4.43×10^{-8}	4.95×10^8
紧密型位错壁	1273	6.15×10^{-5}	1.23×10^6	2.25×10^{-7}	3.35×10^8	2.45×10^{-10}	3.07×10^{11}
	1173	1.1×10^{-6}	6.84×10^7	6.51×10^{-9}	1.16×10^{10}	3.3×10^{-12}	2.29×10^{13}
	1073	9.35×10^{-9}	8.07×10^9	9.71×10^{-11}	7.77×10^{11}	1.99×10^{-14}	3.8×10^{15}

第七节　地幔岩波速和各向异性特征

自从 Hess 第一次发现大洋岩石圈地震波速各向异性以来，地震波各向异性研究已成为地球物理学家和地质学家共同感兴趣的问题之一。岩石和矿物的各向异性是指在不同结晶学方向或矿物优选方位上其物理性质（如弹性、强度、热传导、导电性质等）的不同及其差异程度（Nicolas，1985）。前人对地震波各向异性的理论及成因已经做过深入探讨（Nielson Pike，1977；Borch，1989；金振民，1988；Jin，1989；郑伯让等，1986；金振民，1991）。上地幔各向异性与结晶优选方位（LPO）关系的研究是固体地球物理学中具有广泛发展前景的新领域。矿物组构的优选方位是经过塑性变形形成的，在上地幔条件下，则反映了上地幔存在着塑性流动，从而造成橄榄石组构优选方位的形成。地球上地幔由于其组成矿物响应变形而具有的晶格优选方位呈现明显的地震各向异性，从而地震各向异性提供了上地幔中流动和/或应力形式的线索。

地震波速是岩石的一种重要的物理性质，特别是波速各向异性可以提供岩石（尤其是深部岩石）的结构、构造、矿物优选排列及岩石塑性变形等信息。各向异性的研究使地震学不仅能研究地幔的结构，而且能反映地幔的运动，它是联系地球动力学与地震学的桥梁。最近对远震剪切波分裂和岩石物理的研究表明，岩石组构和剪切波各向异性之间的关系使得测定塑性流动方向成为可能，为上地幔的构造研究提供了捷径。研究各大陆下的地震波各向异性现在已经不再只是地震学的企图，它迅速地发展成为地质学的一个新分支：大陆地幔构造地质学（郑伯让等，1986）。

研究矿物晶格优选定向和地震波速各向异性的关系，目前常用的方法有：①实验测量自然变形岩石标本在几个不同方向上的超声波速；②利用单晶体弹性刚度系数和矿物晶格优选定向组构数据，理论计算在多晶集合体各个方向上的波速变化。此次工作中，我们将采用前一种方法。

一、仪器选择及优点

常温常压波速测定是获得岩石物性的一种重要方法。此次工作中采用国内目前最先进的常温常压波速测定仪器，仪器的主要部件包括一台 MF-1A 脉冲发生器、F902S 高速采样板、一对纵（横）波换能器及若干条 Q9-Q9 连接线。仪器的主要优点如下：

1）波列数字化记录，记录长度可以自由调节，最大采样长度可达到 64 k；采样频率高达40 MHz，即采样间隔时间仅仅为 0.025 μs，从而波速测量的精度高，误差小。

2）对衰减很大的岩石（或很长的样品），调节脉冲仪输出电压（可高达 150 V）可以保证波形有足够的能量通过岩石，从而被采样仪记录下来。对于衰减很小的岩石，可以调低输出电压以确保采集到清晰可判别的波形，特殊情况下，可以接入高频放大器，对波形进行放大。

3）可以自动多次连续采集波形，然后取平均值，从而有效地消除了干扰波。

4）波形数据全部存入计算机，可以方便地作图和进行各种数据处理，并且能够精确地读出到时。

二、样品制备

此次工作中所采用的样品均采自兹格塘错湖边，岩性为斜辉橄榄岩（有较强烈的蛇纹石化现象）。首先根据手标本中矿物（主要是斜方辉石，因其颗粒边界清晰）定向排列情况将岩石定向，即确定出线理、面理方向（或 X, Y, Z 方向），然后沿其 X, Y, Z 方向分别钻取直径 2.5 cm、长度不等（多在 2.5 cm 左右）规格的小圆柱体。小圆柱体的端面要磨平（最好抛光，目的是减少长度 l 测量的误差，并在波速测定过程中可以使两个换能器与小圆柱体紧密贴合，相互平行，从而减少到时 t 的测量误差）。最后用游标卡尺测量每个小圆柱体的长度并作记录，测量结果见表 6-6。表中亦列出样品的描述，以方便实验结果的解释。此次实验中，钻取了 3 个样品共 11 个小圆柱体，其中 TD0018 和 TD0021 是定向样品，而 TD0023 是沿任意方向钻取的。

表 6-6 藏北东巧地区地幔岩样品常温常压纵、横波速实测值表

样品号	样品名称	采样地点	样品长度 mm	样品方位	密度 ρ g·cm^{-3}	纵波波速 V_p km·s^{-1}	横波波速 V_s km·s^{-1}	样品描述
TD0018-1	斜辉橄榄岩	兹格塘错湖边	25.61	//x	2.63	5.63	2.79	有微裂隙，蛇纹石化强
TD0018-2	斜辉橄榄岩	兹格塘错湖边	25.54	//z	2.63	5.52	2.78	有裂隙，蛇纹石化强
TD0021-1	斜辉橄榄岩	兹格塘错湖边	26.58	//z	2.84	5.94	3.25	样品完整，蛇纹石化较强
TD0021-2	斜辉橄榄岩	兹格塘错湖边	26.2	//y	2.80	6.06	3.19	样品完整，蛇纹石化较强
TD0021-3	斜辉橄榄岩	兹格塘错湖边	19.31	//z	2.83	5.81	3.27	样品完整，蛇纹石化较强
TD0021-4	斜辉橄榄岩	兹格塘错湖边	17.24	//z	2.82	5.94	3.24	样品完整，蛇纹石化较强
TD0021-5	斜辉橄榄岩	兹格塘错湖边	25.83	//x	2.76	5.97	3.31	边缘有破损，蛇纹石化较强
TD0021-6	斜辉橄榄岩	兹格塘错湖边	23.54	//x	2.79	6.15	3.21	样品完整，蛇纹石化较强
TD0021-7	斜辉橄榄岩	兹格塘错湖边	24.85	//y	2.80	6.02	3.22	同上
TD0023-1	斜辉橄榄岩	兹格塘错湖边	26.15	任意方向	2.77	5.98	3.05	同上
TD0023-2	斜辉橄榄岩	兹格塘错湖边	23.08	任意方向	2.76	5.96	3.16	同上

三、实验结果

实验结束，经过数据处理及转换，获得藏北东巧地区地幔橄榄岩（斜辉橄榄岩）常温常压下纵、横波速值（表 6-6）。表中亦给出实测的样品密度值。

由表中可以看出，藏北东巧地区地幔斜辉橄榄岩（蛇纹石化）常温常压下纵波波速（V_p）介于 5.52~6.15 km/s，横波波速（V_s）变化于 2.78~3.21 km/s 之间，密度值介于 2.63~2.83 g/cm^3。这一结果与地幔斜辉橄榄岩常见的纵横波速（一般地，地幔斜辉橄榄岩纵波波速值为 8.4 km/s 左右，横波波速值为 4.9 km/s 左右）值相差甚远，估计是由于岩石蛇纹石化作用所致。

样品 TD0018 纵波各向异性值 $[A=2(V_{max}-V_{min})/(V_{max}+V_{min})]$，其中，$V_{max}$，$V_{min}$ 分别代表最大、最小纵波波速，为 0.5%，横波各向异性近于 0.09%。TD0021 样品实测了 3 个平行于 z 方向及 2 个平行于 x 方向的波速，各取其平均值计算该样品各向异性值为：Av_p 为 0.7%，Av_s 为 0.08%。这一结果与具有残斑结构地幔岩（包裹体或地体）的各向异性值（一般在 5% 左右）相差较大，究其原因可能有以下几点：①样品中发育有裂隙（微裂隙），通常，裂隙的发育对岩石波速的测定有较大影响，其测定结果与完好的样品相比存在较大误差；②岩石蛇纹石化作用强烈，也使该区地幔斜辉橄榄岩的波速值与未遭蚀变的地幔橄榄岩的波速值存在较大差别；③该区 TD0021 样品斜方辉石 [100] 轴分别平行于橄榄石的 [001] 轴（图 6-16，图 6-17），从而，斜方辉石的最大 V_p 平行于橄榄石最小 V_p 方向，并且样品中斜方辉石含量较高（>30%），因此这种排列的对应使最终叠加的各向异性值降低。

第八节　地幔岩的形成时代

地幔岩的时代包括地幔岩作为洋壳的形成时代和作为外来体的侵位时代。

1）作为洋壳的形成时代一般根据与地幔岩相伴生的沉积物中化石来确定或用同位素测量法直接测定。在东巧的硅质岩中见保存较好的放射虫化石，经鉴定属侏罗纪（王乃文，1983）；而邻区罗布中枕状熔岩上覆的整合复理石沉积物中发现大量的六射珊瑚、水螅、层孔虫等化石，经鉴定时代为晚侏罗世（汪明洲等，1980）。另外，据王希斌等对东巧西岩体北侧接触带变质晕圈中角闪石（选自石榴子石角闪岩）的 K-Ar 法测定，其变质年龄为 179 Ma，综合这些，可以得出一个结论，该区地幔岩形成至少在晚侏罗世以前。

2）作为外来体的构造侵位时代一般依据地幔岩的上覆沉积盖层的形成时代确定。兹格塘错南岸东巧地幔橄榄岩与早白垩世东巧组之间存在一个明显的角度不整合，早白垩世东巧组中产大量的白垩纪化石，如植物、层孔虫、海娥螺、六射珊瑚、双壳类、腹足类、菊石、海胆、固着蛤等，有些为早白垩世标准化石。此次工作在水帮屋里枕状熔岩中测得一个 $^{40}K-^{40}Ar$ 年龄值为 145 Ma，属中—晚侏罗世。结合其他地质事件综合分析，认为该区地幔岩的构造侵位时间应在晚侏罗世—早白垩世早期。

第九节　地幔岩的形成环境及构造演化

一、地幔岩的形成环境

被认为原始地幔岩残余部分的变质橄榄岩，作为蛇绿岩层序（套）最下部且最重要的一个单元，与其上部堆晶岩、基性岩墙（床）、枕状玄武岩等有着密不可分的关系，而地幔变质橄榄岩的形成环境即是蛇绿岩的形成环境。蛇绿岩的形成环境目前认为主要有 3 种：大洋中脊、边缘海（即扩张的弧后盆地）和岛弧。此外余光明等认为还存在走滑成因的泄漏型蛇绿岩。

关于班公错-怒江缝合带中的蛇绿岩，特别是东巧蛇绿岩，前人已作了大量的研究工作，并根据其研究成果讨论了该蛇绿岩的形成环境。王希斌等（1987）认为班公错-怒江缝合带中的蛇绿岩为规模不大的弧后盆地环境，其主要证据如下：①堆晶杂岩厚度小且分异较差，缺失分异晚期应有的浅色岩如奥长花岗岩等；②岩墙群很不发育，基性熔岩多以与围岩产状一致的岩床形式出现；③洋壳太薄，特别是基性火山熔岩的厚度不超过 500 m，一般只有 100～200 m，远不能和成熟的大洋壳相比；④在基性火山岩顶部没有典型的深海沉积物，却常有基性—超基性碎屑岩相伴生；⑤组成蛇绿岩组合的拉斑玄武岩类，显然是不属于蛇绿岩组合的大量钙碱质岩石，特别是像安山岩、玄武安山岩类，这些过渡类型的岩石是大陆边缘造山带的标志（王希斌，1987）。赵政璋等认为班公错-怒江缝合带蛇绿岩为消失的边缘海环境。西藏自治区地质矿产局（1993）也认为属边缘海环境。余光明等（1991）则认为该蛇绿岩应为走滑成因的泄漏型蛇绿岩，其理由是该带自西向东断续分布的蛇绿岩具有小而孤立的岩浆房，并具有不同性质，不同深度地幔源区的特点和典型的双模式组合等特征。

上述论点已经总结出了班公错－怒江结合带蛇绿岩的如下特征：①沿缝合带走向呈断续分布；②不发育基性岩墙（床）群；③火山熔岩多具活动大陆边缘火山岩特征；④不具蛇绿岩组合应具有的层序性。基于以上理由，多数学者认为该蛇绿岩不是大洋中脊蛇绿岩，而是扩张的弧后盆地型或边缘海型蛇绿岩。

本报告通过区域地质调查及专题研究认为：

1）前人在总结该蛇绿岩特征显然忽视了构造的破坏和掩盖作用。作为两个板片（地块）边界的班公错－怒江缝合带，是一个极强的变质－变形带，构造对其起着不可忽视的决定作用。蛇绿岩中多层次、多期次、多构造式样的变形、多相系的变质及不同时态、不同位态、不同相态、不同序态的各岩块的拼贴和混杂就是一个有力的佐证。首先现今地表中出露的蛇绿岩被人们称为"残余的洋片"，而绝大多数代表洋壳的蛇绿岩组合会被俯冲到活动陆缘的陆壳之下。既然是残片就意味着残缺不全，它不可像切蛋糕一样完全不变地、毫无破坏地将一个完整的层序型蛇绿岩组合由大洋中脊搬至地表。其次蛇绿岩在构造侵位过程中，构造的破坏起到不可忽视的作用。这种破坏使原层序发生肢解，原始位态、序态发生变化，蛇绿岩层序中的各单元在构造作用下重新排列组合，并发生变形、变质，造成各单元顶、底缺失或者完全缺失某一单元，最终使它们以岩片、岩块或构造透镜体的形式出现。而以这种形式出现的蛇绿岩某个单元的厚度就无法代表其初始形成时的厚度，同样以此厚度作为蛇绿岩中某单元的初始厚度显然不具说服力。最后当蛇绿岩基本就位于地表后，仍遭受晚期脆性断裂的进一步肢解和破坏，同时形成规模不同、走向不同的断陷盆地或拉分盆地，使该部位原出露地表的蛇绿岩沉降于盆地底部，最终被第四系松散沉积物覆盖。现实情况也正是如此，位于调查区及南侧邻区（班戈幅）班公错－怒江结合带中被第四系覆盖的面积约达 40%～45%。这也是造成班公错－怒江结合带内蛇绿岩断续分布或蛇绿岩单元出露不全的又一个主要原因。

2）本研究报告认为以东巧蛇绿岩为代表班公错－怒江蛇绿岩的形成环境为发育不彻底的初始小洋盆，在大地构造上它并不依属于某一构造体系，而是在冈瓦纳古陆内部早侏罗世初期裂离，并于早侏罗世晚期在裂谷盆地基础上演化而成的初始小洋盆。

3）此次区域地质调查于调查区班公错－怒江结合带北侧的捷查—尕苍见一带发现出露宽度达20 km的弧火山岩，岩性主要为岛弧拉斑玄武岩、岛弧钙碱性玄武岩、安山岩及少量英安岩、K－Ar同位素年龄为141 Ma；在尕苍见火山弧北侧代表洋中脊的水帮屋里玄武岩中采 K－Ar 同位素样品，经测定其年龄为145 Ma；在班公错－怒江结合带南侧念青唐古拉边缘，存在一条规模巨大的火山－岩浆弧，从而确定班公错－怒江结合带在中生代存在双向俯冲。

二、构造演化

作为蛇绿岩组合中最重要部分的地幔岩——变质橄榄岩，与蛇绿岩组合中的其他单元有着密不可分的关系，因此东巧地幔岩的构造演化即是东巧蛇绿岩的构造演化。蛇绿岩形成于大洋中脊，却就位于板块（片）缝合带中。东巧蛇绿岩自形成到就位，经历了以下 3 个阶段的构造演化，即形成阶段、构造侵位阶段和地表就位阶段。

1. 形成阶段 （J_1^3—J_2^1）

此次区域地质调查成果表明：班公错－怒江洋（中特提斯洋）的裂离时代是早侏罗世，而不是晚三叠世。早侏罗世初期，随着羌塘－昌都陆壳向拉竹龙－金沙江洋（古特提斯洋）洋壳之上发生由南向北的仰冲碰撞，冈瓦纳古陆内部在南北地向拉张应力作用下，于班公错－怒江一线发生裂离，形成裂谷盆地，沉积了曲色组下部的陆相河湖碎屑岩和火山岩，其后又沉积了代表浅海相内陆棚环境的浅灰色泥岩，从而完成了从陆内盆地向陆间盆地的演化。

早侏罗世晚期，随着南北拉张应力的持续和加剧，位于裂谷盆地基底的陆壳逐渐变薄并发育高角度正断层系，这种减薄使位于其下的原始地幔所承受的垂向静压力逐渐减小，这种压力减小有利于原始地幔的部分熔融，原始地幔岩向上流动并发生部分熔融，部分熔融的一部分岩浆沿着高角度正断层向上运移并冲破陆壳基底，形成具洋底喷发特征的枕状大洋拉斑玄武岩。而在枕状熔岩底部及火山颈周围，随着上部熔岩的快速冷却，在温压梯度较大的上部冷壳中形成大量层状裂隙，此时下部岩浆沿裂隙侵入形成彼此平行的与枕状大洋拉斑玄武岩成分接近的基性（辉绿岩、辉长岩）岩墙（床）群。

在岩浆房的底部，停留在岩浆房内而没有喷发的岩浆在持续的高温环境下，经过充足的分离结晶作用形成层状、似层状、隐层状且晶体粗大的堆晶杂岩。该堆晶杂岩底部为堆晶橄榄岩，向上逐渐过渡为越富集斜长石的层状或块状的堆晶辉长岩。在岩浆房之下，原始地幔岩经过部分熔融（熔出大于20% ~45% 的熔浆）后，剩余的难熔残留物构成残余地幔岩，并在其中保留了地幔岩减压升温过程中的高温塑性流变学证据——宽阔型位错，根据位错间距计算的地幔流动应力为 35.4 ~57.2 MPa。

蛇绿岩的形成阶段就是拉张型（大西洋型）大洋盆地的演化阶段，其间在大洋盆地枕状熔岩之上沉积有代表大洋环境的紫红色含放射虫硅质岩。而在大洋盆地两侧的被动陆缘，则沉积了以调查区色哇组和雀莫错组为代表的滨岸相——斜坡相碎屑岩。同时随着盆地的不断拉张，海平面不断上升，沉积物粒度也向上逐渐变细。至中侏罗世早期，随着蛇绿岩形成阶段的结束，海平面达到洋盆历史上的最高位置。

2. 构造侵位阶段（J_3—K_1）

中特提斯洋盆由拉张应力向挤压应力的转换，标志着大洋中脊以地幔地橄榄岩为代表的蛇绿岩形成阶段的结束，同时也标志着地幔橄榄岩构造侵位阶段的开始。

中侏罗世末，中特提斯洋盆在挤压应力作用下，其大洋洋壳分别向南北两侧陆壳之下俯冲，构成双向俯冲模式。其标志特征就是班公错－怒江结合带两侧陆缘边部分别形成规模不等的火山－岩浆弧或岛弧。洋壳向两侧陆壳之下俯冲时，以地幔橄榄岩为代表的蛇绿岩洋壳发生强烈挤压变形，其结果是原始的蛇绿岩层序遭到构造肢解破坏，蛇绿岩层序中的不同单元被构造叠置在一起，使其时态、位态、相态及序态发生了根本性的变化。

在构造侵位过程中，绝大部分地幔橄榄岩随洋壳被俯冲到两侧的陆缘之下，仅少数残存下来完成着自地幔向地表的构造侵位。使地幔橄榄岩在早期形成的高温塑性流变的基础上，随着挤压应力的加强，叠加了代表超强应力条件下的密集型位错，经计算其应力值为 113.4 ~173.4 MPa。而代表本次地幔岩塑性流变的宏观标志，为地表出露的变质橄榄岩岩块边部发育的橄榄质糜棱岩，以出现少量残斑的大量发育的条纹、条带构造为特征。在出现塑性流变的同时，橄榄岩也发生蛇纹岩化蚀变。

随着构造侵位的继续，地幔岩逐渐由深部向较浅部位迁移，构造层次由深部构造层向中构造层迁移，代表中构造层次的主要现象有糜棱岩化、片理片、挤压扁豆体及构造透镜体等。

3. 地表就位阶段（K—Q）

洋壳俯冲作用的结束，标志着残留地幔岩在构造侵位过程中远距离构造迁移的基本结束，而此时蛇绿岩基本被限制在一个比较局限的带状范围内。

早白垩世，由于洋壳在俯冲过程中已基本消减殆尽。位于两侧活动陆缘的陆壳因质轻无法继续俯冲，在南北挤压应力的继续作用下而发生碰撞，被挟持在两陆壳之间的以地幔变质橄榄岩为代表的蛇绿岩，在碰撞过程中被挤压变形并抬升至地表，完成了地表就位的第一阶段，同时也完成了碰撞阶段的造陆过程。其间蛇绿岩被浅表构造层次的脆性断裂破坏，原本复杂排列的各单元岩片、岩块，随着碰撞阶段缝合带的进一步变窄而发生进一步的变形和构造混杂，主要表现在各蛇绿岩岩块边部脆性断裂带对早期塑性变形带的叠加，以及岩块内部新生逆冲、剪切走滑断裂带的出现。

新生代，随着印度洋板块沿西瓦里克发生由南向北的 A 型俯冲，整个青藏高原进入陆内造山及其后的整体隆升阶段。此阶段出露蛇绿岩的班公错—怒江一线乃至整个青藏高原，形成了一系列盆岭相间的盆－岭构造，发育的大型脆性断裂系造成断陷盆地、拉分盆地，使位于盆地中的蛇绿岩沿盆地下沉，完成了该地幔岩的最后一次调整就位，并被其上的松散沉积物覆盖，最终构成了今天班公错－怒江缝合带内以地幔变质橄榄岩为代表的蛇绿岩的特殊面貌——断续分布、残缺不全、顶底缺失及厚度较小。

第十节　讨论与结论

通过本项目地幔岩流变学特征及其构造演化的研究，获得如下有意义认识。

1）通过东巧变质橄榄岩的研究，为调查区蛇绿岩的不完全初始小洋盆的成因提供了以下依据：

①从东巧地区变质橄榄岩的 REE 分配型来看，与一般阿尔卑斯型橄榄岩不同，具有洋脊型地幔岩石的特征；②方辉橄榄岩的高温变形流变学特征和部分熔融结构具有类似洋脊型方辉橄榄岩的特点。

2）东巧一带复杂变形蛇绿岩和具有高应力变形橄榄石位错特征的变质橄榄岩为蛇绿岩构造侵位提供了流变学依据。变质变形地幔岩的构造侵位是初始不完整小洋盆拉张型地幔岩部分熔融上隆作用向挤压逆冲构造演化的产物。东巧地区发育的方辉橄榄岩（缺乏单斜辉石的地幔岩）、高温低应力（20～26 MPa）塑性挤压变形橄榄岩以及伴生铬铁矿是初始小洋盆拉张型上地幔减压熔融的结果。

3）通过调查区变质橄榄岩流变学实验研究和橄榄石组构（即矿物构造方位）测定，发现东巧地区橄榄石具有两种不同的组构：①橄榄石［100］轴正常高温塑性流动组构，揭示了初始小洋盆中地幔岩具有高温低应力塑性流动特征；②［100］轴近似垂直于变形面理的非正常橄榄岩组构，非常类似于瑞士 Arami 石榴子石二辉橄榄岩中异常组构，这种组构的成因目前尚不清楚，也未被高温高压实验所证实。结合白文吉等近年来在该区发现金刚石和地幔型多种超高压矿物特征的初步分析，东巧地区橄榄岩这种组构有可能为超高压岩石提供了显微组构方面的佐证资料。有关这种异常组构问题还有待进一步研究。

4）根据橄榄石的密集型位错特征研究（即位错亚晶粒间距为 7.08～10.35 μm，差异应力为 113～123 MPa），具有高剪切应力特征的蛇绿岩为晚侏罗世构造抬升挤压过程提供了显微构造方面的依据。

总之，本专题研究是属于 1:25 万兹格塘错图幅区测工作东巧地区地幔岩特征基础研究的小部分内容，它从变质橄榄岩的流变学角度出发，为东巧蛇绿岩初始不完整小洋盆成因、地幔岩构造特征和构造侵位挤压演化过程提供了现代演变学方面的有意义的资料和约束条件。

第七章 结 论

第一节 主要地质成果及认识

1:25 万兹格塘错幅区域地质调查通过填图、剖面研究、室内综合整理和充分收集前人资料，结合当前国民经济及社会发展需要，在基础地质、前缘地质、经济地质和生态地质等领域，获得了丰富翔实、系统全面的基础资料，并取得了一些重要的地质成果、新发现和新认识。

一、地层方面

1）以层序地层学理论为指导，结合多重地层划分研究，合理地厘定了调查区的地层分区，建立了调查区的地层划分系统，共建立（岩）群级单位两个，组、岩组级单位 20 个，非正式地层单位两个，其中新建地层单位有尕苍见组、查交玛组、马登火山岩等。

2）针对调查区广泛分布的侏罗系，详细调查研究了不同地层区侏罗系的分布、地层层序、岩相和岩性组合特征、生物及生物组合面貌、沉积古地理环境等。通过地层对比，认为调查区侏罗系在不同地层区中存在明显差异：在班公错－怒江结合带地层区，下、中、上 3 统分布齐全，分别代表了中特提斯发展的不同阶段沉积。下—中侏罗统木嘎岗日岩群具边缘海深水斜坡相浊积岩和类复理石沉积，沉积混杂明显；上侏罗统尕苍见组、查交玛组沉积与岛弧活动的火山喷发及隆起有关；羌南－保山地层区具陆缘海性质，中侏罗世为南高北低的楔状盆地，沉积时序稍晚于班公错－怒江结合带，缺失下统；羌北－昌都地层区由于受中央隆起影响，在调查区不但缺失下统，而且还缺失中统下部雀莫错组沉积。根据上述特征，调查区侏罗系在 3 个地层区具有不同的构造古地理环境、沉积类型、生物面貌和演化时序。

3）对分布于班公错－怒江结合带中的木嘎岗日岩群进行了解体和划分，从下向上为康日埃岩组、加琼岩组。康日埃岩组为变质砂岩、变粒岩，具鲍玛序列层序，属碎屑流沉积，发育少量灰岩、火山岩、变砂岩等沉积混杂岩块；加琼岩组为千枚岩、板岩夹少量变质砂岩，韵律为旋回层序，属类复理石沉积，发育较多沉积混杂岩块。

4）在调查区内厘定出上三叠统夺盖拉组与中侏罗统雀莫错组、下白垩统东巧组与早中侏罗世东巧蛇绿混杂岩、上白垩统阿布山组与古近系牛堡组之间的 3 期角度不整合接触关系，它们分别与古、中特提斯洋的闭合和陆内俯冲造成的快速隆升有关。上述角度不整合接触关系的厘定，对调查区构造阶段的划分和构造演化的建立具有重要意义。

5）在班公错－怒江结合带分别厘定出晚古生代地层岩块——泥盆系查果罗玛组、下二叠统下拉组。

在东巧西岩体南侧划分出泥盆系查果罗玛组，以灰岩、砂屑灰岩为主，产珊瑚 *Thamnopora* sp.，*T.* cf. *sichuansis*，*T. yanefae*，*Alveolites* sp.，*Amplex ocarinia* 和腕足类 *Elytha* sp.，*Devonochonetes* cf. *coronatus*，*Cyrtospiricfer asiatiicus* 等化石，组合面貌与华南东岗岭阶、佘田桥阶可对比；在甲不弄一带发现了下二叠统下拉组，由一套灰色、深灰色细晶灰岩、生物灰岩组成，生物灰岩中产丰富的腕足类 *Araxathyris* sp.，*Brachythyris* sp.，*Neospirifer* sp.，*Dichyoclostus* sp.，*Linoproductus* sp. 等化石。

6）在齐日埃加查－多玛贡巴蛇绿岩带中，于多玛贡巴北侧发现一套浅变质、强变形基性火山岩和少量白云石胶结灰质角砾岩，对比为阿木岗岩群。根据区域对比与安多－聂荣地体中吉塘群和羌塘中央隆起阿木岗岩群的物质组成、变质变形等十分相似，相邻岩块同位素年龄 370.65 Ma（可能为变质年龄），据此将这套地层归属前泥盆纪。

7）在调查区二叠系、三叠系、侏罗系不同地层中采获丰富化石，其门类有腕足类、双壳类、腹

244

足类、菊石、海胆、孢粉及植物等，为上述地层时代的确定和区域地层、生物对比提供了确凿的生物依据。

二、岩浆岩方面

1）建立了调查区侵入岩岩浆演化顺序，由早到晚为康日复式岩体（111~117 Ma）—多勒江普复式岩体（84.1 Ma）—洗夏日举复式岩体（66.1 Ma）。研究了不同复式岩体岩浆成因类型。据岩石化学、稀土元素和微量元素综合分析对比，确定 3 个复式岩体的早期侵入体都具有"I"型花岗岩特征，晚期则为"IS"型或"S"型花岗岩，与地壳重熔有关。据各复式岩体空间形态、侵入体（单元）间接触关系及与区域断裂构造关系等分析，康日复式岩体和多勒江普复式岩体属热气球膨胀式强力就位机制；洗夏日举复式岩体由于覆盖原因，推测为被动就位机制。3 个复式岩体的就位时间均晚于班公错－怒江结合带闭合时间，应属碰撞造山阶段产物。

2）在莫库一带发现一个潜火山机构，火山颈口呈椭圆状，面积约 106 km^2。潜火山机构内及边缘主要形成 3 种不同成因相岩石；外缘为喷溢相火山熔岩（89~92.8 Ma），颈口内为爆发相凝灰熔岩、安山斑岩等（85.8 Ma），颈口内侵入相中酸性花岗岩（84.1 Ma）。空间上呈"三位一体"，顺序上具有由火山喷发—爆发—侵入的岩浆演化过程，对研究藏北中—新生代岩浆活动方式提供了典型范例。

3）在调查区齐日埃加查一带新发现一套蛇绿混杂岩，且通过调查区内班公错－怒江结合带蛇绿岩组成、岩石化学和地球化学测试成果的综合研究分析，在调查区班公错－怒江结合带内厘定出两套具有不同地质、地球化学特征的蛇绿混杂岩。南边的东巧蛇绿混杂岩形成于洋脊环境，蛇绿混杂岩带内蛇绿岩各组分发育齐全，玄武岩稀土总量较低、稀土分异不明显，对变质橄榄岩中斜方辉石及橄榄石显微组构、超显微构造研究表明橄榄岩属地幔岩高度部分熔融产物，是典型的洋壳地幔残片。北侧的齐日埃加查蛇绿混杂岩形成于弧间裂谷，蛇绿混杂岩带内堆晶岩系不发育，仅由变质超镁铁质岩、玄武岩、辉绿岩墙群等组成，玄武岩稀土总量较高（是东巧水帮屋里玄武岩的 7~20 倍）、分异显著，稀土配分模式与岛弧火山岩较相似。

4）在尕苍见一带厘定出一套岛弧火山岩系——尕苍见组，该套火山岩地质、地球化学特征表明，由早期向晚期具有由基性—中性—中酸性、由岛弧拉斑质玄武岩系列—岛弧钙碱性系列演化的特点，反映了弧壳由不成熟弧向具有似陆壳结构的成熟弧演进的规律；在尕苍见岛弧内齐日埃加查一带发现一套蛇绿混杂岩，其地质和稀土特征显示可能代表弧间裂谷，通过岛弧和弧间裂谷的厘定，确定中特提斯洋存在向北的俯冲。

5）此次工作在查交玛组内采获晚侏罗世初期化石分子，在尕苍见组安山岩中获得 141 Ma（K－Ar 法）年龄，说明班公错－怒江结合带北侧沟弧盆体系发育的时间主要为晚侏罗世。

6）在调查区白垩系地层、古近系中厘定出一套陆相火山岩，其形成与高原陆壳增厚、岩石圈的减薄等有关。

三、构造方面

1）齐日埃加查－多玛贡巴蛇绿岩的发现，明确了调查区班公错－怒江结合带的北侧边界。该边界呈近东西向，局部弧形，蛇绿混杂岩带宽 1~4 km，断续延伸。主要岩石有变质橄榄岩（已发生球状构造且透镜化），镁铁质火山杂岩、辉绿岩及少量辉长岩，硅质岩呈不规则构造岩块分布。该蛇绿岩带及晚侏罗世岛弧火山岩的发现，将原边界向北推移了约 30 km。该带南北两侧地层结构差别较大，构造改造强弱有别，显然以南属特提斯环境、以北为陆缘海环境。

2）详细研究了区内不同构造单元的地质特征，重点开展了对东巧蛇绿岩带内地幔岩流变学专题研究。研究结果表明地幔岩经历了高温塑性变形，地幔岩的构造岩演化从显微构造角度出发可分两类：①宽阔型位错壁：位错亚晶界间距为 22.99~26.80 μm，平均宽度 25.66 μm。根据位错间距计算的地幔流动应力为 35.4~57.2 MPa，平均值为 43.9 MPa。这种变形构造形成于初始小洋盆拉张型上地幔减压熔融过程中的地幔缓慢塑性流动差异应力；②具有高剪切应力特征的密集型位错壁：位错亚晶界间距为 7.08~10.35 μm，平均宽度为 8.91 μm。经计算的流动应力值为 113.4~173.4 MPa，平均值为 150.9 MPa。这种变形构造代表仰冲构造抬升挤压过程的超显微构造。

该研究为调查区地幔岩成因、流变学特征及地幔岩二期构造变形演化提供了现代流变学研究的约束资料。

3）确定调查区构造演化与特提斯演化，尤其是中特提斯演化密切相关，并将中特提斯阶段的演化划分为 4 个阶段：晚三叠世—早 - 中侏罗世离散扩张阶段，晚侏罗世—早白垩世早期中特提斯消减闭合阶段，晚白垩世—古近纪碰撞造山阶段；中新世以后青藏高原快速隆升阶段。

四、资源及生态环境

1）遥感信息找矿：通过遥感蚀变（矿化）信息提取和筛选，结合地质情况，对一些重要信息源区，加强了找矿工作，取得一些新的发现。①在土门以西，美多锑矿带以南的扎苍匣，发现了锑、铜多金属矿点和土门南看木东锑矿化点。扎苍匣锑、铜多金属矿点经野外检查，矿化形成于近东西向断裂带内，围岩地层为中侏罗统布曲组。矿化带宽 100 m，延伸约 1 000 m，锑矿化呈脉状、团块状、品位达 16.6%，铜为 1.56%，均具工业意义，值得进一步详查，同时，这一新的锑矿层位（以往在该区域发现的矿化均赋存于三叠系中）的发现，对区域上锑矿找矿和成因研究具有重要的启示意义；②在中央隆起带达卓玛以北的三叠系夺盖拉组，发现了砂岩型铜矿化带，规模较大，但品位较贫（<0.05%）；③新发现矿化还有：鄂如变质橄榄岩中铬矿化，夏塞尔水晶矿化和铜矿化，洗夏日举镜铁矿化等；④达卓玛地区中侏罗统布曲组膏盐矿成层性好、厚度大，有一定规模。

2）生态环境调查表明：①调查区地表水资源量充沛，水质无污染，且扎加藏布以北好于以南，地下水多以碳酸水和硫酸水为主，矿化度较高，具有药用和良好开发前景；②动（植）物资源丰富，生物链正常；③发现了一批具旅游价值的地热泉、古城堡、石林等地质景观，通过开发，将会有效地促进经济建设发展。

3）灾害地质方面：主要表现为物理风化、大风气候作用造成沿扎加藏布两岸 1～2 级阶地明显沙化现象，另外，在一些川谷平原，特别是扎加藏布以南低山丘陵地带，鼠害极为严重，是草地沙化的重要根源；人类活动对生态环境的破坏不可忽视，应引起重视。

第二节　存在问题及建议

一、存在问题

1）对第四系研究收集的野外资料较少，特别是新生代地貌（河流和湖泊阶地）研究不够深入。

2）关于地层大区界线，以土门逆冲推覆断裂带作为华南地层大区和滇藏地层 6 区界线依据不够充分，所表现的新生代逆冲推覆构造不具有深层次特征，特别是与西邻中央隆起带古特提斯组构差异较大，考虑到该界线向东穿越图幅、暂推测处理，希望通过相邻图幅工作弥补。

3）东巧蛇绿岩带中的地幔岩宏观变形研究尚缺乏足够的微分析资料，特别是对"构造枕、构造枕群"中构造形变轨迹的研究不够深入。

二、今后工作建议

1）工作区位于班公错 - 怒江结合带北缘，已发现存在向北俯冲的沟 - 弧 - 盆体系，应选择齐日埃加查一带部署若干 1∶50 000 区域地质调查，以准确厘定班公错 - 怒江结合带北侧中生代构造演化。

2）对区域地质调查工作中发现的一些矿点、矿化点及矿化线索等，应国民经济之所急而开展必要的评价工作。

参 考 文 献

A. 里特曼.1979. 火成岩的稳定矿物组合. 金秉慧译. 北京：地质出版社

白文吉, 胡旭峰, 杨经绥等.1993. 山系的形成与板块构造碰撞无关. 地质论评, 39 (2)：111～116

白生海.1989. 青海南部海相侏罗纪新认识. 地质论评, 35 (6)：529～536

鲍佩声. 王希斌. 郝梓国.1993. 我们是怎样认识豆荚状铬铁矿矿床成因的. 地学研究, 27：69～77

程顶胜. 李永铁等.2000. 青藏高原羌塘盆地油气生成特征. 地质科学, 35 (4)：474～481

程立人. 李才等.1998. 西藏羌塘地区中部混杂堆积的发现及其地质意义. 长春科技大学学报, 28 (3)：254～258

程裕淇.1994. 中国区域地质概论. 北京：地质出版社

邓万明.1998. 青藏高原北部新生代板内火山岩. 北京：地质出版社

邓万明.1984. 藏北东巧－怒江超基性岩的岩石成因, 喜马拉雅地质 (Ⅱ) 北京：地质出版社

邓希光. 丁林. 刘小汉.2000. 藏北羌塘中部冈玛日－桃形错蓝片岩的发现. 地质科学, 35 (2)：227～232

董申保等.1986. 中国变质作用及其地壳演化的关系, 中华人民共和国地质矿产部地质专报 (三) 岩石、矿物、地球化学, 第4号,
    北京：地质出版社

都城秋穗.1981. 变质作用与变质带, 北京：地质出版社

方德庆, 梁定益.2000. 北羌塘盆地中部上侏罗统研究新进展. 地层学杂志, 24 (2)：163～167

房立民, 扬振升著.1991. 变质岩区1:5万区域地质填图方法指南. 武汉：中国地质大学出版社

高秉璋等.1991. 花岗岩区1:5万区域地质填图方法指南. 武汉：中国地质大学出版社

韩湘涛, 伦珠加错, 李才.1983. 藏北湖区班戈一带海相白垩系划分. 青藏高原地质文集 (3), 北京：地质出版社

何永年. 林传勇.1981. 中国东部新生代玄武岩中二辉橄榄岩团块的结构和组构. 地震地质.3 (1)：41～50

胡承祖.1990. 狮泉河－古昌－永珠蛇绿岩带特征及其地质意义. 成都地质学院学报, 17 (1)：23～30

黄继钧.2001. 羌塘盆地基底构造特征. 地质学报, 75 (3)：333～337

嵇少丞. 大卫·梅因普利斯.1989. 晶格优选定向和下地壳地震波速各向异性. 地震地质, 11 (4)：15～23

纪友亮. 张世奇等.1998. 层序地层学原理及层序成因机制模式. 北京：地质出版社

姜枚. 许志琴. A. Hirn等.2001. 青藏高原及其部分邻区地震各向异性和上地幔特征. 地球学报, 22 (2)：111～116

蒋忠惕.1983. 羌塘地区侏罗纪地层的若干问题. 青藏高原地质文集 (3). 北京：地质出版社：87～112

金淑燕.1997. 大陆岩石圈各向异性和动力学意义. 见：张炳熹、洪大卫、吴宣志主编. 岩石圈研究的现代方法. 北京：原子能出
    版社

金淑燕.1993. 上地幔的岩石组构和各向异性. 地质科技情报, 12 (3)：32～38

金玉玗等.1977. 珠穆朗玛北坡二叠纪动物化石的新资料, 地质学报, (3)

金振民. H. W. Green Ⅱ.1988. 橄榄石位错构造及其上地幔流变学意义——以河北省大麻坪二辉橄榄岩为例. 地球科学, 13 (4)：365～
    374

金振民. H. W. Green Ⅱ. Chen Xinhua.1991. 橄榄石位错构造的扫描电子显微镜研究. 岩石矿物学杂志, 10 (1)：43～46

金振民. Ji Shaocheng. 金淑燕.1994. 橄榄石晶格优选方位和上地幔地震波速各向异性. 地球物理学报.37 (4)：469～477

金振民. 金淑燕. H. W. Green Ⅱ. 马长玲.1995. 台湾海峡上地幔流变学状态及其构造意义. 地质学报, 69 (1)：31～41

金振民. 金淑燕. 李隽波.1990. 地球动力学和地震学的桥梁——变形岩石组构与波速各向异性关系. 地球科学进展, 5：39～42

金振民.1988. 高温高压岩石变形实验及其地球动力学的意义. 地质科技情报, 7 (3)：11～19

赖绍聪. 邓晋福. 赵海玲.1996. 青藏高原北缘火山作用与构造演化. 西安：陕西科学技术出版社

李才. 程立人等.1995. 西藏龙木错－双湖古特提斯缝合带研究. 北京：地质出版社

李才. 王天武等.2000. 西藏羌塘中部都古尔花岗质片麻岩同位素年代学研究. 长春科技大学学报, 30 (2)：105～108

李才. 王天武等.2001. 西藏羌塘中央隆起区物质组成与构造演化. 长春科技大学学报, 31 (1)：25～31

李昌年.1992. 火成岩微量元素岩石学. 武汉：中国地质大学出版社

李锦铁等.1992. 李春昱地质论文集. 北京：地质出版社

李璞.1955. 西藏东部地区的初步认识. 科学通报, (7)：62～67

李勇. 王成善. 伊海生.2002. 西藏晚三叠世北羌塘前陆盆地构造层序及充填样式. 地质科学, 37 (1)：27～37

李勇等.1999. 青藏高原北部晚三叠世 *Epigondollella* 动物群的发现及其地质意义. 地质论评, 628

刘宝珺. 曾允孚.1985. 岩相古地理基础和工作方法. 北京：地质出版社

刘和甫.2001. 盆地－山岭耦合体系与地球动力学机制. 地球科学——中国地质大学学报, 26 (6)：581～596

刘鸿飞. 赵平甲.2001. 藏南晚白垩世滑塌堆积特征及形成机制. 西藏地质, 19 (1).

刘勇, 曹春潮, 吕金海.1998. 藏北羌塘盆地演化初探, 断块油气田, 5 (5)：6～12

刘燊. 迟效国等.2001. 藏北新生代火山岩系列的地球化学及成因. 长春科技大学学报, 31 (3)：232～235

刘燊. 李才等.2000. 西藏措勤盆地晚中生代构造－岩相演化. 长春科技大学学报, 30 (2)：134～138

刘肇昌.1985. 板块构造学. 成都：四川科学技术出版社

刘志飞．王成善．伊海生等．2001. 藏北可可西里盆地老第三纪沉积物源区分析及其高原隆升意义．地球科学，26（1）：1～6

吕庆田．管志宁等．1998. 青藏高原中部岩石圈结构、变形及地球动力学模式的天然地震学研究．地球科学，23（3）：242～246

吕庆田．马开义．姜枚等．1996. 青藏高原南部下的横波各向异性．地震学报，18（2）：215～223

罗建宁．朱忠发等．1998. 青藏高原区域地层划分对比．成都地矿所环境地质与资源开发研究所

罗建宁等．1999. 青藏高原地层特征研究

马文璞．1992. 区域构造解析．北京：地质出版社

马宗晋．李存悌等．1996. 全球新—中生代构造的基本特征．地质科技情况，15（4）：21～25

莫宣学．邓晋福等．2001. 西南三江造山带火山岩——构造组合及其意义．高校地质学报，7（2）：121～137

邱家骧．1991. 应用岩浆岩岩石学．武汉：中国地质大学出版社

区域地质矿产司．1987. 火山岩区区域地质调查方法指南．北京：地质出版社

任纪舜．姜春发．张正坤等．1980. 中国大地构造及其演化——1：400 万中国大地构造图简要说明．北京：科学出版社

沙金庚，张遴信等．1992. 论可可西里晚古生代裂谷的消亡时代，微体古生物学报，9（2）

尚玉珂．1993. 鄂西中生代含煤地层中的孢粉组合，古生物学报

石耀霖．1989. 地震波各向异性及其在岩石圈研究中的意义．世界地震译丛，4：1～4

史大年．董英君．姜枚等．1996. 西藏定日—青海格尔木土地幔各向异性研究．地质学报，70（4）：291～297

四川省区域地质调查队，中国科学院南京地质古生物研究所．1982. 川西藏东地区地层与古生物（1），成都：四川人民出版社

孙东立，徐均涛等．1991. 西藏日土地区二叠纪、侏罗纪、白垩纪地层及古生物．南京：南京大学出版社

汤朝阳，姚华舟，朱应华等．2006. 青海省格拉丹东地区变质岩特征及地质意义，东华理工学院学报，（2）

田传荣．1982. 聂拉木土隆村三叠纪牙形刺，青藏高原地质文集（7）北京：地质出版社

汪明洲，程立人．1980. 藏北东巧－江错地区中生代地层的发现和认识．长春地质学院学报，（3）：14～20

汪泽成，刘和甫，熊宝贤等．2001. 从前陆盆地充填地层分析盆山耦合关系．地球科学，26（1）．33～40

王成善等．1999. 藏北高原地质演化及油气远景评价．北京：地质出版社

王乃文．1983. 中国侏罗纪特提斯地层学问题．青藏高原地质文集（3）．北京：地质出版社：137～147

王乃文．1983. 藏北湖区中生代地层发育及其板块构造意义．见：青藏高原地质文集（3）．北京：地质出版社，29～40

王乃文．1984. 青藏印度古陆及其与华夏古陆的拼合．见：李光岑，麦尔西尔，中法喜马拉雅考察成果．北京：地质出版社

王仁铎．刘甸瑞．金振民．1992. 橄榄石位错亚颗粒大小分布型式的统计检验．地球科学，17（2）：189～194

王希斌，鲍佩声，邓万明等．1987. 西藏蛇绿岩．北京：地质出版社

王希斌，鲍佩声，郑海翔等．1984. 西藏雅鲁藏布江中段蛇绿岩组合层序及新特提斯洋壳演化的模式，北京：地质出版社

王义刚．1987. 珠穆朗玛地区侏罗系的重新划分，地层学杂志，11（4）：

蔚远江，杨晓萍等．2002. 羌塘盆地查郎拉地区中新生代古气候演化初探．地球学报，23（1）：55～62

魏家庸等．1997. 沉积岩区 1：5 万区域地质填图方法指南．武汉：中国地质大学出版社

文世宣．1979. 西藏北部地层新资料，地层学杂志，3（2）

文世宣，章炳高等．1984. 西藏地层，北京：科学出版社

吴瑞忠，陈德泉．1986. 藏北羌塘地区地层系统，青藏高原地质文集，北京：地质出版社

吴瑞忠，蓝伯龙．1990. 西藏北部晚二叠世地质新资料，地质学杂志，14（3）

吴向午．1993. 中国中生代大植物化石属名记录．南京：南京大学出版社

西藏自治区地质矿产局．1993. 西藏自治区区域地质志、地质专报第 31 号．北京：地质出版社

西藏自治区地质矿产局．1997. 西藏自治区岩石地层．武汉：中国地质大学出版社

夏林圻．2001. 造山带火山岩研究．西北地质，（3）：349～353

肖传桃，李艺斌等．2000. 西藏安多县东巧晚侏罗世生物礁的发现．地质科学，35（4）：501～506

肖庆辉等．1993. 当代地质科学前缘．武汉：中国地质大学出版社

熊盛清，周伏洪等．2001. 青藏高原中西部航磁概查取得重要成果．中国地质，28（2）：21～24

许志琴，张建新．徐惠芬等．1997. 中国主要大陆山链韧性剪切带及动力学．北京：地质出版社：11～14

颜佳新．1999. 东特提斯地区二叠－三叠纪古气候特征及其古地理意义．地球科学——中国地质大学学报，24（1）：13～18

杨理华，刘东生．1974. 珠穆朗玛峰地区新构造运动．地质科学，（3）：

杨日红，李才等．2000. 西藏羌塘盆地中生代构造岩相演化及油气远景．长春科技大学学报，30（3）：237～242

杨遵义，梁定益，郭铁鹰等．1990. 阿里地区生物群性质及古地理、古构造意义的再讨论．武汉：中国地质大学出版社

杨遵仪，阴家润．1988. 青海省南部侏罗纪地层问题讨论．现代地质，2（3）：278～291

殷鸿福．张克信．1999. 中国西部造山带 1：250 000 填图方法研究论文集．武汉：中国地质大学

尹集祥．1997. 青藏高原及邻区冈瓦纳相地层地质学，北京：地质出版社

雍永源．贾宝江．2000. 板块剪式汇聚加地体拼贴——中特提斯消亡的新模式．沉积与特提斯地质，20（1）：85～89

雍永源．朱同兴等．1995. 青藏地区羌塘盆地西金乌兰湖—嘎尔岗日—兹格塘错石油天然气路线地质调查工程报告．成都地矿所环境地质与资源开发研究所贵州省地质科技情报室．层序地层学译文集

游再平．1997. 西藏丁青蛇绿混杂岩 $^{40}Ar/^{39}Ar$ 年代学．西藏地质，18：24～30

余光明．王成善．张哨楠．1991. 西藏班公错－丁青断裂带侏罗纪沉积盆地的特征．中国地质科学院成都地质矿产研究所所刊，第 13

号：33~43

曾融生. 吴大明. Owens T J. 1992. 青藏高原地壳上地幔结构及地球动力学的研究。地震学报. 14（增刊）：521~522

张传恒. 张世红. 1998. 弧前盆地研究进展综述. 地质科技情况, 17（4）：1~6

张克信. 陈能松等. 1997. 东昆仑造山带非史密斯地层序列重建方法初探. 地球科学, 22（4）：343~345

张林源. 1995. 青藏高原形成过程与我国新生代气候化变阶段的划分, 北京：科学出版社

张旗, 周国庆. 2001. 中国蛇绿岩. 北京：科学出版社

张荣祖, 郑度, 杨勤业等. 1982. 西藏自然地理. 北京：科学出版社

张作铭, 鲁益钜. 1984. 对"土门格拉群"时代问题的讨论, 青藏高原地质文集, 北京：地质出版社

赵伦山, 张本仁. 1988. 地球化学. 北京：地质出版社

赵政璋, 李永铁, 叶和飞, 张昱文. 2001a. 青藏高原大地构造特征及盆地演化. 北京：科学出版社

赵政璋, 李永铁, 叶和飞, 张昱文. 2001b. 青藏高原地层. 北京：科学出版社

赵政璋, 李永铁, 叶和飞, 张昱文. 2001c. 青藏高原羌塘盆地石油地质. 北京：科学出版社

郑伯让, 金振民, 金淑燕, 吕反修. 1989. 河北省大麻坪幔源包体橄榄石位错特征的透射电子显微镜研究

郑伯让, 金振民. 1986. 透射电子显微术在显微构造研究中的应用. 地质科技情报, 5（1）：27~34

郑海翔等. 1983. 怒江构造带超基性岩新知——一个完整的蛇绿岩套的确定, 青藏高原地质文集, 北京：地质出版社

Anderson D L. 1993. 地球的理论. 关华平. 杨玉荣. 刘小伟等译. 北京：地震出版社：403~44

Borch R C, H W Green Ⅱ. 1989. Deformation of peridotite at high pressure in a new molten salt cell：comparison of and homologous temperature. Phys. Earth Planet. Int., 55：269~276

Christensen N I, Medaris L G, Wang H F, et al. 2001. Depth variation of seismic anisotropy and petrology in central European lithosphere：A tectonothermal synthesis from spinel lherzolite. Jour. Geophys. Res., 106（B1）：645~664

Kohlstedt D L, Goetze C, Durham W B, J. 1975. Vander Sande. New technique for decorating dislocation in olivine. Science：1045~1046

Harrison T M, Copeland P, Kidd W S F, et al. 1992. Raising Tibet. Science, 255：1663~1670

Herquel G, Wittlinger G and Guilbert J. 1995. Anisotropy and crustal thickness of Northern – Tibet：New constraints for tectonic modeling. Geophys. Res. Lett., 22（14）：1925~1928

Hirn A, Jiang M, Sapin M et al. 1995. Seismic anisotropy as an indicator of mantle flow beneath the Himalayas and Tibet. Nature, 375（15）：571~573

Holt W E. 2000. Correlated crust and mantle strain fields in Tibet. Geology, 28（1）：67~70

Huang Weichuang, James F Ni, Frederik Tilmann et. al. 2000. Seismic polarization anisotropy beneath the central Tibetan Plateau. Jour. Geophys. Res., 105（B12）：27979~27989

Nielson Pike J E, Schwarzman E C. 1977. Classification of textures in ultramafic xenoliths. Jour. Geol., 85：49~61

Mercier J – C C, Nicolas A. 1975. Textures and fabrics of upper – mantle peridotites as illustrated by xenoliths from basalts. Jour. Petrol., 16（2）：454~487

Lave J, Avouac J P, Lacassin R et al. 1996. Seismic anisotropy beneath Tibet：evidence for eastward extrusion of the Tibetan lithosphere. Earth Planet. Sci. Lett., 140：83~96

Makeyeva L I, Vinnik L P, Roecker S W. 1992. Shear – wave splitting and small – scale convection in the continental upper mantle. Nature, 358：144~146

McNamara D E, Thomas J Owens, Silver P et al. 1994. Shear wave anisotropy beneath the Tibetan Plateau. Jour. Geophys. Res., 99（B7）：13655~13665

Nicolas A, Poirier J P. 1985. 变质岩的晶质塑性和固态流变. 林传勇、史兰斌译. 北京：科学出版社, 364~445

Robert J. Twiss. 1987. 论古应力计研究的现状. 金振民译. 地质科技情报. 6（4）：43~49

Sandvol Eric, James Ni, Rainer Kind et al. 1997. Seismic anisotropy beneath the southern Himalayas – Tibet collision zone. Jour. Geophys. Res., 102（B8）：17813~17823

Savage M K, Sheehan A F. 2000. Seismic anisotropy and mantle flow from the Great Basin to the Great Plains, western United States. Jour. Geophys. Res., 105（B6）：13715~13734

Shi Danian, Dong Yingjun, Jiang Mei et al. 1997. Shear wave anisotropy of the upper mantle beneath the region form Tingri of Tibet to Golmud of Qinghai. Acta Geol. Sinica, 71（2）：144~151

Silver P G. 1996. Seismic anisotropy beneath the continents：probing the depths of geology. Annu. Rev. Earth Planet. Sci., 24：385~432

Walid Ben Ismail, David Mainprice. 1998. An olivine fabric database：an overview of upper matle fabrics and seismic anisotropy. Tectonophysics, 296：145~157

Yin A, Harrison T M. 2000. Geological evolution of the Himalayan – Tibetan orogen. Annu. Rev. Earth Planet. Sci., 28：211~280

Zhang S, Karato S. 1995. Lattice preferred orientation of olivine aggregates deformed in simple shear. Nature, 375：774~777

Jin Z M, Green H W Ⅱ. Borch R S. 1989. Microstructure of olivine and stresses in the upper mantle beneath Eastern China. Tectonophysics, 169：23~50

图版说明及图版

图 版 I

1. 古近系牛堡组（$E_{1-2}n$）紫红色、紫灰色砾岩与下伏上白垩统紫灰、绿灰色岩屑砂岩角度不整合接触关系；双湖特别区买玛乡玛查

2，3. 木嘎岗日岩群加琼岩组（$J_{1-2}j.$）强塑性水平分层剪切形成的 S_1 面理条纹及变砂岩构造透镜体；班戈县水帮屋里西北

4. 班公错－怒江结合带超镁铁质岩，蚀变方辉橄榄岩中的"构造枕群"；安多县强玛乡东巧西

5. 形成于班公错－怒江结合带断裂构造侧旁的间歇温泉；安多县强玛乡兹格塘错南岸

图 版 II

1. 前泥盆系阿木岗岩群戈木日岩组下段（$AnDg_.^1$）灰绿色、绿色强片理化细碧岩，挤压弯曲形成的片理；安多县措玛乡（扎沙区）多玛贡巴鄂如

2. 中侏罗统布曲组中段浅灰色泥灰岩褶皱现象及轴面劈理 S_1 对层理 S_0 强烈置换现象；双湖特别区买玛乡戳润曲

3. 木嘎岗日岩群加琼岩组（$J_{1-2}j.$）中沉积混杂之砾岩，经塑性剪切、挤压形成片状砾岩；班戈县姜索日北错布查基东

4. 班公错－怒江结合带呈断块分布的木嘎岗日岩群加琼岩组（$J_{1-2}j.$）深灰色条带状板岩，已明显剪切变形，形成 $S-C$ 组构；安多县强玛乡兹格塘错西鄂荣

5. 上三叠统阿堵拉组（T_3a）灰色粉砂质板岩形成的小型无根褶皱；安多县扎曲乡破曲东岸

6. 保枪改－多玛贡巴－错那韧性剪切构造带中蛇绿岩残片（构造移置岩片）中强剪切变形橄榄岩及岩石"碎斑"；双湖特别买玛乡齐日埃加查

7. 班公错－怒江结合带中超镁铁质岩异剥辉石橄榄岩堆积构造；班戈县帕日

8. 康日复式岩体浅灰、灰白色中—细粒含斑二长花岗岩的近水平状节理构造，风化侵蚀强烈；安多县强玛乡兹格塘错西

图 版 III

1. 木嘎岗日岩群加琼岩组（$J_{1-2}j.$）深灰色含碳板岩中的复式尖棱褶皱；安多县强玛乡兹格塘错北西

2. 上侏罗统索瓦组（J_3s）灰色，紫红色中薄层状生物碎屑泥质（晶）灰岩组成宽缓对称式向斜褶曲；双湖特别区买玛乡戳润曲

3. 上三叠统阿堵拉组（T_3a）浅灰色泥岩形成的球状风化——泥球；双湖特别区查郎拉杜日永确

4. 前泥盆系阿木岗岩群戈木日岩组上段（$AnDg_.^2$）浅灰、浅灰白色白云质砾岩，见灰绿色绿片岩角砾；安多县措玛乡多玛贡巴北

5. 上侏罗统索瓦组（J_3s）生物碎屑（介壳）灰岩，含丰富的双壳类化石；双湖特别区买玛乡戳润曲

6. 班公错－怒江结合带中下白垩统朗山组（K_1l）生物细晶灰岩岩块中的珊瑚、海绵等化石；安多县强玛乡兹格塘错西鄂荣

7. 上三叠统波里拉组（T_3b）中丰富的珊瑚等化石；安多县岗尼乡土门尕尔根

8. 上侏罗统查交玛组（J_3ch）生物灰岩中珊瑚；安多县措玛乡多玛贡巴

图 版 IV

1. 班公错－怒江结合带帕日堆积超镁铁质蚀变岩石——硅化蛇纹岩，变余网状结；班戈县帕日，单偏光×10

2. 班公错－怒江结合带东巧西岩体细—中粒方辉橄榄岩，斑状结构，变余网状构造；安多县强玛乡东巧，单编光×10

3. 班公错－怒江结合带镁铁质岩—橄榄辉长岩，辉长结构；班戈县帕日，正交偏光×10

4. 木嘎岗日岩群加琼岩组（$J_{1-2}j.$）绢云黑云母千枚岩，显微鳞片变晶结构，千枚状构造；安多县强玛乡康日北，单偏光×10

5. 班公错－怒江结合带蛇绿岩组合中的暗灰色细—中粒辉石岩，粒状镶嵌结构；班戈县帕日，单偏光×10

6. 保枪改－多玛贡巴－夏塞尔韧性剪切带构造，带内蛇纹石化糜棱岩；安多县措玛乡夏塞尔

7. 上三叠统阿堵拉组（T_3a）长英质砂岩、泥质粉砂岩组成的韵律型基本层序；安多县岗尼乡东尕尔曲

图 版 V

1. 中侏罗统布曲组上段（J_2b^3）亮晶鲕粒灰岩，鲕粒结构，个别出现栉壳状结构，C_c为方解石；安多县扎曲乡西，正交偏光 ×23

2. 钙硅质火山泥（灰）球岩，火山泥球结构，火山泥球具同心纹状，硅质（Q_z），Dol 为白云石；安多县措玛乡盲尕曲 J_3ch 单偏光 ×16

3. 前二叠系阿木岗岩群戈木日岩组下段（$AnPg_1^1$）条纹——千枚状碳酸盐化硅化绢云母糜棱岩，糜棱结构，面理置换明显 $S_2//S_1$；安多县措玛乡多玛贡巴鄂如，单偏光 ×53

4. 上三叠统夺盖拉组（T_3d）硅化轻微碎裂含碳层孔虫泥晶硅质岩，层纤或柱纤结构；双湖特别区江刀塘西，单偏光 ×53

5. 上侏罗统羿苍见组（J_3g）硅化碎裂条纹蚀变英安质糜棱岩，糜棱结构，残斑为玻璃质，微晶石英呈条纹状；安多县措玛乡卓软南，正交偏光 ×40

6. 强硅化碎裂蚀变英安岩，次生球状玉髓结构，玉髓呈脉状及团块状，沿裂隙相对集中分布；安多县措玛乡明果巴，正交偏光 ×40

7. 上侏罗统羿苍见组（J_3g）安山-流纹质熔结火山砾凝灰岩，熔结火山角砾凝灰结构，假流纹状构造，A-流纹岩屑，B-安山-流纹岩屑；双湖特别区买玛乡齐日埃加查，单偏光 ×23

8. 前泥盆系阿木岗岩群戈木日岩组下段绿泥钠长绿帘阳起石片岩，显微鳞片-粒状-纤柱状变晶结构；安多县措玛乡卓钦南，正交偏光 ×40

图 版 VI

1. 前泥盆系阿木岗岩群戈木日岩组下段片理化杏仁状细碧岩，显微鳞片—不等粒变晶结构，变余细碧结构；安多县措玛乡鄂如，正交偏光 ×40

2. 保枪改-多玛贡巴蛇绿岩残片中的蚀变杏仁状玄武岩，填间结构，杏仁状构造；双湖特别区买玛乡齐日埃加查，正交偏光 ×40

3. 古近系牛堡组（$E_{1-2}n$）中多苍见火山岩层（dlv）蚀变安山（玢）岩；安多县措玛乡洗夏日举，正交偏光 ×40

4. 形成于齐日埃加查韧性剪切带中的碳酸盐化碎裂条纹状方沸石糜棱岩，糜棱结构，残斑为方沸石集合岩块，眼球状或透镜状定向平行分布，部分方沸石（Ana）残斑出现叠瓦状剪切裂隙；双湖特别区买玛乡，正交偏光 ×16

5. 上侏罗统羿苍见组（J_3g）钙质杏仁玻质安山质火山角砾岩，火山角砾为杏仁状玻质安山岩屑，棱角不规则状，火山角砾结构；安多县措玛乡明果巴，正交偏光 ×16

6. 强蚀变细粒辉绿岩，含长结构，斜长石（pl）自形长柱状杂乱分布，空隙全被次闪石化他形单斜辉石（CLPY）充填；安多县措玛乡多玛贡巴北，正交偏光 ×16

7. 斑状中—细粒黑云母花岗闪长岩，似斑状结构，斑晶斜长石（pl）自形板状，具环带结构；安多县措玛乡多勒江普，正交偏光 ×16

8. 保枪改-多玛贡巴蛇绿岩残片带中条纹——片状糜棱岩化强蛇纹石化橄榄岩，柱状——显微鳞片纤维状变晶结构，变余半自形粒状结构，蛇纹石化呈橄榄石（Fo）他形假像和辉石（Opy）自形—半自形假像，蛇纹石（Serp）鳞片—纤状变晶定向平行分布，见橄榄石、辉石（opy）残斑，条纹状蛇纹石绕残斑而过；双湖特别区买玛乡齐日埃加查，正交偏光 ×16

图 版 VII

1. D43/2SM 蚀变杏仁状玄武岩中斜长石斑晶显微晶面具台阶状；双湖特别区买玛乡齐日埃加查，×1500

2. D43/2SM 蚀变杏仁状玄武岩中辉石斑晶显微晶面；双湖特别区买玛乡齐日埃加查，×1000

3. D43/2SM 蚀变杏仁状玄武岩斜长石晶面微结构；双湖特别区买玛乡齐日埃加查，×3900

4. D3053/1SM 碳酸盐化碎裂蚀变杏仁状安山岩，玻晶交织结构，很少斑晶，玻璃化的基质较多，菜叶状微晶表面形态；安多县措玛乡果拉加洗，×2700

5. D3053/1SM 碳酸盐化碎裂蚀变杏仁状安山岩，花朵状微晶表面；安多县措玛乡果拉加洗，×4300

6. D3053/1SM 碳酸盐化碎裂蚀变杏仁状安山岩，气孔构造；安多县措玛乡果拉加洗，×1500

图 版 VIII

1. 斜辉橄榄岩中残斑结构，正交偏光，藏北东巧地区，样号 TD0018

2. 橄榄石扭折带构造，正交偏光，藏北东巧地区，样号 TD0021

3. 熔融残余结构，斜方辉石具港湾状边界，港湾间被新鲜的橄榄石所占据，正交偏光，藏北东巧地区，样号 TD0011

4. 橄榄石中自由位错，藏北东巧地区，样号 TD0019

图 版 IX

1. 紧密型（100）位错壁构造，藏北东巧地区，样号 TD0022

2. 宽阔型（100）位错壁构造，藏北东巧地区，样号 TD0022

3. 将成未成之亚颗粒构造，藏北东巧地区，样号 TD0012

4. 弓弯位构造，藏北东巧地区，样号 TD0021

图 版 X

1. 位错网构造，藏北东巧地区，样号 TD0022

2. 亚颗粒构造，藏北东巧地区，样号 TD0019

图 版 XI

1. *Bositra buchii* (Roemer)，右侧视及左侧视，×1.2；产出层位：中侏罗统色哇组（J_2s）；产地：双湖特别区买玛乡改来曲

2. *Araxathyris* sp.，(C－P)，腹视，×1.5；产出层位：下二叠统下拉组（P_1x）；产地：安多县措玛乡甲不弄

3. *Brachythyris* sp.，(C－P)，背视，×1.7；产出层位：下二叠统下拉组（P_1x）；产地：安多县措玛乡甲不弄

4. *Neospirifer* sp.，腹视，×1.5；产出层位：下二叠统下拉组（P_1x）；产地：安多县措玛乡甲不弄

5. *Dictyoclostus* sp.，腹视，×1.5；产出层位：下二叠统下拉组（P_1x）；产地：安多县措玛乡甲不弄

6. *Linoproductus* sp.，(C—P)，腹视，×1.3；产出层位：下二叠统下拉组（P_1x）；产地：安多县措玛乡甲不弄

7. *Brumirhychia asiatica*，背视，×1.5；产出层位：中侏罗统布曲组上段（J_2b^3）；产地：安多县岗尼乡尕尔曲

8. *Burmirhychia asiatica*，腹视，×1.5；产出层位：中侏罗统布曲组上段（J_2b^3）；产地：安多县岗尼乡尕尔曲

9. *Prosogyrotigonia jomdaensis* Gu et. Zhang；产出层位：中侏罗统布曲组上段（J_2b^3）；产地：安多县岗尼乡尕尔琼

10. *Chlamys* (*Radulopecten*) *tipperi* Cox，(J_2)，左侧视，×1.5；产出层位：中侏罗统布曲组中段（J_2b^3）；产地：安多县岗尼乡达卓玛

11. *Camptonectes laminatus* (Sowerby)，(J_2)，右侧视，×1.5；产出层地：中侏罗统布曲组上段（J_2b^3）；产地：安多县岗尼乡达卓玛

12，13. *Cladophlebis* sp.，×2.0；产出层位：上三叠统阿都拉组（T_3a）；产地：安多县岗尼乡扎榨奴玛

14. *Equisetites* sp.，×1.3；产出层位：上侏罗统索瓦组（J_3s）；产地：双湖特别区买玛乡戳润曲

15. *Meleagrinella jiangmaiensis* Wen，左侧视，×2.0；产出层位：上三叠统夺盖拉组（T_3d）；产地：安多县岗尼乡多卓玛尔包

16，17. *Vaugonia yanshipingensis* Wen，(J_2)，右侧视，×1.5；产出层位：中侏罗统布曲组（J_2b）；产地：双湖特别区买玛乡先驱抗随

18. *Astarte* sp.，左侧视，×1.5；产出层位：中侏罗统布曲组下段（J_2b^1）；产地：安多县岗尼乡东尕尔曲

252

图版 Ⅱ

图版IV

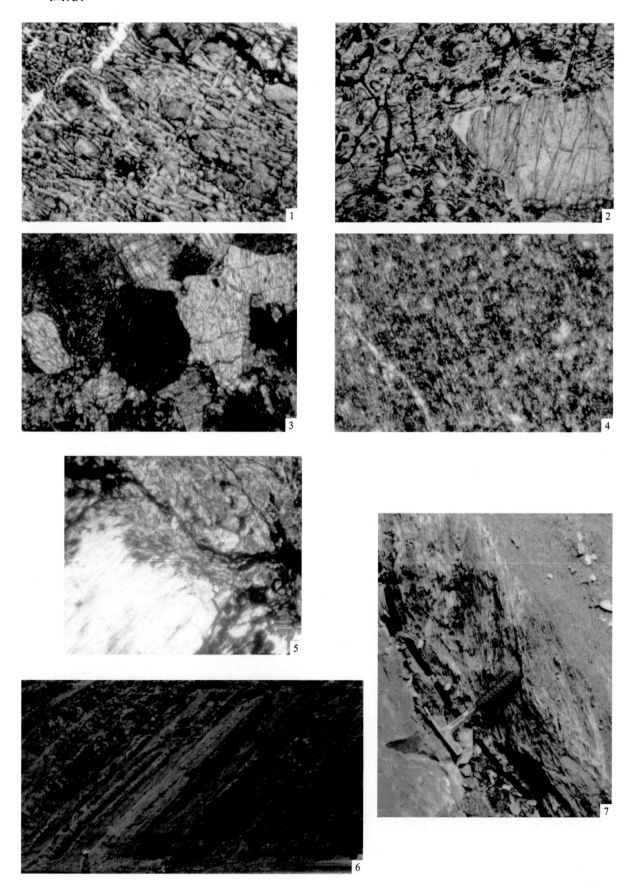

256

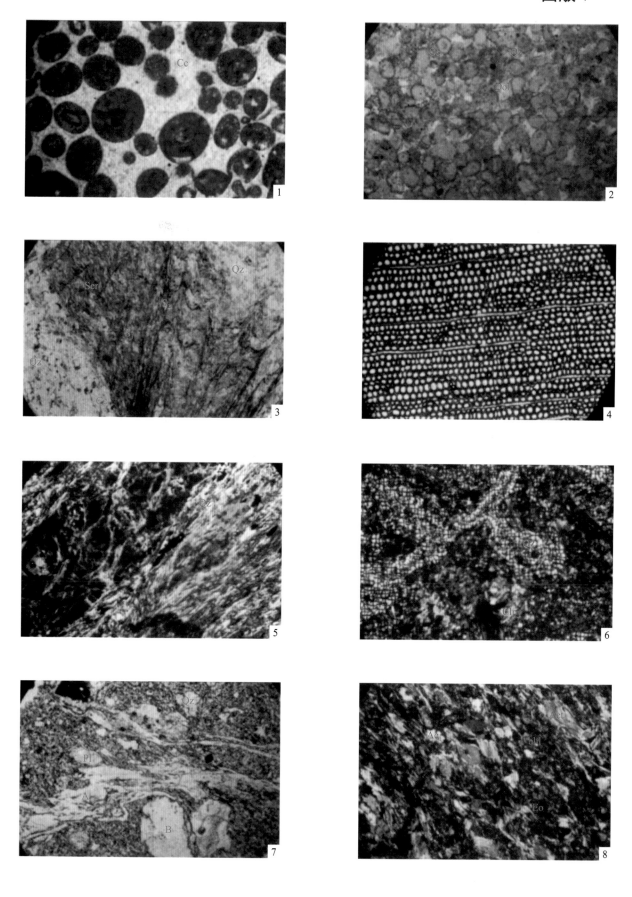

图版 VI

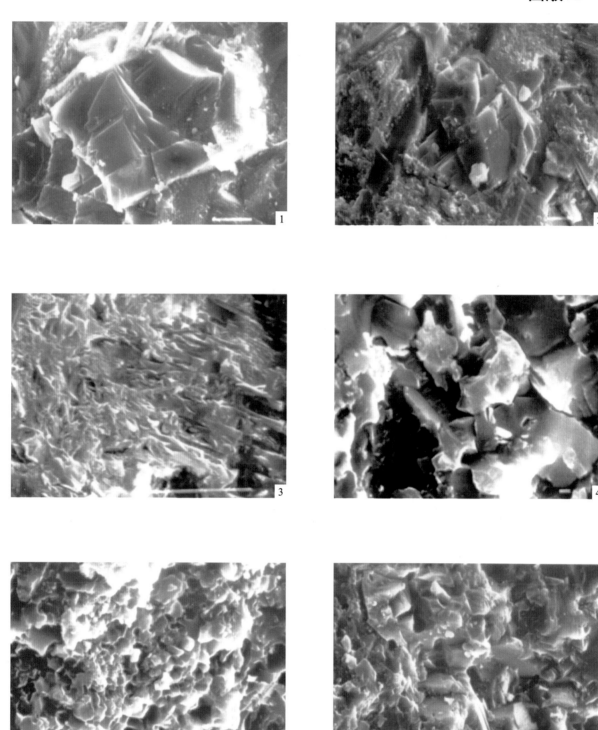

图版VIII

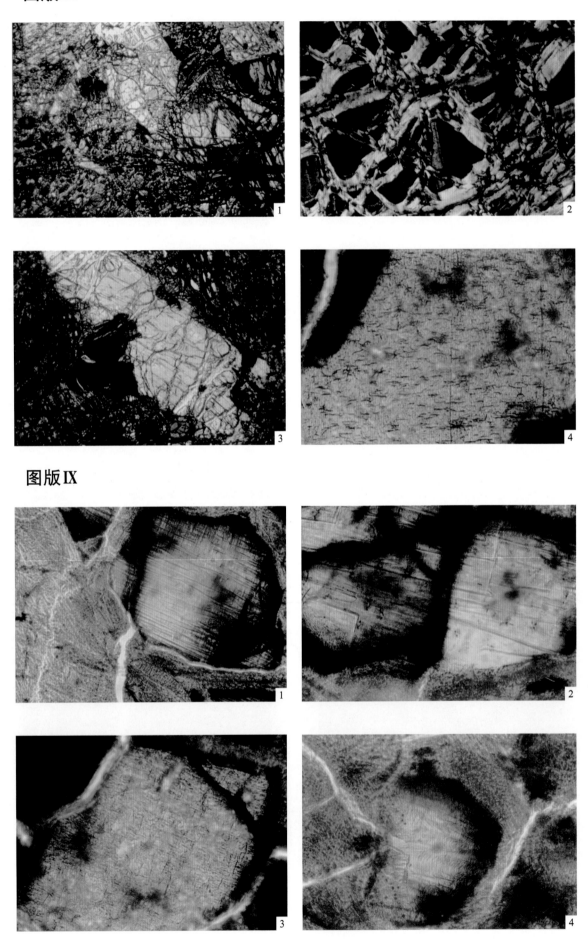

图版IX

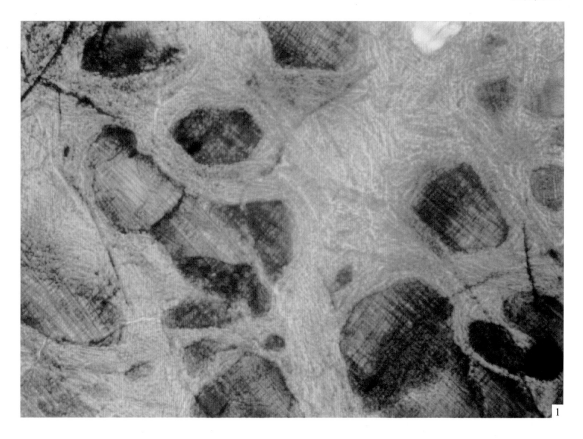

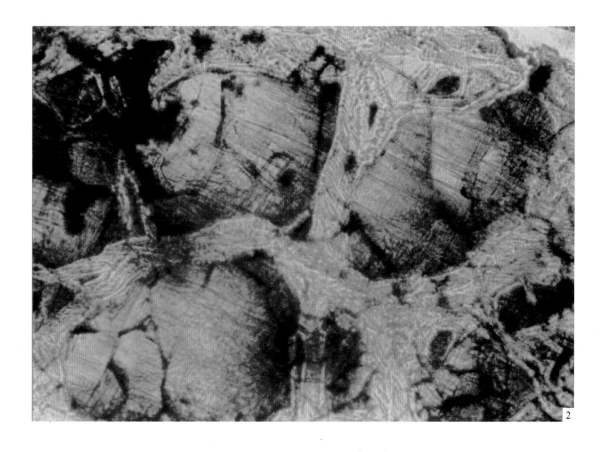